1400 年以来的建筑

一部基于全球视角的建筑史教科书

1400年以来的建筑

一部基于全球视角的建筑史教科书

（美）凯瑟琳·詹姆斯 – 柴克拉柏蒂

(Kathleen James-Chakraborty) / 著

贺艳飞 / 译

广西师范大学出版社

·桂林·

目录

致谢

这本书像一个三脚凳，建立在我的 3 段经历上。

第一段指我于 1985—1990 年间在宾夕法尼亚大学上学的经历。在这里，一个优秀的建筑历史团队坚信不只是欧洲和美国的建筑重要，整个世界的建筑都很重要。特别是，勒娜特·霍勒德 (Renata Holod) 要求我们在对过去两百年的建筑和思想进行研究时，将殖民建筑和后殖民理论视为研究的重要部分。

第二段是我教授建筑历史的经历。我原来的同事、教学助理和学生们都发现，这本书应归功于伯克利加州大学 (The University of California at Berkeley) 的《建筑 170B》课程。我曾与斯蒂芬·托布里纳 (Stephen Tobriner)、戴尔·厄普顿 (Dell Upton)、安德鲁·山肯 (Andrew Shanken) 合教这门课程,，并很幸运地得到一个极有天赋的本科生教学助理小组的协助。他们总能让我发现霍勒德在宾大给我的问题的新发现。而最近，都柏林大学的教学院和学院文化部补充了我对 16 和 17 世纪建筑的论述。

最后一段经历是，我开始在欧洲和亚洲度过更多的时间，同时，我与苏米特·查克拉博蒂 (Sumit Chakraborty) 结婚，之后又生下了我们的儿子肖米科 (Shomik)，这段经历改变了我的个人观点和职业观点。

在写作过程中，我得到了很多人的帮助。我最想感谢的是我的朋友伊丽莎白·拜恩 (Elizabeth Byrne)，她是伯克利环境设计图书馆的前任馆长；还要感谢我的研究助理刘亦师（由伯克利加利福尼亚大学研究委员会雇用负担其费用）、明尼苏达大学出版社的编辑彼得·马丁 (Pieter Martin)，感谢克里斯蒂安·特魏德腾 (Kristian Tvedten)、麦肯齐·克兰布里特 (Mackenzie Cramblit)、 埃特·伯克兰德 (Etta Berkland)、格温多琳·霍贝格 (Gwendolyn Hoberg)；特别感谢尼尔·克里斯蒂安松 (Neil Christianson)，他收集了所有插图（一直是与写书一样充满挑战的工作！）；感谢我的首批读者:凯瑟琳·亚瑟(Catherine Asher)、卡罗尔·柯林斯基(Carol Krinsky)、南希·斯坦哈特 (Nancy Steinhardt) 以及一位细心的匿名评论家。格莱汉姆基金会通过提供路易·康 (Louis Kahn) 研究资金，资助我在摩德纳、意大利和日本的考察。最后，我必须感谢提供插图的众多朋友以及朋友的朋友。

兼赅众异——评全球建筑史新教材

《1400 年以来的建筑：一部基于全球视角的建筑史教科书》

刘亦师

清华大学建筑学院讲师，美国加州大学伯克利分校建筑系博士，
专攻中国近现代建筑史。

上世纪 80 年代以降，受后殖民主义理论的深刻影响，批判西方中心主义、重新书写建筑史逐渐成为西方建筑学界的一种潮流。这一时期，学术视线不断下移，同时社会科学的理论与方法开始介入建筑史的研究。在此背景下，美国加州大学伯克利分校建筑系斯皮罗·克斯托夫 (Spiro Kostof) 教授在 1985 年出版了《全球建筑史：环境与仪礼》(A History of Architecture: Settings and Rituals)。该书扩展了建筑史的研究范围：在地理上拓展到西欧和北美之外的"非西方"世界，在内容上不再局限于"纪念性建筑"而将民居、市民环境等都作为研究对象，使之成为以曾让中国学者耿耿于怀的"建筑之树"而闻名的弗莱彻《比较建筑史》（初版于 1896 年）[1] 之后，"第一部真正挑战西方中心观的严肃的建筑史著作"[2]。该书的副标题也表明了克斯托夫旨在探索建筑与城市的关系和开展"建筑全过程"研究的立场[3]。这本著作形成了以克斯托夫为代表的伯克利建筑史学术传统，奠定了该系在"非西方"(non-Western) 和"主流之外"(outside mainstream) 等领域研究成果蜚声世界的基础。

克斯托夫的鸿篇巨制——《全球建筑史》，从远古一直写到 1970 年代，出版后即被伯克利和很多美国高校用作本科生建筑史课的教材。按此，伯克利建筑系的建筑史课分为两个学期进行 (ARCH170A 和 ARCH170B)，以文艺复兴前后（1400 年）为分界点。该书自出版以来，在获得大量赞誉的同时，也遭到各种质疑。例如，尽管倡举多元文化观，作者仍以西方标准评判非西方建筑的发展，且未能仔细分辨不同非西方社会的政治、文化背景，同时简化甚至遗漏了不少内容（如非洲）[4]。此外，该书章节的划分并不完全对应课程教学的安排。

针对这种现象，曾长年担任 ARCH170B 主讲的凯瑟琳·詹姆斯 - 柴克拉柏蒂教授在其课程讲义的基础上，经过 10 余年的修订，于 2014 年在美国明尼苏达大学出版社出版了《1400 年以来的建筑：一部基于全球视角的建筑史教科书》（Architecture since 1400）（图 1）的英文版。该书作者曾以 20 世纪初德国的表现主义大师门德尔松及其作品为题曾分别在耶鲁大学和宾夕法尼亚大学取得艺术史硕士和博士学位，90 年代初加入伯克利建筑系从事建筑史教学与研究，于 2006 年晋升为教授，现任教于都柏林大学艺术史系。这本新作是体现伯克利学术传统的最新成果，如全球视角、重视对非西方建筑的研究，充分借鉴了艺术史、社会学等其他学科方法等。

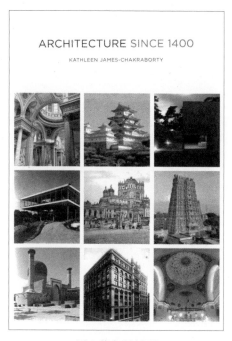

图 1 英文版封面

凯瑟琳·詹姆斯 - 柴克拉柏蒂教授在"序言"中解释："选择从 1400 年作为本书的开端，是因为大约从那时起世界上很多的地方都开始融入本地建筑的传统要素，同时此前因地理原因相互隔绝的文化从此开始越来越多地往来交流"[5]。该书的宗旨，"绝非简单地分辨建筑样式甚至分析建筑空间那么简单"，不停止在对孤立的建筑设计作品的品评上，而是以建筑史家的视角，通过发掘建筑形态背后的设计目的、意义及其整个建造的过程与功能、空间的历史变化和发展演替，"显示出人格的力量、技术的伟大和震慑人心的想象力"[5]。这种超越形式逻辑而将建筑投置在宽阔的历史背景中加以研究的取径，正是伯克利学派人文精神（Berkeley tradition）的重要体现。

然而，凯瑟琳·詹姆斯 - 柴克拉柏蒂新书至少在以下 3 方面与克斯托夫在 30 年前的著作不同，也是这本新作的主要特色所在。首先，该书基于全球视野，按时间顺序描绘了自1400年[6]后世界上不同地区在各个时代对创造建筑风格和改进建造技术所做的贡献。这两点正是凯瑟琳·詹姆斯 - 柴克拉柏蒂评价各地建筑所表现的"现代性"的重要指标，同时她也开宗明义地指出"西欧和美国并非一直以来都在这两方面领先世界上的其他地区"。这种将西方和非西方的建筑发展等量齐观，摆脱了此前西方建筑史学习惯用西方标准衡量其他文化的"普罗克拉斯提斯之床"(the Procrustes' bed)[7]，真正描绘了一部自 1400 年以来的全球建筑发展史。例如，该书主要涉及非西方建筑的内容共 15 章（从目录就可粗略判断），恰占全部 30 章的半数，在篇幅已远非此前建筑史著作中"一或两章附丽的概要介绍"可比。这其中有一些内容非常有价值，可读性极强，如第 6 章"对文艺复兴的抵制"（中欧及东欧）、第 8 章"南亚的早期现代建筑"（印度）、第 20 章"帝国建构"（英、法海外殖民地）、第 25 章"美洲的现代主义运动"（拉美）等等，显见作者宏阔的全球视野与批判西方中心主义的立场。另外，中国明清和当代城市分别是该书首章和末章的主题，也体现了中国在西方建筑史家的全球研究格局中的地位有很大提升。

基于这种全球视角，作者使用比较研究作为其探讨东西方建筑形式及其意义的主要方法。例如，在"序言"中，作者比较了两个看似互不相关的建筑：位于中亚撒马尔罕的帖木儿墓 (Gur-i-Mir)（图 2）和位于巴西圣保罗的玻璃房 (Glass House)（图 3）。二者的建造背景、材料、样式等存在不同，但均位于西方以外的区域且使用了当时世界最先进的建造技术（穹顶建造和钢筋混泥土），而其建造者或设计师则均是在人口迁徙等全球流动的大背景中到达建筑所在地进行创作和建造。这个例子肯綮表明了"全球性"和"非西方的现代性"在作者研究中的重要地位。此外，中欧和东欧各国的本土样式与南欧的文艺复兴建筑风格、泰姬陵与圆厅别墅的比较研究也非常详实[8]，雄辩地论证了

图 2 帖木儿墓,1404 年　　　　　　　　图 3 巴西圣保罗的玻璃房,1951 年

"现代性"在不同地区和不同时代有其各自的产生背景和表达形式,并无优劣、高下之分。

第二,该书特别强调建筑史研究中"人"的重要性。此前建筑史著作通常根据文艺复兴之后欧洲伟大建筑师(1800 年以降则扩展到世界其他地区的著名建筑师)的杰作为主线撰写,该书则将其范围扩展至业主、施工者和历代的使用者等"对建造和维护该建筑发挥作用的人"。最特别的是,作者根据自己的研究经验,突出了女性这一长期被忽视的性别角色在建筑史上的重要作用,成为区别于其他建筑史著作的重要标志。例如,前文所举帖木儿墓和玻璃住宅的业主均为女性 [前者为帖木儿的儿媳歌哈沙德(Goharshad),后者的业主兼设计人为意大利裔女艺术家柏·巴蒂 (Bo Bardi)]。更有趣的是,该书对工艺美术运动和美国郊区化运动的描述,均采用女性视角 [工艺美术运动一章的标题即为理想家庭生活 (The Domestic Ideal)](图 4),引用了大量详实的史料证明其均与女性在社会和家庭的角色及变迁密切相关,读来令人耳目一新。

而书中所举的例子,如 16 世纪英国伊丽莎白风格的乡村别墅哈德威克庄园(Hardwick Hall) [业主为贝丝·哈德威克 (Bess of Hardwick),作者说她是"女性作为君主、摄

图 5 哈德威克庄园,使用了大片当时造价很高的玻璃为立面特色

图 4 纽约州纽约的艺术家联合社的设计室,创作于 1884 年

图 6 希尔·斯特德住宅

政和地主在欧洲早期现代时期发挥着越来越大的作用"的典型] [9](图5)、工艺美术时期的弗利农场(Folly Farm)景观设计[设计人格特鲁德·杰基尔(G. Jekyll)女士为英国最早的女性景观建筑师,该项目的助手为后来设计了新德里总督府等建筑的埃德温·兰西尔·勒琴斯(E.L.Lutyens)] [10] 和希尔·斯特德住宅[业主为西奥德特·薄柏·里德尔(T.P.Riddle)女士,她的侄子是美国著名建筑师菲利普·约翰逊(P. Johnson),受其启发从事建筑设计] [11](图6)、1980年代越战纪念碑(设计人林璎是中国建筑学家林徽因侄女) [12],多为传统建筑史的"经典"之外的例子,同时信手拈来建筑史上少见传述的轶闻,读来更显女性主义视角的珍贵。

第三,克斯托夫的著作各章长短不一,篇幅时显冗长,笔者曾在伯克利做ARCH170课程的助教,而学生少有能完成布置的阅读任务。凯瑟琳·詹姆斯-柴克拉柏蒂的新书则根据美国大学(我国高校也基本如此)一学期15周、每周两次课共4课时的教学总量,将全书分为30章,刚好符合一门本科生主干课的教学任务。选取建筑案例的原则是那些"最明显地反映了时代变迁的那些建筑",经过作者对内容长短的考量取舍,保证了这30章篇幅基本一致。相比西格弗里德·吉迪恩(S. Giedion)和威廉姆·柯蒂斯(W. Curtis)的皇皇百万言的工具书 [13](reference book),这本新书当然显得单薄;但是对于一本建筑史的教材无疑是非常合适的,同时作者研究立场的平允和新颖的视角,让不同层面的读者都能受益。

我国的建筑史教材早在建国十周年(1959年)前后就开始编纂,其中陈志华先生撰写的《外国建筑史》于1962年出版,后经1997年和2006年两次再版 [14],连同罗小未先生所编《外国近现代建筑史》(1979年初版,2006年再版) [15],至今仍为我国建筑院校使用的教材。与凯瑟琳·詹姆斯-柴克拉柏蒂的新书相比较(表1),可见我国的建筑史教材虽然内容不断增扩校补,但仍以西欧和北美的建筑发展为主线和主体,一般读者不易形成完整的全球观念,也因此造成了若干建筑史知识上的盲区。

笔者当年初到美国旁听本科生的建筑史课程,听到高棉建筑、玛雅建筑和阿兹提克建筑等内容,闻所未闻,瞠目结舌,更未曾想过我国古代建筑在演进的过程中与世界上其他地方的建筑和城市发生怎样的联系。因此,也深感我国建筑史尤其西方建筑史的教材和教学应该有所改进,使之真正成为一门讲授外国建筑同时兼及我国(或东亚)建筑发展、着眼人与建筑环境的关系的全球建筑史。这方面凯瑟琳·詹姆斯-柴克拉柏蒂的新书是我们非常好的参考范本。

表1 几部建筑史教材内容的比较

目录	凯瑟琳·詹姆斯-柴克拉柏蒂（2014）	陈志华（2006）	
第1章	**中国明清建筑**	古代埃及的建筑	第一篇 古埃及建筑等
第2章	**美洲的两座首都城市：特诺奇蒂特兰和库斯科（注：分别为阿兹提克和印加帝国的首都）**	两河流域和伊朗高原的建筑	
第3章	布鲁乃列斯基	爱琴文化的建筑	第二篇 欧洲"古典时代"的建筑
第4章	美第奇家族与佛罗伦萨建筑	古代希腊的建筑	
第5章	罗马文艺复兴与威尼托	古罗马的建筑	
第6章	**对文艺复兴之拒斥**	拜占庭的建筑	第三篇 欧洲中世纪建筑
第7章	**奥斯曼帝国和萨非王朝**	西欧中世纪建筑	
第8章	**南亚现代建筑之雏形**	意大利文艺复兴建筑	第四篇 欧洲资本主义萌芽和绝对君权时期的建筑
第9章	巴洛克时代的罗马	法国古典主义建筑	
第10章	**西班牙和葡萄牙殖民统治下的美洲建筑**	欧洲其他国家16~18世纪建筑	
第11章	北欧巴洛克式建筑	英国资产阶级革命时期建筑	第五篇 欧美资产阶级革命时期建筑
第12章	英国和爱尔兰的城市与乡村	法国资产阶级革命时期建筑	
第13章	北美大陆建筑	欧洲其他各国18世纪下半叶和19世纪上半叶的建筑	
第14章	**东亚和东南亚的庭院和住宅**	美洲殖民地和美国独立前后的建筑	
第15章	**日本江户时代建筑**	19世纪中叶的欧洲与北美建筑	
第16章	新古典主义与哥特复兴式建筑与市民空间	伊斯兰国家的建筑	第六篇 亚洲封建社会的建筑
第17章	工业革命时期的建筑	印度次大陆和东南亚的建筑	
第18章	19世纪的巴黎建筑	朝鲜和日本的建筑	
第19章	理想家庭生活	玛雅的建筑	第七篇 美洲印第安人建筑
第20章	**帝国建构**	阿兹特克的建筑	
第21章	芝加哥：从大火灾到第一次世界大战	印加的建筑	
第22章	先锋派之创出	罗小未（2004）	
第23章	大众建筑	1. 18世纪下半叶~19世纪下半叶欧洲与美国的建筑	
第24章	**创建城市秩序**	2. 19世纪下半叶~20世纪初对新建筑的探求	
第25章	**美洲的现代主义运动**	3. 新建筑运动的高潮——现代建筑派与代表人物	
第26章	**非洲的村庄和城市**	4. 第二次世界大战后的城市建设与建筑活动	
第27章	**后殖民时代的现代主义及其它**	5. 战后40~70年代的建筑思潮——现代建筑派的普及与发展	
第28章	**战后的日本建筑**	6. 现代主义之后的建筑思潮	
第29章	从后现代到新现代：美国和欧洲		
第30章	**中国的世界城市**		

注：加粗字为凯瑟琳·詹姆斯-柴克拉柏蒂书中主要涉及非西方建筑的章节

注释

1 班尼斯特·弗莱彻 (Bannister Fletcher)．《比较建筑史》(*A History of Architecture on the Comparative Method*)．伦敦: 阿特龙出版社 (Athlone Press)，1896.

2 P. 皮拉．历史教育: 评克斯托夫的《比较建筑史》．《建筑教育期刊》(*Journal of Architectural Education*)．52 卷．4 期 (1999 年 5 月) : 216-225 页.

3 斯皮罗·克斯托夫批评西方传统建筑史学的狭隘性，指出建筑史的出路在于开展关于建筑环境和"建筑全过程"的研究。建筑环境不但包括建筑个体，而且包括往往被传统建筑史所忽略的与建筑个体相关的建筑群体。所谓"建筑全过程"，包括设计、营造和使用，以及在这些过程中人与建筑之间的关系。

4 S. 洛顿．建筑史 (A History of Architecture)．《城市历史评论 14 期》(1985-1986) 303 页; J. 默克尔．建筑史 (Histories of Architecture)．《美国艺术》(*Art in America*) (1987 年 3 月) : 13 页.

5 凯瑟琳·詹姆斯-柴克拉柏蒂，《1400 年以来的建筑: 一部基于全球视角的建筑史教科书》．明尼阿波里斯市: 明尼苏达大学出版社，2014: xvii-xviii.

6 同时期发生的事件包括西欧文艺复兴、明代开始兴建紫禁城、阿兹特克人和印加人持续建造了一系列城市等。

7 普罗克拉斯提斯是希腊神话中海神波塞冬之子，传说他劫持旅客后使之睡在一张铁床上，身长者斩去身体伸出的部分，身体矮小者则强拉其与床齐。

8 分别见第 6 章与第 8 章。

9 见该书第 79-82 页。

10 见该书第 298-300 页。

11 见该书第 301-303 页。

12 见该书第 464-466 页。

13 西格弗里德·吉迪恩．《空间·时间·建筑: 一个新传统的成长》．剑桥市: 哈佛大学出版社，1941; 威廉姆·柯蒂斯．《1900 年以来的现代建筑》(*Modern Architecture Since 1900*)．牛津市: 菲登出版社 (Phaidon Press)，1982.

14 陈志华．《外国建筑史》(第三版)．北京: 中国建筑工业出版社，2006.

15 罗小未主编．《外国近现代建筑史》(第二版)．北京: 中国建筑工业出版社，2004.

序言

位于今天乌兹别克斯坦撒马尔罕城的被称为古尔·艾米尔陵园的帖木儿之墓以及巴西圣保罗郊区的玻璃房第一眼看去显得几乎没有共同点（图1.1、图1.2）。帖木儿之墓建于约1404年，以承重烧结砖修筑。这些技术和材料自史前时期就一直为人类所用。玻璃房于1950年设计，在第二年建成，其正面是一个镶嵌玻璃的钢筋混凝土盒子结构。支撑该盒子的钢柱贯穿悬臂式钢筋混凝土楼板的内部，最大程度地减少了固定大型窗户的直棂的规格。此类建筑直到大约一百年前才得以实现。古尔·艾米尔陵园最重要的外立面被饰以釉面砖。该陵园的内部具有一个令人惊讶的蜂窝拱（衍生于球体断面的装饰，可用于支撑穹顶）。蜂窝拱是通过将混凝纸浆固定在黑色墙面板上制成的（图1.3）。这种装饰能够帮助建立结构内的等级秩序，而这种结构包括前院和入口的伊万（边框为尖拱的拱状洞口）、侧翼的宣礼塔、架在高鼓型座之上的刻有凹槽的穹顶以及穹顶下方的两层穹顶室。与此形成对比的是，玻璃房只展示了结构本身，没有额外装饰。这两座建筑的功能也不同。古尔·艾米尔陵园是一位伟大的征服者为其喜爱的儿子修建的墓地，不过，他自己也葬在这里。而玻璃房是一对活跃于艺术领域的中产阶级夫妻的住宅（图1.4）。最后，两座建筑所采用的设计方法也不同。在陵园的设计中，赞助者很可能发挥着主要作用。陵园的主建造者的姓名并没有保留下来。而玻璃房则是由接受过专业培训的建筑师丽娜·柏·巴蒂（Lina Bo Bardi）设计的。巴蒂亲自设计了这座她和丈夫共同生活的房屋。

图 1.1 乌兹别克斯坦撒马尔罕城的古尔·艾米尔陵园，建于 1404 年

图 1.2 巴西圣保罗的玻璃房，由丽娜·柏·巴蒂设计，建于 1951 年

图 1.3 古尔·艾米尔陵园穹顶的内部

图 1.4 玻璃房的客厅

在 19 和 20 世纪的大部分时间里，众多建筑历史学家专注于风格的历史——换句话说，专注于一座建筑的形式特征。这种特征能够帮助人们确认建筑所属的特定时期，很多情况下，还能确认其所属的特定地方。完全围绕风格组织的建筑历史突出了这些不同之处。在此类描述中，用以传达此类信息的形状、材料和技术细节极其重要。从烧结砖和釉面砖护墙、大型伊万以及蜂窝拱装饰看，将古尔·艾米尔陵园可归入伊斯兰建筑。而大型窗户、裸露钢筋混凝土以及表面说明，玻璃房是 20 世纪中期国际风格的例证。

风格同样也能帮助解释设计者和委托建造之人试图传达的东西，还能影响后来的受众对建筑的理解。中亚的帖木儿建筑和拉丁美洲的现代建筑均可被认为反映了修建它们的文明的重要方面。比如，在一个国家是由一个统治者能够征服和控制的领土范围而不是由强烈的民族认同感确立的时期，古尔·艾米尔陵园表现了中世纪时期统治者个人的雄心。它的庞大规模与帖木儿的雄心和成就相关。帖木儿(Timur)也被称为帖木尔 (Tamerlane)，是当时最成功的勇士。他从撒马尔罕出发，攻占了从东部的大马士革到西部的德里之间的众多城市。他所建立的帝国从黑海海岸一直延伸到喜马拉雅山脉的山脚，从波斯湾北部延伸到里海和咸海海岸。帖木儿的子孙在帖木儿去世后，在今天阿富汗地区的赫拉特对伊朗进行了长达一个世纪的统治。从这方面看，更加朴素的玻璃房成为寻求个人表达的榜样，特别是在 19 世纪初期后。这种个人表达方式是由一群受过教育的中上层阶级提出的，通常是为了反对独裁统治。玻璃房并非旨在炫示中产阶级的财富或权力，更重要的是它能够证明巴蒂的先进品味。它出现在欧洲建筑出版社的出版物中，提高了中产阶级在巴西的地位。在那里，柏·巴蒂设计了拉丁美洲的重要艺术博物馆—圣保罗艺术博物馆。她的丈夫是该博物馆的创建理事。

许多相似故事也暗示，风格在世界大部分地区是相对不变的，但在欧洲以及为欧洲后裔定居的领土上则几乎在不断变化。从这种情况看，古尔·艾米尔陵园可能代表 17 至 18 世纪在穆斯林统治的地区修建的建筑，或者至少可被视为整个这段时期的中亚的标志。另一方面，玻璃房的现代主义可被视为新艺术和后现代主义之间的一个中继站。这种风格的变化从古代一直延伸到今天。玻璃房还可能被拿来与法国和美国的类似建筑进行比较，以作为普遍全球化过程的一个样例。或者，如果重心从建筑转移至最终几乎掩盖了建筑的剩余雨林（如同柏·巴蒂总是希望能够达成这种效果），玻璃房则可作为一个特定的巴西现代主义样例。

在长达一个多世纪里，对风格的分析包括了对结构如何构造空间的讨论。最近，学者们关注空间如何在建筑、城市甚至是景观的多个层次上构造体验。这种更新的方法极其有助于使建筑历史偏离对美学的热衷，并使其与社会历史产生更加深刻的关系。建筑行业的主要目标之一便是通过介绍因美观而受到重视的范例性建筑来培训建筑学生。因此，古尔·艾米尔陵园的庭院和玻璃房的庭院的差别可从风格和用途方面来解说（图 1.5、图 1.6）。在古尔·艾米尔陵园，前庭在陵墓和主路之间创建了一个缓冲空间，因而强调了墓室以及上面的房间的重要性，而辅助性建筑同样面向前庭。陵园内部不是私人空间，而是整个建筑群的焦点，而上面的双壳结构穹顶则成为了点睛之笔。在玻璃房，第一个庭院给房屋注入了景观。庭院因尽可能减少房屋与周围动植物的距离而增加了透明树屋的效果。尽管人们参观古尔·艾

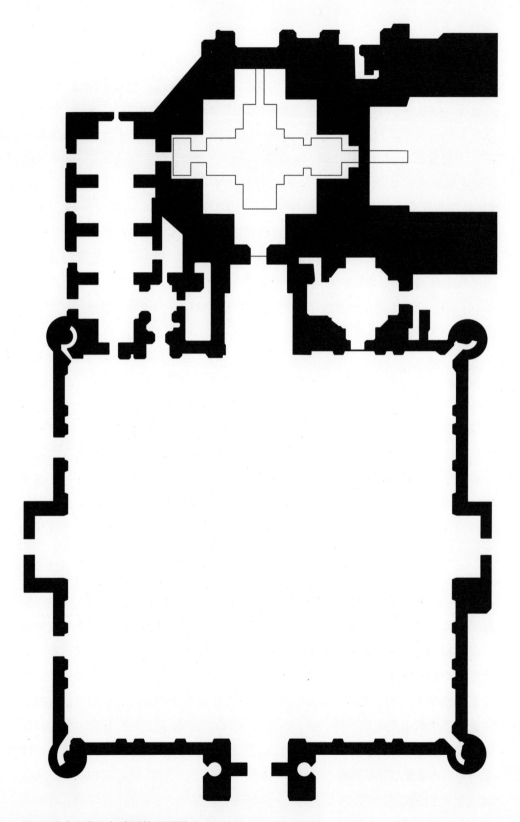

图 1.5 古尔 - 艾米尔陵园的平面图

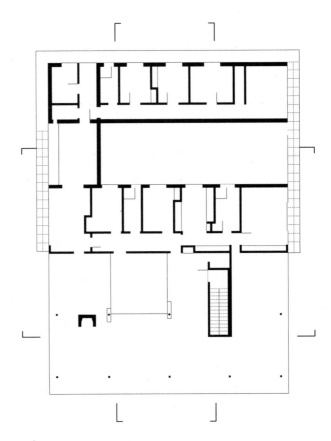

图 1.6 玻璃房的平面图

米尔陵园是为了穿过陵园前往其后部,但在更加私密的玻璃房却并非如此。玻璃房的第二个更大的庭院将接待区和卧室区与后面主要为仆人占用的服务区隔离开来。

如同这种将一座 15 世纪的中亚建筑和一座 20 世纪拉丁美洲的建筑进行比较所显示的那样,人们在仔细观察后会发现,这两座修建时间相差五百多年、距离相隔数千英里的不同建筑具有很多共同点。古尔·艾米尔陵园和玻璃房都允许业主(在玻璃房的案例中,业主同时也是其建筑师)表明其身份以及其与建筑所在地之间的关系。我著述该书的目的是为了讲述环境是如何构建、如何通过构成空间和装饰表面来创建体验和表达身份的。为了达成该目的,远不只是需要辨认风格或分析空间。

该书以另外 3 种途径绕开了这条熟悉的道路。一个基本前提是，自至少 1400 年前，许多建造者和建筑师及他们的雇主就一直利用本土建筑的历史或利用对其他地方古今建筑的认识，且通常利用了两者，来创建新式建筑。这些新式建筑变成了后人了解他们及其社会的工具。之所以选择 1400 年作为方便叙述的时间起点，是因为世界很多地方的明确古建筑研究以及在地理上分离的各文明之间进行互动和交融的程度大约是在这个时间开始加速的。同样新鲜的是，建筑思想传播的越来越快，跨越的距离也越来越长。在距离工业革命转变建筑施工技术很久之前，新贸易关系早已影响了世界各地的城市的住宅、工作地点、娱乐环境和宗教场所的外观。帖木儿建筑能够代表整个伊斯兰建筑，不是因为从摩洛哥到孟加拉国的穆斯林们共同采用一种单一的建筑形式——比如，大型坟墓在中亚和南亚之外的地区仍然不为人知——而是因为帖木儿迫使他占领或控制的广阔领域中的熟练工匠来到撒马尔罕，并综合利用他们的才能，创造出了由之前不同的本土形状和母题构成的新融合体。第二次世界大战后，从意大利移民至巴西的柏·巴蒂对欧洲和北美的当代建筑非常熟悉，也对自己的新家乡充满热爱。

此外，人们没有理由相信修西欧以及后来的美国一直位于创造或普及新风格或建筑技术的前沿。双壳穹顶的应用在文艺复兴时期的意大利之前就已经在伊朗和中亚地区得以应用。在 20 世纪 50 年代，带有极少装饰的钢筋混凝土住宅在发展中国家的像柏·巴蒂所在街区的上流社会街区里，比在欧洲和北美同类地区更受欢迎。因此，该书各章内容平衡了对世界各地的环境的预期讨论，没有使一个大陆优先于另一个大陆在任何特定时期成为现代性或现代主义（即现代性的美学表达）的焦点。

接下来的内容中反复讲述的第二点是，认识共担修建和维护建筑责任的大量人们所具有的重要性。1400 年后的建筑历史通常从讲述著名的建筑师展开。他们自文艺复兴时期起，设计了大多数欧洲最具审美价值的伟大建筑，以及自约 1800 年后世界其他地区的越来越多的相似建筑。那些身居要位的赞助人也常常出现在这些叙述的篇章中。更广范围内的顾客和建筑工人，更不用提一代又一代的使用者，都应共享修建和维护我们周围的建筑的荣誉。比如，在维护古尔·艾米尔陵园时，苏联权威机构开展了众多活动，而在修建玻璃房时，许多机构对支持巴蒂夫妇的生计和职业做出了贡献，所有这些，在恢复和保护这些现场都有着重要作用。

当人们考虑到帖木儿的儿媳歌哈沙德 (Goharshad) 所做出的贡献时, 甚至连认为玻璃房之所以属于现代风格是因为女性参与设计的观点都发生了动摇。歌哈沙德除了担任其孙子的摄政王外, 还是一位重要的建筑赞助人。她委托修建的任务包括今天伊朗地区马什哈德的一座著名清真寺。人们也没有充分理由相信, 尽管多数专业建筑师是男性, 女性并不总是担任建筑设计师、建造者、赞助人和使用者的重要角色。该书屡屡吸引人们注意女性和男性与建筑的设计、修建和使用之间不断变化的关系。

最后, 建筑总是允许个人以及群体反映现实, 且在很多情况下, 反映不受他们控制的外部力量。这种现实通常也能体现人们的渴望, 同时也很真实。帖木儿的确是同时期最重要的人物之一, 但他的坟墓的规模并没有显示出这一点。他的继任者莫卧儿国王胡马雍(Humayan)于 1556 年在德里去世。尽管胡马雍的统治能力相对较差, 但其陵墓却更庞大、更壮观。许多现代建筑的透明性往往被等同于民主。虽然在 20 世纪六七十年代, 柏·巴蒂对巴西的军事独裁统治进行了批判, 但在她和丈夫移民至巴西前, 她的丈夫曾是贝尼托·墨索里尼 (Benito Mussolini) 的重要支持者之一。菲利普·约翰逊 (Philip Johnson) 是另一位住在自己设计的玻璃房的著名建筑师, 也对法西斯主义态度暧昧。

建筑不允许人们像试穿衣服一样试看其风格, 尽管两者都深受时尚的影响。然而, 它能具体展现那些拥有足够财富和影响力来兴建建筑的人们的抱负。建筑不仅仅能反映文化, 还有助于创造文化。帖木儿之墓表现了他的政治权力和个人品位。参观者震惊于它的精美装饰, 暂时忘记了帖木儿在众多军事行动中表现出来的残忍。柏·巴蒂在玻璃房中为其丈夫搭建了一个完美的舞台。而他的政府也从这个舞台上恢复了其在战后艺术世界的重要地位。建筑的这种说服和修辞的力量可随着时间的变化消失或变化。对这种力量的揭露便是该书讲述的第三点。

然而, 没有一本书能够完全展现长达六百多年的时期里世界各地建筑的复杂性和多样性。这本书也不例外。它集中讲述了相对较少的范例, 选择其来说明建筑师、建造者及其业主修建和占用建筑的方法。这些建筑在很多情况下, 在当时位于变化的前沿。关于那些对更广的世界认识不多且具有相似美学鉴赏力的人们在世界各地的农场、村庄和城镇修建的众多住宅和宗教建筑, 通过进行更加全面的调查, 还可著述另一部单独的——且更长的——专著来加以论述。没有收入此书的国家要比收入的国家多得多。还有两片大陆完全没有论及，同样也有大量著名的建筑和建筑师未能提及。同样，像这样相对较小的书籍根本不可能对收入的每栋建筑进行详尽的描述。即便是互联网，也很难提供像平面图、剖面图和立面图这样的资料，以为接受过专业培训的读者提供比一个立面的单独镜头以及一张内部全视图可能提供的信息更多的信息。本书的每章后均附加了最新学术文献的参考书目。其中所列出的书籍和文章以及其中所引用的书目能为读者提供不能纳入该书的详细信息。

然而，一本书有助于加深人们对建筑融入的愿望、意义和体验以及如何表达这些内容的众多方法的认知和理解。古尔·艾米尔陵园和玻璃房不仅仅能为生者和逝者拦风挡雨、遮阳御寒，还能展现简朴和大型建筑如何表达人格力量、技术奇迹和大胆想象力。

延伸阅读

On the Gur-i-Mir, see Markus Hattstein and Peter Delius, eds., *Islam: Art and Architecture* (Potsdam: h.f.ullmann, 2007); on the Glass House, Marcelo Carvalho Ferraz, ed., *Lina Bo Bardi* (São Paulo: Instituto Lina Bo Bardi e P. M. Bardi, 1994). For discussion of Timur as a point of departure for early modern history and the history of globalization, see John Darwin, *After Tamerlane: The Global History of Empire since 1405* (New York: Bloomsbury Press, 2008).

1 中国明清建筑

1368 年，明朝从蒙古入侵者成吉思汗的子孙夺取了政权。成吉思汗自 1271 年起就开始统治这个中央帝国。明朝开朝皇帝洪武大帝将都城从大都（今天的北京）迁至南京。在他去世后，他的孙子继任帝位。但仅在 4 年后，洪武大帝的第四个儿子永乐大帝朱棣就从侄子手中篡夺了政权。曾任大都长官的永乐大帝又将都城迁回自己的大本营。为了巩固政权，他在 1407 年开始修建紫禁城（图 1.1）。直到 1912 年中华民国成立，紫禁城一直是世界上最大的宫殿和中国政权中心，其修建巩固了明朝的统治。紫禁城在秩序和变通、传统和创新之间取得了巧妙的平衡。它融合了大型本土建筑前例，显示了建筑表现理想并帮助实现理想的能力。这座宏伟的宫殿的形式与中国在长达五百年历史中的中央帝国身份紧密相关。尽管今天在紫禁城中所能看到的物体中几乎没有一件可以追溯到永乐时期，却没有任何其他建筑能比它更好地体现 15 世纪初期建筑和城市特征的持续重要性。

紫禁城沿承并发展了两种主要的中国建筑形制。其一是历史悠久的规划性中国都城，其二是四合院。四合院在中国东西南北的各个角落都可见到，是整个帝国版图的统一元素。在此之前的三千多年里，中国帝都一直都是根据天体秩序思想进行规划的，建筑风格基本相同。都城建于长方形城墙内，最显著的特征是北部靠山。每面城墙至少设置一座城门，主城门一般位于南面城墙。主要街道呈南北或东西走向，将各城门连接起来。主要甚至次要街道的两边是呈网格状分布的大院。这些大院通常也建有围墙，同样通过大门进出。规模最壮观的大院要数被围墙圈住的皇宫，一般位于城中心或城市北部。虽然皇宫是不能随便进出的，但定期举行的繁荣市集

1

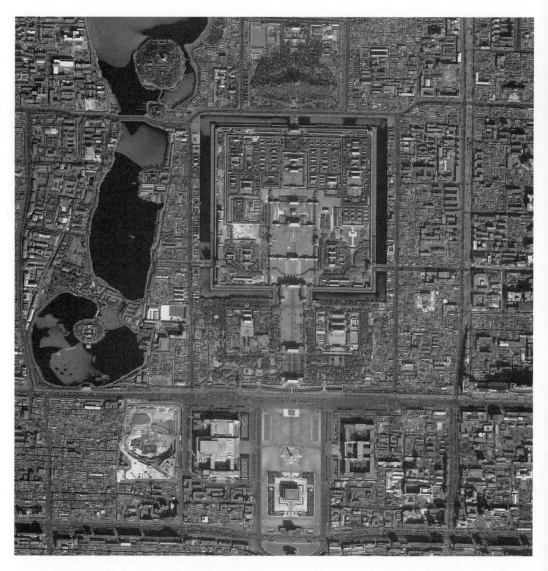

图 1.1 中国北京故宫鸟瞰图，始建于 1407 年

却允许紫禁城居民和来自中国各地以及其他国家的商人参加。在皇宫以外但仍在城墙内的地方修建了一些祭坛，皇帝每年都会去那里献祭和祈祷。园林以及流经紫禁城的河流是打乱中国帝都平面图规则几何形状的主要元素。不过，皇陵总是位于城墙外，其布局也几乎与永眠于此的皇家人员生前所居住的皇宫一样严格。在该类城市发展的大部分历史时期，它们通常都是世界上面积最大、人口最多的城市。直到 1400 年以后，它们才逐渐被亚洲和世界其他国家不断扩大的城市赶超。

15 世纪的北京城遵循了这些规则，并进行了改善。比如，它成为中国历史上第一批采用砖墙而不是夯土墙的城市之一。皇宫是位于建有围墙的紫禁城内的一座孤岛。进一步往南扩建后，紫禁城又被所谓的内城围了起来。所有主要建筑都沿着南北轴或紧邻南北轴而建，但位于中心位置的紫禁城占据却阻断了从四面八方穿越北京城的所有交通。

在大部分有文字可考的人类历史时期，中国一直是世界最富裕最强大的帝国，在某些方面维持着最高生活标准。中国的历任皇帝很多时候都未能控制该国当今疆域的所有土地，但他们一般都统治着南部和北部。其领土面积以及人口数量比 15 世纪罗马帝国灭亡和一千年后在西班牙继任者统治下的繁荣时期之间任何欧洲人统治的领土和人口都远为广阔和众多。

至少从约公元前 5 世纪起，古伊朗地区就成了欧洲人和伊斯兰教徒所了解的皇家仪式的发源地。中国在亚洲也具有相同的地位。古代东地中海以及中东地区的伟大帝国包括古罗马和拜占庭王朝都未能延续到现代。然而，中国的帝国体制却一直延续到了 19 世纪，虽历经朝代更迭，却一直保持相对稳定，跨越古世纪、中世纪和近代初期。因此，中国没有必须进行文艺复兴运动，也没有必要发动奥斯曼帝国和莫卧儿帝国出现的当地传统综合变革运动。后两大帝国的建筑都受到了当地前伊斯兰传统的影响。与文艺复兴时期众多意大利学者跨越千年试图复兴古代文明不同的是中国建筑师和其帝国赞助者对在很多情况同样古老的悠久文化传统进行了改善。在明朝统治时期，中国仍然占据世界强国地位。其以丝绸、瓷器和茶叶为主的出口产品在伊斯兰和欧洲地区以及周边国家的需求日渐增长。

明朝统治一直延续到 1644 年，此后为满族政权清朝取代。满族人和蒙古人一样都是中亚高原居民的后代。中国历史上的明清王朝是帝王中央集权统治的鼎盛时期。中央集权统治部分得益于皇宫的形式。

尽管中国皇城规划以及中国建筑的很多元素历经数百年而几乎未变，但却保留了动态变化的空间。最初的紫禁城始建于 1407 年，竣工于 1421 年。然而，直到君主制取缔，紫禁城一直处于不断的改建当中。随着时间的流逝，一系列宫殿在烧毁后重建，皇权政府的位置从偏远的外围迁入更加私密的内院，皇宫在慢慢变化。此外，为了追赶更普遍的中国建筑潮流，皇宫的私密区域也日渐精美。

这座壮观的宫殿是世界历史上最著名的宫廷之一所在的地方。数百年来,它只在规模、颜色以及装饰细节方面有别于周围环境。大多数中国人都对它非常熟悉,无论他们是否居住在其内。与更加普通的中国明清时期居民住宅相比,尤其是与富裕的城市居民、乡村地主或他们的仆人的住宅相比,紫禁城的大多数建筑只是更庞大更壮观而已。这种贯穿不同社会阶层的共同特征有助于维持稳定的社会秩序。其中,主要社会单位即大家庭中实行根据年龄和性别划分的等级秩序。大多数中国民用建筑中表现的高等形式秩序代表一幅中国南北众多人们遵从的理想政治和社会秩序的宇宙图。

明朝紫禁城由通往三大主殿的五扇系列大门构成。主殿是举行国家庆典的地方。其后是供皇家居住的三大后殿(乾清宫)和一个园林。这种基本结构在中国有着悠久的历史。家人、仆从和杂役人员的住宅位于主殿周围被抬高的庭院两侧。在 18 世纪,皇帝搬出乾清宫,但仍然住在中心轴线上,而乾清宫成了参拜厅。

紫禁城最不同于普通住宅的一点是它的入口。标准的明朝四合院的入口一般稍微偏离中心,但通往紫禁城的街道却与连接北城门的主道位于同一轴线上。访客一路需经由五道大门。其中最重要的是第三道大门,即午门 (图 1.2)。"凹"字形的午门是朝廷向公众展示自己的地方。朝廷在这里向官员颁布诏书,高等官员在这里等待面圣,叛乱者在这里、在众目睽睽之下被公开斩首。午门和都城的其他部分不同,其墙体为鲜红色,屋顶是黄色,这两种颜色都是皇家专用颜色。最初将皇宫和都城的其他建筑区别开来的是颜色和规模,而不是外形和材料。

午门的另一边是横跨金水河的理石桥。这条经过仔细规划的蜿蜒小河为横平竖直的皇宫布局增加了一点儿"自然"的味道,是中国传统建筑的一个重要特征,对避免建筑风格单一具有重要作用。该河流曾一度具有防御功能,很像环绕中世纪欧洲城堡的护城河,但等到紫禁城建成时,它已经失去该功能。

这个巨大的皇宫庭院的北端坐落着太和殿 (图 1.3)。太和殿建在明朝宫殿的原址上,并在 1765 年改建。清朝仅在非常特殊的场合如庆祝新年或皇帝诞辰时才会使用该殿。太和殿的占地面积远超出标准中国四合院的占地面积。太和殿以适合中国富裕大家庭中男性当家的形式为基础,增添了许多精美细节,显得壮观而符合皇帝的身份。

图 1.2 紫禁城午门，始建于 1407 年，重建于 1647 年

这种单层结构大厅是中国庭院式建筑的基本单元。其屋顶是由柱子而不是墙体支撑。当居住者的身份、地位足够高时，比如此处，柱子顶端则往往是一个极其复杂的支架系统。节俭原则限制了众多装饰和某些结构元素的采用。对这种建筑系统的基本元素进行精细处理是一个耗时费力的过程，需要雇用最好的工匠。此处所表现出来的奢华彰显了皇帝的购买能力。太和殿比本土同类建筑更宽、更长，耸立于一系列平台构成的基座上，本身像是一个王座。太和殿最重要的特征之一是位于台阶中央的一条皇帝专用通道。这条通道被称为御道，其两侧是皇帝侍从所用的台阶——皇帝绝不会不在侍从的陪同下单独前往太和殿。

太和殿殿内竖立了许多柱子（图 1.4）。殿中心是王座，可通过另一段台阶上下。大殿的木框架装饰着金色叶饰和漆饰面。天花安装精美的花格镶板。盛装的皇帝就坐在

图 1.3 紫禁城太和殿，始建于 1669 年，改建于 1765 年

最高处的王座上。从王座上可看到所有聚集在此的朝臣以及通向室外的通道。皇帝颁发的圣旨便是经由这些通道传达到全国各地的。他和最位高权重的朝臣还能在此处观看在殿外的大型广场上举行的各种仪式。旗帜、横幅和音乐可增加整体效果。

从长度以及空间组织来看，紫禁城是世界上空间最长、布局最为严格的宫殿。然而，如同其他地方的同类建筑，它不仅仅是举行仪式的地方，还是宫廷数千名皇族、官员以及仆从居住的地方。更加私密的空间里，为宫殿的大多数居住者提供了适用于日常生活的必要设施。皇帝的众多妃嫔拥有自己的院落，由太监守卫。皇帝寝宫从乾清宫搬迁至不太正式的养心殿为宫廷女性接近权力宝座提供了前所未有的机会。从 1861 年直至 1908 年去世，慈禧太后一直是中国的实际统治者，就在养心殿的一个房间里垂帘听政。

图 1.4 紫禁城太和殿的正殿

明清时期，北京城的大多数住宅群都是缩微版的紫禁城（图 1.5）。一个家庭的财富和地位在建筑方面表现为他们能够建造的大厅数量。在大型住宅中，大厅通常是由单一的一间三进、五进甚至是七进房间构成。最初的大殿主要是木结构。随着时间的变迁以及人口的增加，消耗了可用的森林资源，砖结构越来越受欢迎。如果家庭有足够的经济能力，可在大殿左右两侧建造房间，以供已婚子孙或妻妾及其儿女居住。稍大的房屋包括供未婚女儿居住的独立院落，还有供其他男性亲友和其家人或仆人居住的外院。最大的住宅群实际上包括数百座院落，为部落和三代以上的包括一辈或两辈堂兄弟姐妹和表兄弟姐妹以及数百个仆人的大家庭居住。不过，这种房屋结构的社交元素也好，建筑元素也好，都几乎不能从街道上看到。入口通常偏离中心，采用不对称的回转结构以辟邪，因为人们认为妖怪沿直线行走，同时还有利于房屋防御外来攻击。

图 1.5 中国北京的四合院，建于 18—19 世纪

庭院式建筑既是社会系统又是建筑系统。中国大部分地区的独立家庭几乎沿用相同的模式居住在这些房屋内。在这种等级制度下，每个人都清楚自己的地位。老人总是优先于年轻人，相同，同辈中男子总是优先于女子。在其中居住可能感到安心，也可能感到拘束，取决于个人以及根据社交习惯共同居住的亲戚的脾性。

这种空间系统非常严格，无论是朝廷官员还是普通大家庭的住宅，都反映了同样严谨的社会结构。但它不是中国居民的唯一环境。像中国这样的政府，不仅依靠皇帝和朝廷，还依靠遍布全国的大型行政机构。人们通过科举考试后可以入仕，还可能借此积累财富，但首先需要接受学者培训。这种培训相当于今天的人文科学教育，不仅要求学习读写和掌握行政官员所需学习的大量知识——比如需要上税的布料的价格，还需从更广层面上了解文化知识。科举制度是这个帝国最重要的现代特征之一。它将整个社会的精英阶层联合起来，无论他居住在何处。这些精英无论在何处生长，所受得到的教育之一便是对山水景观的欣赏。这和欧洲不同。在欧洲，直到约 1800 年前，居住在山区以外的人们都认为山区属于未开化地区。

除了服务政府之外，这些接受过科举考试培训的人们构成了知识精英阶层。大多数伟大的书法家、诗人和山水画画家以及他们的赞助人都来源于这个阶层。许多官员具有知名学者的双重身份，退隐后，专心于提高艺术造诣。这个群体欣赏人类情感和自然环境之间的古典中国关系，往往喜欢收藏前辈的诗歌和绘画。

明清时期，这个阶层的成员以两种相互联系的方式来包容自然的不规则特征。其一是通过风水学，规定应对规划城市和房屋的系统性几何结构做出改变。这种改变受到一种观点的启发，那就是善良和邪恶的鬼魂居于自然当中，需要对它们进行引导或控制。其二是通过彼此之间紧密联系的诗歌、山水画以及园林设计传统。

尽管学者们受过欣赏山水景观的熏陶，但他们却居住在城市中，成名后尤其如此。因此，他们将对山水的欣赏通过一种高度人工化但却非常漂亮的方式融入四合院的环境中。在风水大师以及园艺大师的帮助下，学者们创造出了极具特色的野性自然环境。他们在履行行政职责和追求学术成就之外，还能在普通日常生活中将此作为欣赏风景或休憩的地方。他们对这种人造景观的欣赏与明清时期大量实际野生景观的消失相关。那时候，之前的经济边缘区域得到了开垦，常用于种植从美洲引进的农作物，以养育该帝国的庞大人口。

邻近上海的苏州因其规模巨大、数量众多的学士园林而极其出名，其中包括拙政园（图 1.6）。这些园林的起源可追溯至 1506—1521 年间。学士阶层尊敬各自的传统，甚少鼓励进行独立创新，但的确也有所改变。因此，今天人们所见的园林并非实际存在于 16 世纪的园林，但大多数基本元素仍然和最初的林园相似。

中国学士园林的主要元素包括建筑、水和山。厅堂亭阁等是供人们观看园林风景的

图 1.6 中国苏州拙政园，始建于 1506—1521 年间

建筑元素。人们可在设在阁中的书桌前吟诗作画，抒发自己对周边自然的所思所感。风景经过仔细规划，以未装玻璃的建筑洞口为视框。尽管孩子们会在这些园林里玩耍，但它们的主要功能是供人观看，而不是进行活跃的休闲活动的地方。建筑元素除了提供观赏园景的避雨处外，其本身也兼做以供观赏的景物。第二个主要元素是水。规划者极其细致地令水流路线蜿蜒曲折。如果人们不易看到水域的边缘，园林就会显得比实际大。能在围墙内提供尽可能多的观景体验的园林最受喜欢，而空间的大小反倒显得不那么重要。第三个元素是山。极少园林能够大到足够包容规模可观的小山。因此，山是通过仔细构造的人工切割石材组成的象征性结构。人们将其视为群山来欣赏。这种迷你艺术还体现在常见于这种园林中的矮树丛上。苏州园林因优质的假山而闻名。

尽管这些园林中也有露天道路，但人们大多在廊道中行走。廊道甚至跨越水面，隐藏了水流源头。它们还将周围环境框了起来。廊道两旁不仅有阁，还有窗口，从中可以欣赏不次于廊道墙体上所挂的山水画所描绘的美丽风景。园林的主人有时候也会在这些珍贵的艺术品上题诗，以表达他们的所思所感。

整个园林里，大小景点均加以仔细考量。所见之处——从亭台之间的极小空间之中的铺面和植物，到中心空间的每个细节的组织——每种事物的选择都考虑了与整体构造的协调性，均赏心悦目，而这种和谐性因为不对称而显得更加复杂。

创作于公元 4 世纪的一首中国诗描述了这种园林的一种风味：

退隐世界外，静享孤独，

紧栓大门，牢固破罐

我的心灵与这春天融合，

入秋心有秋，

效仿天体变，

心生宇宙志。

学士园林成了打破约束明朝和清朝早期中国社会的严格规范的缺口。不管是宫廷建筑还是平民住宅，民房建筑的严谨性并没有排除创造可以躲避形式的空间的可能。当代外行倾向于强调这些园林所谓的自然环境具有的规范和约束特征，但未突出其严格的对称性。尽管如此，这些令人耳目一新的园林也舒缓了建造者们向往围墙外世界的渴望。在这些园林里，男女都能找到一处地方，以平静、舒适和能够彰显自己学识和品位的的方式欣赏独具一格的风景。文人阶层能够创造别具风格的空间。这些空间最终提升而不是批判一种极少人选择的体制。

然而，对中国园林的思考并不能解释中国集镇以及分布在大型城市的整个区域和小型集镇中心的街道的繁荣现象（图 1.7）。在这些地方的拱廊下，既有贩夫走卒，也有更加稳定的店铺主人。许多商品是在铺面后面的空间里生产，而制作人则居住在商铺后面或楼上。中国城市拥有相对较少的类似于近代早期欧洲和西亚城市的广场那样的公共空间。大多数公民生活都发生在主要为室内空间的行政庭院内。尽管如此，热闹的商业环境却为人们创造了一种更加私密的四合院之外的活跃公共空间选择。

清朝时期，中国乡村地区的普通住宅包括传统的四合院和具有当地特色的住宅。和城市住宅一样，乡村住宅也反应和塑造了当地居民的日常生活习惯和影响他们生活的社会结构。然而，根据自然环境因地制宜在乡村地区比在城镇更加重要。在像中

图 1.7 中国北京琉璃厂街，始建于 18—19 世纪，重建于 20 世纪 80 年代

国这样幅员广阔的国家，气候如热量和雨水、寒流和降雪以及当地植被和地理条件都有巨大差异。尽管很多当地住宅的基本空间组织令人惊奇的一致，却也出现了其他选择。

乡村住宅取材于当地，因地区而异。最简单的农舍是用芦苇或竹材建造而成。这种结构只能支撑茅草屋顶，承受不了更重的瓦片屋顶。这些轻质材料可从周边环境获取。居民可能在邻居的帮助下建造房子，但肯定不会雇用专业建筑工人。后者一般具有这类群体极少需求的一定专业技能。这种房屋结构只需极少的启动费用，但却需要经常维护，这也是很多地方住宅的共同特点。夯土房屋也很常见。尽管所用建筑材料不同，其布局也尽可能遵守（可能最初受到启发）像北京和苏州这类城市里的上层阶级区域可见的空间布局。换句话说，这些房屋着重于空间而不是结构。

不过，有时候当地条件也能产生特别建筑。比如，在陕西省的西安附近，某些村落是依山凿洞而建的，而不是坐落在山上（图1.8）。很多时候，这些窑洞围绕庭院布置，由挖掘出来的多个房间构成。窑洞同样也大多为村民自己挖掘而成，极少需要群体之外的人们的帮助。窑洞在20世纪80年代吸引了众多人们的注意。科学家们研究发现，尽管窑洞存在通风问题，但与传统房屋相比，却具有冬暖夏凉的优点。因此，窑洞应被理解为人类因地制宜改造复杂自然环境的一个特定例子，而不是贫困的证明。事实上，许多窑洞远比传统农舍宽敞。

数百年来，中国乡村地区出现了四合院之外的建筑样式。其中最有趣的要数中国南方福建省客家族的圆形民居——土楼（图1.9）。土楼通常以夯土修筑。村镇可能由一栋或数栋土楼构成，每座土楼容纳整个部落而不是一个单一的大家庭。土楼的

图1.8 中国陕西省窑洞，建于20世纪

图 1.9 中国福建省客家土楼，建于 19 世纪

外形明显有助于防御。在这种多层结构内部，阳台能够阻止公众窥视其私人空间。中心空间专用于举行公共活动，既可用作集市，也可用于修建宗庙祠堂。尽管这种住宅的形式和四合院不同，它们却具有充分的独特性。

在中国，建筑传统和社会制度的发展促生了在很长时期内都比其他文明中的建筑更稳定的众多建筑样式。一种基本空间布局为中国社会的上层阶级建立了坚实的基础，并使其与各级政府机构紧密联系起来。这并不意味着没有变化，即便在很多情况下，这种制度下的建筑外观没有建筑创造和构建的空间那么重要。中国明清时期，建筑材料发生了变化，装饰复杂程度和种类有所增加。然而，与同时期欧洲建筑发生的从哥特式到文艺复兴式或巴洛克式的巨大变化相比，这种变化要更加和缓。紫禁城尤为如此。中国曾是世界上最为强大的政权之一，而紫禁城作为世界上最大的宫殿，其设计基于一个严密完整的格网之上，而意大利文艺复兴式建筑或城市规划就没有那么多横平竖直的线条。尽管为了适应当地气候和满足社会功能，四合院可能由最低等的材料建造而成，但也产生了其他民居建筑，包括城市商铺和类似防御工事的圆形建筑。建筑有利于将中国社会各阶层团结起来，但建筑的形式并没有那么规范，以至于排除了其他可能。

延伸阅读

Basic introductions to the subject are available in Nancy Steinhardt and Fu Xinian, eds., *Chinese Architecture* (New Haven, Conn.: Yale University Press, 2002); and Laurence Liu, *Chinese Architecture* (New York: Rizzoli, 1989). On Beijing, see also Nancy Berliner, *The Emperor's Private Paradise: Treasures from the Forbidden City* (New Haven, Conn.: Yale University Press, 2010); Susan Naquin, *Peking: Temples and City Life, 1400–1900* (Berkeley: University of California Press, 2000); Nancy Steinhardt, *Chinese Imperial City Planning* (Honolulu: University of Hawaii Press, 1999); and Jianfei Zhu, *Chinese Spatial Strategies: Imperial Beijing, 1420–1911* (London: Routledge, 2004). For more on domestic architecture, see Ronald G. Knapp and Kai-Yin Lo, eds., *House, Home, Family: Living and Being Chinese* (Honolulu: University of Hawaii Press, 2005). On the Chinese scholar gardens, see Maggie Keswick, *The Chinese Garden: History, Art, and Architecture,* rev. ed. (Cambridge, Mass.: Harvard University Press, 2003); and Stewart Johnston, *Scholar Gardens of China: A Study and Analysis of the Spatial Design of the Chinese Private Garden* (Cambridge: Cambridge University Press, 1991).

2 美洲的两座首都城市：
特诺奇蒂特兰和库斯科

我们很难想到 15 世纪的人们对世界地理知识的了解多么贫乏。那时候，欧洲、亚洲和非洲地区的人们至少模糊意识到彼此的存在，但却不知道将大西洋和太平洋隔离的两片大陆上也有居民。而居住在我们如今称为美洲地区的人们的世界观中也没有伟大的欧亚—非洲大陆。当然，两大半球之间也有联系。比如，来自今天的爱尔兰岛和格陵兰岛的北欧海盗曾经在今天的加拿大东部地区短暂定居过，而非洲、美洲、亚洲和欧洲地区的人们很可能偶尔登陆过彼此相距遥远的大洲。但不管怎样，当时地球两大半球上的人类文明各自发展，互不干扰。

两大半球之间的联系对彼此产生了巨大影响。在欧洲冒险家穿越大西洋之前，美洲所出产的土豆、巧克力、西红柿、花生和辣椒不为其他地区的人们所知。它们很快变成了从摩洛哥到中国地区的餐桌上的主要食品。然而，两大半球的人们之间的交往并非总是友好的。土著美洲人对最常见的欧洲疾病都没有免疫力，事实证明，疾病甚至比欧洲士兵更加危险，导致了整个民族的灭亡。

土著美洲人的很多故事都强调他们对能够追溯到没有历史记载的遥远年代的不变传统的遵守。然而，变化是所有人类体验的重要部分。中国四合院和其最壮观的代表紫禁城的变化是缓慢的，但却是真实的。美洲地区不可能产生同样的持久性。在那里，位于今天的墨西哥城和库斯科城的皇城与紫禁城大致处于同一时期，其布局更加新颖，然而存续时间也更短。事实证明，美洲人极其善于改变。例如，在他们驯化从西班牙人手中逃出来的动物之前，美洲大平原上的各大部落并没有养马。然而后来，他们却能娴熟地御马参加战争，在美国境内对欧洲、非洲和亚洲地区的侵占性定居者发起最后的数次反击。那些专门论述持久的文化传统的文字并没有记载这些历史事实，那就是，在这种征服过程中，有些民族的文化传统和文明发生了巨大改变，甚至被毁灭。

美洲很久以来就成为屡屡发生深刻变化的地区。墨西哥人（或者说阿兹台克人）和印加人的建筑和城市规划便是这种动态变化的生动证明。这两大民族分别在北美洲和南美洲建立了前所未有的伟大帝国。直到 15 世纪，他们才超越了很久之前就已经修建了大型建筑和有序城市环境的邻国。如本土先例建筑一样，墨西哥和印加帝国的建筑和城市表现出了他们对社会组织、自然以及以政治和宗教领袖为主导的宇宙的观点。这些观点在很多情况下很可能为整个社会普遍接受。因此，当地建筑给人留下了极其深刻的印象。第一批访问伟大的墨西哥特诺奇蒂特兰城（Tenochtitlan）和印加库斯科城（Cuzco）的欧洲人惊讶于这两座城市的清晰分明的布局和巨大的石砌建筑。从规模和建筑质量来看，它们超越了征服者们所见过的其他任何建筑。这些建筑具有更好的抗震性能，这是在经常发生地震的墨西哥和秘鲁地区应该考虑的重要方面。事实上，欧洲人可能因见到这些伟大的美洲城市而受到启发，以创建与其展示的规划原则相匹配的建筑。

我们对中国明清建筑的了解大多来源于文字资料。我们无须完全依赖幸存建筑结构和考古发掘提供的实际证据。但当我们转而研究被征服前的中美洲地区时，情形却极为不同。墨西哥帝国是文明国家，印加帝国是准文明国家，两者都有用来记录征服地区敬献贡品的复杂记录系统。然而，在西班牙入侵以后，这类文献的大多数已被摧毁，而且很多情况下，也失去解读能力。因此，墨西哥和印加帝国建筑的残留遗址为我们提供了有关其居住者的生活的最生动证据。此外，能够对其进行部分补充的便只有西班牙人的观察记录以及当地线人向其提供的信息。在缺乏广泛文献资料的情况下，考古学家而不是建筑历史学家对这种建筑结构进行了最为详尽的研究。

墨西哥帝国的政治中心是特诺奇蒂特兰城。该城位于今天墨西哥城的特斯科科湖上。今天的墨西哥城是世界上规模最大的城市之一。1519 年的特诺奇蒂特兰城很可能只有 20 万居民，但在欧洲可能只有那不勒斯和伊斯坦布尔的人口数量与其相当。因此，它可能是当时西班牙征服者见过的最大的城市。它同时也是一座新城市。墨西哥人直到大约 1525 年才来到这个地方。根据他们的创始神话，墨西哥人诞生于

7 个洞窟。后来,一只老鹰圈定了湖中的岛屿作为他们的定居地。事实上,这个地方非常理想,不仅因为它易于防御,且它的土地也很肥沃。

墨西哥人创造了一种被称为"查那巴斯(Chinampas)"的漂浮农田系统,由水渠分隔,以树木支撑(图 2.1)。尽管随着城市的发展,居民主要依赖由大陆献贡的食物,"查那巴斯"却为岛民提供了新鲜蔬菜和鲜花,以及数量不少的主食如谷物和豆类。尽管最新的城市大型扩建活动破坏了岛民和环境之间曾经保持的微妙关系,墨西哥城今天仍然保留了一些漂浮园林。事实上,水中餐桌的衰落是墨西哥城当前所面临的首要问题之一。然而,农业只是墨西哥帝国文化的一方面。另一方面是战争。墨西哥帝国的繁荣依靠相邻居民的贡品。现存极少的墨西哥帝国法律文献的插图描述了这些征战和虏获的战利品。

特诺奇蒂特兰城建在一个岛屿上,并通过填湖逐渐扩大,通过堤道与大陆连接(图 2.2)。这种系统使得它易守难攻。早期,西班牙人对该城市的描述可能夸大了它的

图 2.1 中国福建省客家土楼,建于 19 世纪

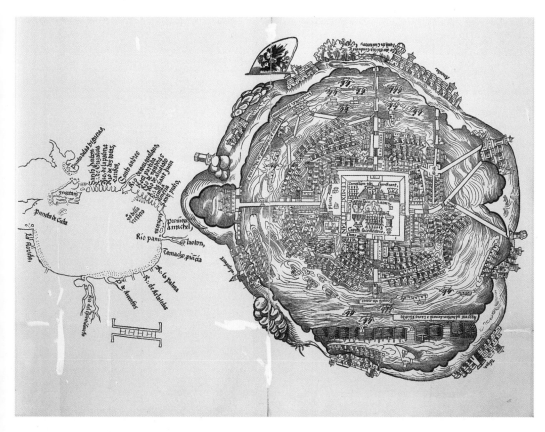

图 2.2 墨西哥特诺奇蒂特兰城的平面图，荷南·科尔蒂斯归属作品，创作于 1524 年

规整性。不论怎样，这个围绕一个大型中心广场而建、按照轴线布局的城市确实能与紫禁城媲美，后者是当时布局最规整的城市之一。

特诺奇蒂特兰城以大神殿建筑群为中心 (图 2.3)。大神殿位于今天的墨西哥城大教堂前的萨卡罗广场 (Zocalo) 附近。与如今广为人知的大金字塔相似的金字塔是中美洲地区宗教建筑的共同特征之一。这种多层结构通常以石材砌筑，建有通往神殿的中央台阶，其遗迹在今天从中美洲北部地区到圣路易之间的广大地区均可见到。其中一些最为壮观的金字塔位于特诺奇蒂特兰城附近的特奥蒂瓦坎古城 (Teotihuacan)。到墨西哥帝国时期，该遗址几乎已经荒无人烟，但交通便利。

在这种稳固的传统文化中，特诺奇蒂特兰城的大金字塔因塔顶的两座神殿而独具特色。神殿可通过双排台阶进入。双排台阶代表了神殿同时供奉雨神特拉洛克 (Tlaloc) 和战神维齐洛波奇特利 (Huitzilopchtli) 的双重功能。这里，墨西哥帝国

图 2.3 特诺奇蒂特兰城的大神殿改建图纸，始建于 1390 年

生活的两个方面即农业和战争都得到了人们的承认和敬拜。大神殿在西班牙人入侵后被摧毁。不过，1978—1982 年间在这里进行的大规模发掘活动揭露了大量有关该神殿的新信息，展现了神殿历时近两百年的扩建和改建过程。该现场曾依次建有七层建筑结构，每一层都比上一层更加壮观，且是下一层的中心（图 2.4）。

为什么墨西哥帝国持续不断地改建和扩建该神殿而不是在其他地方新建呢？对令人敬畏的神圣场所的力量做出再高的估计也不为过。因为很多教堂和清真寺建在罗马神殿的原址上，中世纪欧洲大型哥特式教堂也建在之前更加朴素的教堂原址上。此外，对墨西哥帝国的人们以及其他众多民族来说，主要的宗教圣所是世界之轴，是世界的象征性中心。这是尘世和天堂交叠的地方，现有世界从这个最圣洁的地方水平向外伸展。因此，神殿才会不断地被改建而不是遭受遗弃。

如同那些向墨西哥帝国进贡的人们，西班牙人既对大神殿的大规模留下了印象深刻，也惊讶于这里发生的祭神形式。这个最文雅的文明同样充满暴力。其盛大的宗教仪式主要由人祭构成。用以装饰神殿的众多人体骷髅无疑即便不能让墨西哥当地人们望而生畏，也能让外来民族敬畏和害怕。

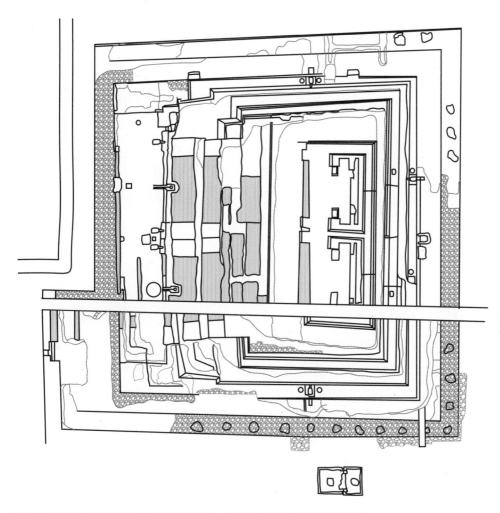

图 2.4 特诺奇蒂特兰城的大神殿平面图，上面显示了连续的建筑阶段

墨西哥宗教建立在杀戮的基础上，通过仪式重新展现最重要的墨西哥神话人物之一——月亮之神开尤沙乌奇 (Coyolxauhqui) 的肢解过程。1978 年，人们在大神殿的台阶底部发现了一座巨大的女神石头浮雕。这个令人惊讶的发现推动了神殿遗址的发掘。战神维齐洛波奇特利将自己的姐姐斩首，之后又将她的尸体扔到一座山的山脚。墨西哥帝国献祭的活人中大多是战俘。献祭者将战俘丢到大神殿的台阶底部，首先挖出他们的心脏，而后将仍在跳动的心脏放到众神祭坛上。大神殿里和牧师身上通常都沾满了人血和其它鲜血。墨西哥帝国希望此举能够保证其赖以为生的农业的丰收和征战的胜利。

这种残暴的仪式最终导致赫南·科蒂斯 (Hernan Cortes) 攻占了特诺奇蒂特兰

城。科蒂斯是一支西班牙远征舰队的首领，于1519年抵达该城。他借助了当地同盟。早期的西班牙征服者几乎和所有成功的殖民者一样都利用了当地人之间的分歧，在当地扶植支持自己的势力，创建自己的机构以取代最后的当地帝国政权。那些被墨西哥帝国征服的人们抓住了终止献贡尤其是献祭活人的仪式的机会。尽管人祭在中美洲有着很久的历史渊源，从而达到如此令人恐惧的规模。此外，西班牙入侵者在战场上殊死奋战，但墨西哥帝国发动战争的目的却是虏获活人用于最终的人祭。这种文化冲突极大地有利于西班牙人和其当地盟友。距科蒂斯在现在的韦拉克鲁斯（Veracruz）登陆并受到最后一位墨西哥帝国国王蒙特苏马（Montezuma）的接待两年后，大神殿以及特诺奇蒂特兰城的大部分在一次围攻中被摧毁。攻占蒙特苏马使西班牙人得以在美洲大陆上建立了自己的帝国。

12年后，另一位西班牙征服者弗朗西斯科·皮萨罗（Francisco Pizarro）抵达当时美洲另一个伟大帝国的首都。印加帝国比位于其北面的墨西哥帝国还要年轻。直到约1438年，印加帝国才在帕查库提（Pachacuti，在当地语言中有"地震"的意思）的领导下战胜了多个邻邦，创建了安第斯山脉地区历史上最大的国家。印加帝国通过一个庞大的道路网络连成一体。这些道路是真正的道路，因为只有人类和驮兽在上面行走。

同样，印加帝国在技术方面也取得了比其他任何地区都要伟大的成就。他们用棉线织出特别的方格披肩的工艺达到了18世纪工业革命期间才能企及的精美程度。尽管他们没有实现完全文明化，印加人却发明了一种复杂的绳子打结计数系统，以此记录庞杂的数据。

印加帝国的道路穿越崎岖不平的山区。印加人在这种安第斯山脉地貌上建立了许多跨越峡谷的悬索桥。如今，这种桥梁仍在为人修建，因为所用材料不能持久耐用，所以没有一起范例存留下来。印加帝国在道路沿线设置了信使，他们快速地向帝国各处传递消息。另一个有利于新帝国统一的重要元素是酒馆系统。它在很多方面与今天的汽车休息站和贮藏库相像。科罗拉多酒馆（Tambo Colorado）建于15世纪，位于山区和平原的交界处（图2.5）。墨西哥帝国要求俘虏上交贡品时，而印加统治者却要求被征服者每年定期服徭役。这为印加帝国提供了修建楼房、道路和桥梁所需的劳动力。尽管大多数基础设施的受益者是统治者但有些也方便了所有人。比如，在饥荒时期，可分发酒馆储存的粮食。

图 2.5 秘鲁科罗拉多酒馆，建于 15 世纪

印加帝国以库斯科城为中心。该城有两个突出特点：其一，它不是首都，也不是我们所理解的城市。城里居住的显然只有皇族、贵族以及他们的仆人。像工匠和商人则居住在其他地方。这里不是物资生产和交易的地方，而是一个单纯的政治和宗教中心。城里的人们依靠每个访客必须敬献的贡品为生。这是一个展示的地方，而不是生产的地方，是一个随着敬献的金银制品和其他珍贵物品增多而日渐壮观的城市。这也意味着城里的居民主要为政治和宗教上层阶级，数量相对较少，只有几万人，但在一个最大的西班牙城市——塞尔维尔（Serville）——也只有约 6 万居民的时期，这仍是一个庞大的数字。在鼎盛时期，印加帝国的人口数量达到约 800 万。

其二，库斯科城的平面布局同样也很理想化，与表现中国城市规划或确定特诺奇蒂特兰城的平面布局的几何形状极为不同（图 2.6）。该城拥有一个巨大的中心广场，各区域呈网格状分布。许多街道中心建有沟渠。然而，这种布局的决定性因素却更加特别。城市整体布局看似一头美洲狮。它是当地最为凶猛的野生动物。主要建筑结构位于美洲狮的头尾部分。

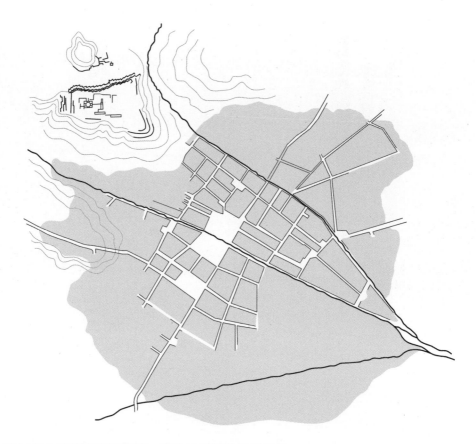

图 2.6 秘鲁库斯科城的平面图，建于 15 世纪至 16 世纪初

科瑞看察 (Qorikancha) 或者说主神殿坐落在美洲狮的尾巴根部。科瑞看察也被称为太阳神殿或黄金神殿，表面以众多金光闪闪的黄金薄板装饰。正是黄金激起了西班牙人对这座城市的兴趣。尽管太阳神庙并非位于库斯科城的地理中心，但它却是印加帝国的中心，正是这里积聚了最为珍贵的贡品，有时候甚至还会在其建筑本身的闪亮外表面上加以展示。太阳神殿的一个内殿中修建了所谓的太阳园林。在这里，印加人以金银制作的玉米棒打造出一个园林，每年 3 次，包括播种和收割庄稼的时期。

太阳神殿中心庭院四面的建筑物代表了印加帝国的 4 个象限。从整个城市以及更远区域可清楚看到，从这里向周围地区辐射出像车轮的辐条一样的抽象线条。今天仅有它的地基幸存下来，上面矗立着殖民教堂圣多明各教堂 (Santo Domingo)（图2.7）。对西班牙征服者而言，将印加帝国最神圣的场所改建成一座基督教堂是为其

图 2.7 秘鲁库斯科城圣多明各教堂 / 太阳神殿，建于 15—16 世纪

图 2.8 秘鲁库斯科城萨克塞华曼城堡，建于 15 世纪至 16 世纪初

自身的宗教和政治系统夺取太阳神殿部分力量的熟悉手段。早在 13 世纪，西班牙人就已经将科尔多瓦大清真寺（Great Mosque of Cordoba）改建成了一座教堂。西班牙殖民时期以及现代秘鲁的库斯科城实际上就建立在印加帝国城市的地基上。这些地基继续决定着街道网络，通常延伸到建筑的第一层，不过沟渠都被铺设了。

库斯科城的另一端是萨克塞华曼城堡（Sacsahuaman），也是美洲狮的头部（图 2.8）。这里可能曾是帕查库提的皇宫。它当然也是一座堡垒，里面修建了众多装满军事物资的库房。这个建筑群的锯齿状墙体建立在库斯科城曾经的边缘上，成为美洲地区保存最为完整的征服前石砌建筑。卓越的石砌建筑物很久以来就是安第斯山区域的巨型建筑的主要形式。萨克塞华曼城堡的石墙质量上乘，使得它在被遗弃后仍然存留了数百年。事实上，印加帝国的石砌建筑比采用了拱形的西班牙砖砌建筑还能更好地抵御该地区的频繁地震。砖砌建筑的稳定性本质上比不上印加人修建的更加牢固的连锁石砌建筑。没有现代器械工具，印加人使用大块石材，在不用砂浆的前提下，修建了缝隙极小的建筑物。现代学者通过打磨石块并以湿砂对石材进一步抛光的方式复制了这种高质量的印加石砌建筑。

图 2.9 秘鲁的马丘比丘城，建于 15 世纪至 16 世纪初

由于现代库斯科城建立在印加帝国遗址上，所以很难想象最初的城市状态。特诺奇蒂特兰城则被抹去得更加彻底。然而，在乌鲁班巴河 (Urubamba River) 河谷上游距离库斯科城更远的地方，有一个更加私密的建筑群。它更好地展现了整个印加环境及其与周边景观的关系 (图 2.9)。

马丘比丘城(Manchu Picchu)因其壮观山地景观而成为世界最受欢迎的景点之一。这个建筑群坐落在模仿了梯田的阶梯平台上，并将平台象征性地融入景观。当地居民以梯田农耕为生。这里，历史学家面临着一个不同于处理特诺奇蒂特兰城和库斯科城遗址的情形。这个遗址不为西班牙人所知，因此也未被记入文字资料。1911 年，美国耶鲁大学的一个小组成为第一批踏足此处的外来探险者。因此，这里实际上是一个史前遗址。关于该遗址，我们必须在实际遗址的基础上，借助相对贫乏的相关遗址的文字文献进行推测。

在缺乏 19 世纪文献的情况下，涌现了很多有关马丘比丘城的神话。耶鲁探险小组的队长海勒姆·宾汉 (Hiram Bingham) 不是研究印加文明的专家。尽管他的很多假说被后代学者推翻，它们仍然在大量科普资料如旅游指南中占据主导地位。比如，宾汉自己找到了一座年代遥远的城市，而现在的学者们认为马丘比丘城很可能直到15 世纪至 16 世纪初才有人居住。马丘比丘城并非宾汉所推测的印加帝国的发源地，它如今被认为是帕查库提的密秘私人宅邸。

马丘比丘城如同库斯科城一样拥有一个大型中心广场。1438 年，帕查库提公布了一条法令，规定所有印加民房必须围绕此类广场而建。该广场既可进行市场交易活动，也可举行庆祝活动。作为一座皇家宅邸，马丘比丘城可能全年都为奴仆居住，其中大多数为印加帝国在征战中虏获的战俘。在整座马丘比丘城里，房间和走廊都围绕露天庭院布置。因为它们只能通过同一道门进入，且室内石材饰面的质量也非常高，所以有些建筑被确认为是朝臣或贵族的宅邸。该城的另一个部分似乎是帝王的私人宅邸，里面配备了圣水沐浴池。泉水首先流经此处，然后再分流到该城的其他部分。此处以及广场另一端簇立着众多建筑物，其外形看起来符合印加人的宗教信仰，因此，它们可能具有宗教用途。

景观在所有这些人造特征中都占有主导地位。居住在马丘比丘城之外的农民在梯田上种植庄稼。他们的农耕技术如同墨西哥人的水中田畦一样使其能够收获更多的农产品，而在正常情况下，在这种不利于农耕的自然环境中是不可能实现的，因为该地区海拔极高，完全不适合传统农耕。在马丘比丘城，印加人将城市、土地和山区整合成了一块半自然半人造的区域，且使得自然和人工因素之间的差别几乎不能辨别。事实上，如今看起来，某些梯田的装饰性似乎超过实用性。在农业之外，印加人还会猎捕野兽，欣赏生长在周边环境中的 50 种兰花。皇家庄园为国王及其家，特别是其丰富的饮食提供了物资供给。

我们很可能永远不知道印加人来此定居的真实原因，因为这里对他们来说也很偏远，但这里的地貌可能非常适合于他们的宗教活动。印加人声称自己是太阳的后裔，并以此为自己的征战正名。帕查库提本人声称自己的膜拜得到了回报，他曾在一条小溪中看到了一个神认其为子的幻景。学者们推测，所谓的太阳神殿的拱形可能与在马丘比丘城频繁看到的彩虹相关，然而，库斯科城的许多太阳神庙并没有此类天体布局。对印加人而言，彩虹是一种与太阳交流的工具。神殿的各种不同特征的确与一年中的天体运动相关，比如夏至。另一个因为各种显著原因而为人所知的特征是三窗神殿(Temple of Three Windows)。该神殿的形状可能暗指一个印加创世神话。尽管众多文明都构建了宇宙图，但三窗神殿是可能在其中发现了它实际所指的唯一印加建筑。

墨西哥帝国和印加帝国的社会在技术上处于领先地位。它们拥有复杂的政治体制，能够管理几十万甚至几百万的人口，其中大多数定居于环境险恶的地区。直至今日，他们的建筑遗址仍然提供了能够证明他们所获得的成就以及让他们受到启发的世界观的大量证据。特诺奇蒂特兰城、库斯科城以及马丘比丘城的合理布局为墨西哥帝国和印加帝国的理想社会概念提供了模板。

然而，这些城市及其建筑却不足以保护创造了它们和其所代表的的文化。在 16 世纪，墨西哥帝国和印加帝国落入了西班牙人追金的贪婪巨口中。西班牙人的征战过程充满了暴力，令人恐惧，摧毁了曾经规范这些极其繁荣的国家的社会和建筑结构。一首墨西哥诗歌恰如其分地描述了这个过程：

断矛散落在道路上；
我们悲痛地撕扯头发。
房屋被掀去了屋顶，墙体染上了鲜红的血液。

虫豸涌上了街道和广场，

墙体溅上了鲜血。

河水被染成了红色，

入口成了盐水。

我们在绝望中挥拳砸墙，

因为我们的遗产和城市已永远丢失和死亡。

战士的盾牌是最后的防线，

但他们最终也未能保全。

延伸阅读

Hugh Thomas, *Conquest: Montezuma, Cortés, and the Fall of Old Mexico* (New York: Simon & Schuster, 1993), recounts Cortés's invasion of Mexico. On the Mexica and their architecture, see Richard F. Townsend, *The Aztecs,* 3rd ed. (London: Thames & Hudson, 2010); and Eduardo Matos Moctezuma, *The Great Temple of the Aztecs: Treasures of Tenochtitlan* (London: Thames & Hudson, 1988). On Cuzco, see Brian S. Bauer, *Ancient Cuzco: Heart of the Inca* (Austin: University of Texas Press, 2004); on Inca masonry, Jean-Pierre Protzen, *Inca Architecture and Construction at Ollantaytambo* (New York: Oxford University Press, 1993); and on Machu Picchu, Richard L. Burger and Lucy C. Salazar, eds., *Machu Picchu: Unveiling the Mysteries of the Incas* (New Haven, Conn.: Yale University Press, 2004).

3 布鲁乃列斯基

1418 年, 位于今天意大利的佛罗伦萨举行了一次建筑设计竞赛。距始建一百多年后, 佛罗伦萨城的教堂花之圣母教堂 (Santa Maria del Fiore) 的施工陷入了暂停状态。佛罗伦萨人是如何修建规划中的穹顶并使之成为近一千年里欧洲所修建的跨度最大的穹顶的? 特别是, 在高度和跨度上都超过教堂中殿(nave)的空间时, 如何在不采用昂贵的对中措施的情况下, 实现教堂中殿的肋形尖穹顶的建造?

在假设最终能找到解决方案的前提下开始修建此类宏伟建筑完全符合佛罗伦萨人的做事风格。当时, 北京城和特洛奇提特兰城都是在大型世俗和宗教建筑的基础上修建的相对较晚的规划性城市。其他地方的城市都是逐渐扩建的, 其中最雄伟的建筑也是随着时间的变化逐渐增建的。自 13 世纪起, 佛罗伦萨一直是欧洲的最富裕的城市之一。在试图解决该穹顶修建问题的过程中, 在建筑师们与建造者的并肩工作中, 一种新职业兴起了。而主要建造者在牧师和朝臣的资助下, 长期以来负责建筑设计和建造的监督工作。尽管通过这种方法修建的早期建筑以近代欧洲标准来看显得异常系统化, 它们最终带来了表现男性和极少数女性 (她们以新获得的自主性开始从业) 的独特品位和才能的新机会。

佛罗伦萨因众多银行和粗纺毛织物出名, 是欧洲的金融和财政中心。当时, 欧洲的政治和经济中心已经完全从仍为修道院和封建庄园占据的乡村转移到了城市。表现这种变化的最炫目建筑形式便是壮观的新教堂 (图 3.1)。自 11 世纪开始, 意大利半岛 (该片土地直到 1861 年才被统一成一个国家) 上以及当时阿尔卑斯山脉以北地区的城市开始为他们的主教兴建精美的大型城市教堂。如同在佛罗伦萨, 这些教堂都修建在早期的更加朴素的建筑原址上, 而后者通常建立在古罗马神殿的遗

图 3.1 花之圣母教堂，意大利佛罗伦萨，1296-1471 年。穹顶由菲利波·布鲁乃列斯基设计，始建于 1419 年。

址上。历史学家仍在讨论虔诚的宗教信仰和公民自豪感在中世纪教堂和主要修道院教堂的兴建中所起的作用（在佛罗伦萨，市政府主持教堂修建并承担建筑费用）。毋庸置疑的是，这些宗教场所是自古罗马帝国衰亡后在其欧洲领地上建立的最宏伟的建筑，也是历史上古罗马帝国疆土以北地区建立的最大建筑。这些教堂相对资助教堂修建的社会资源来说如此庞大和雄伟，往往需要历经几百年才能竣工。如今，许多教堂仍然耸立于所在城市中。极少中世纪教堂被完全摧毁或改建。而佛罗伦萨的教堂至今仍然是其中最为壮观的。

佛罗伦萨人于 1296 年开始建设花之圣母教堂。阿诺尔弗·迪·坎比奥 (Arnolfo di Cambio) 修建教堂中殿时采用了从法国引进的哥特式元素，如尖拱和扇形肋穹顶。大穹顶尤为特别，早已见于安德里亚·迪·博纳奥图 (Andrea di Bonaiuto) 创作的一幅湿壁画。到 14 世纪 60 年代晚期，佛罗伦萨人提议采取这种穹顶遮盖拉丁十字平面布局的交叉部分。小型穹顶常用于意大利和英国教堂，但这种规模巨大的穹顶却从未出现过。为什么要修建如此巨大的穹顶呢？

尽管大穹顶在中世纪的欧洲极为少见，15世纪的佛罗伦萨人却认为其具有不同寻常的历史。他们认为古罗马的万神殿是一座标准古代神殿。而且，尽管如今我们知道当时的万神殿只有几百年的历史，但佛罗伦萨人还相信位于大教堂入口正对面的中心布局式施洗大殿曾是一座古罗马神庙。在一个逐渐着迷于古典艺术的城市，穹顶大教堂提供了一种创建基于神圣传统的独特意大利建筑的工具。它有别于当代北欧建筑（尤其是法国）风格。圣索菲亚大教堂（Hagia Sophia）位于拜占庭帝国的都城君士坦丁堡，即今天的伊斯坦布尔。它的巨大跨距可能影响了佛罗伦萨人的决定。到1418年，一些佛罗伦萨人可能已经知道当时新建的最庞大的穹顶——古尔—艾米尔陵园（Gur-i-Mir）穹顶的存在。

为什么佛罗伦萨人会痴迷于古罗马？在罗马帝国解体一千多年后，意大利半岛上的各大都城仍然以其政治权力和文化成就为标准来衡量他们的雄心壮志。罗马人在肥沃的阿诺河（Arno River）河谷的一个河湾上建立了佛罗伦萨城。该城保留了罗马军营具有的网格布局特征。借助其巨大的财富，地位显著的佛罗伦萨人希望建立一座规模巨大并符合古罗马艺术标准的城市，以匹敌传说中罗马的辉煌。同样重要的是，古罗马风格和年代更近的罗马式风格提供了一种宣称脱离巴黎和中欧而获得艺术独立的工具。哥特式风格源起于12世纪中期，此时在中欧地区方兴未艾，那里的人们以丰富的想象力和创造力将其发扬光大。

为了解决穹顶修建问题，佛罗伦萨人组织了一场竞赛。虽然最初无果而终，但他们并没有对这种收集新鲜创意的方法失望。两年后，他们同意采纳金匠兼雕刻家菲利波·布鲁乃列斯基（Filippo Brunelleschi）的提议。这种结果并没有那么令人惊讶，不过如果这事发生在由主建造者监督大教堂的修建的北欧，则会引人热议了。在好几代人里，佛罗伦萨人转而邀请画家和雕刻家设计重要建筑，包括花之圣母教堂的初期工程。14世纪佛罗伦萨最伟大的画家乔托（Giotto）设计了花之圣母教堂的钟塔。乔托善于构图而不是建筑，但事实却证明，布鲁乃列斯基不仅具有设计天赋，而且还在建筑美学方面颇有造诣。

布鲁乃列斯基是第一位我们今天所理解的专业建筑设计师专注于建筑外观和结构，并不实际参与修建。布鲁乃列斯基监管了圆屋顶的修建，基本上每日都去现场，还设计了上面的穹隆小亭，但他既未接受瓦工培训，也未接受木工培训。布鲁乃列斯基选择了乔托偶尔为之的建筑设计作为职业，并最终放弃了雕刻，专心于建筑设计。

在了解布鲁乃列斯基的过程中，我们明白了建筑学是如何首先在佛罗伦萨、之后在意大利并最终在世界大部分地方实践的，还学习了如今仍在发展的建筑设想。专业建筑培训仅可追溯至 18 世纪，直到那时，建筑学才最终完全与绘画、雕塑和工程学区别开来。除了学习金匠技术外，布鲁乃列斯基还接受了古典教育，而当时的大多数主建造者并没有接受过这种教育。他很可能还通晓拉丁语和意大利语，熟悉数学以及古希腊和罗马思想。换句话说，尽管他没有上过建筑学校，但和今天的大多数建筑师一样，他的学识主要来源于理论而不是实践。建筑设计师和建造者之间的这种差别至今仍然存在于相对优秀的建筑实践和本土建筑施工之间。在本土建筑施工中，建造者通常对建筑外观承担更多责任。

布鲁乃列斯基参加竞赛并不是像今天这样提交一套平面、剖面和立面图纸，而是根据当时的惯例提供了一套木制模型原版模型已经遗失但有一套后期模型幸存下来。穹顶修建于 1420—1436，其本身表现了 3 个相互关联的原则。这三个原则成为即将发生的一场新建筑运动的标志。乔尔乔·瓦萨里 (Giorgio Vasari) 在其首次出版于 1550 年的《艺苑名人传》中创造了 "Renaissance (复兴)" 一词。该词的意思是重生，作者以它来描述这场建筑运动以及在视觉艺术领域产生并蔓延到诸如文学和哲学领域的诸多相关变化。然而，瓦萨里对佛罗伦萨的强调转移了人们的注意力，使他们没有意识到在欧洲和世界其他地方发生的动态变化的深刻程度，遑论这种变化并不一定建立在古典艺术的重新发现上。这种变化被冠以 "近代初期" 的有用标签，促使我们关注变化的目的而不是表达变化的形式。不可置疑的是，瓦萨里描述的这种新风格将首先挑战然后基本取代流行于意大利半岛的更加古老的哥特式风格。意大利文艺复兴建筑的标志已经见于布鲁乃列斯基的穹顶。这些标志包括建筑理论相对纯工艺显现的日渐增长的重要性、对古罗马图案和施工技术的重新发现，以及利用这些形式和施工技术提出解决技术和艺术问题的新方案。

布鲁乃列斯基是如何实际解决这个穹顶问题的呢？穹顶的建造技术是一个巨大挑战。这是迄今为止建造的最大穹棱拱顶，它横跨在面上空 300 英尺高的地方。布鲁乃列斯基采用了阿诺尔弗应用在教堂中殿的中世纪哥特式扇形肋穹顶技术 (图 3.2)。不过，他将此技术用于更大规模的穹顶上，而且是用于一种不同的更加罗马式的形式。最重要的是，他和古尔 - 艾米尔陵园的建造者一样采用了双壳结构，以轻质外壳包覆较厚的内壳。内外壳按两种不同方式固定，并借此支撑双壳。第一种是利用交叉肋条骨架: 其中八条可见于外壳，十六条位于双壳之间 (图 3.3)。

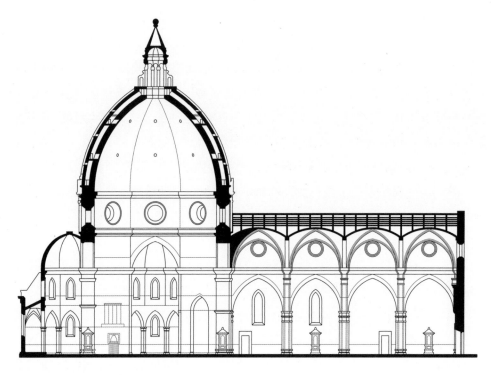

图 3.2 花之圣母教堂的纵剖面

今天人们仍然可通过双壳之间的狭窄通道爬到穹顶上。这里, 人们会发现两个穹顶交织在一起的第二种方式, 不过这次是横向结构。还有其他系统提供了更多安全保障。多达 3 条石材链条以及一条木材链条以铁链连接成整体, 形成穹顶箍带, 而砌砖结构按人字形排列, 打造成 1 条非常坚固的连接带。布鲁乃列斯基可能在仅位于佛罗伦萨以南几百英里之外的罗马学习了古罗马建筑技术, 而这种砖砌结构可能是他所学内容之一。在布鲁乃列斯基所处时期, 这种技术主要在遥远的东方地区的伊朗和中亚得以应用。

布鲁乃列斯基对穹顶做出的主要贡献应归属于我们称为的工程学而不是建筑学。布鲁乃列斯基通过搭建工作平台和设计将材料运输至此的机器完成了建造穹顶的艰难任务。他使脚手架从穹顶内壁伸出并悬空, 并以织物固定, 在必要的时候还可往上移动。他还发明了几种辅助脚手架向上移动的机器。其中之一便是提升机。这种机械建造于 1420—1421 年间, 用于将建筑材料运送到脚手架上 (图 3.4)。布鲁乃列斯基为了修建该穹顶, 至少设计了 3 种技术先进的类似机械。这种机械得到后期文艺复兴著名人物的仰慕, 其中包括列奥纳多·达·芬奇。

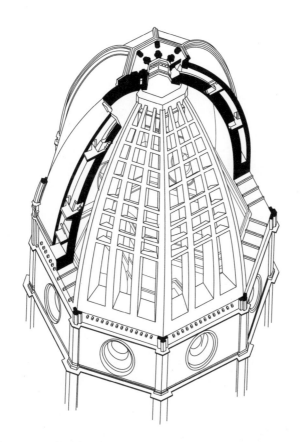

图 3.3 花之圣母教堂穹顶结构分析图

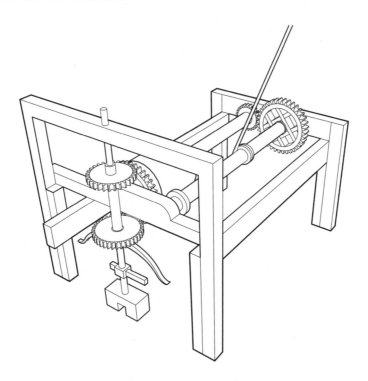

图 3.4 花之圣母教堂穹顶修建所用的提升机。改建图纸

尽管在设计穹顶时，除了19世纪修建的立面墙体外，该教堂的大部分其它结构已经完工，但布鲁乃列斯基的穹顶却似乎与背景建筑融合成一体。直至今日，它仍然是该城市的主要地标建筑。同时代的人对此感到惊奇。意大利建筑师莱昂·巴蒂斯塔·阿尔伯蒂 (Leon Battista Alberti) 在其论文《论绘画》中写道："只有愚蠢至极或心生嫉妒之人才会在面对这座伟大的建筑时而不愿称赞建筑师菲利波，因为它的巨大穹顶下的空间足以容纳托斯卡纳区 (Tuscany) 的所有人们，却在建造之时未采用任何桁架结构或大量木材。"

数百年来，欧洲各地的大规模教堂如罗马的圣彼德大教堂和伦敦的圣保罗大教堂都追随它的榜样，也修建了穹顶。同时，随着穹顶在十八世纪的修建，它也显现了主要民用建筑的重要地位。尽管所用建筑材料和装饰细节不同，美国国会大厦和美国各州的众多相似建筑都只是布鲁乃列斯基的伟大建筑结构的众多翻版的一部分。如果他只是完成了这座穹顶，今天，布鲁乃列斯基可能作为一位杰出人物而为人铭记。然而在获此成就后，布鲁乃列斯基开创了一种无须采用如此惊人的工程学结构的建筑设计方法。相反，在他后期创作的建筑作品中，他转而强调墙面、平面以及最终通过延伸而得的空间的有序连接。

布鲁乃列斯基的天赋以及他在文艺复兴兴起过程中所发挥的重要作用是毋庸置疑的。然而，人们很容易夸大他在参与设计的建筑中所承担的责任。最新学术成果显示，就如今天的建筑师都拥有与技术顾问和承包商协作的各种办公室助手一样，布鲁乃列斯基应该和其他人员一起分享荣誉，或者可能根本不应将视为其设计作品的其他三大重要建筑归功于他。但重要的不是这些争论中所论及的细节，而是布鲁乃列斯基和其后继者在建筑中加入历史和创意元素的方式。在1420年左右的佛罗伦萨，空间的抽象化方式以及立面的组织方式发生了巨大变化。这种变化与布鲁乃列斯基最伟大的艺术成就相关：他重新发现了在欧洲艺术界已被忽视了一千年之久的单点透视法。对深度的有力描写意味着界定和描写空间的复杂能力的提高。这种能力很可能受到佛罗伦萨城众多商人和工匠以目测确定数量的技能的启发。因此，布鲁乃列斯基利用相同的几何理想主义也不奇怪。他通过复兴科林斯柱式凸显了这种几何结构。科林斯柱式是一种具有缠绕结构、比例和装饰的古希腊系统。

佛罗伦萨育婴堂始建于1419年（图3.5）。布鲁乃列斯基在1427年退出该工程，但该育婴堂直到1445年才竣工并开业。这令人怀疑该建筑的协调结构是否完全出自

图 3.5 花之圣母教堂穹顶修建所用的提升机。改建图纸

他的设计。凉廊即建筑正面的开放式拱廊已然成为了中世纪晚期佛罗伦萨育婴堂的重要部分，不过，这座育婴堂的凉廊的连接结构却有重大不同。最重要的是，布鲁乃列斯基引进了一种严格的数学柱式。柱子的高度与拱廊的跨度相同。9 个立方体结构的高度都是 10 布拉乔奥（古意大利的长度单位，相当于 66 厘米或 68 厘米）。各部分的框架可能是很多古罗马建筑者从未见过的。可能正是这个原因，布鲁乃列斯基才不仅监造了一个立面的模型，而且还画出了突出这种关系的细节图。

布鲁乃列斯基将这种创新元素藏于传统伪装中。尽管建筑外观相对严肃——这里的问题是墙立面的组织，而不是墙面装饰——其细部却精确地复制了古典柱子的细节。事实上，他采用了万神殿外立面所用的相同科林斯柱式结构。这些柱式没有出现在穹顶上，不过却装饰在穹顶上的穹隆小亭。在育婴堂的立面，布鲁乃列斯基引用了一种考古学矫正法。这种技法在众多后期文艺复兴代表建筑中占有主要地位，有时候甚至损害了育婴堂更加创新的特征。

这种考古学矫正法包括将建筑秩序与社会秩序结合起来。根据该机构的意大利语名称的翻译,孤儿院也被称为育婴堂。它由丝织业的富商投资建成,以收容弃儿、孤儿并为照顾他们的员工提供住所。那时候如今天一样,计划外怀孕是一个主要的社会问题,尤其是在女仆之间。她们因为害怕丢失工作而不能拒绝所服务家庭中的成员的不当要求。布鲁乃列斯基设计的育婴堂立面的建筑秩序有助于形成一种理性主义和稳定性,以反映该建筑中所设置的机构的宗旨,重新形成上层阶层的公共规范意识。而这种公共规范却受到了各阶层的男性成员与大多为下层阶级女性的社会成员的共同实际行动的藐视。

这种清晰结构也延伸到了原始平面图。育婴堂围绕一个庭院布置,这和当时佛罗伦萨的众多修道院建筑相似(图 3.6)。育婴堂的各立面以面向公共广场的凉廊的相同线条连接起来。这种更加形式化的庭院设计,包括其古典细节,很快重现于私人宅邸的设计中。这类整齐宽大的庭院后来在欧洲历史上流行了很长时期。保存下来的当时文献证实了布鲁乃列斯基设计育婴堂立面 9 个开间的事实。但他在圣洛伦佐教堂的设计中所扮演的角色却更加模糊。1418 年,佛罗伦萨的富裕银行家家族美第奇委托他建造今天所称的圣洛伦佐教堂旧圣器收藏室。这座建筑是这片教区上最显著的家族的教堂墓地,也是显示非贵族家族在宗教和世俗领域表达虚荣变得日渐重要的样例。1421 年,该教堂的内部改造首先从圣坛所在的一端开始(图 3.7)。

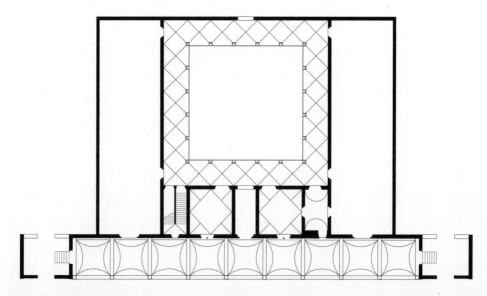

图 3.6 育婴堂的平面图

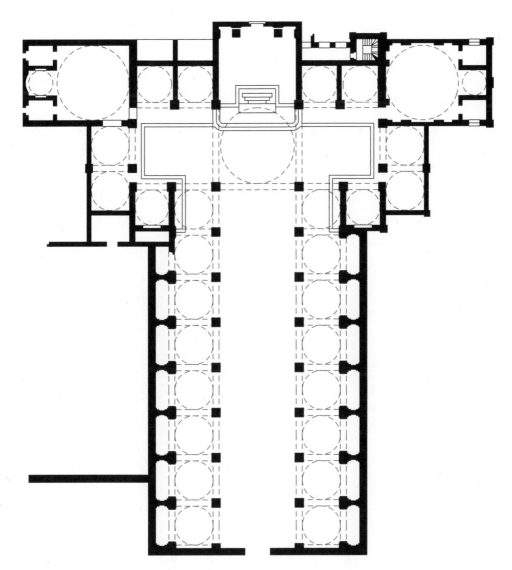

图 3.7 意大利佛罗伦萨圣洛伦佐教堂平面图，由菲利波·布鲁乃列斯基设计，始建于约 1419 年

这是唯一可以确定是由布鲁乃列斯基设计的部分。该建筑的其余部分是在 15 世纪陆续完成的，而布鲁乃列斯基早在 1446 年就已去世。

尽管存在归属问题，圣洛伦佐教堂的重要性表现在两个方面。首先，该教堂采用了反映神圣秩序的理想数学柱式 (图 3.8)。这种重要思想重现在世界各地的众多不同宗教信仰中，使罗马人的异教传统符合基督教教义，因为当时罗马人的国教包括众多神。该教堂所采用的具体形式远比之前的哥特式建筑清晰。如同育婴堂一样，

图 3.8 圣洛伦佐教堂的教堂中殿全视图

这里也增加了古典细节装饰。拉丁十字架结构表现得非常清楚：交叉部、十字形翼部以及圣所均各由一个方块构成，另由 4 块相似方块构成教堂中殿。交叉部稍微有点儿不规则，以更小的方块包覆，每块的尺寸是确定中心图形的方块的四分之一。

圣洛伦佐教堂至今仍是建筑史里程碑的第二个原因是它对巴西利卡（长方形廊柱式建筑师）传统的再现。巴西利卡是 4 世纪时基督教徒采用的一种古老罗马建筑类型。当时，人们被允许将教堂修建成宏大的建筑结构。巴西利卡式教堂通常以柱廊将教堂中殿与较低的侧廊隔离开来。新式佛罗伦萨教堂包括主教堂都被设计成现代哥特式风格。在这些建筑中，肋架拱顶跨越教堂中殿和廊道。然而，圣洛伦佐教堂的平面布局和结构却与遍布意大利的早期基督式教堂和罗马式教堂相似，但它以平屋顶取代常见的露天木桁架。这种回归巴西利卡式建筑的设计，就像布鲁乃列斯基采用古典细节一样，是早期近代意大利日渐获得独立文化身份的建筑标志。

作为佛罗伦萨最古老的教区教堂之一，圣洛伦佐教堂的教士而不是其建造者选择了重现巴西利卡式结构。他们之所以做出这种选择，无疑是因为他们对教区的悠久历史所感到的骄傲，这甚至也是他们重建教堂的初衷。无论如何，他们并不反对做出能够保持教堂在街区所具有的作用的改变。比如，将侧廊数量从之前的 2 个增加到 4 个为该教区的其他显赫家族提供了修建教堂墓地的空间。很多显赫家族对美第奇家族控制大多数教堂的修建的行为深感怨恨。旧圣器收藏室首次引用的平衡数学和神圣秩序的方法在帕奇小礼拜堂（Pazzi Chapel）的设计中达到了巅峰。该教堂始建于 1429 年，但同样也是在布鲁乃列斯基逝世很久之后才竣工。该建筑位于哥特式圣十字教堂（Santa Croce）的回廊中，方济各会教士以它作为会议厅。帕奇小礼拜堂还兼具称颂一个伟大而古老的贵族家族的作用。该家族属于佛罗伦萨主要银行家之一。在老会议厅于 1423 年被烧毁后，帕齐家族同意重建教堂。不过，他们总是拖延支付预付款，这也是教堂建筑工期如此之长的原因。

帕奇小礼拜堂的形式要比其表面功能有趣得多。在这里，我们找到了试图建立集中式神圣空间的众多文艺复兴建筑中的第二个范例（圣洛伦佐教堂的旧圣器收藏室是第一个范例）（图 3.9）。罗马天主教的礼拜仪式要求建立在这些地方中很难实现的轴对称性。因此，尽管 15、16 世纪的意大利建筑师对其设计非常感兴趣，然而这种集中式神圣空间却非常少见。由于这个小礼拜堂旨在主要用作集会场所和家族墓地，而不是唱弥撒的地方，所以，它的礼拜仪式要求要比对毗邻教堂的仪式要求少得多。

图 3.9 菲利波·布鲁乃列斯基，内部视图，帕奇小礼拜堂，意大利佛罗伦萨，始建于 1429 年。

同样面向一个设置了祭坛的小凹室的中央拱顶空间两侧建有筒形拱顶开间。灰色的科林斯式壁柱由塞茵那石雕刻而成，凸显了布鲁乃列斯基建立的这些空间之间的比例关系。更多的线脚突出了墙体和上层结构之间的界限，界定了半圆形、圆形部分和肋架拱顶，反过来，线脚也为这些区域划分。在帕奇小礼拜堂中，布鲁乃列斯基改变了哥特式建筑的重心，将天堂的神秘幻景替换为基于历史和几何结构的明晰理性主义如同大多文艺复兴理论一样建成结果产生了一种有点儿阴冷的氛围，但它也非常合理，甚至在追求完美的过程中还能鼓舞人心。

布鲁乃列斯基可被视为第一位现代早期建筑师，尽管这个头衔常被冠在阿尔伯蒂头上，具体原因将在下章解释。不可否认的是，如同众多中世纪主建造者（不过其中大多数接受过瓦工培训）一样，布鲁乃列斯基脱离了实际建筑施工过程。他设计但并没有亲自参与施工。可能是因为他的超强人格魅力，抑或因为后来人们的英雄崇拜心态，使得他受到了许多本不应得的称誉，而他的大多数前辈却大多默默无闻，即便他们的名字被载入史册。他对完美主义的注重有时候超过建筑实用功能，比如帕奇小礼拜堂的理想布局。所有这些特征一直困扰着在布鲁乃列斯基致力于定义的建筑行业。布鲁乃列斯基身上的另一个新特点便是他顺应尊敬个性的新潮流的能力，并能够在建筑中找到一种表达个人和公共意志的工具，尽管他将复杂的社会现实提炼成单纯的几何图形的能力对中国庭院式住宅的居民来说来非常熟悉。布鲁乃列斯基借鉴历史，从过去找到一种让建筑形式、连接结构和装饰在逻辑上都完全新颖的方法。他向古罗马人和不那么古老的佛罗伦萨人学习，但他从未满足于仅仅模仿他们。事实上，他经常误解他们。比如，我们知道施洗大殿不是罗马神庙，但他不知道。他在过去和现在之间建立联系并从中找到过去的做法启发了一个全新的未来。这种做法后来在许多早期现代和现代建筑中屡屡重现。那些设计、修建它们和并在其中居住的男女们并不知道历史上曾经有个布鲁乃列斯基。

延伸阅读

For discussion of Brunelleschi's dome, see Giovanni Fanelli and Michele Fanelli, *Brunelleschi's Cupola: Past and Present of an Architectural Masterpiece* (Florence: Mandragora, 2004); Howard Saalman, *Filippo Brunelleschi: The Cupola of Santa Maria del Fiore* (London: Zwemmer, 1980); and Marvin Trachtenberg, *Building-in-Time: From Giotto to Alberti and Modern Oblivion* (New Haven, Conn.: Yale University Press, 2010). I am indebted to Gülru Necipoğlu, *The Age of Sinan: Architectural Culture in the Ottoman Empire, 1539–1588* (London: Reaktion, 2005), for the possible connections among the great Italian Renaissance domes, Hagia Sophia, and Timur's tomb. On the development of perspective, see Hubert Damisch, *The Origin of Perspective* (Cambridge: MIT Press, 1994). Model building is among the aspects of Renaissance architecture addressed in Henry Millon and Vittorio Magnago Lampugnani, eds., *The Renaissance in Architecture from Brunelleschi to Michelangelo: Representation in Architecture* (New York: Rizzoli, 1994). Howard Saalman, *Filippo Brunelleschi: The Buildings* (University Park: Pennsylvania State University Press, 1993), surveys Brunelleschi's later work and the degree to which he can be credited with its design. See also Matthew A. Cohen, "How Much Brunelleschi? A Late Medieval Proportional System in the Basilica of San Lorenzo in Florence," *Journal of the Society of Architectural Historians* 67, no. 1 (2008): 18–57; and Marvin Trachtenberg, *Brunelleschi, Michelozzo, and the Problem of the Pazzi Chapel* (New Haven, Conn.: Yale University Press, 2008).

4 美第奇家族 与佛罗伦萨建筑

菲利波·布鲁乃列斯基复兴的古代建筑形式和建筑技术满足了 15 世纪佛罗伦萨的现代需求。佛罗伦萨是当时最活跃的城市之一。在此后 150 年间,佛罗伦萨人和意大利半岛上的其他人们继续发展根据理想数学并在复兴古典柱式中加以强调的立面、平面和剖面组织方式。然而,这种新柱式却几乎从未整体应用于文艺复兴城市。相反,这种规划主要限于绘画中。图 4.1 所示样例描绘了多座古罗马建筑以及一座采用了单点透视法的很像佛罗伦萨施洗大殿的建筑。这幅设计图的归属至今仍在学者中颇受争议。在 15、16 世纪的意大利,没有一座城市具有画中那样的有序空间布局或北京和特诺奇蒂特兰城那样的布局。为什么没有呢? 还有它们到底有什么样的布局呢?

在这个时期,佛罗伦萨的外观经历了深刻变化,但这种变化总是局部的、逐渐的。变化的主要目的从来不是为了创造理想城市,而是为了展示该城的名门望族的权力和财物。这是一个动态过程,一个在街区和城市中心之间建立紧张联系而不是创建统一城市形象的过程。这要求我们超越形式本身,考虑经济、功能、政治和社会力量等影响建筑形式的因素。

尽管中世纪后期,神圣罗马帝国的一部分在名义上以今天的德国为中心,但佛罗伦萨如许多其他欧洲城市一样在实际上却属于共和政体。换句话来说,它不受帝国、王室和贵族的统治。在佛罗伦萨,数个重要家族的男性首领拥有实际统治权。他们的财富来源于手工艺业和贸易活动,尤其是羊毛贸易和银行业务,而不是来源于对农田的控制。这种市政府的突出特点是官员和议会成员的频繁轮换,以确保竞争家

图 4.1 修建了喷泉和竖立了表现美德的雕塑的理想城市，设计于 15 世纪晚期

族之间的相对平等。有时候，官员甚至是通过抽签方式产生。布鲁乃列斯基曾是担任此类职位的佛罗伦萨人之一。

15、16 世纪的佛罗伦萨的特点不是扩大城市规模，建设新城区，而是重新规划现有城区，因为一个大家族——美第奇家族——逐渐夺取了公民集体的政治权力。1348年爆发的黑死病使得佛罗伦萨人口减半，抹除了扩建的必要。如同整个欧洲地区的其他城市一样，中世纪晚期的佛罗伦萨城的边界是由募缘会建于 13 世纪的教堂的位置确定的。道明会修建的新圣母玛利亚教堂 (Santa Maria Novella) 位于西北部，方济各会的圣十字教堂位于正东南部。此外，圣洛伦佐教区就在原始罗马网格的正北面，而育婴堂则坐落在偏东位置。

1445 年，就在与圣洛伦佐教堂相隔一个街区的位置，如今被称为美第奇·里卡迪宫 (Medici-Riccardi Palace) 的建筑开始修建 (图 4.2)。尽管该建筑的建筑师是米开罗佐·迪·巴尔托洛梅奥 (Michelozzo di Bartolomeo)，但这座伟大建筑背后的真正决定者却是柯西莫·德·美第奇 (Cosimo de' Medici)。他是一名富裕的银行家，主要在幕后操作，他同时还控制市政府。修建这座意大利城市宫殿与柯西莫对该城的共和政体的挑战有着密不可分的关系。围绕庭院而建的基本块状外形已经具有极深的欧洲和佛罗伦萨根源。它的布局与直至 19 世纪仍是大多数亚洲宫殿的典型特征的亭台布局完全不同。

柯西莫没有设计这座宫殿，但他非常清楚自己正在做的事。他具有足够的能力理解

图 4.2 意大利佛罗伦萨美第奇·里卡迪宫，由米开罗佐·迪·巴尔托洛梅奥设计，始建于 1445 年

建筑作为政治宣传工具的有效性。三年前，他大力推动了搁置了很久的圣洛伦佐教堂建设活动。并非只有他是如此。他的大多数政敌也在公民委员会和宗教委员会担任职务，并与权威建筑师争夺就有关建筑外观发表言论的权力。

美第奇·里卡迪宫具有令人惊讶的创新。它建立了一个延续了两百多年的建筑典范。此前，大多数宫殿均为宗教或世俗统治者、主教和王公贵族建立。资产阶级修建的宫殿相对而言极其少见。相反，相互竞争的家族宅邸却遍布包括托斯卡纳区和远至博洛尼亚 (Bologna) 的众多中世纪城市。此后，有实力的家族开始建立壮观的城市宅邸，花费多达一半至三分之一的净资产修建代表家族身份的标志建筑。柯西莫的新宫殿的巨大规模可从拆除了 20 栋现有房的事实看出。14 世纪的住宅通常都是匿名的，然而，美第奇家族却将盾徽放在了家族宫殿一角的显著位置上。

在中世纪的欧洲各大城市，最美最大的建筑通常属于教堂或统治者。比如维琪奥王宫 (Palazzo Vecchio) 是佛罗伦萨的中世纪市政厅。该建筑的塔顶比得上作为该城最显著地标的新教堂穹顶。柯西莫不仅暗地控制市政厅所容纳的政府机构，而且公开修建了很快成为该城另一座主要世俗地标建筑。他和米开罗佐在参考更老建筑的基础上完成了该宫殿，他们甚至还做出了改良。美第奇·里卡迪宫和维琪奥王宫都安装了拱窗（今天所见的美第奇·里卡迪宫一楼的窗户是后来增建的，由米开朗基罗设计）。两者都设置了长凳，既为祈愿人提供了座位，也适用于日常交流。节假日期间，这些长凳则为显要人物占用。然而，美第奇·里卡迪宫却比维琪奥王宫更加规范，没有那么明显的随意性。美第奇-里卡迪宫同时还不能用于商业目的。主要的美第奇银行机构位于其他地方。最开始只有柯西莫和妻子、孩子们、仆人和奴隶居住在这座宫殿里。然而，随着时间的变化，家臣的入住使其具有了豪华宫廷的模样。比如，米开朗基罗曾经在这座宫殿里生活和工作过一段时间。

美第奇·里卡迪宫的外部没有一处具体地复兴了古罗马建筑范例，但以科林斯式柱廊界定的宽阔内庭却模仿了布鲁乃列斯基在育婴堂树立的范例（图 4.3）。在某些文明国家中，庭院是住宅的私密核心，但在文艺复兴时期的佛罗伦萨，这种空间却很容易从街道看到，且比位于上一层楼的主要房间更易进入。在这种情况下，一系列入口最终指向台阶，沿着庭院边缘，通往用于娱乐的主房间和其后面积稍小的卧室。从这里以及从走廊出发，都可前往小礼拜堂或更加私密的书房。

15 世纪的佛罗伦萨和威尼斯是欧洲最富裕的城市。两座城市中都建立了室内奢侈品和舒适度方面的新标准。新圣母玛利亚教堂的一幅由多米尼哥·基兰达 (Domenico Ghirlandaio) 创作的《圣母的诞生》的同时期作品中描绘了一间奢华的佛罗伦萨式卧室（图 4.4）。即便是精美的房间，里面所摆设的家具也要比今天的常用家具少得多。华丽的床架和织物是展示一个家族的财富的主要标志。主卧通常是住宅中最公开的房间，尤其是在生育孩子后。那时候，生母的朋友们都会前来看望，就像画中所描述的那样。

美第奇·里卡迪宫小礼拜堂中的原始装饰壁画保存了下来，该画由贝诺佐·戈佐利 (Benozzo Gozzoli) 创作。尽管这些画在今天更有价值，不过在当时却比装饰豪华宅邸的挂毯便宜得多。戈佐利在创作描述圣经故事《东方三博士》的引申故事的作品时，在其中融入了美第奇家族的成员。这座小礼拜堂如同圣洛伦佐教堂的旧圣

图 4.3 美第奇·里卡迪宫的庭院

图 4.4 多米尼哥·基兰达创作的《圣母的诞生》，位于意大利佛罗伦萨的新圣母玛利亚教堂，创作于 1485—1490 年

器收藏室一样，也表现了美第奇以及像帕奇这样的家族通过赞助使神圣体验私有化的行为。

作为一种公关策略，该宫殿获得了成功。它被视为城市的一个景点而从未被遗弃过，即便美第奇家族被赶出佛罗伦萨。事实上，美第奇家族曾遭到两次驱逐。不足为奇的是，其他佛罗伦萨家族很快也争相修建自己的宫殿。莱昂·巴蒂斯塔·阿尔伯蒂曾设计了最先兴建的宫殿之一。

阿尔伯蒂是一名不同于布鲁乃列斯基的建筑师，但他所建立的典范也同样重要。他是一名绅士，而不是纯粹的工匠。他比布鲁乃列斯基具有更高的社会地位，部分是因为出身，部分是因为所受的教育。绅士建筑师将在此后数百年里的欧洲及其殖民地扮演重要的角色。早在 19 世纪初，业余建筑师包括美国的托马斯·杰斐逊 (Thomas Jefferson) 都属于自身所在时期最重要的设计师。阿尔伯蒂是一个学者。他缺乏布鲁乃列斯基具有的工程学能力，但却掌握着更多古拉丁语知识。他的《建筑十书》是古罗马作家维特鲁维 (Vitruvius) 的著述之外的第二部现存欧洲建筑理论书籍。该书最初以拉丁文写作，而不是人们实际所说的意大利语。它是第一部由建筑师收集和整理古代和当代建筑设计和施工相关知识而著述的建筑著作，后来出现了众多类似书籍。此类著述同样也能展示作者的渊博知识并提升该新行业的威望。阿尔伯蒂承接的两项早期建筑设计委托是为鲁切拉 (Rucellai) 家族设计两个建筑立面。鲁切拉家族宫殿的临街正面始建于约 1453 年 (图 4.5)。美第奇·里卡迪宫是一座全新建筑，而鲁切拉却只是对现有房屋进行改建，并为改建后的建筑群贴上一张时髦的新面孔。阿尔伯蒂的雇主乔瓦尼·鲁切拉 (Giovanni Rucellai) 位列佛罗伦萨富人榜第三名，因此，也很有可能想像柯西莫那样炫耀自己拥有的财富和权力。

鲁切拉宫的正面和美第奇·里卡迪宫正面的主要不同在于，阿尔伯蒂采用壁柱作为排序装置和装饰图案。壁柱是应用在墙面上的一根竖条，它的装饰作用与独立古典柱子的作用相似。阿尔伯蒂借鉴古罗马圆形大剧场，通过下方的多利克柱式、中间爱奥尼亚式以及上方科林斯式壁柱将窗间距的各部分连接起来，借此而遵守这些柱式的古老层次秩序。

鲁切拉对建成后的宫殿非常满意。他后来写道："把钱用得好比赚钱对我而言更有价值。花钱让我感到更大的满足，尤其是花钱修建位于佛罗伦萨的宅邸。"

图 4.5 意大利佛罗伦萨鲁切拉宫的正面，由莱昂·巴蒂斯塔·阿尔伯蒂设计，始建于 1453 年

神圣建筑对鲁切拉来说如同对美第奇一样都是进行炫示的地方。阿尔伯蒂改建完成了新圣母玛利亚教堂、佛罗伦萨城的道明会教堂和鲁切拉做礼拜的教堂的正面墙体（图 4.6）。墙体上刻着 "Giovanni Rucellai son of Paolo 1470（保罗之子乔瓦尼·鲁切拉建于 1470 年）" 的字样，不过其实际施工直到 1458 年左右才开始。鲁切拉家族公开宣称其捐建该建筑的事实表现了该家族对该街区及其上最重要的机构的控制。鲁切拉家族实际上只是赞助修建了一座重要佛罗伦萨哥特式教堂的装饰性正面。

罗马和罗马式元素的结合再次创造了反映地方身份的形象。在这里，古罗马神殿式正面首次直接应用在一座教堂的正面墙体的上层结构上，不过中间设置了一

图 4.6 意大利佛罗伦萨新圣母玛利亚教堂的正面, 由莱昂·巴蒂斯塔·阿尔伯蒂设计, 始建于 1458 年

个圆孔。因此, 新圣母玛利亚教堂是遍布意大利以及其他地区的无数文艺复兴式和巴洛克式教堂正面墙体的鼻祖。许多后期教堂设计师也采用了卷涡饰, 以此跨接中庭和两侧较矮的廊道的高度差。13 世纪的圣明尼亚托教堂 (San Miniato al Monte) 是一个重要的罗马式建筑范例, 高耸于佛罗伦萨地平线上。该教堂始建于 1013 年, 几乎确定地为阿尔伯蒂的装饰词汇库以及圣洛伦佐教堂的平面图提供了先例。尽管布鲁乃列斯基也对该建筑非常了解——事实上, 他几乎天天能看到该教堂的正面墙体, 然而他的更加庄严的建筑并没有借用该教堂的理石饰面。

美第奇家族统治在柯西莫的儿子——伟大的洛伦佐的领导下繁荣发展。然而, 洛伦佐于 1492 年去世后, 美第奇家族被迫流放。许多佛罗伦萨人极其痛恨美第奇家族对过去更具代表性的统治体系的控制。但就在一位美第奇家族成员在 1513 年被选举为教皇即利奥十世后, 美第奇家族又高调回归。如同之前的柯西莫, 利奥和其后来成为教皇克雷芒十二世的侄子借用建筑展示其家族的地位。因为他们是宗教统治者而不是世俗统治者, 并且居住在罗马而不是佛罗伦萨, 因此, 他们关注的是圣洛伦佐教区教堂而非宫殿的建设。首先, 利奥在 1516 年委托画家和雕塑家米开朗基罗设计一栋建筑的正面。米开朗基罗当时 40 岁,已经是意大利最著名的艺术家之一。这可能是他的第一部实际完工的建筑设计作品。米开朗基罗完成的另两项由美第奇委托的任务为这栋建筑锦上添花。它们分别是新圣器收藏室 (New Sacristy) 和劳伦提安图书馆 (Laurentian Library)。

图 4.7 意大利圣洛伦佐教堂的新圣器收藏室的轴测图,由米开罗基罗设计,始建于 1519 年

新圣器收藏室设计于 1519—1920 年间，里面安葬了利奥的两个侄子。新圣器收藏室和布鲁乃列斯基的旧圣器收藏室之间只隔着一个圣坛。新圣器收藏室的平面、立面以及材料都与旧圣器收藏室紧密相关（图 4.7）。两者都建有圆形穹顶，都以灰色塞茵那石古典细节凸显其界定的表面的几何划分。两者还展示了美第奇家族邀请佛罗伦萨城最好的艺术家颂扬家族的能力。这意味着有必要进行创新和模仿。两个圣器收藏室的第一个主要不同点在于米开朗基罗为了提升建筑的庄严感而增建的上层结构。

就像是为了搭配当时最伟大欧洲雕塑家的作品，旧圣器收藏室里洛伦佐和朱利亚诺·德·美第奇（Giuliano de' Medici）的坟墓远比位于旧圣器收藏室的祖先坟墓壮观得多（图 4.8）。此外，坟墓后面的理石墙增添了布鲁乃列斯基的低调墙面完全缺乏的奢华感。墓室的死亡、重生和赞颂的主题将美第奇家族回归佛罗伦萨的暂时经历与基督教信仰的图像结合到了一起。最后，四周似要从底座上滑落的雕塑增加了一种有别于布鲁乃列斯基追求的几何确定性的不稳定元素。

图 4.8 新圣器收藏室以及朱利亚诺·德·美第奇之墓的内视图

圣洛伦佐教堂的两个圣器收藏室的不同之处代表了意大利 15 世纪和 16 世纪文艺复兴式建筑之间的主要差别。16 世纪的建筑以更多的细节表现古典过去，然后对其进行调控以表现更加丰富的雕塑和情感效果，这些远超出了 15 世纪建筑师和艺术家的想象。米开朗基罗所构想的墙面和空间是弹性的，不同于布鲁乃列斯基擅长的静态平面。新圣器收藏室的墙面不再是清晰界定的平面，而是雕刻出来的板块。这些板块因为塞茵那石的细节而增加了内容和深度。

隔壁劳伦提安图书馆的门廊代表了这种佛罗伦萨风格的高峰。该图书馆始建于 1524 年，里面收藏了洛伦佐·德·美第奇的手稿藏品。这些手稿是教皇利奥捐赠给圣洛伦佐修道院的，因为当时修道院仍然是主要的藏书处。藏书处的位置是提前确定的：在现有建筑上增加第三层楼。提高藏书位置可使书籍免于受潮，并提供最自然的照明。米开朗基罗喜欢迎难而上。他将此视为挑战。图书馆的主室遵循现有空间布局，是一个狭长的长方形空间，以一条廊道隔离两排书桌，里面收藏着书籍和手稿。

门廊非常漂亮，因为高而狭窄，几乎很难借用照片做出适当描述 (图 4.9)。在这个狭窄空间里，高墙呈长方形，楼梯倾泻而出，两者之间产生了一种巨大压力，几乎要把迎面而来的入馆者逼出门外。这是庞大楼梯的一个颇具影响力的早期范例。这种楼梯很快便成为宫殿并最终成为民用建筑的主要特征。布鲁内莱斯特试图建立一种最终能够改善社会并反映神圣秩序的建筑逻辑和秩序。相反，米开朗基罗喜欢表现建筑师罗伯特·文丘里 (Robert Venturi) 后来所称的复杂性和矛盾性。他的这些特点在嵌入门廊侧墙的柱子上表现得淋漓尽致。古罗马人将壁柱和附墙柱附加到墙体上。米开朗基罗的创意之举则是将它们嵌入墙体，这样一来，柱子还能兼做扶壁。

米开朗基罗的工作方法在现在和过去之间画出了一道同样鲜明的界限。在哥特式大教堂中，承重柱身一直延伸到横跨教堂中殿的扇形肋穹顶，但这里的承重结构是被嵌入墙体内，而不是附加在墙面上。在北欧，建筑图纸直至中世纪末期才开始被看重。到 16 世纪，图纸的重要性终于在意大利超越了模型。米开朗基罗为该工程画了很多素描图，利用它们表现设计构想并将其传达给其他人。

米开朗基罗设计的佛罗伦萨增建结构提升了美第齐家族的声望。尽管没有米兰大教堂 (Duomo) 和美第齐宫那么壮观，它们一直是该城最受欢迎的旅游景点之一。

图 4.9 意大利佛罗伦萨劳伦提安图书馆的门廊, 由米开朗基罗设计, 始建于 1524 年

这些增建机构尽管可能因为极其渺小而很难为未受专业培训之人辨识，然而在修建之时，却极少有佛罗伦萨人不知道它们的存在。画家和建筑师乔尔乔·瓦萨里特别欣赏这些细节。他负责监管门廊的施工。他曾先后写到过新圣器收藏室和图书馆：米开朗基罗想要模仿菲利波·布鲁乃列斯基设计的旧圣器收藏室，但却采用不同的装饰元素。因此，他以组合柱式进行装饰，其样式比任何其他古今大师所作出的设计都更加多样和新颖。漂亮的脚线、柱头、基座、柱基、门、神龛和坟墓都极具创意。在这些装饰元素中，他极大地偏离了那种由比例、秩序和规则限制的建筑。其他建筑师根据习惯用法并遵循维特鲁维和其他古代著述的建筑理论进行设计，而这正是米开朗基罗试图摆脱的。

他给予自己特许的行为鼓舞了其他人追随他的榜样……所有艺术家都应永远感谢米开朗基罗，因为他打断了之前将他们捆绑于传统形式创造的枷锁。后来，米开朗基罗试图将他的新想法更好地应用在圣洛伦佐教堂的图书馆设计中，即应用于窗户的漂亮布置、天花的图案以及门廊的壮观入口上。小桌、神龛和脚线的设计细节和总体效果都达到了绝对的雅致，楼梯也极其宽敞。他在设计楼梯踏步时做出了如此奇怪的突破，且在如此多的细节上如此违反常规，以至于令所有人都惊讶不已。继圣洛伦佐教堂中由米开朗基罗设计的部分结构竣工约 30 年后，新一代美第奇家族的一名成员在瓦萨里的大力支持下，在不再是共和政体城市的佛罗伦萨修建了一座新民用建筑。直到 1569 年城市变革结束后，柯西莫一世才宣称自己是托斯卡纳区的大公爵，但城市变革和他的政治抱负是不可分割的。现在，美第奇家族将作为世袭贵族进行统治，抛弃其作为商人的过去。这种变化预示着共和政体在 16 世纪欧洲大部分地区的灭亡。最终在工业革命最为激烈的时期，18 世纪末爆发的法国大革命试图恢复欧洲城市资本阶级的中世纪晚期的政治权力地位。

在这个变革过程中，和柯西莫一样发挥着重要作用的是他的妻子托莱多的艾莉诺（Eleanor of Toledo）。她也是第一个掌权的美第齐家族女性。艾莉诺在丈夫离开期间，曾数次执掌佛罗伦萨城的政权。随着政治权力从封建制度转移至城市宫廷，少数出身良好的欧洲女性获得了一定的政治权力。在中世纪时期，女性极少能获得此等政治权力，后来也很少出现这种情形，直到玛格丽特·撒切尔在 1980 年成为英国首相。艾莉诺的丈夫的远房堂妹凯瑟琳·德·美第奇（她的父亲埋在新圣器收藏室）和她本人的孙女玛丽·德·美第奇后来都成为法国王后，并在年幼儿子继位期间摄政。美第奇家族出身的王后们将自己家族表现政治权威的方法引入了北欧。

建筑仍然是美第奇家族表现自己权力的重要工具。柯西莫以全新方式利用旧建筑，并修建了全新建筑，以为自己的绝对主义国家服务。1540 年，他和艾莉诺将位于圣洛伦佐教堂附近的老美第奇宫迁至维琪奥王宫。他们在那里的由瓦萨里专门设计的房间里居住了 9 年，后来又跨越亚诺河搬迁到皮蒂宫 (Pitti Palace)。1560 年，柯西莫委托瓦萨里修建乌菲齐宫 (Uffizi)，用于容纳扩大后的行政机关。最后，在 1565 年，柯西莫委托瓦萨里修建一条走廊 (意大利语为 Corridoio) 连接这 3 栋建筑，为他从一栋建筑前往另一栋提供隐私和安全保障。

皮蒂宫的主体建筑始建于 1458 年，当时另一个资产阶级家族试图建立一栋能与美第奇宫媲美的宫殿。艾莉诺于 1549 年买下了美第奇宫，用作新宫廷的总部。柯西莫为什么不留在其祖先修建的宫殿里呢？因为它曾是一位商业王公的宅邸，且位于拥挤的城市中心。皮蒂宫位于城市边缘，它可以也最终被扩建成了一栋特别的建筑。皮蒂宫始建于 1558 年。巴尔托洛梅奥·阿曼纳蒂 (Bartolommeo Ammannati) 将它转变成了一座定义性现代皇家宫殿。阿曼纳蒂设计了延伸到房后山坡的波波利园林 (Boboli Gardens)，增建了侧翼建筑，从而创建了一个与园林主要元素位于同一轴线的三面围起来的庭院 (图 4.10)。庭院以大胆的粗拙墙体为界，里面曾经

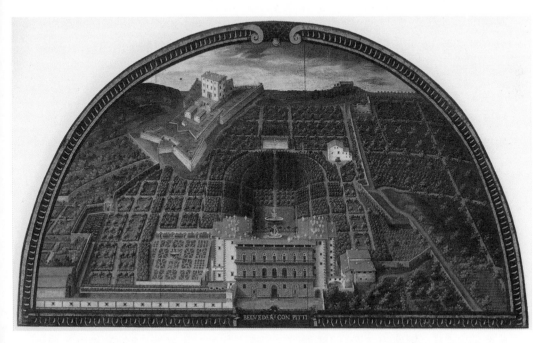

图 4.10 意大利佛罗伦萨的皮蒂宫，始建于 1458 年。其后期庭院由巴尔托洛梅奥·阿曼纳蒂设计，建于 1558—1570 年

举行过众多活动，大多数情况，下整个宫廷的人员都会参加。如同在中世纪晚期，这些活动仍然宣示着美第奇家族的政治权威。这种漂亮的布景为由美第奇王后们委托建造的两座巴黎豪华宫殿即杜伊勒里宫 (Tuileries) 和卢森堡宫 (Luxembourg) 提供一个重要先例。同时，柯西莫继续住在曾经的商人宅邸里，并没有完全脱离旧秩序。

然而，对于大公爵、其家族和宫廷来说，维持新政治秩序不仅仅需要壮观的宅邸。始建于 1560 年的乌菲齐宫是为了将分散在佛罗伦萨城各处的各种城市行政权力集中到一处 (图 4.11)。今天，乌菲齐宫成了世界上最出名的欧洲绘画收藏馆，但它最初是一座办公楼，也是第一批重要的办公建筑之一。随着国家规模和政权的扩大，所需的政府管理人员也有所增加。直到 19 世纪，政府人员通常住在宫殿里，但在佛罗伦萨，因为共和统治的机构仍然非常强大，政府人员则住在维琪奥王宫附近的旧市政厅里。柯西莫很明智地没有自费修建乌菲齐宫。相反，他要求其使用者根据他指定的设计修建。

因为是全新建筑，所以乌菲齐宫成了伟大公爵统治的最显著标志。尽管如此，它仍然充满了对过去的共和政体和取代它的美第奇家族传统的暗示。乌菲齐宫的庭院以塞茵那石镶边，从中可清楚地看到维琪奥王宫。而站在乌菲齐宫的上层楼层则可看到米兰大教堂。到此时，塞茵那石已经成为美第奇建筑的标志，只有获得政府许可方可采用。此外，乌菲齐宫各个立面的设计模仿了劳伦提安图书馆的内装设计。瓦萨里对后者表现了极大的尊重。

柯西莫利用自己的权力，下令拆除建筑现场上的住宅和其他建筑，将分散的共和机构搬迁至更易受他控制的地方。此举预示了大公爵对佛罗伦萨政府正式施加绝对主义控制。事实上，在当时，乌菲齐宫被认为是美第奇权威的象征，甚至遭到了批判。美第奇政权的反对者夸大了修建乌菲齐宫所需拆除的房屋数量，但却没有提到此举对迁移居民的生活的影响。

如同乌菲齐宫的庭院所示，文艺复兴时期的佛罗伦萨提供了进行理想化城市规划的空间。然而，在该城过去形成的不规则布局下，乌菲齐宫才显得最为壮观。维琪奥王宫的塔楼耸立在之前的办公楼之上，如今已变成了博物馆。米兰大教堂坐落在其北面只隔了几个街区的位置。徒步穿过新乌菲齐宫前往这两处，人们能够真正感受由美第奇政权重新构建的共和佛罗伦萨的伟大建筑。这也解释了为什么美第奇在

图 4.11 意大利佛罗伦萨乌菲齐宫，由乔尔乔·瓦萨里设计，始建于 1561 年

重新塑造佛罗伦萨的时候从未做出全面改变。比如,通过新建一座市政厅抹掉共和政体的过去可能使这座城市缩小。相反,对过去的微妙重现,尤其是通过修建维琪奥王宫和乌菲齐宫,却进一步装点了佛罗伦萨城,即便美第奇削减了维琪奥王宫曾经体现的政治原则。15 世纪的佛罗伦萨见证了专业建筑师诞生的初期阶段,但从一开始,权威的业主就对建筑师实现新美学构想的能力进行了验证。建筑师的出现、晦涩的引用古典的复兴以及不易为普通大众欣赏的微妙细节并未能减少赞助人的重要性或设计师对整个社会的责任。

延伸阅读

In addition to the sources cited in chapter 3, useful literature on fifteenth-century Florence includes Richard Goldthwaite, *The Building of Renaissance Florence: An Economic and Social History* (Baltimore: Johns Hopkins University Press, 1980); and Richard Goy, *Florence: The City and Its Architecture* (London: Phaidon, 2002). Yvonne Elet, "Seats of Power: The Outdoor Benches of Early Modern Florence," *Journal of the Society of Architectural Historians* 61, no. 4 (2002): 444–69, describes the prominence of this feature of both the Palazzo Vecchio and the Palazzo Medici. For more on housing, see Marta Ajmar-Wollheim and Flora Dennis, eds., *At Home in Renaissance Italy* (London: Victoria and Albert Museum, 2006). Lisa Jardine, *Worldly Goods: A New History of the Renaissance* (New York: Nan A. Talese, 1996), describes the prestige of tapestries in relation to painting. For discussion of Renaissance treatises, see Alina Payne, *The Architectural Treatise in the Italian Renaissance: Architectural Invention, Ornament, and Literary Culture* (Cambridge: Cambridge University Press, 1999); and Christine Smith, *Architecture in the Culture of Early Humanism: Ethics, Aesthetics, and Elegance, 1400–1470* (New York: Oxford University Press, 1992). On Alberti, see Robert Tavernor, *On Alberti and the Art of Building* (New Haven, Conn.: Yale University Press, 1999). On Medici architectural patronage in sixteenth-century Florence, see William E. Wallace, *Michelangelo at San Lorenzo: The Architect as Entrepreneur* (Cambridge: Cambridge University Press, 1994); and Leon Satkowski, *Giorgio Vasari: Architect and Courtier* (Princeton, N.J.: Princeton University Press, 1993). Cammy Brothers, *Michelangelo: Drawing and the Invention of Architecture* (New Haven, Conn.: Yale University Press, 2008), provides an analysis of Michelangelo's use of this medium. The importance of Eleanor of Toledo and the two French Medici queens is addressed in Annette Dixon, ed., *Women Who Ruled: Queens, Goddesses, Amazons in Renaissance and Baroque Art, 1500–1650* (London: Merrell, 2002).

5 罗马文艺复兴与威尼托

如果说布鲁乃列斯基的最初目的是为了解决技术问题，那么他的天赋大多表现在他创造的能够表达社会和神圣秩序的新建筑语汇。他和具有天赋的佛罗伦萨后辈建筑师试图创建一种同样与古罗马和中世纪意大利前例相关的现代建筑风格。因为文艺复兴式建筑本质上并非源于佛罗伦萨，其他意大利人很快采用这种风格。它被加以改变以支持现有机构，尤其是天主教堂，还被用于表达变化，如表现内陆农耕区对威尼斯经商家族的新意义。事实上，这种变化在上一章所讨论的众多建筑的修建过程中就早已发生。自 15 世纪 90 年代美第奇家族被暂时驱逐出佛罗伦萨后，意大利半岛上的建筑试验中心就往南转移到了罗马，之后在 1527 年罗马遭受西班牙洗劫后，又往北和东迁移到了威尼斯。

建筑历史学家经常将采用某种具体的建筑样式比如哥特式或文艺复兴式视为品位变化的标志。他们给那些缓慢地接受新范例的人们贴上偏狭的标签。这是对特定的一致形式产生兴趣的胜利者讲述的历史。一旦不能满足单个赞助人或群体的需求，新建筑样式便会遇到巨大阻碍。文艺复兴运动只有通过缓慢地取代其他选择并为人们提供其所渴求之物时才获得了成功。

没有任何其他地方能比罗马更加欢迎结合了现代风格和复古风格的新建筑样式。毕竟，对这座在 1400 年只有 1.7 万居民的城市而言，获得能与过去匹敌的成就迫在眉睫。之所以这么说有两个原因：第一，著名的古代建筑万神殿和圆形大剧场仍然清晰可见。这些建筑的规模之大，在该城市的过去一千年历史中都是闻所未闻的。第二，那时候的罗马和今天一样都是天主教堂的中心。在宗教改革运动的前夕，就在新教兴起之前，中西部欧洲地区的所有基督徒都需在宗教上忠诚于教皇，并向他上税，而教皇的宫殿和教堂就位于罗马。尤其是在中世纪晚期，教皇统治极其腐败，当时有 3 位教皇同时掌权，其中之一来自法国南部的阿维尼翁。此后的重点便是证明教皇们为古罗马帝国后裔，并表现他们作为基督徒至少能够取得等同于甚至超越异教前任的最伟大成就。

16 世纪和 17 世纪改变了罗马城的伟大建筑运动最开始并未受到人们的热烈欢迎。文艺复兴时期在罗马修建的第一座完全古典建筑是始建于 1502 年不久后的蒙托里奥的圣彼得罗教堂 (San Pietro)（图 5.1）。该教堂又被称为坦比埃多小教堂 (Tempietto)，在意大利语中是 "小神殿" 的意思。教堂建在一个小庭院中。其建筑师多纳托·伯拉孟特 (Donato Bramante) 原本也打算改造该庭院。那么伯拉孟特是谁？为什么这座小圆形建筑如此重要？

图 5.1 意大利罗马蒙托里奥的圣彼得罗教堂（坦比埃多小教堂），由多纳托·伯拉孟特设计，始建于 1502 年后

伯拉孟特于 1499 年来到罗马, 当时他已经 50 多岁。他在乌尔比诺接受教育, 在米兰从业。在米兰时, 他和列奥纳多·达·芬奇关系密切。几乎是在刚抵达这座教皇城市之时, 伯拉孟特就在坦比埃多小教堂的设计中展示了对三维空间的着力强调。而三维空间是 16 世纪和 17 世纪意大利文艺复兴建筑的主要形式差异。坦比埃多小教堂吸引人们注意它的外形而不是立面。伯拉孟特强调的是整体, 而不是布鲁乃列斯基和阿尔伯蒂关注的平坦表面的组织。比如, 他用围成一圈的独立柱子支撑坦比埃多小教堂, 而布鲁乃列斯基和阿尔伯蒂这两位佛罗伦萨建筑师则喜欢用壁柱定义建筑结构。尽管坦比埃多小教堂规模小, 但伯拉孟特的有力细节却给予它真正的宏伟感。

这种宏伟感将坦比埃多小教堂与过去的古罗马建筑关联了起来。伯拉孟特曾对后者进行了仔细研究。在这栋建筑上, 文艺复兴建筑师首次采用多利克柱式的三联浅槽饰, 以建立凹槽的节奏感, 并将柱式应用在穹顶上, 不过此处用的是壁柱。伯拉孟特将自己对古物的尊敬融入基督教目的中。这里因被视为圣彼得受刑的地方而受到人们的膜拜。如巴西利卡式教堂一样, 自 4 世纪起, 献给基督教殉教士的集中式圣地就开始在罗马修建。伯拉孟特以极其有力的元素连接他的理想平面图。只有位于室内一端的教坛打破了完美的圆环。尽管经过了精心设计, 但该建筑却因为太小而一次只能容纳几个人。坦比埃多小教堂主要是一个私人朝圣场所。

红衣主教贝尔纳迪诺·德·卡瓦哈尔 (Bernardino de Carvajal) 代表西班牙国王费迪南和王后伊莎贝拉委托修建了坦比埃多小教堂。在圣城里修建一座小而显著的教堂对这些赞助人来说是一种宣示其基督教信仰的方式 (这对臭名昭著、心胸狭隘的国王夫妇刚刚从穆斯林手中重新夺回西班牙并将该国的犹太人驱逐出境)。许多国家和群体在罗马修建了教堂, 就像今天许多国家在世界主要城市里修建大使馆和领事馆一样。费迪南和伊莎贝拉的赞助将坦比埃多小教堂与文艺复兴运动在西班牙和其拉丁美洲殖民地的发展关联起来。关于此事, 我们将在后文论及。然而, 教皇们在 16 世纪的罗马发动了最重要的建筑和城市干预运动。这场运动由尤里乌斯二世发起。天主教会并未将建筑视为艺术表达的唯一手段。绘画和雕塑也很重要。比如, 尤里乌斯曾委托米开朗基罗绘制西斯廷教堂 (Sistine Chapel) 的湿壁画。

今天的教皇们身份普通, 且主要是宗教领袖。然而, 尤里乌斯如同所有文艺复兴时期的教皇一样同时还是世俗统治者, 统治着意大利中部的大部分地区。此外, 同他的两位出自美第奇家族的继任者利奥十世和克莱蒙特十二世一样, 他也来自于一个强大家族·德拉·诺维 (Della Rovere) 家族。他是教皇西克斯图斯 (Sixtus) 四世的侄子。大多数文艺复兴时期的教皇利用职位之便为家族谋求财富，并为自己的侄儿铺下职业道路。有时候，比如尤里乌斯的上任、臭名昭著的腐败教皇亚历山大六世，甚至为自己的儿子铺设道路。

几乎在 1503 年被选为教皇后，尤里乌斯二世就立即开始兴建两座大型建筑。这两栋建筑都是为了展示教皇的世俗和宗教权力。因为它们的施工都历时好几十年，最终经历了几位教皇和众多建筑师之手才得以建成。然而，两者最初均是尤里乌斯委托伯拉孟特设计的。后者对教皇宫殿一端的美景宫 (Belvedere) 宅邸的改造和扩建为 16 世纪欧洲宫殿和园林建筑奠定了基调。不过，美景宫的大庭院 (Cortile del Belvedere) 后来被改建。

比此更重要的工程是西方基督教的主要教堂圣彼得教堂的改建工程。该教堂的原始建筑是由第一位罗马大帝康斯坦丁为了支持基督教而建的，其位置与圣彼得的墓地有关。这位圣彼得的受刑地点就在坦比埃多小教堂标示的地方。到尤里乌斯时期，这座栋康斯坦丁时期的建筑已经有一千多年的历史，似乎不再适用。最主要的是，它的高度也赶不上如今成为欧洲各大城市引以为傲的庞大教堂或在伊斯坦布尔的众多帝国清真寺。尽管初期改建工程带有试验性质，但它们最终对构建这座世界最壮观的建筑群之一做出了贡献。这种空间序列仍然令文明和宗教朝圣者敬畏。

圣彼得教堂改建工程于 1506 年动工，其设计在前一年就已经开始。伯拉孟特和自 1546 年起负责施工的米开朗基罗均试图构建一个集中式教堂 (图 5.2)。需要注意的是，米开朗基罗的平面图的空间结构与伯拉孟特的过度图形化规划中的几何复杂结构相比显得更加清晰。最终，两位建筑师的理想构图都未能实现。因为教皇想要突出教堂的圣坛一端，并希望教堂能够容纳朝圣者和允许列队行进，所以必须建立教堂中殿。实际功能要求再次战胜了为艺术本身而进行的艺术表达。

不过，为了表示对建筑师的公平，圣彼得教堂兼具教皇住宅和西方基督教最圣洁之所的双重功能将每个人拉向两个方向。圣骨匣收藏室如同洗礼堂一样自早期基教时期就一直被置于中心位置。将圣彼得教堂建在圣墓之上正是修建该教堂的起因。这座教堂在欧洲被视为自耶路撒冷圣墓教堂 (Holy Sepulchre) 之后，世界上最重要的教堂。圣墓教堂被建以标示耶稣复生的地方。圣彼得教堂需要一个巨大的交叉部。受布鲁内莱斯特的佛罗伦萨大穹顶以及伊斯坦布尔在建的新穹顶清真寺的启发，伯

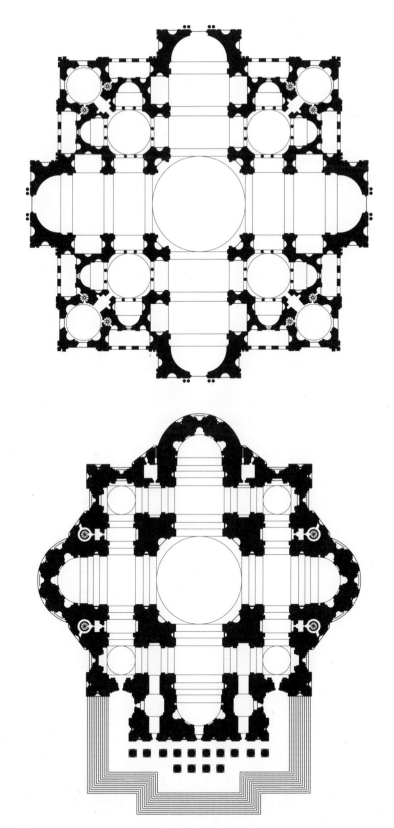

图 5.2 意大利罗马的圣彼得教堂平面图，由多纳托·伯拉孟特和米开朗基罗设计，分别始建于 1506 年和 1546 年

拉孟特也构想了一个穹顶。他开始修建 4 个大拱形，外面以科林斯式壁柱的巨大柱式包覆。教堂将坐落在这些柱式之上。后期所有建筑师必须围绕这个核心进行工作。

伯拉孟特于 1514 年去世后，圣彼得教堂的施工进度缓慢。设计工作首先落在画家拉斐尔身上，然后又落到建筑师小安东尼奥·达·桑加罗 (Antonio da Sangallo) 身上，最后又转移到米开朗基罗身上。米开朗基罗最先修建了教堂东侧的墙体，之后在 1554 年开始将注意力转向穹顶的圆顶 (图 5.3)。米开朗基罗在圣彼得教堂的工作完美地展现了其擅长的清晰结构。他将室内空间和其外部表现统一起来。他在巨柱式壁柱的外表建立了主导性垂直线，此后，又在穹顶的独立柱子上重复了这种垂直线。穹顶本身也很壮观。如佛罗伦萨的先例一样，这个穹顶也是双壳结构，并带有一个八角形穹隆小亭，不过，米开朗基罗将穹顶的 8 根外肋条增加到了 16 根。如伯拉孟特为坦比埃多小教堂设计的穹顶一样，这座穹顶将古罗马柱式融入了现在已成为最高现代工程学成果的结构，就像在佛罗伦萨一样。这里，圆顶的成对突出柱子还能兼具扶壁。如果说布鲁乃列斯基确立了穹顶对未来的教堂以及民用建筑的重要性，那么，米开朗基罗则创造了后期建筑师遵循的众多细节。

图 5.3 圣彼得教堂的后堂和穹顶，由米开朗基罗设计，竣工于 1591 年

在圣彼得教堂的穹顶上，我们发现了 16 世纪的罗马人扩建建于 15 世纪佛罗伦萨先例建筑的一种方式。在梵蒂冈，多个建筑师团队历经几十年，修建了众多质量参差不齐但最终具有重要文化意义的建筑。16 世纪罗马文艺复兴时期另一个值得关注的方面是，空间的新数学组织以及古罗马形式的重新发现在园林设计方面的应用情况。在园林比在城内更有可能出现一个独立赞助者与他（极少情况下是"她"）的设计师合作以实现理想秩序的机会。

16 世纪的意大利人见证了半岛上大多数城市的共和政体统治的衰落。在这种发展过程中，资产阶级和贵族家庭、乡村和城市之间的界限变得模糊。贵族进城加入宫廷，而资产阶级家族模仿古罗马人走出城市，前往他们的乡村宅邸享受生活。在乡村宅邸里，他们能够避开夏天最热的时候以及愈加烦琐的宫廷礼节。古罗马普拉内斯特（Praeneste，今天的帕莱斯特里纳 Palestrina）的福尔图纳圣所（Santuary of Fortuna Primigenia）为利用陡峭的山坡地形提供了古老的范例。正是在这种社会背景下，人们开始修建大规模装饰性园林。所有地既能提供收入，也能供应种类繁多的食品，且大多数产品如新鲜的猎物和温室里种植的水果都是在公共市场买不到的。影响 16 世纪意大利园林的另一个因素可能来自阿尔罕布拉宫（Alhambra）。阿尔罕布拉宫由穆斯林建立，位于格拉纳达（Granada）。该地区原属于西班牙，是费迪南和伊莎贝拉夫妇刚刚抢夺过来的。

这类园林中最为漂亮的一座就位于蒂沃利（Tivoli）埃斯特别墅（Villa d'Este）的周围。蒂沃利城距离罗马约 20 英里（图 5.4），是哈德良大帝修建的古罗马别墅的所在地。这座别墅的遗址广为文艺复兴时期的罗马人所知，直到今天，它仍是该城的主要旅游景点之一。在文艺复兴时期，蒂沃利再次成为郊区隐居处的聚集点。不过，修建这座园林的男子在一年中的大部分时间里都在此居住。自 1550 年到 1572 年去世，红衣主教伊波利托·德·埃斯特（Ippolito d'Este）一直是蒂沃利城的教皇总督。他在该职位上所取得的主要成就就是为该城新修了供水系统。水利工程学是古罗马人取得的最伟大成就之一。尽管罗马城及周边区域的原始供水系统在很久以前就已经废弃，它的留存部分却形成了显著的地标。重建一个复杂的供水系统与修建大型穹顶共同成为文艺复兴时期匹敌遥远的过去的重要标志。为了庆祝自己的成就，红衣主教导引了新建系统三分之一的供水量为自己的园林喷泉供水。该园林始建于 1550 年，其中大部分是皮洛·利戈里奥（Pirro Ligorio）设计的。

访客从一个陡坡的底部进入园林。其最终目的地即伊波利托的别墅就位于山顶。园

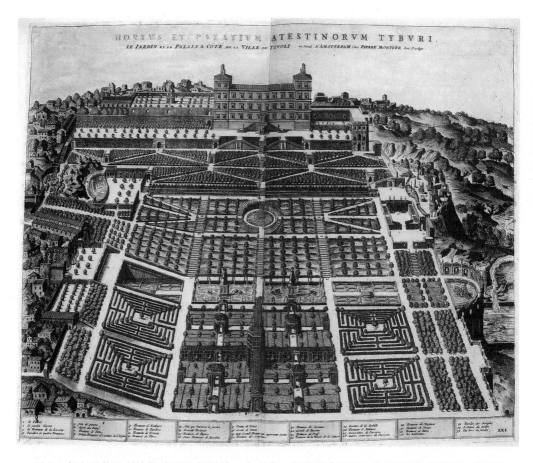

图 5.4 意大利蒂沃利埃斯特别墅的园林，由皮洛·利戈里奥设计，如 1573 年艾蒂安·杜佩拉克（Etienne Duperac）所刻文字显示，建于 1560—1592 年

林几乎没有一处具有我们所理解的自然特征。为了展示绝对主义政治权力，伊波利托在挖掘和填充前拆除了整个街区。园林的垂直性部分取决于现有地形，但同时还受到伯拉孟特为尤里乌斯二世设计的美景宫梯台式园林的深刻影响。园林按中心轴线布局，上坡道路被通往两侧的笔直横轴打断。尽管该园林的基本建筑大部分保存了下，今天的植物却与最初的植物截然不同。如今，园林里有更多高树，以整齐的几何形花圃组织的灌木也更少。最后，如罗马的美景宫一样，这座园林也是当时主要的雕塑公园之一，里面安装了许多不久前从周围地区收集而来的古代雕塑，其中有些发掘于附近哈德良大帝的别墅。在两种情况下，雕塑自此后均被移入室内博物馆。罗马文艺复兴式园林的设计都是为了震撼建造者的朝臣以及贵族。它们令访客惊奇和震惊。埃斯特别墅中的轴线最后汇集在巨大的花式焰火上。花式焰火从入口处看不到，相互之间也看不到。比如，水景位于通往别墅的主轴上。横轴由连接蒂沃利别墅和罗马式喷泉的由上百个喷泉组成的巷道构成。除了极其有趣外，水景还是这座

园林的伟大技术成就之一。喷泉水储存在喷泉之后。喷泉射出后，水流流经能够产生音符的特别水道，然后再从山坡倾泻而下。在一百座喷泉构成的巷道沿线，水流从一侧山坡上喷射而出，形成精美的小喷流（图 5.5）。喷泉在炎热的夏天尤其显得清爽。叮咚的喷泉声至今仍然掩盖了山脚下日益繁忙的城市中传来的噪音以及园林中熙熙攘攘的游客的声音。喷泉修建专家库兹奥·马卡罗尼（Cuzio Maccarone）设计了蒂沃利的喷泉。喷泉形成的小瀑布暗指蒂沃利镇的著名瀑布。当地访客很容易辨认出这里模仿自然的艺术设计。这座喷群池的后面修建了一条半圆形的凉廊，它为游客提供了一处观看公园的凉爽场所。不过，在文艺复兴时期，这些园林的参观者经常因为被隐秘的间歇泉弄湿全身而惹人逗笑。

埃斯特别墅园林为同时代的人们提供了思考自然和人造景观之间关系的机会。达尼埃莱·巴尔巴罗（Daniele Barbaro）曾这样描述红衣主教埃斯特的园林，"自然心甘情愿地臣服于艺术和闪亮的思想。眨眼之间，园林诞生，树丛迅速生长。树木在一夜之间长出，结满鲜美无比的果实。还有小山从峡谷中冒出。小山上坚硬无比的岩石上镶嵌着河床。岩石裂开，为水流和洪水开路。喷泉和潺潺溪水灌溉干旱的土壤。鱼池精美绝伦。比我更富智慧之人对所有这些作出了更加忠实的评价。"

图 5.5 埃斯特别墅的百泉路，由皮洛·利戈里奥设计

自然为宫廷娱乐提供了背景，然而，这种对自然的巧妙利用却不是影响了意大利文艺复兴建筑的唯一元素。在威尼托这块位于威尼斯附近的大陆区域，巴尔巴罗是与人工景观即农业景观建立新关系的设计师之一。

罗马文艺复兴的主要形式很久之后才流传到威尼斯。有两种条件促进了它们的应用。首先是1527年罗马的入侵。由此带来的赞助资金的中断迫使建筑师雅各布·桑索维诺（Jacopo Sansovino）向北转移至威尼托地区。在那里，他在威尼斯和邻近的维罗纳修建了第一批现代罗马式建筑范例。第二个同时也更加深刻的条件是威尼斯和内陆的关系的变化。16世纪，奥斯曼帝国稳步向西扩展，占领了为威尼斯供应粮食的大多数前威尼斯殖民地。在1504—1564年间，威尼斯的人口数量从115000人增加到170000人。潜在的食物短缺迫使威尼托的重要贵族以及威尼斯的上层商人增加农业生产。私人生产者开垦湿地、改善灌溉系统并抢夺之前共有的土地，这种现象提高了农业产量和利润，但几乎所有新得财富都落入了富裕的地主手中，因为他们能够承担采取这些改善措施所需的巨额费用。在这些变化过程中，农民的社会和经济地位都受到了影响，因此，经常蓄意从中加以破坏。

威尼托地区由安德里亚·帕拉第奥（Andrea Palladio）设计的新农业基础设施有效地掩盖了这种日益严峻的社会现状。帕拉第奥原本是石匠，他出生于受威尼斯控制的维琴察城，后来吸引了该城学者的注意，并在他们的推荐下成为建筑师。比如他们带他去罗马参观那里的古代和现代建筑。尽管帕拉第奥也和其他建筑师一起在威尼斯和威尼托地区的城市中修建了众多文艺复兴教堂、宫殿和公共建筑，不过却是他的乡村别墅为社会不稳定、不断快速变化的景观环境引入了理想的形式和秩序，并为后期欧洲和其殖民地的农业变革者提供了范例。

帕拉第奥的重要性是双重的。首先，有实际建筑的存在。然而，同样重要的是，大多数帕拉第奥的同时代建筑师以及他的继任者通过他的著作了解这些建筑的方法。布鲁乃列斯基的穹顶之所以备受赞誉，是因为它在欧洲最重要城市之一的地平线上所占据的显著位置。这能确保它能为众多人们亲眼所见。然而，帕拉第奥的别墅却散落在非常偏远的乡村。即便今天，它们中的大多数仍然难以从公路上看到。这些别墅因为帕拉第奥在1570年出版的一本书而很快成为建筑历史上最为著名的重要建筑。直到16世纪，才出现了第一版有关建筑的印刷插图书籍，其中最重要的便是帕拉第奥的著述。在《建筑四书》中，帕拉第奥不仅以插图阐述了自己的作品，同时还描述了他在罗马研究的古代建筑。现在，这本书仍然在印，而且被译成了众多语言版本（第一套完整英译版于 1716—1720 年出版）。

《建筑四书》将以古罗马建筑师维特鲁维和 15 世纪学者阿尔伯蒂为代表的传统建筑理论与最新绘本形式结合起来。建筑师、建造者和赞助人借助此书可了解建筑。帕拉第奥作品中的清晰和逻辑并不一定像米开朗基罗的更具特色的建筑那样具有极强的变现力，但他建立的一套规则却吸引了那些试图寻找一种统一方法以应用到自己的建筑作品中的人们。而这是米开朗基罗未能提供的，因为他对此不感兴趣。帕拉第奥设计和修建宫殿、民用建筑和教堂，但他的别墅尤其具有创意。它们代表着建筑行业逐渐占有的已建空间。如今，建筑行业已经将它的触角伸向劳教农场。当时，像别墅这种规模的乡村住宅不再需要常规防御工事，而帕拉第奥对美观的协调特征的关注为当时仍然动荡的政治环境营造出一种稳定的氛围。《建筑四书》中阐述的众多别墅中包括马塞尔别墅（Villa Maser）。该别墅是他在 16 世纪 50 年代为达尼埃莱·巴尔巴罗和其兄弟修建的（图 5.6）。帕拉第奥对别墅平面图形因素的关注几乎完全超过了对立面细节的注重。平面元素和立面元素均严格对称。此外，单个房间的形状都是根据同样严格的比例逻辑设计的。这种比例逻辑也是布鲁乃列斯基育婴堂的立面以及帕奇小礼拜堂平面和内立面的关键。

如布鲁乃列斯基一样，帕拉第奥也将文艺复兴建筑的理想数学结构嫁接到了古罗马复兴形式上。更具体地说，他是第一位将一座古代神殿正面应用于一座世俗建筑的建筑师——但通过壁柱而不是独立的柱廊表达。这种与古罗马过去的联系在马塞尔别墅上表现得尤其强烈。在这栋别墅里，帕拉第奥的赞助人达尼埃莱·巴尔巴罗将唯一幸存的古罗马建筑著作——维特鲁维的《建筑十书》——从拉丁语译成了意大利语。该书在加入了帕拉第奥的插图后出版，并被献给红衣主教伊波利托·德·埃斯特。对他的同时代人以及那些位于 18 世纪的英国和世界各地的英属殖民地的模仿者来说，帕拉第奥所涉及的别墅的魅力在于他将古罗马建筑与现代绅士农耕生活结合起来的方式。帕拉第奥以兼具诗意和实用性的方式将学术交流和社交功能融入实用功能。比如，以这种建筑理念修建的别墅和休憩场所都是以砖砌筑并包覆灰泥而不是更加昂贵的切割石材。此外，当人们取缔别墅的农用功能——侧翼的鸽舍、谷仓和其他结构以及与其相连的通道后，主要房间均位于地面层的别墅便缩减至普通规模，与文艺复兴时期的佛罗伦萨和威尼斯的商人宅邸相比则更为明显。当然，人们不可能将这些别墅中的房间误认为更加普通的住宅中的同类房间。威尼斯最重要的画家之一保罗·委罗内塞（Paolo Veronese）在这些房间里创作

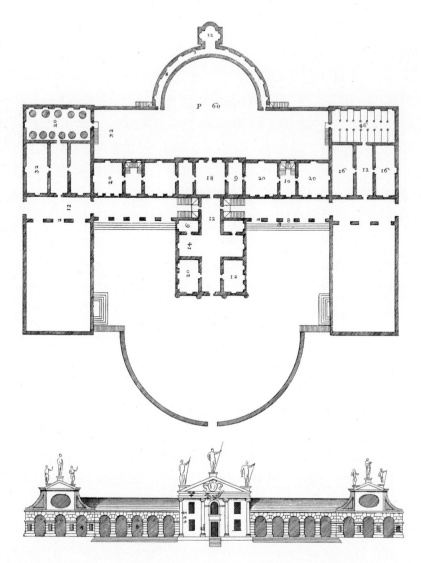

图 5.6 意大利马塞尔的马塞尔别墅立面图和平面图，由安德里亚·帕拉第奥设计

了幻想类湿壁画（图 5.7）。这些绘画中的房间里同样也挤满了似要与参观者攀谈的人物，但它们却与周边景观建立了一种比房屋本身与周边景观的关系更加紧密的关系。画中的园林从不会在冬季变成棕色，也无须维护。

帕拉第奥设计的最完美别墅即圆厅别墅（Villa Rotonda）只是一座郊区宴会馆（图 5.8）。这是他设计的唯一一座从一开始就取消了农用附属建筑的别墅。该别墅位于他的故乡维琴察市中心附近，建于 16 世纪 60 年代，坐落在一座小山的山顶上，视野开阔，从中可俯瞰周围乡村地区。浅穹顶以及古罗马万神殿式门廊正面在这里脱

图 5.7 马塞尔别墅的室内，其装饰由保罗·委罗内塞设计，建于 1560—1562 年

离了其原始的城市背景，转变成了完美的圆形结构。该别墅和坦比埃多小教堂一样，也是一座三维建筑，而不是一座仅由多个立面构成的结构。该别墅是文艺复兴逻辑的范例。它的 4 个相同的立面均加盖了穹顶，这是穹顶首次应用于别墅。圆厅别墅是一位梵蒂冈退休官员的宅邸。它成功地采用了理想集中式平面布局。但这种理想平面并不适用于大型罗马天主教堂，因为教堂的平面需要朝向位于建筑一端的圣坛。

圆厅别墅是帕拉第奥试图创建理想建筑的巅峰作品。在这座别墅中，和谐的比例和古老的元素融合在一起而产生了另一种完美。这种完美也能为那些亲自访问这座别墅或仅仅熟悉《建筑四书》中的插图的人们所理解。该别墅的设计结构清晰，平面和立面完全地相互支撑，成为文艺复兴时期最具影响力的设计之一。

在 16 世纪，文艺复兴运动发展到一个新阶段，已经能够满足意大利两个不同地区的两种不同上层阶级赞助者的特别要求。在罗马，文艺复兴运动服务于教皇教廷。后者的庄严令大公爵柯西莫·德·美第奇难以企及。在威尼托地区，文艺复兴运动受到当地真正的上层阶级家族的欢迎，而在同时期的佛罗伦萨，柯西莫正试图将这些家族排挤出政治领域。在两种情况下，文艺复兴仍然是学者、政治和经济精英阶层中的领域，并以事实证明能够根据现有状况和新形式做出改变。而这只是开始。

图 5.8 意大利维琴察的圆厅别墅，由安德里亚·帕拉第奥设计，建于 1566—1571 年

在复兴古典主义改变意大利主要城市及其腹地的外观的同时，文艺复兴运动也在整个欧洲和其殖民地扩展，并在扩展过程中做出改变以适应全新的环境和情形。

延伸阅读

In addition to the literature cited previously, see Wolfgang Lotz, *Architecture in Italy, 1500–1600* (New Haven, Conn.: Yale University Press, 1995), which provides a useful survey of this material. For more on Michelangelo's Roman architecture, see James Ackerman, *The Architecture of Michelangelo* (Chicago: University of Chicago Press, 1986). On gardens and villas, see James Ackerman, *Palladio* (Harmondsworth: Penguin, 1966); David Coffin, *Gardens and Gardening in Papal Rome* (Princeton, N.J.: Princeton University Press, 1991); Denis Cosgrove, *The Palladian Landscape: Geographical Change and Its Cultural Representation in Sixteenth-Century Italy* (University Park: Pennsylvania State University Press, 1993); and Claudia Lazzaro, *The Italian Renaissance Garden: From the Conventions of Planting, Design, and Ornament to the Grand Gardens of Sixteenth-Century Italy* (New Haven, Conn.: Yale University Press, 1990). My understanding of this topic is also informed by two studies that bracket the periods and places under consideration here: Dianne Harris, *The Nature of Authority: Villa Culture, Landscape, and Representation in Eighteenth-Century Lombardy* (University Park: Pennsylvania State University Press, 2003); and Amanda Lillie, *Florentine Villas in the Fifteenth Century: An Architectural and Social History* (Cambridge: Cambridge University Press, 2005).

6 对文艺复兴之拒斥

到 16 世纪中期，文艺复兴式教堂已在拉丁美洲和亚洲的葡萄牙殖民地修建。殖民地建筑一直是先进欧洲设计思想的展示窗口，直到第二次世界大战结束很久之后。然而，在阿尔卑斯山以北地区，文艺复兴建筑却遭到了大力抵制。到 17 世纪末，比利时的布鲁塞尔大广场 (Grand Place) 在重建时仍然修筑了高耸的山墙。山墙最早出现在意大利，之后在意大利流行了近五百年，无可否认的是这种形式发生了重大变化。相似的山墙还出现在十七世纪阿姆斯特丹运河两岸的房屋上。阿姆斯特丹运河沿岸在很多方面都算得上当时世界上最现代的地方。中国明朝几乎是世界上唯一重视先例建筑的技术先进国家。为什么哥特式垂直特征能够流传如此之久？法国人、德国人，尤其是英国人、荷兰人和佛兰德人真的如此偏狭以至于不能理解、欣赏并接受这种新建筑形式吗？如果我们不自动假设文艺复兴式建筑在美学上好过或学术上超出哥特式建筑，我们就能认识到为什么北欧人只接受他们认为有益的意大利建筑风格。

北欧人认识到自己和意大利人的不同，并利用建筑表达这种不同。比如，很多新教教徒认为没有必要模仿所见到的天主教建筑，因为他们在马丁·路德于 1517 年发动的宗教改革运动中反对天主教的教义和政治控制。路德和他的追随者谴责天主教会的腐败不堪，包括指责他们通过出售赎罪券筹集资金修建圣彼得大教堂的行为。新教信仰强调个人和上帝的关系。这种关系不受宗教等级制度和各位圣人的干预。这种直接联系的表现之一便是路德对本土语言的强调。他的追随者以德语而不是拉丁语唱弥撒，而路德也亲自将圣经译成了德语。另一个表现便是新教教徒拒绝承认教皇和主教的权力，拒绝向他们上税。

只要是北欧城市中产阶级成功抵制了专制君主制或教皇权力的地方，哥特式形式和类型就保留了下来。尽管北欧人经常将文艺复兴式和巴洛克式细节用于其住宅、教堂和民用建筑，但这些细节却很难掩盖潜在的中世纪精神。此外，统治者、贵族和公民都将自己所拥有的政治权力通过中世纪建筑先例表现出来，因为它们是国家和地方自豪感的重要组成部分。

尽管如此，创新是显著的。从英国到俄罗斯，中世纪原型建筑在很多方面都呈现出现代风格，这些方面与偶尔表现在建筑表面的意大利影响有些许关系或完全无关。国王们创造了前所未有的壮观建筑，以展示皇家权力。女性统治者和贵族所掌握的权力越来越大，并因此而促进了宏伟建筑内部平面的变化。在城市经济繁荣并因来源于日渐扩大的远距离贸易网络的利润而富裕起来的地方，中产阶级享受着前所未有的舒适生活。弗朗西斯一世在 1515—1547 年进行统治，是 16 世纪最强大的法国国王。他非常喜欢意大利艺术，邀请众多意大利画家装饰他的宫殿，包括极其出名的列奥纳多·达·芬奇。弗朗西斯当然意识到当代意大利建筑，并有能力雇用意大利最伟大的天才艺术家，但他并没有混淆其统治下的主要建筑和意大利同类建筑。

以建于 1519—1550 年间的宏伟的香波城堡 (Chambord) 为例 (图 6.1)，为什么它的外观和美第奇宫如此不同？首先，它坐落在乡村而不是城市。在 16 世纪的欧洲，对城市中产阶级施行皇家控制非常困难。但在乡村地区就完全不同了。在那里，长久的封建等级制度给了国王和朝臣更多表现其统治的机会，因为他们可以对土地和在上面劳作的农民实施更大的政治控制。香波城堡是一座狩猎别墅。狩猎是皇家和贵族的一项主要仪式，能够展示上层阶级对景观的支配权。农民可耕种土地，为获得耕种权利，他们需要上缴部分农产品或交税，但他们不能捕杀野生动物且通常被禁止进入动物生活的森林。在欧洲很多地区，农民的地位几乎等同于奴隶，因为他们还往往被禁止离开祖先留下的土地，不同的是，他们不能被售卖。不足为奇的是，16 世纪大多数君主在他们的奢华都城居住的时间相对极少。巴黎卢浮宫只是弗朗西斯和他的宫廷从一座乡村宅邸前往另一座乡村宅邸途中可能停留的众多宫殿之一，往往几年才去一次。这种旅行巩固了君主对领地内大部分地区的统治。

香波城堡的形式有意引用了中世纪城堡的建筑先例。在更早的时期，主体建筑可能是这座城堡中防御最为牢固的部分。塔楼的坚固围墙内暗指早期建筑模型。近看香波城堡会发现它有很多窗户，这意味着一旦被围攻，城堡极难防御。但法国政权更

图 6.1 法国香波城堡的鸟瞰图，建于 1519—1550 年

加稳定和法国成为中央集权国家意味着修建展示型建筑成为可能，且无须首先考虑建筑的军事性能。

香波城堡并不是一座真正的中世纪城堡，而是一座暗示了对彰显法国王室和贵族身份而言非常重要的先例的建筑。弗朗西斯是因为怀旧心理而不是强大的防御需求才通过再创童话般的城堡创新城堡风格。佛罗伦萨人和其他意大利人复兴了结合古罗马和年代更近的罗马式风格的建筑，并在该过程中，将它们转变成了文艺复兴式建筑。法国人也不愿意放弃他们自身的丰富文化遗产提供的建筑先例。

文艺复兴式建筑出现在法国，但它的影响却只限于建筑平面的对称性以及某些装饰细节上，如清楚细分的各立面上的壁柱。比如，我们在香波城堡这座宽广的乡村建筑里发现了那种在意大利城市建筑内无法实现的理想平面布局。各立面的细节以及生动的屋顶轮廓线不仅反映了法国人对当代意大利建筑形式的认识，还表现了法国人拒绝将这种认识融入立面的基本组织。意大利文艺复兴式和巴洛克式宫殿的屋顶几乎是看不见的。另一方面，16 世纪的法国建筑师和建造者将屋顶的坡度增加到超出其防雪崩功能所需的程度。山墙窗仍然是显著特征,不过其周边结构,如支撑楼梯上方屋顶的扶壁,都以古典细节包覆。这些特征都是赞助人和工匠特意制作的,因为他们既为当地传统建筑感到骄傲,同时也为自己对欧洲其他地区的最新建筑的了解感到骄傲。

利用这种方法并非只是创造了一个混杂体。香波城堡的外部很久以来就代表了法国最浪漫的形象之一,一种在长达一个多世纪里提升着旅游文化的形象。此外,位于内部中心位置的大型螺旋楼梯是欧洲 16 世纪宫廷建筑的伟大代表之一(图 6.2)。这种很久以来就表现了宫廷盛典和和公民仪式——更不用提宗教仪式——的空间连续感如今被搬入了世俗建筑的内部。中世纪楼梯大多为狭窄的通道,部分是因为它们更容易修建、造价更低,部分因为它们容易防御。学者们至今仍在讨论这种复杂设计受意大利建筑影响的程度。特别是,他们在猜测莱奥纳多是否在这种楼梯的巧妙设计中做出了贡献。

图 6.2 香波城堡的楼梯

无论是谁设计的，它都是到那时为止阿尔卑斯山南北地区的欧洲宫殿里修建的最为壮观的楼梯。这并不足以为怪，因为弗朗西斯的宫廷是欧洲最伟大的宫廷。它的盛典可轻易充实这个宏大的空间。这里，我们见到了成为 16、17 世纪北欧建筑的真正标志的第一个空间创新范例。

并非只有法国人对本土历史感到骄傲。都铎王朝的国王和英格兰的女皇们，其中最为出名的是亨利八世 (1509—1547 年在位) 和他的女儿伊丽莎白一世 (1558—1603 年在位)，都利用中世纪形象巩固他们在动荡时期内的统治。亨利共有 6 位妻子，为了与第一任妻子离婚，他断绝了与教皇的关系。此举还促使他通过夺取教堂的大量土地并将其分配给忠诚的中产阶级成员来巩固自己的统治。这些中产阶级成员因此而变成了乡村贵族。亨利和他的孩子们转变了英国的经济、政治和社会环境。

英国宫廷与法国宫廷一样在全国各地不断迁移，促使一些重要朝臣修建大型宫殿，以供或可能供君主和其随从居住。亨利的孩子们爱德华六世、玛丽一世和伊丽莎白一世几乎未修建任何建筑，特别是伊丽莎白，都在严守国家财库的同时鼓励朝臣倾尽财力进行炫示。这是一种经过精心策划用以避免新旧贵族身陷政治斗争的谋略。英国人在其殖民地上采用了同样的手段。在那里，他们允许当地统治者采用各种专制统治的排场，但却剥夺他们对外交事务和国防的控制权。英国贵族和乡绅如同欧洲各地区的同僚一样，部分时间在各地的宫廷度过，部分时间生活在所属土地上。至少在 19 世纪末前，这些土地给予了他们巨大的权力，并为他们创造了大量的财富。伊丽莎白，亦即哈德威克的贝丝 (Bess of Hardwick) 是当时英国最富裕的女臣。在她的第四任也就是最后一任丈夫去世后，她最终在自己的政治和经济事务中获得了强大的话语权。她修建哈德威克庄园 (Hardwick Hall) 显然是为了显示自己新得的权力，还可能是希望自己的外孙女阿尔贝拉·斯图尔特 (Arbella Stuart) 成为英国王后 (图 6.3)。如同托莱多的埃莉诺 (Eleanor of Toledo)、法国的美第奇王后们和英国女王伊丽莎白一世一样，贝丝是欧洲早期现代女性作为统治者、摄政者和土地所有者而显得日渐重要的代表。在一个权力由朝臣掌握而不是战士掌握的时期，阶级的重要性在贵族和王室家族中要胜过性别。

哈德威克庄园位于德比郡，建于 1590—1596 年间，是最杰出的伊丽莎白式乡村宅邸。不过，如同香波城堡一样，它的现代性并不是通过意大利建筑形式表现的。哈德威克庄园之所以采用特别的高度和对称特征的原因之一在于，贝丝作为女性控制所属

图 6.3 英格兰德比郡的哈德威克庄园，由罗伯特·史密森设计，建于 1590-1596 年

土地的相对特别的地位。另一个原因是，和当时大多数英国赞助人不同的是，贝丝雇用了建筑师罗伯特·史密森 (Robert Smythson)。史密森最开始实习石匠技术，并逐渐在参入修建的乡村宅邸中承担了越来越多的设计工作。

如同在香波城堡，哈德威克庄园的有序平面并没有采用意大利的常规做法，没有采用多利克柱式、爱奥尼亚式或科林斯式柱式。史密森在该庄园的各立面采用的装饰极少，无论是古典还是中世纪装饰都是如此。因此，这座建筑完全脱离了当代欧洲建筑风格的两种传统标杆，即古典风格和哥特式风格。哈德威克庄园采用了古典细节，还有显著的中世纪遗留元素塔楼。塔楼顶上还刻上了贝丝姓名的首字母，但庄园的最显著外部特征是它的巨大窗户。玻璃窗在墙体表面的巨大占比赢得了 20 世纪参观者的称赞，他们从中找到了与自己所在时代的建筑主体结构相似的亲切感。

在一个玻璃是纯手工制作且需上交高额税款的时代，哈德威克庄园的玻璃窗构成巨大耗资的另一种醒目表现。玻璃窗的造价甚至超过贝丝和史密森避而不用的手工雕刻装饰的造价。在香波城堡,这些巨大的玻璃窗同时还宣示了这个时期的政治稳定。在这个时代,中央集权统治能够确保贝丝不会受到军事攻击。最后,玻璃窗还能允许贝丝从室内(对女性而言)更加私密的观景点观看自己的庄园。哈德威克庄园的主要公用房间位于三楼而不是二楼,不同于美第奇宫和当时其他大多数大型宅邸。

意大利建筑在英格兰并不受欢迎,人们往往认为这与英国人讨厌天主教有关。因此,哈德威克庄园的问题便是为什么我们在其中发现的中世纪元素如此之少。哈德威克庄园最现代的特征是它的对称平面。在整个中世纪时期以及 16 世纪的英国,大厅一般位于入口的一边,这意味着将贵族和乡绅的乡村宅邸设计成对称结构是不可能的。大厅最初是住宅里唯一安装壁炉的地方。它是中世纪家庭的全体成员——主要指大多数男仆和军事雇员以及庄园主和他的家人,集中就餐和宴请重要宾客的地方。数百年来,男性政治权威人物的宅邸逐渐为更加私密的空间占据。在这些私密空间里,庄园主的家人远离公众视线。但贝丝和史密森是最先以如此激烈的方式承认这种变化的人们。尽管他们将大厅放在住宅里的中心位置,但它却不是最重要的空间(图 6.4)。贝丝和她的侍从女官以及宾客在楼上用餐。除了仆人外,允许进入该房间的男子可能仅限于某个社会精英,而不是那些占用大厅的人们。

尽管哈德威克庄园没有一个典型的意大利式细节,然而,贝丝所过的生活却比大多数英国宅邸的居住者都更奢华。她像意大利宫殿的居住者一样居住在装饰豪华的房间里。她的房间只允许具有一定社会地位的人们进入。然而,英国式内部空间仍然极其特别。哈德威克庄园还因树立了长廊的早期范例而受到关注。长廊位于建筑上层楼层的一端。在 17 世纪,这个从尚未出现在欧洲其他地方的空间取代了大多数贵族乡村宅邸的大厅。这个特征让它们区别于富裕农民的住宅,后者的大厅一直保留到大约 1800 年。从长廊上,贝丝可站在一个权威位置上观望她的土地。而墙面上悬挂的君主和家人画像则突出了这种权威性。

北欧人抵抗文艺复兴式建筑的另一个重要原因是,这种风格与巩固皇家和贵族的权威而不是资产阶级的权威有关。城市尤其是荷兰的城市是社会和经济结构发生早期现代变化的中心。这种变化将最终引发 18 世纪的工业革命。中世纪晚期城市上层阶级的后代在建筑上向君主和贵族权威发出了挑战。在这种建筑中,意大利的影响因本土传统和问题而有所缓和。

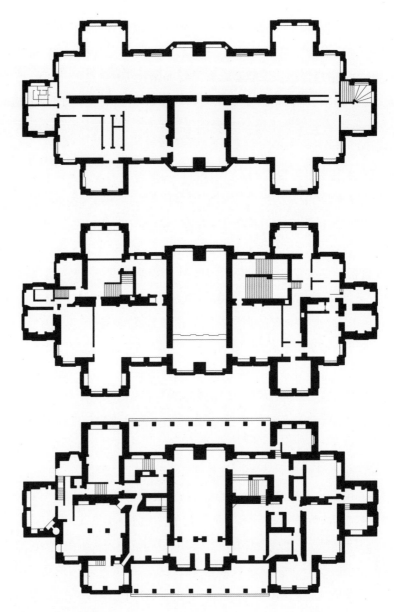

图 6.4 哈德威克庄园的平面图

尽管阿尔卑斯山南北地区的许多城市将其 15、16 世纪时期的繁荣归功于其脱离了封建统治的事实。但因为本土宫廷的地位日渐稳固，其他城市的重要性也在逐渐提高。尤其值得一提的是，这种宫廷所创造的奢侈品市场能维持由商人和工匠构成的富裕中产阶级。贵族和中产阶级之间的矛盾清楚地体现在克拉科夫（当时的波兰首都）的平面规划中（图 6.5）。皇宫位于瓦维尔（Wawel）。这座带有防御工事的建筑群坐落在耸立于城市上空的一座小山上。瓦维尔宫从高处俯瞰位于理想战略位

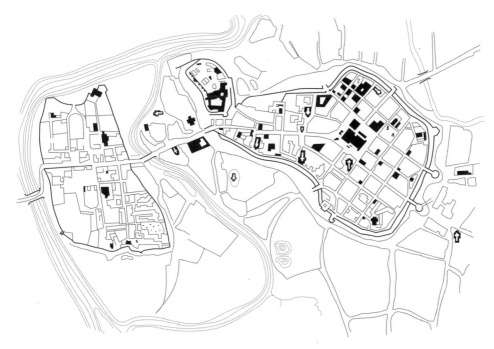

图 6.5 波兰克拉科夫的平面图，设计于 16 世纪

置的河湾。这里正是克拉科夫城的发源地。从瓦维尔宫可观看周围景观，同时在战争时期还可将此视为退守的最后防御点。中世纪大教堂位于皇宫后面，这种布局也可在布拉格看到。距离瓦维尔的底部不远的地方有一处极其宽阔的市集广场。该广场附属于规模宏大的圣玛利亚教堂郊区。克拉科夫城中的大量犹太人定居在河流对岸国王赏赐的土地上。16 世纪的波兰贵族有时候为促进商业发展的犹太人提供定居点，但在这里与在其他地方一样，犹太人必须居住在划定的区域或犹太人区(该词来源于意大利语 gheto)。

在 16 世纪初，波兰和立陶宛王国在雅盖洛王朝 (Jagiellonian) 的统治下达到了顶峰时期。1506 年，西吉斯蒙德 (Sigismund) 成为国王，其统治一直延续到 1548 年。他接受过一位意大利人文主义者的教育，迎娶了意大利人博纳·斯福尔扎(Bona Sforza)。博纳的父亲是米兰公爵。在西吉斯蒙德执政时期，克拉科夫成了意大利以外地区的文艺复兴式建筑的中心。然而，无论文艺复兴式风格在这里的表现形式有多么纯粹，它的普及程度却因为将新风格与以市民为代价的皇家夸耀相关联而受到限制。

1499 年，瓦维尔宫在一场火灾中烧毁。重建宫殿的外部依地形而建，在很多方面阻碍了采用香波城堡和哈德威克庄园那样的理想平面布局的可能。不管怎样，防御显然在这里也不再是重点，就像大型窗户所表现的那样。新宫殿的最主要特征是它的 U 形庭院（图 6.6）。该庭院由意大利人弗朗西斯库斯·伊塔卢斯 (Franciscus Italus) 和巴尔托洛梅奥·贝雷奇 (Bartolomeo Berrecci) 修建于 1507—1536 年。这是波兰的第一座文艺复兴式庭院。它为 16、17 世纪中欧地区的宫殿建筑提供了先例。它比任何同时期意大利宫殿中的庭院都更大、更开阔，因为那些宫殿都建立在比较狭小的城市空间中。不过，这座庭院的规模受到了城堡先例的启发。就像城堡的内部一样，这种庭院是举行宫廷盛典的地方。

如同在北欧其他地方一样，在克拉科夫没必要修建一座新教堂。现存的中世纪大教堂仍然是这座城市的重要遗产之一。相反，西吉斯蒙德从意大利请来的建筑师和工匠修建了附属于现有建筑的皇家墓地（图 6.7）。自 15 世纪末期起，意大利建筑师、工程师、雕塑家和其他工匠开始在阿尔卑斯以北地区寻找机会。大多数情况下，这些

图 6.6 瓦维尔宫的庭院，由弗朗西斯库斯·伊塔卢斯和巴尔托洛梅奥·贝雷奇修建，位于波兰克拉科夫，建于 1507—1536 年

图 6.7 西吉斯蒙德小礼拜堂，由巴尔托洛梅奥·贝雷奇设计，位于波兰克拉科夫，建于1517—1533 年

工匠的最初角色只限于引进新施工技术。比如，在 15 世纪晚期的莫斯科，他们按照已确立的拜占庭传统修建教堂，但却采用了该地区从未出现过的方石砌筑技术。在这里像在其他地方一样，他们以现代技术改善防御工事的能力获得了极大重视。

然而，在克拉科夫的西吉斯蒙德小礼拜堂，我们能看到在意大利以外地区极其少见的纯文艺复兴建筑形式。为什么西吉斯蒙德在修建自己的墓穴教堂时转向意大利？该教堂在 1517—1533 年间修建，由佛罗伦萨人贝雷奇设计。如同美第齐委托修建圣洛伦索教堂的新圣器收藏室一样，这种新建筑风格能够体现政治抱负。在这种情形下，复杂图形包括基督式和古式图形都称颂国王的胜利，而国王让人想到几何秩序、现代学识和古式先例的权威。西吉斯蒙德小礼拜堂唯一的当地元素是红色的匈牙利石材。之前的众多波兰君主都采用了这种石材修建墓穴，而西吉斯蒙德的墓穴及其内部的其他细节也是由此石材雕刻而成的。

意大利文艺复兴风格与巩固君主政权之间的紧密联系可能是它不太受波兰市民喜欢

图 6.8 乔瓦尼·玛利亚·帕多瓦诺，苏基恩尼斯（纺织会馆），波兰克拉科夫，建于 1555 年后。

的原因。1555年，位于克拉科夫市中心的大型市集广场苏基恩尼斯 (Sukiennice) 或者说纺织会馆 (Cloth Hall) 被烧毁。市集广场是君主统治的中心，而不是资产阶级统治的中心。它四周的房屋和商铺属于该城最著名的商人和工匠。在这里，中世纪的遗产代表受珍视的权利。克拉科夫的市民雇用了一位名为乔瓦尼·玛利亚·帕多瓦诺 (Giovanni Maria Padovano) 的意大利人重建该城最著名的商业建筑 (图 6.8)，但帕多瓦诺的建筑显然只是一层附着在一栋更老建筑上的薄壳。比如，漂亮的屋顶轮廓线仍然保留了下来。文艺复兴古典主义只出现在山墙上。这种山墙被称作意大利式山墙，很可能是因为它结合了意大利风格和典型的北欧当地样式。

纺织会馆的拱廊和会议室是该城的纺织品交易中心。大多数商铺位于商人和工匠的住宅的一层。每个人，包括从周边乡村地区运来农产品的农民以及出售昂贵的进口布料的外国商人，都有机会在这栋建筑拱廊的庇护下出售自己的商品。这座市场是一场设计合理的中世纪建筑，无须任何改建。这栋新建筑很可能是按照之前建筑的线条规划的。大多数现存欧洲市场可追溯至 15 和 16 世纪，因为贸易规模这些年间得以扩大，但其外形通常继续沿用中世纪晚期的范例。

此类建筑范例还在繁忙的港口城市阿姆斯特丹受到重视。阿姆斯特丹是 17 世纪时期由市民控制的最大城市。到 17 世纪，新教徒占有多数但非独占的联合省，即今天的荷兰，脱离西班牙获得独立。17 世纪是阿姆斯特丹的黄金时期。因为当时的联合省施行共和体制，该国还没有一个国王在这些城市强行施行新城市秩序。因此，尽管阿姆斯特丹和其他荷兰城市一样发展迅速，中世纪末的城市发展模式仍然保留了下来。同时，荷兰的海上霸权、荷兰对今天的印度尼西亚地区的殖民统治以及荷兰发明的众多资本主义金融特征使阿姆斯特丹成为一座独特的现代城市。这座低势较低的水城成为意大利北部的威尼斯，几乎完全依赖贸易。它同时还是当地制造业中心，取代威尼斯成为欧洲从亚洲进口奢侈品的重要欧洲配送中心。此时，来自亚洲的奢侈品是通过经由好望角的海路运输，而不是由穿越中亚的商队运输。尽管阿姆斯特丹水路的重要性堪比街道，但它的街道却非常漂亮。"街道极其美丽和干净，"一名访客写道，"各阶级的人们均没有感到不满，甚至看起来很喜欢在这些街道上行走。"

今天，皇宫占据了阿姆斯特丹的主要广场。然而，它却是作为市政厅于 17 世纪中期修建的。这是该城少数几座可被称为古典风格的建筑，尽管这里没有具体的文艺复

图 6.9 荷兰阿姆斯特丹莱兹运河沿岸的城市住宅，建于 17—18 世纪

兴式或巴洛克式建筑先例。更加典型的建筑位于 3 条新运河的两岸，而运河环绕阿姆斯特丹的中世纪中心而修（图 6.9）。在威尼斯，商人宅邸的一层一般是经营独立家庭自营生意的场所。商业区和居民区没有分开。然而，在阿姆斯特丹，在转向我们今天所有的企业主导经济的重要变革中，经济命脉由企业而不是家族控制。仓库大多靠近滨水区，远离植树的新居民区。在这些新居民区，房屋正面沿用中世纪风格，古典装饰仅偶尔用于窗户饰边或门。从未有人将这些单薄、有着三角形屋顶的建筑误认为是美第奇宫的模仿建筑。

然而，这些建筑的内部远比中世纪晚期甚至 16 世纪的前例建筑舒适（图 6.10）。足够大的玻璃窗保证了充足的室内阳光。室内陈设尽管以现代标准来说相对较少，却包括荷兰船长和水手航行过的航海图、从西亚进口的地毯（大多数铺在桌子上而不是地面上）以及来自非洲和亚洲热带地区的木材。尽管只有相对较少的上层阶级能够消费这些奢侈品，它们的数量却至少超过了自罗马帝国灭亡后的欧洲历史上的任何时期。当代人对此印象深刻。有人写道：这些住宅采用了大量绘画和理石。它们的建筑和园林极尽奢华。在其他国家，你可能看到宏伟的宫廷和宫殿，但在那里你

图 6.10 有女子弹维金纳琴的室内图，由伊曼纽尔·德·维特（Emanuel de Witte）创作于约 1660 年

见不到荷兰那样的共和国所具有的高度平等性。在整个欧洲地区，你绝对看不到像阿姆斯特丹众多商人和其他绅士所居住的宅邸那样奢华、壮观的私人住宅。在那个小小的联合省的一些大型城市中以及那里的大多数已建城市中，人们花费在住宅上的财产在总财产中的占比远高于地球上其他地区的人们。

换句话说，荷兰市民的住宅是绝对现代的，尽管它们的外观并未受到文艺复兴式风格和后来的巴洛克式风格的多大影响。然而，它们的新舒适度标准却让人耳目一新。这种新标准因为全新的全球化贸易网络而成为可能，还受到繁荣的本土手工业生产的支持。

荷兰的财富大部分掌握在由船长、商人和技术熟练的手工艺人组成的范围相对较广的城市上层阶级手中。这种现状提高了城市的包容度。犹太人被西班牙和葡萄牙驱逐出境后，其中一些迁移到了阿姆斯特丹。在那里，他们和来自东欧的犹太人享受到了比同时代基督教地区（相对伊斯兰地区而言）更大的宗教自由。建于1671—1675年的第二座犹太会堂（Esnoga）或者说西班牙系犹太人会堂是阿姆斯特丹最壮观的建筑（图6.11）。毫不奇怪的是，该会堂的建筑范例包括波兰犹太人会堂和荷兰新教徒教堂。9格平面布局以及特别的扶壁受到了西班牙建筑师胡安·包蒂斯塔·比利亚尔潘多（Juan Bautista Villalpando）重建的所罗门圣殿（Temple of Solomon）的启发。

会堂内部大约呈正方形，比当代荷兰教堂更加集中。在教堂里，圣坛位于中心教堂中殿的尾端，但在犹太会堂，诵读犹太经文的诵经坛却位于空间的中心。犹太会堂最神圣的部分是收藏犹太经卷的壁龛。今天，诵经坛和壁龛通常连接在一起，但在

图 6.11 荷兰阿姆斯特丹犹太会堂或葡萄牙犹太会堂的内部，建于 1671-1675 年

17 世纪却并非如此。犹太会堂的细节比如包含壁龛的神龛是完全古典式的，但建筑与意大利或拉丁美洲同类建筑并不相同。在这里，古典元素以全新方式融合。在英国女王玛丽二世与其荷兰丈夫奥兰治亲王威廉共同执政后，这些全新的融合方式成为 18 世纪说英语国家发展的起点。

北欧对文艺复兴形式的缓慢接受不应归因于无知或地方主义。无论这些形式在数代建筑师和建筑历史学家看来多么理想，它们对阿尔卑斯山以北地区的每个人看来却并非如此。从法国到波兰，意大利文艺复兴建筑的数学秩序和古典细节与当地君主和外国教皇的政治抱负有着极深的渊源，这激起了众多城市上层阶级对它进行抵制，就像 15 世纪的佛罗伦萨人挑战美第奇家族一样。因此，弗朗西斯一世、哈德威克的贝丝以及克拉科夫和阿姆斯特丹的市民们继续重视中世纪传统，同时努力创造一种并不一定是意大利式、天主教式或帝国式的新建筑。如果说由此产生的建筑物并不能被轻易归入早期现代欧洲的以意大利人主导的建筑著述的话，那么他们无疑以同样具有创意的方式反映并塑造了具有其社会独特性的价值。

延伸阅读

This chapter is inspired by Svetlana Alpers, *The Art of Describing: Dutch Art in the Seventeenth Century* (Chicago: University of Chicago Press, 1983). On Chambord, see Anthony Blunt, *Art and Architecture in France: 1500–1700* (New Haven, Conn.: Yale University Press, 1999). On Hardwick Hall and Elizabethan architecture, see Alice Friedman, "Architecture, Authority, and the Female Gaze," *Assemblage* 18 (1992): 41–61; Mark Girouard, *Elizabethan Architecture: Its Rise and Fall, 1540–1640* (New Haven, Conn.: Yale University Press, 2009); and Maurice Howard, *The Building of Elizabethan and Jacobean England* (New Haven, Conn.: Yale University Press, 2007). For discussion of Kraków, see Thomas DaCosta Kaufmann, *Court, Cloister, and City: The Art and Culture of Central Europe, 1450–1800* (Chicago: University of Chicago Press, 1995). On Amsterdam, see Simon Schama, *An Embarrassment of Riches: An Interpretation of Dutch Culture in the Golden Age* (New York: Knopf, 1987); and Jan de Vries, *Industrious Revolution: Consumer Behavior and the Household Economy, 1650 to the Present* (Cambridge: Cambridge University Press, 2008). On the synagogue, see Carol Krinsky, *Synagogues of Europe: Architecture, History, Meaning* (New York: Architectural History Foundation, 1985); and Sergey R. Kravtsov, "Juan Bautista Villalpando and Sacred Architecture in the Seventeenth Century," *Journal of the Society of Architectural Historians* 64, no. 3 (2005): 312–39.

7 奥斯曼帝国 和萨非王朝

在 15 世纪尤其在 16、17 世纪，除了荷兰以及偶尔除了英国地区外，整个欧洲和亚洲地区具有的一个共同特点是，围绕更加宏伟的宫廷实行日渐加深的中央集权统治。在日益强大的专业军队和行政机构的支持下，专制体制将贵族和城市中产阶级排挤到一旁，因此，统治者显得越来越重要。这些统治者置身其中的周边宫廷不仅充盈着从逐渐扩大的国际市场上购买的商品，所处环境也更加规范。这种规范化环境象征着对空间的世俗和神圣控制。在一个巩固对遥远的领土的控制显得比以往任何时候都要重要的时期，古典主义提供了一种组织空间的合理系统，但绝对不是唯一的。精心规划的环境的范围得以扩展，包括在新城市和郊区环境中插入绿化空间，以及激发将宫廷园林转变为举行宫廷盛典的舞台的兴趣。

许多此类宫廷位于或毗邻亚洲边缘地区。中国明朝采用极其集中的权力机制，拥有世界上最大的宫殿。然而，亚洲地区的其他王朝几乎也同样著名。曾经统治北非、大部分西亚、中亚和南亚地区的奥斯曼帝国、萨非王朝和莫卧儿王朝的人们创造了前所未有的宏伟壮观的环境。在伊斯坦布尔、伊斯法罕、阿格拉、德里和拉合尔等位于今天土耳其、伊朗、印度和斯坦境内的多座城市里，宫廷生活还充斥着各种旨在捍卫王室权威的严谨仪式。所有城市都部分受到帖木儿汗国的启发，并受到当地条件、尤其是气候、社会规范和施工技术的影响。本土建筑传统在修建大型清真寺时发挥着更加重要的作用。大型清真寺是国家和个人权力的标志，也是忠诚和慈善的见证。

奥斯曼帝国控制了东欧、中东和北非地区。萨非王朝以今天的伊朗地区为中心。奥斯曼人和萨非王朝人是相互敌对的穆斯林派别，前者是逊尼派，后者是什叶派，但他们无疑具有许多共同点。两个帝国都统治了包括大量基督教徒和犹太教教徒的混杂人口。两者都支持大范围的城市发展。两大王朝的统治者都兴建尊敬当地建筑传统的大型清真寺，同时居住在现代宫殿中。他们的宫殿中还修建了一些散布于庭院和园林中的亭台。

1453 年，奥斯曼帝国苏丹王穆罕默德二世 (Mehmet) 占领了君士坦丁堡，并将其改名为伊斯坦布尔。伊斯坦布尔城由希腊化时期的希腊人修建，当时被称为拜占庭。这座城市在古罗马的统治下得以发展。康斯坦丁在 4 世纪时将帝国的首都迁移至此，他是使基督教合法化的第一位罗马大帝。拜占庭帝国在长达一千多年的统治期间，尽管所控制的领地有所减少，却建立了伟大帝国的标准。这种标准鼓舞了充满野心的欧洲、北非和亚洲统治者。拜占庭帝国是希腊文化中心，也是受基督教徒统治的东部和南部地区的最后领地。穆斯林早在穆罕默德时期不久后，就在拜占庭帝国的东部腹地占据了主导地位，此时开始统治该帝国。如同 15 世纪的罗马，拜占庭帝国面临的第一项任务便是重建首都。当时的伊斯坦布尔在人口、城市基础设施和新大型建筑方面都超过了该地区的前期居民所取得的成就。

在奥斯曼帝国的统治下，伊斯坦布尔仍是世界的主要城市之一。它约有 50 万人口，包括希腊人、亚美尼亚人和犹太人，因此，它也是 16 世纪欧洲最大同时宗教种类最多的城市。伊斯坦布尔同时还受益于其地理优势。它位于欧洲和亚洲之间，控制了从黑海进入地中海的海峡。在这里，多瑙河从今天的德国向东流入黑海。事实上，尽管有水域的防御，该城市仍被攻占过两次。在其悠久的历史中，伊斯坦布尔成了来自亚洲、欧洲甚至非洲的思想和商品进行交流和交换的地方。奥斯曼帝国如同之前的拜占庭帝国一样，和整个地中海世界 (其中大部分被奥斯曼帝国占领) 以及中亚地区保持着紧密联系。

两座位于伊斯坦布尔的奥斯曼帝国建筑——托普卡比·萨雷皇宫 (Topkapi Saray) 或者说皇宫以及苏莱曼大清真寺 (Suleymaniye) 展现了建筑如何帮助巩固这个伟大帝国的方式。这两座建筑都建在历史上具有重要地位的地点，一座坐落在伊斯坦布尔原来的卫城原址上，另一座坐落在拜占庭皇宫原址上。苏莱曼大清真寺由穆罕默德二世始建于 1459 年，并在此后的 400 年间不时重建和扩建。它一直是奥斯曼帝国统治的中心，直至 1856 年，新的皇宫多尔马巴赫切宫 (Dolmabahce Palace) 建立才被弃用 (图 7.1)。苏莱曼大清真寺和紫禁城一样，是世界最壮观的宫殿之一。此外，在 16 世纪增建了贵方或者说女性住宅后，大清真寺几乎等同于公

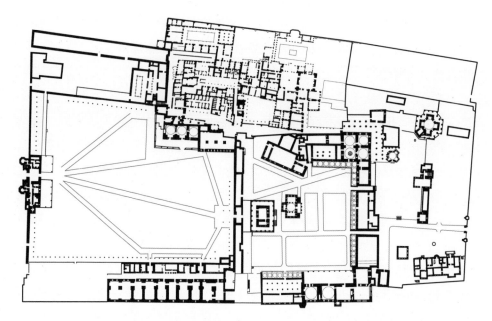

图 7.1 土耳其伊斯坦布尔苏莱曼大清真寺的第二个、第三个和第四个庭院的平面图，始建于
1459 年

共建筑。统治者从这里的更加私密的住宅中对奥斯曼帝国实行正式统治，且通常由
掌握实权的母亲监控。

美第奇宫和皮蒂宫所在的城市均采用了大量石材。与此不同的是，苏莱曼大清真寺
却受到中世纪时期抬高式防御性城堡的启发。这些城堡的连续庭院中包含了具有
更多可供统治者观察周边领地的隐蔽和安全空间。不过，在宫墙内，无人居住的亭
台楼阁的布局相对而言不是那么正式。大多数日常生活都发生在室外。尽管苏莱曼
大清真寺的部分建筑非常壮观，但它的一些独立元素却与该城其他本土建筑几乎
没有什么不同。位于前两个庭院中的行政建筑尤其如此，其中很多都是以木材构建，
并在多年里时而发生的火灾中被烧毁，连整个建筑群也未能幸免。

进入前两个庭院需要穿过厚重且防御牢固的大门。崇敬门 (Gate of Salutation)
及两侧的粗壮塔楼是整个建筑群的另一个年代最为久远的部分。崇敬门的另一边
便是第二个庭院，是举行宫廷庆典以供在朝朝臣和使臣观瞻的地方。这里修建了规
模适当的大皇宫会议厅（国家行政机构）以及为王室成员、朝廷官员和仆从供应食
物的更加普通的厨房。穆罕默德二世修建了原始议会厅。大维齐尔们（伊斯兰教国
家高官）在这里会见其他大臣和恭顺的男女求见者。16 世纪修建的新议会厅曾被

屡次改建。16 和 17 世纪修建的厨房采用石砌结构，以减少火灾风险。这些厨房是最壮观的幸存实用建筑。它们的开放游廊和有柱门廊是围绕奥斯曼式庭院周围的典型开放性特征。厚重的门帘在必要时可放下来挡雨。当时在整个欧洲地区，厨房都被设置在离宫殿主体部分尽可能远的地方，以此隔离烹饪食物的香味并减少厨房火灾蔓延到中央宫殿的风险。

于 15 世纪修建并在 1774 年重新装修的吉兆门 (Gate of Felicity) 从第二个庭院通向第三个庭院 (图 7.2)。国王在这座大门前会见公众。它鲜明地展现了奥斯曼建筑形式的典型特征：穹顶阁。穹顶阁的有柱门廊以低角度向前突出。吉兆门看起来并不特别壮观，但那是因为建筑并不是唯一的元素，就像一幅描述了 18 世纪末期苏丹王萨利姆 (Selim) 三世召见朝臣的场面的绘画所表现的一样。此类仪式通常都在室外举行，但在 17 世纪和 18 世纪早期的奥斯曼帝国却极其少见。此外，就像在东面的萨非王朝和莫卧儿帝国一样，奥斯曼帝国的建筑布景也因奢华的织物而得以改善，其中包括挂毯和地毯以及参与者所穿的五颜六色的服饰。

图 7.2 苏丹王萨利姆在苏莱曼大清真寺的吉兆门前接见朝臣，18 世纪晚期

只有得到苏丹王的特别邀请,苏莱曼大清真寺的访客方可进入吉兆门,并在谒见厅受到接待。除了吉兆门和皇宫储藏室外,第三个庭院包括供德伍希尔迈(devsirme)(在政府机构和军队服务的奴隶)、宫廷女性和孩子居住的房屋。当早期现代欧洲君主在为控制强大的占有土地的贵族而烦恼时,奥斯曼帝国却加入了中国的行列,领先创建了现代国家政体。来自基督教家庭的年轻男奴和女奴(购买穆斯林同胞为奴是违法的)被召入宫中接受适合其性别的教育和培训。男孩成为士兵和官员,女孩成为苏丹王及其家人的妻子,更加常见的是成为其他奴隶的妻子。这些皈依者构成忠诚的上层阶级。他们的穆斯林孩子们自出生便获得自由,但却不能继承父母的职位,因为他们的职位将由下一代皈依的奴隶填充。这种系统通过减少最有才能的潜在敌人来巩固苏丹王对帝国的统治,保留少数领导者以镇压基督教地区的潜在暴动,避免君主政体中出现伊斯兰教反对派及裙带关系。

在 16 世纪末,苏丹王穆拉德三世打破惯例,将自己的寝宫迁至内院(图 7.3)。让苏丹王独居在第三个庭院本是为了增加他的权威。然而,苏丹王最终却逐渐变成了囚徒,尽管有些苏丹王周游过很多地方,但其他苏丹王却日渐脱离了宫墙外的生活。穆拉德三世的卧室是皇宫里装饰最为奢华的房间之一。它可追溯至 1578—1579 年,出自建筑师希南(Sinan)之手。卧室的墙壁镶贴着白色瓷砖,还有两种最重要的伊斯兰建筑装饰母题:主要来自《古兰经》的经文书法和来源于植物的典型图案。

从之前的公开性奢华转向隐秘性奢华的改变部分是因为苏莱曼大清真寺的卧室是禁止男性官员和外交人员进入的。与此不同的是,欧洲的卧室经常是所有住宅包括宫殿中最公开的空间。苏丹王的母亲、妻子、幼儿幼女、未婚女儿和宫廷女奴都住在内院。具有讽刺性的是,尽管女性不得接近苏丹王和保护她们的宦官之外的其他任何男子,但她们居住的地方却距离议会厅很近,能够听到里面所讨论的国家大事,这最终给予了苏丹王的妻子们和女儿们特别是他的母亲巨大的权力。穆拉德三世的母亲和遗孀是最先成为强权母后系列女性中的两人其中很多是事实上的统治者。控制自己的财政大权并与他国统治者保持来往地帝国女性同时也是重要的建筑赞助者,经常修建大规模的星期五清真寺。而哈迪斯·图尔汗(Hadice Turhan)苏丹王在 1648—1656 年摄政期间甚至修建了防御工事。

极少苏丹王的臣民曾进入这座宫殿的第三个或第四个私密庭院。伊斯坦布尔的众多市民都有权进入表现帝国权威的其他主要建筑,即由历代帝王建立的帝国清真

图 7.3 苏莱曼大清真寺中苏丹王穆拉德三世的寝宫，由希南设计，建于 1578—1579 年

寺。这是一种新型清真寺建筑，既受到 16 世纪拜占庭圣索菲亚大教堂 (Hagia Sophia) 的影响，也受到其他地区修建的清真寺的影响。奥斯曼人将圣索菲亚大教堂改建成了伊斯坦布尔城的第一座星期五清真寺这些清真寺能够容纳大量礼拜者，其规模几乎能够赶得上基督教教堂。在改建过程中，在原来的教堂基础上增建了 4 座尖塔。这些高塔每天会发出 5 次召唤，提醒虔诚的信徒进行祈祷。此前，一座尖塔就已足够，但奥斯曼帝国建立了一种等级制度，苏丹王本人委托修建的教堂会保留 4 座尖塔。

圣索菲亚大教堂的两座新尖塔是米马尔·希南 (Mimar Sinan) 设计的。他自 16 世纪 50 年代晚期起，在长达半个世纪的时间里都是奥斯曼帝国的御用建筑师。在 16 世纪，希南成为了本世纪意大利以外地区的第一位职业建筑师。他是 16 世纪方兴未艾的建筑业的元老。他的职业生涯代表了前期基督教教徒能够取得的最高成就。在他漫长一生的后半生中 (他在近百岁高龄去世)，他控制了伊斯坦布尔城的中央集权制政府，在帝国境内修建了多座公共建筑。因此，除了伊斯坦布尔的大型建筑和基础设施外，他的建筑事务所还设计了其他主要城市的众多建筑。希南多才多艺，具有包括为伊斯坦布尔修建全新给排水系统所需的多种才能，他领导的政府机构超越了 19 世纪前任何其他地方的政府机构。

希南的最重要作品之一是他于 1551—1558 年间为国王苏莱曼修建的一座帝国清真寺。该清真寺坐落在伊斯坦布尔城的一座山上 (图 7.4)。早期奥斯曼帝国的每位苏丹王都会在伊斯坦布尔城修建至少一座清真寺，并在其他主要城市修建多座清真寺。这些清真寺是帝王统治的象征，因此在很多方面都与 17、18 世纪法国修建的皇家广场相似。作为一种机构，清真寺巩固了奥斯曼帝国对城市的控制，将君主的影响力延伸到独立的街区。

在 1520—1566 年间执政的苏莱曼是一个聪明的管理者和战士。他所征服的土地从巴尔干半岛地区延伸到也门，最终扩展到阿尔及尔地区。苏莱曼大清真寺代表了奥斯曼帝国建筑和意大利文艺复兴建筑之间长达一个世纪的交流的最后阶段。罗马圣彼得教堂的原始集中式设计几乎肯定受到了早期奥斯曼帝国清真寺的影响，而在苏莱曼大清真寺，希南融入他所受到的基督教地区的最大教堂的影响。此外，大清真寺的平面布局如早期帝国清真寺一样可能受到文艺复兴城市的理想平面图的启发，就像米兰大教堂和圣彼得教堂的规模受到对圣索菲亚大教堂和艾米尔陵园

图 7.4 土耳其伊斯坦布尔苏莱曼大清真寺，由希南设计，建于 1548—1559 年

的巨大规模的认识的启发一样。圣彼得教堂则可能受到了苏莱曼的前任统治者穆罕默德和巴耶济德修建的清真寺的影响。

奥斯曼帝国清真寺除了清真寺本身外，还包括了众多创收性和慈善机构。通过私人募捐建设公共设施是虔诚的穆斯林教徒的共同特征。租金被用以维持宗教机构，而很多情况下，还可被用来支持捐建者。最初的苏莱曼建筑群并没有完全保留下来。除了清真寺之外，该建筑群还包括一座医院、一个面向学生和穷人的赈济处（注意这两个群体的配对）、多所咖啡屋、一所少年宗教学校、宗教法高等教育大学、一个澡堂、一座管理该地区供水系统的建筑、多座公共厕所以及包括苏莱曼、他的妻子洛克塞拉娜（Roxelana）和希南等人的多座坟墓。清真寺里的平台上修建了许多商铺和咖啡屋。来源于商铺和咖啡屋的收入为清真寺里常年举行的慈善活动提供了资金。因此，作为一个机构，帝国清真寺将整个社群的穆斯林男子聚集起来，开展贸易、交流、清洁工作以及最重要的宗教和教育活动。这些活动对一种重视朗读经书能力的宗教来说是不可缺少的。当欧洲的世俗领域日渐脱离宗教领域的时候，在这里，世俗和宗教却仍然紧密相连。

这类建筑的重要部分当然是清真寺本身。清真寺的前面是一个由圆顶模块构成的庭院。希南之所以喜欢这种建筑系统，部分是因为它方便了在这个幅员广阔的帝国进行建筑设计的过程。因为不能督造在帝国各处同时修建的清真寺，他采用地面平面图来建立一种统一的形式词汇。此外，伊斯坦布尔的陡峻地形意味着，极少清真寺具有完全符合规范的平面图。这种设计以围绕一个露天庭院安排的圆顶方块的基本模块为基础，并以此实现较高程度的建筑秩序。

苏莱曼大清真寺的设计直接反映了拜占庭传统。它宣称穆斯林教徒有能力修建一座能够与世界工程学奇迹圣索菲亚大教堂媲美的建筑。这种宣誓与意大利文艺复兴时期人们试图获得能与古罗马媲美的成就所做出的努力如出一辙。希南如同圣索菲亚大教堂的建筑师前辈一样，用半穹顶支撑清真寺的中央穹顶。这个著名的穹顶曾一度坍塌，并多次经受地震的威胁，而这正是希南试图避免的。他向其赞助人宣称："国王陛下，我为您修建的清真寺将一直保留在地球表面上，直到世界末日的来临。即便哈拉杰·曼苏尔（Hallaj Mansur）（一位虔诚的波斯神秘主义者）推倒了达马万德峰，也憾动不了这个穹顶"。这座穹顶以斗拱即球体的三角形截面而不是内角拱作为支撑体。内角拱是伊斯兰世界其他许多地区大型建筑的典型特征。苏莱

图 7.5 苏莱曼大清真寺的内部

曼大清真寺的穹顶采用了基于本土拜占庭技术的现代技术就像在圣索菲亚大教堂，狭长的窗户嵌入穹顶，而半穹顶构成投光圈（图 7.5）。从形式和结构来看，这种空间所产生的效果取决于中央穹顶、支撑中央穹顶的半穹顶以及这两种穹顶结构向下延伸的的小穹顶之间的关系。在这些穹顶之下，宽敞的室内空间具有清真寺的典型特征，包括嵌入朝向麦加的墙体的圣龛以及敏拜尔。敏拜尔是一座星期五布道所用的木制讲道坛。地面满铺华丽的地毯。地毯的颜色和长毛绒给了空间独特的温暖感。

17 世纪出现了向繁荣的伊斯坦布尔提出挑战的新城市。除了阿姆斯特丹和巴黎、德里以及阿格拉之外，这些新城市还包括伊斯法罕。1587—1629 年间在位的伊朗国王阿巴斯一世（Shah Abbas I）在 1598 年将都城迁至伊斯法罕。伊斯法罕有着特别的历史：它的迦密清真寺（Jami Masjid）或者说星期五清真寺在很长一段时间里都是世界上最壮观的清真寺。在 16 世纪末和 17 世纪初，它的综合现代化程度超出了其他任何城市。伊斯法罕扩建了一片园林式区域，其中包括世界最大的城市广场和世界最宽的大道。伊斯法罕以新清真寺和宫殿为点缀，为一个远比奥斯曼帝国的宫廷开放的宫廷提供了舞台。这座伊斯兰城市是一座由面向内部的建筑构成的布局混乱的城市。它几乎颠覆了所有陈规旧俗。在 16 和 17 世纪，罗马和巴黎的变化往往看上去是预先性的，而不是追随性的。与此相同，伊斯法罕的发展特征包括供水、供应食物、修建宽阔平直的道路和大型城市广场、构建以穹顶为盖的神圣空间和建筑以园林为背景的豪华宫殿。

萨非王朝伊斯法罕的发展的关键在于对干旱的地方景观的水源进行控制以及对城市新郊区边缘进行绿化。国王阿巴斯一世对该城市的扩建工程主要包括园林，萨非王朝还修建了多座跨越萨杨德河（Zayande River）的桥梁（图 7.6）。在城市的最边缘区域，长达 1 英里的查赫巴格（Chahar Bagh）大道从北面的河流一直延伸到麦丹（Maidan）大公共广场。加上一条两边成列栽种了绿荫树的水渠，这条公共大道还兼作公园。查赫巴格周围修建了私人宅邸和伊斯兰学校，两者都附带园林。麦丹广场四周是样式雷同的商铺和咖啡屋。从该广场可进入皇宫及其园林、两座新建清真寺中的一座、两座大圆顶运动场和位于该城中世纪时期市中心的老清真寺广场。伊斯法罕的园林是公共设施，考虑到当地的气候条件，它们还能显示帝国控制国家最宝贵资源的能力。此外，修建园林还可能代表一种虔诚行为，可视为是在重建天堂。

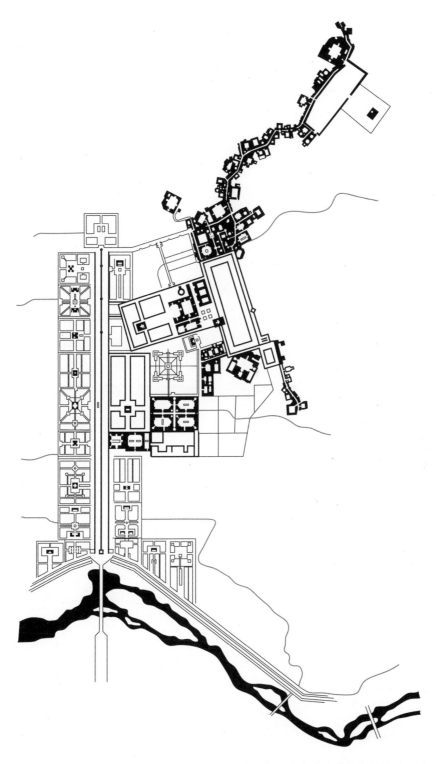

图 7.6 阿巴斯国王为伊斯法罕新建的基础设施以及为星期五清真寺修建的街道的平面图，伊朗，建于 1588—1629 年

萨非王朝喜爱公共仪式和庆典。阿巴斯一世修建的国王广场 (Maidan-i-Shah)
的规模直到 20 世纪 50 年代才被清空的北京天安门广场超越。国王广场建于
1700 年前后,占地 20 公顷,其规模远超出威尼斯和克拉科夫的大型市集广场。它
还与通向大多数伊斯法罕住宅的类似家巷保持了较大的高度差。国王广场上举行
的马球竞赛以及其他形式的公共娱乐活动和宫廷庆典可供伊斯法罕全城市民以及
来访外国使节观看 (图 7.7)。就像伊斯法罕的其他新建筑一样,阿巴斯一世是通过
新建一个城区来修建国王广场的,而不是通过拆除现有建筑。这位国王的伟大完美
地展现其创建此等规模的统一城市空间以及控制空间内发生的活动的能力上。

国王广场的出口面向一个新集市或者说加顶盖的市场。伊斯法罕如同亚洲和北非
地区的许多其他城市一样,其功能区域划分已经比较清晰,而直到 19 世纪,欧洲
才开始普遍划分功能区域。与邻国不同的是,这里的大型集市都距离私人宅邸较远,
部分是为了保护家庭隐私,部分是因为市集的规模。贸易是伊斯法罕繁荣的关键。
这个市场是世界上商品种类最丰富的集市之一,充满了各种来自欧洲和中国的商品

图 7.7 伊朗伊斯法罕国王广场,建于 1590—1595 年,右上角是阿里卡普宫,约建于 1597—1660
年,右边是国王大清真寺,建于 1611—1638 年

以及为该城市主要出口商品的地毯和丝绸。陆路贸易路线仍然经过该城市，即便此时绕过好望角的商船挑战了商队的主导地位，抢占了萨非王朝以及其他西亚和中亚中间商的利润。

萨非王朝伊斯法罕的居民包括少数索罗亚斯德教的教徒、犹太教教徒、基督教教徒以及穆斯林教徒。每个群体都有自己的神圣建筑，但最宏观的新宗教建筑是由阿巴斯国王修建的两座穹顶清真寺。两座清真寺都从国王广场进入。国王大清真寺便是其一，规模较大也更开放，修建于 1611—1638 年（图 7.8）。伊斯法罕的宗教建筑明显和世俗建筑不同。国王大清真寺和所有清真寺一样均朝向麦加方向，其内庭稍微偏离国王广场的中轴线。除了两侧的宗教学校外，国王大清真寺的附属功能要比奥斯曼帝国建筑少。尽管伊斯法罕具备所有这些机构，但它们却没有集中在同一个地方。如果说奥斯曼建筑的标志性形式是穹顶方格，那么萨非王朝的标志性建筑形式便是伊万（一个长方形空间，通常为拱形且有 3 面墙体，另一面开放）。中亚和伊朗的大型清真寺，包括建于 20 世纪初的伊斯法罕本身的迦密清真寺，通常已经围绕

图 7.8 国王大清真寺的庭院

庭院而建, 且建筑的每个外立面的中央都带有一个伊万。在国王大清真寺, 伊万延伸到建筑的整个高度 (图 7.8)。它们在通常过热而无法占用的庭院中心和建筑内部黑暗凉爽的房间之间构成了一个有用的过渡。在其他情况下, 伊万在完全的公共区域和完全的私人区域之间创建了一个连接空间。在宗教学校, 学生们在伊万集合一起去上课并在此与朋友聊天。庭院内的长倒影池有助于降低周围温度, 庭院四面都装饰着各种贴砖装饰。

伊斯法罕的当地石材极少, 因此, 该城主要以烧结砖建成。国王大清真寺的庭院以及跨越祈祷厅的穹顶具有全城最丰富的装饰釉面砖花样。穹顶样式以及装饰贴砖都是伊斯法罕从帖木儿汗国引进的。值得注意的是, 强调书法和花纹图案的伊斯兰风格。萨非王朝仅在世俗建筑上采用伊朗丰富的传统具象派艺术。

萨非王朝偏爱庭院式清真寺, 与对手奥斯曼帝国对集中式清真寺的爱好完全相反。他们的大型宫殿的大部分面积同样也由庭院和园林构成。阿里卡普宫 (Ali Qapu) 是在 17 世纪的前 30 多年里修建和扩展的。它是通往位于国王广场和查赫巴格大道之间的园林的大门。园林里散布着亭台楼阁。阿里卡普宫同时还是参拜厅, 里面修建了一个高台。国王从这个高度合理的位置上可观看国王广场上举行的活动。尽管阿里卡普宫仅限贵族、皇家访客、仆从和护卫进入, 但他们的数量要比允许进入苏莱曼大清真寺的第三个和第四个庭院的人们多得多。萨非王朝的皇宫对公众的开放度更高。它的宫殿的防御性也更低, 但并不是因为没有这里政治暴动。阿巴斯国王曾处死了两个儿子, 将皇位传给了孙子。直到 17 世纪后半期, 萨非王朝的统治者才退居园林深处。如同在伊斯坦布尔, 这种变化的标志是统治者的妻子和母亲的权力的激增。在 1642 年至大约一1647 年间, 国王阿巴斯二世的母亲进行摄政统治, 直至阿巴斯长大成人。尽管这也可作为证明私密性增加的的证据, 但事实却相反, 因为此时越来越多的人被允许进入曾是私室的地方。

萨非王朝宫殿中最大最著名的楼阁位于阿里卡普宫后面的园林里。阿巴斯二世在 1647 年开始修建齐黑尔素图 (Chihil Sutun) 阁或者说多柱阁。该阁被烧毁后又在 1706 年被重建 (图 7.9)。阁前修建了一个带有喷泉的大型倒影池。阁楼在广阔背景的反衬下显得尤其小巧, 这种对比有助于在这座炎热干燥的城市中创造一个舒适的微气候环境。纵深加大的有柱门廊也能产生同样的效果。这个门廊比阿里卡普宫中被抬高的门廊要大。为了表示对当地建筑传统的尊重, 这座阁楼的建筑形式和

图 7.9 黑尔素图阁，伊朗伊斯法罕，始建于 1647 年

支撑木柱的雕刻品都借鉴了该地区最古老的宫殿波斯波利斯王宫 (Persepolis) 的元素。当阿巴斯国王在伊斯法罕定居的时候，波斯波利斯王宫已有两千年的历史。正对门廊中心的是一间觐见室。国王坐在觐见室深处高高的王座上，可清楚地观看在其面前上演的各种庆典。王座后面的伊万上镶嵌着玻璃片和一些镜面，在灯光照射下闪闪发光。

觐见室后面是一个大型宴会厅，里面装饰着大幅描述萨非王朝重要历史事件的壁画。这里也是举行宴会的地点，而宴会到当时已是主要的国家仪式。参加者与佩戴珠宝的统治者保持的距离的远近标志着其在宫廷中的地位。能够觐见国王的重要人物包括来自欧洲以及奥斯曼帝国和莫卧儿帝国的使臣。宫廷女性也能从隐蔽的位置观看庆典。

奥斯曼帝国和萨非王朝的宏伟建筑不仅仅展示了这些伟大帝国的财富和权力。奥斯曼帝国和萨非王朝统治着种族众多的帝国，其中还有庞大的少数宗教派别。在这里，文艺复兴建筑师喜爱的内部逻辑和数学秩序感不只是巩固了君主统治。建筑，有时候包括城市空间的高度结构性融合提升了这个具有多种社会群体的帝国的统一形象一个足够灵活、能够从其吸收的各种本土传统中汲取精华的帝国形象。这样一来，便产生了与当时世界其他任何地方同样伟大且配备公共设施的城市。

延伸阅读

The standard sources on the Ottoman monuments discussed here are both by Gülru Necipoğlu: *Architecture, Ceremonial, and Power: The Topkapı Palace in the Fifteenth and Sixteenth Centuries* (New York: Architectural History Foundation, 1991) and *The Age of Sinan: Architectural Culture in the Ottoman Empire, 1539–1588* (London: Reaktion, 2005). See also Çiğdem Kafescioğlu, *Constantinopolis/Istanbul: Cultural Encounter, Imperial Vision, and the Construction of the Ottoman Capital* (University Park: Pennsylvania State University Press, 2009). On the building activities of the Ottoman court women, see Lucienne Thys-Şenocak, *Ottoman Women Builders: The Architectural Patronage of Hadice Turhan Sultan* (Burlington, Vt.: Ashgate, 2006). For discussion of Isfahan, see Jonathan Bloom and Sheila Blair, *The Art and Architecture of Islam, 1250–1800* (New Haven, Conn.: Yale University Press, 1994); Henri Stierlin, *Islamic Art and Architecture: From Isfahan to the Taj Mahal* (London: Thames & Hudson, 2002); and especially Sussan Babaie, *Isfahan and Its Palaces: Statecraft, Shi'ism and the Architecture of Conviviality in Early Modern Iran* (Edinburgh: Edinburgh University Press, 2008). On the gardens discussed in this and the following chapter, see D. Fairchild Ruggles, *Islamic Gardens and Landscapes* (Philadelphia: University of Pennsylvania Press, 2007).

8 南亚现代建筑之雏形

新王朝同样改变了早期现代南亚的城市。早期现代南亚地区的王室规模在 16 世纪中期到十七世纪末期之间要数世界之最。扎根于印度宗教信仰的中世纪空间秩序思想如同其他本土建筑实践一样，有时候还受到从中亚和西亚引进的思想的影响。促进这些发展的领导者是两位穆斯林国王，即阿克巴大帝 (Akbar) 和他的孙子沙贾汗 (Shah Jahan)，但还有几位印度统治者也在该过程中发挥了重要作用。阿克巴和沙贾汗是莫卧儿人，也是当时第三大伊斯兰教王朝的成员。他们统治了今天由阿富汗、巴基斯坦、北印度和孟加拉国构成的领土。成吉思汗和帖木儿的后裔巴布尔 (Babur) 在 1526 年经由喀布尔进入德里，从德里苏丹国 (Delhi Sultanate) 手中夺取了该地区的统治权，创建了莫卧儿帝国。德里苏丹国的穆斯林统治者自 12 世纪末便控制了该地区。莫卧儿帝国在巴布尔的孙子阿克巴 (1556—1605 年在位) 和沙贾汗 (1628—1658 年在位) 的统治下，达到了建筑顶峰时期。阿克巴的统治才能尤为突出，而沙贾汗则是一位优秀的建筑赞助人。

在这片次大陆上同时上演了两个故事。第一个故事讲述了最初的忠实于仍然为少数派宗教的国外王朝如何在建筑方面融入新家园的过程。莫卧儿帝国通过吸收不同建筑传统中精美复杂的元素，创建了一些至今仍为世界人们极其敬仰的建筑。第二个故事描述的是统治小面积王国的印度王公们如何控制源于印度典籍的规划理想对新建筑样式的影响。在南亚以外地区，伊斯兰教征战几乎都伴随着强制性宗教皈依，仅允许一些基督教徒和犹太教徒的存在，此外，几乎没有人信仰其他宗教。从一开始，印度便是不同的。这里，穆斯林统治者总是被迫在巩固政治和军事控制以及让大多为印度教教徒的民众皈依伊斯兰教之间做出选择。一代又一代的王朝选择前一条道路，不过，一些统治者对拒绝皈依伊斯兰教的大多数子民征收高额税。

在 16 世纪下半期以及整个 17 世纪, 只有中国皇帝统治下的亚洲人多过莫卧儿帝国的国王的臣民, 也只有中国帝王统治了面积更大的统一领土。莫卧儿帝国的统治在财政上依赖农业税。当时, 因为农耕技术被系统性地传播到了内陆偏远地区, 农业生产活动得以在大部分莫卧儿帝国领土上繁荣发展。尤其值得一提的是, 经济作物和农产品的售卖地点距离产地也越来越远。比如东部的孟加拉就是如此, 在那里, 稻田和棉花种植地取代了森林和湿地。本土编织的纱布和其他棉织物在国际市场上很受欢迎。

然而, 莫卧儿帝国却未能对整个次大陆地区进行控制。在整个 17 世纪时期, 次大陆南部地区一直存在着一些独立王国。在北部地区, 拉齐普特人从其众多祖先曾经提供忠诚服务的帝国手中获得了越来越大的自治权。在纳亚卡王朝 (Nayaka dynasty) (1559—1736 年执政) 的赞助下, 南印度地区的印度教建筑在这些年间达到了前所未有的高度。尽管位于纳亚卡王朝的首都马杜赖市中心的神庙当时已经有了数百年历史, 今天的米娜克希神庙 (Minakshi Sundareshvara Temple) 的大部分却只能追溯至约 17 世纪 (图 8.1)。米娜克希是一位长着鲤鱼眼睛的女神。她是多产、母性养育和战争的象征。米娜克希神庙坐落在女神和湿婆神结婚的地点。这个故事源于将本土天神比如米娜克希女神融入以湿婆为象征的的正统印度教众神的事实。这座神庙建筑的主体由敬献给两位天神的不同神庙构成。在 17 世纪, 多位纳亚卡王朝统治者改建了这些圣所, 扩建了周围的神圣空间。米娜克希神庙如今包括一个用于洗礼仪式的水槽和曼达帕斯 (mandapas) 或者说遮蔽性祈祷室。统治者进行这些改建活动是为了证实他们所称的自己具有的半神地位。

米娜克希神庙的围墙严格界定了这个神圣空间, 尽管这种神圣的几何结构也延伸到了周边城市。街道的方形 "环" 以主要节日所在的月份的名称命名。在主要节日期间, 天神的神像会被请出神庙内的神龛, 并被抬着在城市中游行。神庙本身也是宇宙之轴, 被理解为马杜赖城和宇宙的中心。同时, 神庙还是储存谷物的仓房, 通过防御饥荒来维持当地的经济和政治稳定性。

塔门 (gopuram) 或者说纪念牌坊标示了米娜克希神庙的入口, 可从通往神庙的街道上清楚地看见。在中世纪时期的北印度神庙锡克哈拉 (Shikhara) 中, 其锥形塔耸立于收藏神像的神圣空间之上。然而到 17 世纪, 印度南部的人们开始强调入口锥形塔。在马杜赖, 最大的锥形塔一直没有完工。它由缇路马丽阿·纳亚克 (Tirumalia

图 8.1 印度马杜赖的米娜克希神庙，大部分建于十七世纪

Nayak) 王侯始建。17 世纪时期，米娜克希神庙的大多数装饰都是这位王侯的贡献。塔门高耸在这个建筑群的其他部分的屋顶和庭院之上，上面覆满了繁复的人物装饰。其中一些人物雕刻在灰泥上，而不是石材上，而且所有装饰最初都上了鲜亮的油漆。人物雕塑对印度人来说非常重要，因为他们相信神可附身在自然形式上，比如树木和岩石，还可通过某些仪式附身在描述某位神的雕塑上。米娜克希神庙内最显著的开放空间是大水池。这里是举行洗礼仪式的地方。水池四面都是直达水面的台阶。这是非常灵活的建筑形式，因为水池边缘有台阶，还可表示水位在一年当中的升降情况。

米娜克希神庙的最神圣空间极小，但却一样重要。尽管在马杜赖，这座神庙自圣雄甘地以来就对贱民达利特人（所谓的不可接触阶级的成员）开放，但保存神像的地方非常神圣，以至于一些神庙禁止非神圣阶层的成员进入，无论他们是否是印度教教徒。因此，神庙的这些部分极少被拍照。更加开放的有柱祈祷室是大多数朝圣者的目的地。一些祈祷室是纳亚卡王朝的王后们捐建的。其中的曼伽马尔王妃（Rani Mangammal）在 17 世纪末和 18 世纪初独自统治了马杜赖 15 年。在此期间，她修建了众多公共建筑。

尽管米娜克希神庙呈现出了今天所见的样式，但另一种截然不同的建筑形式却在印度北部得以完善。还有两种莫卧儿建筑类型尤其特别：防御性皇宫和墓室。各自成对出现时具有说明性。在 1571—1585 年间，阿克巴居住在阿格拉附近的法塔赫布尔西格里城 (Fatehpur Sikri) 的新宫殿里。阿克巴修建此宫殿是为了纪念曾经到过这里的苏菲教派圣者沙利姆·奇斯蒂 (Salim Chishti)。这位圣者曾经预言了阿克巴期盼已久的第一个儿子的出生。奇斯蒂的墓穴位于同样由阿克巴修建的迦密清真寺或者星期五清真寺的庭院中（图 8.2）。尽管我们知道设计和修建主要莫卧儿帝国建筑的一些人的名字，他们当中却没有一人像米开朗基罗和希南那样在奠定艺术风格方面发挥重要作用。女子和男子、印度教教徒和穆斯林教徒在莫卧儿帝国的建筑现场共同劳动。

苏菲教派圣者在一生当中都受到尊重，死后作为圣徒得到膜拜，这也解释了修建这座精美墓室的原因。苏菲教派圣者率先将伊斯兰元素融入印度背景，此外，大多数皈依被引进的伊斯兰教的印度人都是因为他们才转变了信仰。比如，利姆·奇斯蒂之墓的基本形式和奥斯曼帝国的吉兆门极为相似，因为两者融入了相同的中亚元素。然而，它们又有许多不同，包括这座非常奢华但却不是很大的建筑修建时采用的白

图 8.2 沙迦密清真寺（星期五清真寺）的利姆·奇斯蒂之墓，位于印度法塔赫布尔西格里城，建于 1572 年

色理石。直到沙贾汗统治时期，白色理石一直仅用于墓室。莫卧儿帝国的建造们却采用了当地的红色砂岩修建皇室建筑。莫卧儿统治者赞助的建筑的石方工程总是具有极高的质量。与中亚和伊朗不同的是，印度次大陆拥有历史悠久而辉煌的砌石工艺传统。当地工人大胆地在新建筑上引用本土图案。支撑突出屋顶的小支架代表了将木雕母题应用在石材上的转变。在今天印度西部的古吉拉特邦这块由阿克巴增添到莫卧儿帝国版图上的地方，这些木雕图案被引入当地的伊斯兰教建筑上。在征服古吉拉特邦之后，阿克巴携带了多位古吉拉特邦石雕工到法塔赫布尔西格里城。最后，法塔赫布尔西格里城非常炎热的气候促使建造者追随印度教和穆斯林教徒的榜样，增加了穿孔遮阳板或者说迦丽丝 (jalis) 以遮挡阳光。遮阳板上雕刻的日渐复杂的图案以及穿孔遮阳板在室内的理石表面上形成的复杂阴影代表了莫卧儿帝国建筑的美学成就之一。

迦密清真寺和阿克巴的宫殿就位于利姆·奇斯蒂之墓的东北面，坐落在法塔赫布尔西格里城的最高位置宫殿由一些列庭院组成最重要的庭院包括主要参拜厅(图8.3)和女性内院。气候、当地建筑材料和前莫卧儿当地建筑都确保了这座宫殿只与位于伊斯坦布尔和伊斯法罕的宫殿稍微相似。在法塔赫布尔西格里城，气温从未下降到

8.3 阿克巴宫殿的全视图，位于印度法塔赫布尔西格里城，始建于 1571 年

0℃以下，雨季位于夏季。而在伊斯法罕，雨季位于较冷的冬季。伊斯坦布尔则更加寒冷和潮湿。法塔赫布尔西格里城里众多建筑的更大开放性特征适合流动性军队的上层阶级。这些人喜欢住在舒适的帐篷里，而且当地气候条件也使得几乎没有必要完全封闭建筑。比如，潘其玛哈（Panch Mahal）五层阁甚至比通往阿里卡普宫的入口阁楼还高，可以拦截凉爽的晚风。奥斯曼帝国和萨非王朝宫殿的最精美细节一般都是雕刻在木材上或者画在灰泥或面砖上。在法塔赫布尔西格里城，这些细节却是用软质砂岩雕刻而成的，只有少量内饰（至少在完全缺乏原石装饰的情况下）和外饰一样令人难忘。法塔赫布尔西格里城的铺设面积更大，但植物更少。该城同样具有独特印度风格的是伞状塔察翠丝（chhatris）。这些塔源于印度建筑，在阿克巴宫殿的很多建筑上都有修建。最后，尽管阿克巴宫殿远离市中心，但它却是一座至少比奥斯曼帝国的宫殿更加开放的宫殿。

壮观的展示，无论是野生动植物、珠宝还是织物，是莫卧儿宫廷仪式的惯例。庆典巩固了阿克巴在帝国内外缔结的同盟关系。国家官僚团体由任命的贵族构成。这些贵族通过提供固定数量的士兵换取特定地方的税收。官僚机构在莫卧儿帝国的重要性要逊于在伊斯坦布尔。虽然我们从文字和插图记录中了解了大量有关莫卧儿帝国的信息，然而，关于法塔赫布尔西格里城一些建筑的用途，我们仍然不清楚。

迪凡·伊·卡斯会客厅（Diwan-i-Khas）或者说私人会客厅极其特别。我们发现该会客厅以分立于 4 个角落的伞状塔取代了中央穹顶，其建筑正面和其他 3 个立面的划分也不是那么明显。在会客厅内部，有 4 座桥分别将 4 个角落与由一根独立大柱支撑的中央圆环（图 8.4）连接。会客厅的巨大支架同样也由古吉拉特人的范例衍变而来。石材支架可在伊斯兰教传入该地区之前修建的印度神庙中看到。在印度艾哈迈达巴德的许多老房子中，木制支架仍然支撑着雕刻繁复图案的阳台和窗户。

更加私密的区域比如久德哈百宫（Jodha Bai's Palace）也有同样的建筑细节。它是泽纳纳（zenana）或者说闺房的一部分，为国王的信仰印度教或伊斯兰教的妻子们以及其他女性家庭成员和仆从居住。如同在伊斯坦布尔一样，尽管可从住所中安装隔板的阳台上观看宫廷公共活动，宫廷女性居住的地方仍然比较封闭。作为活跃的建筑赞助人，许多莫卧儿女子尤其是阿克巴的儿媳以及沙贾汗的继母努尔贾汉（Nur Jahan）也至少像奥斯曼帝国的同等女性一样具有政治影响力。法塔赫布尔西格里城的宫殿在艾克拜统治的中期被遗弃。1548 年，阿克巴国王将都城迁至拉

图 8.4 迪凡 · 伊 · 卡斯会客厅内部，位于印度法塔赫布尔西格里城

合尔(Lahore),以更加有效地控制西北地区的政治动乱。然而,无论是对穆斯林而言,还是对其他宗教的信徒而言,奇斯蒂之墓仍然是一个重要的朝圣地。

阿克巴是莫卧儿帝国历史上学识最渊博、执政最有效的统治者。他的孙子沙贾汗是莫卧儿王朝最伟大的艺术赞助者。沙贾汗在拉合尔、阿格拉和德里修建了被称为"红堡"的宫殿。德里的红堡尤其重要。尽管莫卧儿人从一个地方搬迁至另一个地方,而且其他城市也往往拥有更多居民,但他们却在德里修建了印度北部第一座清真寺,历代伊斯兰王朝在此留下了足迹。夏嘉汗纳巴德 (Shahjahanabad) 是沙贾汗建立的城市并以其名字命名的, 如今仍然是德里旧城的核心。尽管该城的中央大道昌德尼·乔克 (Chandni Chauk) 如今是一条繁忙拥挤的商业街, 过去却是一条两边修建了被称为哈维利斯宅邸 (Havelis) 的宽敞庭院式城市宅邸的宽阔大道。

德里红堡 (Red Fort) 建于 1639—1648 年, 耸立在亚穆纳河河岸上。沙贾汗的儿子奥朗则布 (Aurangzeb) 增建了如今环绕红堡的防御工事。防御工事仍然是莫卧儿宫殿建筑的重要部分。因为莫卧儿人一直是少数派宗教, 且易受西北面野心勃勃的穆斯林的潜在入侵, 因此, 他们喜欢在宫殿周围修建坚固的围墙和可防御的大门。

图 8.5 红堡的迪万·伊阿姆公共参拜厅, 位于印度德里, 建于 1639—1648 年

通过拉合尔门的狭窄通道虽然偏离中心轴，如今却成了红堡的主入口。

这个更加平坦的建筑现场上，沙贾汗将宫殿的楼阁按照比其祖父在法塔赫布尔西格里城宫殿采用的线条远为整齐的线条进行布置。最重要的阁楼迪万·伊阿姆 (Diwan-i' Amm) 或者说公共参拜厅与拉合尔门位于同一轴线上 (图 8.5)。这种新式楼阁呈长方形，三面敞开，屋顶楼板由成列的柱子支撑。所有这些特征在 3 个红堡上都能找到。这里采用的拱顶是尖拱。

沙贾汗坐在依附封闭的后墙而建的王座上接见贵族 (图 8.6)。以形式向子民展示自己以及遵守增禄 (darshan) 的印度教概念对莫卧儿人比对大多数早期现代统治者来说更加重要。沙贾汗王座的华盖与其祖父的更加私密的参拜厅相比远为传统。

图 8.6 迪万·伊阿姆公共参拜厅的王座

王座前面的长凳是给他的维奇尔或者说首席大臣坐的。王座的高弧屋顶是从印度次大陆的另一个地区孟加拉的本土建筑借鉴而来的。沙贾汗对幅员广阔的帝国境内的各种母题的融合与从远至欧洲地区引进的艺术品和艺术技法的重要性达成了协调。这些技术中最重要的要数嵌宝技术。这是一种镶嵌半宝石的意大利镶嵌工艺。王座上就安装了一块来自意大利的嵌宝面板。传说中更加精美的嵌宝孔雀宝座原本安装在沙贾汗的私人参拜厅附近。一个世纪以后,伊朗入侵者抢走了这个宝座。国王从两座阁楼上都能看到漂亮的园林。

沙贾汗修建的建筑中令人印象最为深刻的不是他居住的宫殿,而是他永眠的墓室。他于 1632—1643 年间在阿格拉修建了泰姬陵 (Taj Mahal),以纪念他的妃子蒙泰姬·马哈尔 (Mumtaz Mahal)(图 8.7)。在一千年多年里,亚洲穆斯林教徒们修建了许多大型穹顶坟墓。甚至在莫卧儿人抵达南亚前,那里的穆斯林坟墓就已经达到了其它地方极其少见的巨大规模。古尔·艾米尔陵园是一个为莫卧儿帝国的辉煌成就锦上添花的重要例外。泰姬陵是这种传统的著名巅峰之作。今天,泰姬陵是印度最出名的建筑。印度人和外国人都视其为单纯的印度建筑。事实上,最好将其理解为融合了众多文化精华的建筑样例之一。这座单一建筑紧密而不可分割地结合了伊朗、中亚和印度本土的建筑技术和材料。这是一座只可能在莫卧儿帝国设计和修建的建筑,但它同时还提供了证明莫卧儿帝国的国际知名度和雄心壮志的精美证据。

泰姬陵代表着来自其统治领域内部和以外地区的民族、宗教、艺术思想和原料的多样化。这种多样化塑造了莫卧儿帝国的宫廷生活。许多莫卧儿帝王迎娶印度王妃。这意味着最终帝王家庭的所有成员都具有多民族血统和多种宗教传统,包括沙贾汗本人,他的母亲和祖母都是拉其普特公主。莫卧儿帝国以其庞大的财富和相对集权的政治结构在宫廷里创造了一个具有非凡才智的国际群体。诗人、画家、音乐家、士兵和管理者,更不用提建造者与土耳其人和波西人以及南亚各个地区的人们一起做出了杰出贡献。同时,莫卧儿帝国的主要出口产品——香料、纸、棉花和丝绸——被出售到世界各地。比如在 17 世纪,莫卧儿地毯受到了从英国到日本地区的众多人们的喜爱。泰姬陵坐落在亚穆纳河边的一个经过仔细规划的郊区建筑群中。它的两侧共有 4座尖塔和 2 座附属建筑,其中一座是清真寺。泰姬陵后面是一个被围起来的由四个部分组成的塞巴 (Charbagh) 园林。人们通过塞巴园林的漂亮大门可进入泰姬陵。最初,河流对岸还有一座园林。到 17 世纪,塞巴园林已经盛行于伊朗和印度。泰姬陵后面的塞巴园林的基本形式仍然保存完整,里面有水道将园林分成多个部分。然

图 8.7 印度阿格拉的泰姬陵，建于 1631—1647 年

而，原来的植物却不同于今天。来自一个种满异国果树的果园的收入为修建泰姬陵提供了资金。融入建筑装饰的园林意象增加了泰姬陵的天堂般的氛围。

泰姬陵比大多数相片里所示的要大得多。在相片里，标志着园林正中央的平台似乎位于泰姬陵正前方。因此，现实中的泰姬陵显得比大多数游客所期待的要更加壮观。这座陵墓闻名于世的另一个原因是其所用的理石的质量。在不同的光线和气候条件下，理石可能是不透明的或者接近透明的。理石的精美雕刻同样也很卓越。泰姬陵的内外表面装饰了以碧玉雕刻的《古兰经》书法铭文、以天青石和其他半宝石雕刻的五颜六色的花朵以及浅浮雕郁金香和其他花朵。

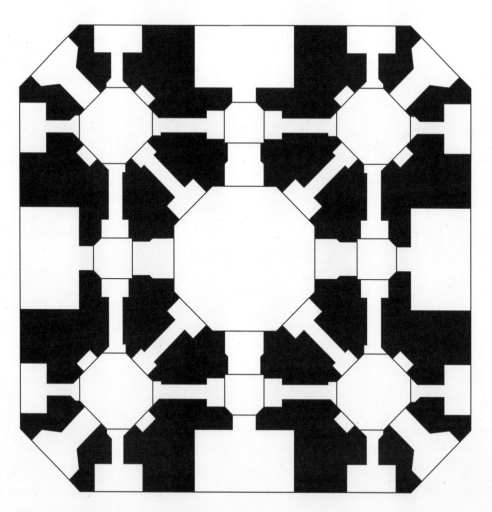

图 8.8 泰姬陵的平面图

严谨的平面布局和由相似但大小不同的重复元素构成的等级秩序为精美的装饰提供了一个有序的框架（图 8.8）。与另一座理想郊区建筑圆厅别墅相比，泰姬陵的空间组织更加复杂，然而它的平面图却清晰而合理。两者均可从建筑各个立面的正中心进入，但泰姬陵还可从每个角落的 3 个洞口进入。两座建筑都由四个对称的部分构成，但圆厅别墅的空间数量和种类较少。帕拉第奥（Palladio）将一个圆圈嵌入一个正方形中，又将正方形分成 8 个大小不同的房间。此外，又用 4 个较小的弧形空间将圆环围在一个正方形里。泰姬陵具有更多形状各异的空间。即便奥斯曼帝国、萨非王朝和莫卧儿帝国的人们采用绘画，尤其是鲜花绘画，他们却仍然专注于精美的几何图案。而中世纪的大多数伊斯兰装饰都是从这些几何图案衍生而来的。4 个深长的伊万或者说印度人更习惯称呼的皮什塔格（pishtag）连接着一圈中介空间。穿越中介空间，人们可回到斜角或进入中心空间。中心空间被理石屏风挡住，人们可透过屏风上呈网格状镶嵌的孔雀石、碧玉和青金石一睹王妃纪念碑。一位当代诗人描写了窥看这个地球上的天堂的体验："他们在理石上镶嵌了宝石雕刻的花朵。这些花朵虽然没有散发芳香，但它们的颜色却比真正的花朵还要鲜艳。"

泰姬陵当然是一个男子深爱妻子的浪漫象征，但它同时体现了那个男子所统治的帝国的政治和创造力量。这个帝国能够承担得起雇用数千名技艺高超的工匠的费用，能够从已知世界进口材料和引进工艺，还能创造出精美的几何结构，所有这些都很重要。最终，沙贾汗得以在建筑方面完成他最大的现实目标，即重建地球上的天堂。尽管如此，他却未能阻止自己的儿子推翻自己的政权并将他关押在河流对岸的监狱里，让他在那里度过余生。

在 1707 年奥朗则布去世后，莫卧儿帝国最终分离解体。当地的各大王公重新夺回了自治权，其中一些王公早在莫卧儿人入侵印度前就一直统治着他们的领地。所有这些王公，包括西印度的印度教王公们 - 拉其普特人，受莫卧儿宫廷的启发创建了自己的宫廷。

1727 年，其中一位名为杰辛格王公（Jai Singh）的王公感到已经可以安全地将自己的宫廷从安布尔的城堡迁至南面的平面地区。他在南面平原地区创建了新的多种族城市斋普尔。杰辛格王公本身是印度教教徒，而他的许多臣民都是穆斯林教徒和耆那教教徒，因此，他转向被称为《沙斯陀罗（shastras）》的古代圣典寻求灵感。这些圣典号召修建一座具有 9 个广场的城市。杰辛格王公只是根据当地地形将这种

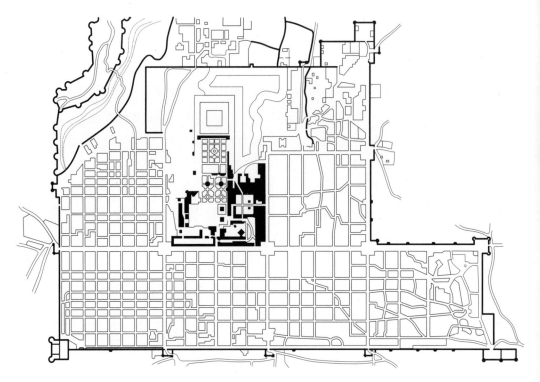

图 8.9 印度斋普尔的平面图，1727 年

图 8.10 印度斋普尔的风之宫殿，建于 1799 年

提议稍作修改（图 8.9），而后修建出一座极其有序的城市。斋普尔宽阔平直的街道至今仍然给游客留下深刻的印象。大多数情况下，街道两旁排列着几乎相同的商铺。全城所有建筑的灰泥立面都统一涂刷一种粉色薄涂层。这种粉色涂料原本与当地砂岩的颜色相似。砂岩是在莫卧儿帝国中最受欢迎的建筑材料。红堡也是因这种材料而得名。除了宫殿和园林外，斋普尔还因众多精美的宅邸而闻名。

斋普尔最著名的宫殿是风之宫殿（Hawa Mahal）。该宫殿由印度王公沙怀·普拉塔普·辛格（Sawai Pratap Singh）建于 1799 年（图 8.10）。宫中女子可站在这座宫殿的屏风墙后观看城市中开展的活动和庆典，而不用担心被人看见。就像七层楼的月之宫殿（Chandra Mahal）一样，这座宫殿的主体建筑还能拦截凉爽的微风，从而成为该城在炎热夏日里最受欢迎的目的地之一。这座宫殿是献给印度神克利须那神（Krishna）和他的妻子罗陀（Radla）的。它的主要建筑母题是缩小的孟加拉屋顶形式。沙贾汗曾将这种形式应用在他的王座上。这证明了莫卧儿帝国的综合建筑风格的长久影响力。杰辛格还在印度次大陆上修建了 5 座天文台，包括约于1734 年修建的斋普尔简塔·曼塔天文台（Jantar Mantar）（图 8.11）。阴历对印度教的天文观测非常重要。许多印度教教徒也非常看重占星术。简塔·曼塔天文台有

图 8.11 印度斋普尔简塔·曼塔天文台，建于约 1734 年，右前方是月之宫殿

助于计算一年一天中的具体时间。这是确定举行特定仪式必需的的信息。这些天文台的抽象形式对印度的现代建筑具有重要影响。

奥斯曼帝国、萨非王朝、莫卧儿王朝的人们以及拉齐普特人——尤其是阿克巴大帝——的包容性是他们的建筑风格呈现多样化的原因所在。在民族国家创建之前，这里并不存在国家建筑传统。这些王朝通过政治和军事手段控制独立的君主而实现对帝国和王国的统治，而不是统治单一民族群体。他们从所了解的众多文化和工艺中汲取经验。有很多情形促进了建筑思想——材料、气候和社会结构——的本土化。然而，在最佳情形下，建筑总是能够利用其能掌控的整个世界。建筑风格的统一依赖于将各个孤立资源融合成一个和谐整体的工艺。这种和谐整体丰富了创造了它的社会美学体验以及即将产生的美学体验。这些融合并不一定导致单调的重复。它们在最好的情形下能够启发人们对多种母题和工艺进行丰富的融合。泰姬陵是在统一中融入差异的一个特别令人难忘的范例。

延伸阅读

For general background, see Catherine Asher and Catherine Talbot, *India before Europe* (Cambridge: Cambridge University Press, 2006). On the expansion of Mughal agriculture, see John F. Richards, *The Unending Frontier: An Environmental History of the Early Modern World* (Berkeley: University of California Press, 2003); this work is the source for the discussion of early modern environmental history throughout this volume. George Michell, *The Hindu Temple: An Introduction to Its Meaning and Forms* (Chicago: University of Chicago Press, 1988), offers a general study of this building type. On the importance of dynastic patronage, see Sonit Bafna, "On the Idea of the Mandala as the Governing Device in Indian Architectural Tradition," *Journal of the Society of Architectural Historians* 59, no. 1 (2000): 26–49. For discussion of the Minakshi Temple, see Susan Lewandowski, "The Hindu Temple in South India," in *Buildings and Society: Essays on the Social Development of the Built Environment,* ed. Anthony D. King (London: Routledge & Kegan Paul, 1980), 123–50. The standard sources on Mughal architecture are Catherine Asher, *Architecture of Mughal India* (Cambridge: Cambridge University Press, 1992); and Ebba Koch, *Mughal Architecture: An Outline of Its History and Development, 1526–1858* (Delhi: Oxford University Press, 2002). On Mughal carpets and their dissemination, see Daniel Walker, *Flowers Underfoot: Indian Carpets of the Mughal Era* (New York: Metropolitan Museum of Art, 1997). On the Taj, see Ebba Koch, *The Complete Taj Mahal* (London: Thames & Hudson, 2006). On Jaipur, see Vibhuti Sachdev and Giles Tillotson, *Building Jaipur: The Making of an Indian City* (New Delhi: Oxford University Press, 2002).

9 巴洛克时代的
罗马

从北京到伊斯坦布尔，从佛罗伦萨到特诺奇提特兰城，早期现代建筑和城市秩序的多数形式和现有形状在本质上都是直线式合围结构。即便在北欧，其建筑虽然很少采用古典柱式作为组织建成空间综合系统的一部分，在香波城堡和哈德威克庄园这类杰出建筑作品的布局上，轴对称也显得日渐重要。然而，在 16 世纪末，文艺复兴式秩序思想开始让位于一些新思想，罗马尤甚。采用更加动态的方法塑造建筑空间以及同样重要的城市空间标志着 16 世纪末和整个 17 世纪的这座教皇城市即罗马正在经历的改变。由米开朗基罗开创的更具表现力的建筑形式在更广范围上得到应用，发展成如今常被称为巴洛克的夸张形式。

巴洛克这个术语指一种不规则形状的珍珠，原本是 18 世纪的法国人对怪异、随意、藐视古代古典主义建筑范例权威的建筑风格的贬称。启蒙运动的评论家将这种建筑风格与宗教迷信以及君主专制关联起来。然而在 19 世纪末，瑞士艺术历史学家海因里希·沃尔夫林 (Heinrich Wolfflin) 领先对巴洛克风格进行了更加综合的全新诠释，并肯定了其具有强大表现力的工艺。事实证明，它的抒情效果还与 20 世纪人们对人类心理的探索产生了共鸣。

巴洛克风格是一种说服性建筑风格，试图表达世俗政治权利以及超然宗教体验的完整性。它的幻想氛围尤其适合宣传运动。巴洛克艺术和建筑是动态的。巴洛克灰泥和石材经常看似在运动，甚至欲要飞翔。巴洛克风格原本被用以颂扬天主教、公侯和教皇。然而，它很快被用以巩固日渐专制的欧洲国家。这种国家政权早在 16 世纪的佛罗伦萨就已被美第奇家族创建。巴洛克风格在这些国家建立的遥远的殖民帝国里也同样重要。它实际上建立了通常明显虚幻的舞台,上面上演着各种宗教和政治仪式。它所讲述的故事具有很强的说服力,即便它部分是虚幻的。只要是采用了巴洛克风格的地方,就完全改变了它从布鲁乃列斯基和其文艺追随者那里继承来的静态而合理的古典主义。如此一来,它比理想几何结构的构想具有更大的吸引力。巴洛克风格是一种王公和平民都能欣赏的风格,而不是一种只具有专业知识的学者才能欣赏其优点的风格。

巴洛克式建筑是对文艺复兴式建筑的延伸而非反对。古代柱式,即与多利克柱式、爱奥尼亚式和科林斯式柱式相关的建筑细节系统,将现在和古罗马历史联系起来。此外,对城市建筑群的新关注促使古罗马建筑的一个方面得以复兴。这个方面因为超出了文艺复兴建筑师和其赞助人模仿的意愿而不能实现。那么为什么现在可以实现? 又是什么促动了从文艺复兴到巴洛克古典主义的转变?

16世纪上半期宗教改革运动对天主教的潜在威胁促进了巴洛克式罗马城及其广场、喷泉、街道、宫殿和教堂的修建。天主教堂本身的革新进展得非常缓慢,直到新教大范围传播才开始。新教从德国北部扩展到斯堪的纳维亚,向西发展到法国、低地国家、英格兰和苏格兰,向南发展到瑞士,向东发展到今天的捷克共和国和匈牙利。1563 年,特兰托公会议 (Council of Trent) 制定了复兴天主教的规则。尽管这些规则并未包括具体的艺术形式,它们却将最初的庄严形式转变成 17 世纪意大利建筑和城市具有的夸张形式。在 16 世纪末和 17 世纪的罗马,我们最终找到了文艺复兴时期的佛罗伦萨所缺乏的城市新规划。

1585 年, 西克斯图斯五世被选为教皇。他仅统治了 5 年多。在尤里乌斯二世和其继任者将精力集中于重建梵蒂冈宫殿和巴西利卡式圣彼得宫殿时, 西克斯图斯和同时代的阿巴斯国王一样, 将注意力集中在城市的整体改造上。然而, 他并没有创建一个新街区, 相反, 他将轴线网络应用在已建城市中。这种轴线网络曾被用来组织埃斯特别墅园林中的各种体验 (图 9.1)。这种令人惊讶的城市干预手段不仅方便了通行, 而且展示了赞助人对其领地的实际控制。西克斯图斯在现有街道网络的基础上规划新街道, 并将其他街道延伸到人口密集地区以外的地方。所有道路都与早期基督教朝圣教堂相连接。这些教堂位于在一千年前曾经是城市边缘但如今是空旷土地的地方。新街道为富裕的市民乘坐时尚的新马车穿越城市提供了方便, 因为这种交通工具比更早时期的简易手推车和马匹需要更宽的道路。斯特雷德·菲利斯

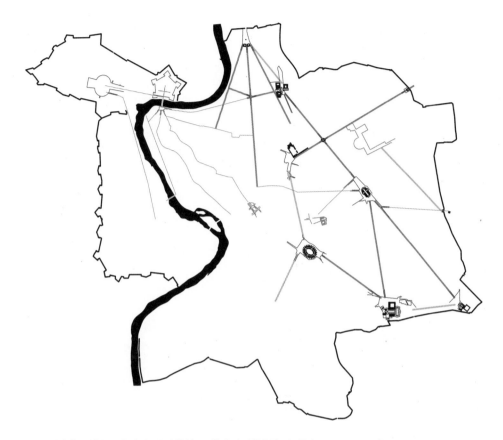

图 9.1 西克斯图斯六世采取干预措施后的意大利罗马平面图，1585-1590 年

(Strade Felice) 街可供 5 辆马车同时通行，是欧洲最宽的道路。它也是自古罗马时代以来在如此不规则的地形上修建的最平直的新欧洲街道之一。

多梅尼科·丰塔纳 (Domenico Fontana) 是一位曾与西克斯图斯六世紧密合作的建筑师。他如此描述这次基础设施建设活动：我们的国王如今为了人们提供方便，在很多地方修建了众多极其宽敞平直的街道。这些人因为信仰或祈愿，习惯于频繁造访罗马城最神圣的地方，特别是因大赦和圣物而闻名的七大教堂。因此，人们可步行、骑马或乘坐马车从罗马的任何一处出发，然后几乎沿直线抵达这些最著名的神圣场所。西克斯图斯六世的新街道与约 25 年前蒂沃利修建的园林有些重大差别。在蒂沃利的埃斯特别墅，尽管没有基础网格，轴线却是以直角相交的。然而，罗马的新街道更加动态，以直线延伸，通常以斜角和锐角相交。在蒂沃利，整个景观都是以新秩序整合起来的，但罗马的新街道后面，旧罗马的城市街道网络及其乡村道路网络仍然保留了下来。在蒂沃利，喷泉是梳理和点缀访客体验的特征，而在罗马，方尖碑具有同样的作用。丰塔纳在整座城市的战略性位置修建了方尖碑。方尖碑原本是在古时候从埃及搬运到罗马的，它们突出了新空间系统。

此后的几十年代表了罗马建筑史上的第二个黄金时期。教皇、红衣主教和他们的家人会同许多罗马修道会，共同转向建筑师，以赋予自己居住和做礼拜的环境新的重要性。这是一种有点儿虚张声势的努力，因为罗马在欧洲政局中的地位在这个时期日渐衰落，但是还有能够比修建能够掩饰这种衰退的建筑更好的否认衰退的办法吗？分别由三个罗马主要建筑师设计且位于同一个街区的 3 栋建筑记录了这些年间人们装饰罗马城的努力。其中两座是巴贝里尼宫 (Barberini Palace) 和四喷泉圣卡罗教堂 (San Carlo alle Quattro Fontane)。它们隔着新斯特雷德·菲利斯街几乎正面相对。第三座建筑是胜利之后圣母堂 (Santa Maria della Vittoria) 的一个小礼拜堂，与圣卡罗教堂只隔了两个街区。巴贝里尼宫是 3 座建筑中最先修建的 (图 9.2)。它由卡洛·马代尔诺 (Carlo Maderno) 始建于 1628 年，同时还包括了基安·罗伦佐·贝尔尼尼 (Gian lorenzo Bernini) 和弗朗西斯科·波洛米尼 (Francesco Borromini) 的贡献。波洛米尼后来成为 17 世纪罗马最重要的建筑师。建筑师的血统既是家族性的也是艺术性的。马代尔诺是丰塔纳的侄子兼波洛米尼的叔叔。贝尔尼尼设计了圣母堂的小礼拜堂(Cornaro Chapel),如同马尔代诺一样，对圣彼得教堂的修建也做出了贡献，而曾经协助贝尔尼尼设计圣彼得教堂的波洛米尼则完全依靠自己设计了四喷泉圣卡罗教堂。

巴贝里尼宫呈特别的 H 形，但其内部组织却几乎成为 17 世纪欧洲建筑的范例 (图 9.3)。罗马宫殿很久以来都是基于美第奇王宫佛罗伦萨树立的庭院模式修建的。然而，这座宫殿需要容纳一个大家族的两部分成员。尽管宫殿经常为大家庭居住，但在这种情况下，需要提出一种创新性空间布局方案，以为大家庭的每个主要成员提供单独套房。塔戴奥·巴贝里尼 (Taddeo Barberini)、他的母亲康斯坦莎·玛格罗提 (Constanza Magalotti) 和妻子安娜·科隆那 (Anna Colonna) 住在宫殿的北面楼中，而南面楼则供他的哥哥红衣主教弗朗西斯科·巴贝里尼居住。两兄弟各负责自己的这一半楼房的修建费用，塔戴奥首先修建。这两兄弟是教皇乌尔巴诺（Urban）八世的侄子，因此，是罗马世俗和神圣社会的中心人物。

塔戴奥·巴贝里尼的套房位于一层。一层通常具有更加实用的用途甚至是商业用途。他的妻子和哥哥的套房位于二层。这意味着需要修剪一系列复杂的通往共用公共

图 9.2 巴贝里尼宫，由卡洛·马代尔诺、基安·罗伦佐·贝尔尼尼、弗朗西斯科·波洛米尼设计，位于意大利罗马，始建于 1628 年

房间以及私人套房的入口和楼梯。17 世纪时期，宫殿里的套房是按照与文艺复兴式宫殿如美第奇宫的空间布局截然不同的方式组织的。前者由成列或成行的多个房间构成。在这种平面设计中，门一般对齐，人们可一眼看到一系列房间。就像中国的宫殿一样，这是一种等级排列布局。一个人的地位越高，他就会被允许走入更深处的地方，主人也会走更远的路来接见他。现在卧室位于系列房间的最深处而不是最开始，远离大多数访客可接近的位置。安娜·科隆那的女仆住在她的套房上一层，但男仆住在附近的简朴房屋里。

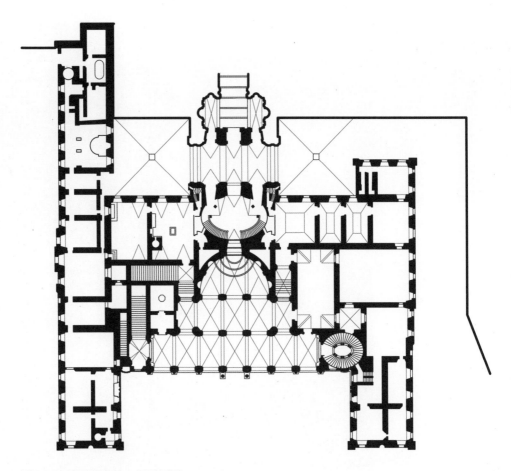

图 9.3 巴贝里尼宫的一层平面图

这座宫殿具有众多显著的立面，而两栋楼之间的连接是所有立面中最原始最有趣的
部分。连接部分几乎相当于一个有顶盖的凉廊，但比早期宫廷建筑远为开放。人们
可在此一瞥巴洛克风格独有的光与影的相互作用。波洛米尼设计了 3 楼的窗户，其
窗框的设计加大了透视深度。在屏风式的立面之外，复杂的空间以 3 段楼梯相连，
楼梯又通向独立套房和住户共用的中央公共空间。与米开朗基罗的劳伦提安图书
馆的门廊相似，波洛米尼的椭圆形楼梯上安装了成对的柱子。

这座宫殿中最精美的建筑和图像元素位于二楼安娜·科隆那和红衣主教弗朗西斯
科·巴贝里尼分别居住的套房的中心连接线上。最初从这里一眼望过去，可看到颇
负盛名的巴贝里尼家族宅邸梵蒂冈宫。在 1633—1639 年间，皮得罗·达·科尔托纳
(Pietro da Cortona) 用一幅著名的巴洛克绘画装饰了这个连接处的顶面。该画
的名称是《神意的胜利和通过教皇乌尔巴诺八世巴贝里尼所获得的成就》。它是一

幅融合了神话寓意和空间幻想的标准巴洛克绘画。克尔托纳创造了一个像巴贝里尼家族宅邸那样的天堂幻景。在西方艺术史上，绘画建筑极少像在注重幻想的巴洛克建筑中那样举足轻重。

巴洛克的戏剧性和情感性媒介作用在圣母堂的小礼拜堂中更为明显。贝尔尼尼作为雕塑家和建筑师，于1647—1651年间在现有的胜利之后圣母堂建筑群中增建了这座小礼拜堂（图9.4）。贝尔尼尼的同时代人将他视为米开朗基罗的继承者。就像他的佛罗伦萨前辈们，他一开始是著名的雕塑家，后来又成为同样出名的建筑师。在圣母堂的小礼拜堂中，贝尔尼尼负责总体环境的规划，即设计建筑和创作完美地融入建筑的雕塑。贝尔尼尼以一种复杂的戏剧感掌控颜色和光线，与文艺复兴时期的艺术和建筑的清晰感形成对比。他设计了一个天窗，其光源不能直接看见。光线落在五颜六色的理石和雕刻线脚上，包括一个中凸的缺口三角楣饰。

《狂喜的圣特雷莎》的雕像赋予了圣特雷莎所描述的神秘幻想一种实在的真实感。西班牙圣人阿维拉的特蕾莎象征着反宗教改革运动虔诚行为的感情主义。她在1622年被封为圣人，当时距离她去世已有40年。在她的自传中，特蕾莎讲述了祈祷的4种状态。在第四种状态时，她在与上帝的结合中达到入定的顶峰状态，体验了极悲和极乐。她写道：在这种状态下，人们会失去身体知觉，可能飘浮起来。贝尔尼尼的雕塑和圣特雷莎的描述一样里面都有一种精神体验和感官体验的明显关联。我们看到圣人在狂喜的精神状态下飞离地面。就像她描述的幻想体验一样，此时，一个天使飞过来刺穿了她的心脏。

贝尔尼尼做出了多方面的努力，试图使亲身体验和神秘幻想可信并为人所知。比如，具体化的金属光线和特蕾莎的服饰的动态感是关键所在。她的衣服飘舞着散落在她驾腾的白云上。两张脸的表现力极大地增加了雕塑的整体效果。这种效果同样也取决于这种超然体验发生的背景。很难将这个又高又窄的空间完整地收入照片中，也很难从一个视角亲眼观看到整个空间。事实上，有必要采用两个不同的视角更是增加了雕像的说服力。两侧阳台上的人物坐像介于访客和这座几乎不可思议的中心人物组像之间。观众包括捐建了这座小礼拜堂的科尔纳罗（Cornaro）家庭成员。有些人会看到，但也有些人会忽略在他们以及我们眼前展开的幻景。这座小礼拜堂是一种经过精心布局的环境。它的设计产生了一种与圣人的幻想进行实际和情感认同的感觉，并因此而鼓励我们坚持信仰。

图 9.4 胜利之后圣母堂的科尔纳罗小礼拜堂，由基安·罗伦佐·贝尔尼尼设计，位于意大利罗马，建于 1647—1651 年

参与设计巴贝里尼宫的其他助理建筑师代表了胜利之后圣母堂一个极为不同的一面。波洛米尼和在他之前的马代尔诺和丰塔纳一样，都出生于提契诺 (Ticino)。这是瑞士的一个意大利语行政区，至今仍然因其建筑师和建筑工匠的质量而闻名。贝尔尼尼是一名高级业内人士，对罗马传统和自己所享有的地位，比如梵蒂冈宫的主建筑师，都能坦然受之。而波洛米尼的性格更加内向。

波洛米尼设计的教堂的名称翻译出来是四喷泉圣卡罗教堂。它是根据交叉部 4 个角落的已建喷泉命名的这座修道院始建于 1634 年教堂内部施工于 1639—1641 年。

正面是最后修建的，建于 1665—1667 年间（图 9.5）。如同文艺复兴式建筑正面一样，巴洛克式正面仍然是可与建筑内部分开的城建项目。通常建筑内部和正面都由不同的设计师设计。它们之间也不一定具有有机联系。像如此生动、如此可塑的正面，显然是后来粘贴到位于其后的建筑上的。圣卡罗教堂的正面采用了复杂的空间结构，波洛米尼曾以这种结构取代文艺复兴式理想几何结构。凸曲线和凹曲线的相互作用延展和拉伸了街道的长方形空间。

圣卡罗教堂的内部是一个小型的穹顶空间，很难形容，但却极其刺激（图 9.6）。与贝尔尼尼的科尔纳罗小礼拜堂相比，其下层结构只有极少张扬的神秘和情感，甚至也没有那么丰富的色彩和镀金装饰。圣卡罗教堂具有同样的复杂结构，但它的

图 9.5 意大利罗马的四喷泉圣卡罗教堂，由弗朗西斯科·波洛米尼手机，建于 1665-1667 年

精美显现在空间的形状上，而不是表面装饰上。比如，请注意一下柱子是如何交替地屏蔽和塑造中央的椭圆形空间。尽管内部被圣人雕像占据，但它们不是这里上演的故事的焦点。尽管如此，这里上演着一幕戏剧。戏的主角是各种建筑形状，它们像人类一样能够有效地影响我们的情绪。层叠的空间只是缓慢地展现，而且从未以一种完全合理的方式展现。这里，空间变成了像物质一样可塑的东西。如此产生的虽不稳定却统一的模糊性以及雕塑活力给整个建筑打上了巴洛克的烙印。波洛米尼迫使空间收缩和扩展，使其看似几乎在缩减和流动。看似随意的形状如圆环和等边三角形事实上源于对纯粹形状的仔细掌控。尽管波洛米尼显然设计了教堂的平面图，但他却是在剖面图上展示了自己真正的才华（图 9.7）。

图 9.6 四喷泉圣卡罗教堂的内部，建于 1638—1641 年

波洛米尼将穹顶的外壳设计成层叠结构，以制造一种从地面观看无法充分理解的超凡效果。4 个前壁龛支撑一个椭圆形穹顶。壁龛的花格镶板和穹顶的花格镶板彼此形成对位。穹顶中心的一个洞口，如同科尔纳罗小礼拜堂的圣特蕾莎的脸一样，也由一处隐蔽的光源照亮，创造另一幅天堂幻景。与帕奇小礼拜堂给人的那种平静、清晰的神圣秩序不同的是，我们所居住的地球看似本质上是不稳定的，是由比我们任何人都要强大的力量连接在一起的。

图 9.7 四喷泉圣卡罗教堂的剖面图

巴洛克罗马式建筑的巅峰之作没有出现在城市街区，反而出现在偏远的圣彼得教堂。不足为奇的是，西克斯图斯五世以一座方尖碑标示圣彼得教堂前面的广场。1586年，多梅尼科·丰塔纳在教皇的鼓动下，将位于教堂侧面不远处的方尖碑迁移至建堂前面的广场上，并使其与新教堂的交叉部位于同一轴线上（图9.8）。这项工程需要2000个工人，是一个主要工程学成就。丰塔纳的侄子卡洛·马代尔诺主持了教堂下一阶段的施工到1612年它那巨大的筒形穹顶教堂中殿和封闭教堂最深处的立面已经竣工。然而，同时代的一些人却感到不满意。大型教堂中殿是这座教堂的最显著特征。它的装饰工程，包括种类多得几乎令人诧异的彩色理石、人物雕塑、科林斯式壁柱的大型柱式以及覆顶的镀金花格镶板穹顶，却在此后仍然延续了多年之久。对批评家而言，所有增建结构都没有给予教堂足够的建筑定义。正面掩盖了米开朗基罗的穹顶的宏伟。最后，这座庞大的新教堂的前面空间缺乏焦点。仅有一座方尖碑是不够的。

最终，所有被发现的缺点都成功地被该建筑群的最后增建结构掩盖了。增建结构的大部分是由贝尔尼尼设计的，与之前米开朗基罗设计的部分完全保持一致。1656年，贝尔尼尼开始设计广场。这是世界上最大的城市广场之一。形状和实用功能在这里达成了一种美妙的平衡，使广场显得宽大却并不浮华。值得注意的是典型的巴洛克式

图9.8 意大利罗马的圣彼得教堂广场，由基安·罗伦佐·贝尔尼尼设计，始建于1656年。方尖碑由多梅尼科·丰塔纳于1586年竖立

梯形和椭圆形组合。贝尔尼尼本人如此描述广场的巨臂："拥抱天主教徒以增加他们的信念，拥抱异教徒以让他们在教堂重聚，拥抱不可知论者并以真正的信仰启发他们。"沿轴线初次进入广场的惊奇感却在 20 世纪 30 年代消失了，因为墨索里尼修建了一条穿越该街区的大道，大道的终点就位于椭圆形区域。该广场仍然是世界上最重要的公共空间之一。在复活节和圣诞节，大量人群在此聚集，以接受教皇的祝福。这个广场还为那些参观圣彼得教堂的人们提供了做好心理准备的空间，同时收留那座巨大的教堂也无法容纳的过多人群。这是罗马城最大的广场，或者说它是当时除了巴黎和凡尔赛的法国皇家宫殿的庭院之外的欧洲最大的城市广场。和这些广场不同的是，这座大型公共广场不仅供宫廷人员使用，而且从一开始就向包括罗马人、朝圣者和游客的所有人开放。在这里，就像在贝尔尼尼的相对狭小的科尔纳罗小礼拜堂一样，我们发现了巴洛克建筑具有的戏剧性特征。

大型柱式确定了空间，却没有将其隔离。广场是渗透性的，各个方向都畅通无阻。这很重要，因为广场后面有各种建筑，包括梵蒂冈宫。柱式有效地阻挡了梵蒂冈宫的迥然不同的各立面。同时，它还提供了一处受人欢迎的遮雨防晒的场所。贝尔尼尼的大型柱廊的灵活性体现了他对柱廊的可能来源的优势的理解。柱廊是东亚地区古罗马式城市的显著特征，尤其是康斯坦丁扩建后的君士坦丁堡的显著特征。教皇亚历山大七世委托修建了这个柱廊。他似乎对当时的伊斯坦布尔非常感兴趣，而那时候，伊斯坦布尔已为奥斯曼帝国的苏丹王统治了两百年之久。在天主教会甚至对像法国这样的天主教国家都失去影响的时期，教皇显然梦想着复兴古罗马，而且还渴望统一希腊东正教和罗马天主教会。

在亚历山大之前的帝王的统治下，贝尔尼尼已经在这座大型教堂的内部采用了类似的大型柱式。他于 1624—1633 年负责修建的巴尔达奇诺 (Baldacchino) 或者说祭坛华盖设置在由伯拉孟特设计的交叉部上，其上是米开朗基罗设计的大穹顶 (图 9.9)。乌尔巴诺八世的家族曾修建了巴贝里尼宫，而他本人委托修建了这座祭坛华盖。这是贝尔尼尼对这个教堂及其背景做出的第一次贡献。祭坛华盖的高大结构标示了圣彼得墓穴的位置。它还标志着巴洛克式动态感融入这座巴西利卡式教堂。它的装饰细节再次引用了重要的建筑先例。使结构生动起来的螺旋形柱子暗指位于耶路撒冷的所罗门王圣殿。人们认为所罗门王圣殿采用了这些形状。华盖缘起于王权图案。华盖的整个结构是以青铜浇铸而成，而不是以石材雕刻。同样这也是一个令人惊讶的技术成就，是在得到了波洛米尼的珍贵帮助下完成的。青铜是用万神殿的门廊柱熔化而得的。

图 9.9 圣彼得教堂的祭坛华盖，由基安·罗伦佐·贝尔尼尼设计，建于 1624-1633 年

图 9.10 圣彼得教堂的圣伯多禄宝座，由基安·罗伦佐·贝尔尼尼设计，建于 1656-1666 年

最后，贝尔尼尼还设计了后堂的圣伯多禄宝座 (Cathedra Petri)（图 9.10）。其设计和施工经历了 10 年，从 1656 年一直延续到 1666 年。它是以青铜、理石和灰泥修建的。这是一座象征性宝座或是教皇的宝座，也是整座圣彼得教堂的空间极点。它暗示圣彼得是罗马的第一位主教，因此是第一位教皇。贝尔尼尼的设计使它可透过祭坛华盖看到。然而，宝座的位置清楚地表明它是不可用的。照射在宝座上且从其结构的镀金表面透入的光线再次成为关键。就像在世界上的众多宗教中一样，光线体现着神圣感，沿着这座建筑镀金的四壁布满室内，辉映穹顶。

这种表现庄严的新透视法能产生多大的效应？许多人将这种由巴洛克式风格引领的空间技术与专制主义关联起来。然而，在原始的罗马背景下，教皇们以及他们的建筑师们谨慎地凸显罗马，而不是对其进行全面重塑。城市即便没有远离政治独裁，也远离建筑独裁这不但可从贝尔尼尼规划圣彼得教堂广场时所秉持的实用主义上看出来，还可从斯克斯图斯的干预手段只是断断续续地打断罗马城的旧网络中看出来。后期的大型规划将控制整个建筑的外观，甚至是整座城市的外观。建筑和城市的不同地位以及它们作为宣传工具的相对无效性同样也很显著。17 世纪的新教运动的扩展步伐逐渐减缓。然而，之所以如此是因为中欧爆发的战事，而不是因为天主教会颁布的政策事实上教皇的政治权威和财富在该时期逐渐衰减并在此后一直呈现下降趋势。巴洛克罗马式建筑风格的终极动力是美学上的，而不是政治上的，甚至可能是宗教上，这可从一开始就涌入这座城市的大量非天主教游客身上看出来。这种美学力量是不可估量的。它的影响迅速蔓延至整个天主教世界，至今仍然是几乎所有城市规划者最喜欢的风格，是一处有机传统和有序传统的提倡者能够交汇的中间地。

延伸阅读

A useful introduction to the baroque is provided in Henry Millon, ed., *The Triumph of the Baroque: Architecture in Europe, 1600–1750* (New York: Rizzoli, 1999). The classic study of baroque Rome remains Rudolf Wittkower, revised by Joseph Connors and Jennifer Montagu, *Architecture in Italy, 1600–1750* (New Haven, Conn.: Yale University Press, 1999). See also Andrew Hopkins, *Italian Architecture from Michelangelo to Borromini* (London: Thames & Hudson, 2002). On the Barberini Palace, see Patricia Waddy, *Seventeenth-Century Roman Palaces: Use and Art of the Plan* (New York: Architectural History Foundation, 1990); and on Bernini, T. A. Marder, *Bernini and the Art of Architecture* (New York: Abbeville Press, 1998). On Alexander VII, see Dorothy Metzger Habel, *The Urban Development of Rome in the Age of Alexander VII* (Cambridge: Cambridge University Press, 2002); and Richard Krautheimer, *The Rome of Alexander VII, 1655–1667* (Princeton, N.J.: Princeton University Press, 1985).

10 西班牙和葡萄牙殖民统治下的美洲建筑

贝尔尼尼的圣彼得教堂广场是欧洲的最大公共空间之一。它的设计可能无意识中受到对美洲大广场的认知的影响。到 16 世纪中期，美洲最重要的两大广场，即墨西哥城的佐卡罗广场 (Zocalo) 和库斯科广场，已经为基督教教堂占据。美洲地区的欧洲征服者在了解当地社会后，明白了自己文化中的哪些方面可与当地文化媲美，并成功地将当地居民转化为自己忠诚的子民和虔诚的基督教徒。尽管大洋将这些新殖民地和本国隔离开来，新的设计理念却得以跨越大洋快速传播。位于西班牙的美洲式马约尔广场 (Plaza Mayer) 始建于 1560 年，但直到多年以后才竣工。

1494 年，教皇亚历山大六世将最终被视为球状地球一部分的非基督教地区划分为西班牙属地和葡萄牙属地。葡萄牙通过创建绕过非洲海岸通往亚洲的航线开创了发现之旅。他们在非洲海岸、印度果阿 (Goa) 和中国南部的澳门分别建立了殖民地。教皇也给予他们前往巴西的权利。西班牙则从菲律宾和美洲其他地区得到了所需的一切。当然，这两个伊比利亚半岛国家并没有能力完全控制这些广阔且大部分未经探测的领地。两个国家虽然相对而言是欧洲政治力量的后起之秀，然而它们却做了一个很好的开头，尤其是英国、荷兰和法国在 17 世纪开始发动强大的挑战之前。16 世纪的西班牙和葡萄牙给予第一批帝国前所未有的权力来控制大量分散的领地（多个意大利城市，尤其是热那亚，在中世纪时，将亚得里亚海和爱琴海沿岸的土地圈定为自己的殖民地）。他们还是第一批能够匹敌甚至超越古罗马帝国的规模的欧洲帝国。建筑是这种新帝国主义的关键部分。征服者感到他们必须修建在规模和壮观程度上能与新美洲和亚洲臣民早已建立的建筑相媲美的建筑，而这并非总是件容易的事。

许多殖民者所面临的紧迫任务是开采资源。采矿和种植经济作物是创造财富的方式，且通常依赖当地或引进的劳工的实际劳动。尽管如此，宗教建筑对这些殖民者而言非常重要。征服者借以说服自己和其他欧洲人的名义是传播他们视为唯一真正的信仰一基督教。这个借口对他们而言，尤其是对军事人物而言，通常只不过是一层掩盖贪欲的透明遮蔽物，但对希望拯救美洲人灵魂而远离家乡的众多托钵修会修士而言却是事实。就在派遣哥伦布横穿大西洋前，西班牙国王费迪南和王后伊莎贝拉已经征服了之前为穆斯林控制的西班牙领地。格拉纳达是数百年来一直具有文化包容性的岛屿。在那里，以基督教教徒为主体的居民在穆斯林的统治下与因哲学和医药而闻名的犹太人共存。西班牙人迫使这些穆斯林和犹太教教徒转变信仰或移民。许多皈依教徒都只是表面皈依，还有一些犹太人成了最早被迫迁移到美洲的移民。他们定居在当时极其偏远、如今是美国新墨西哥州的地区，以保存他们遗留下来的信仰，远离令人害怕的宗教法庭。宗教为殖民州提供了一种文化制裁手段，以控制居民，包括移民和本土人。尽管殖民建筑多种多样，包括民居、宫殿、政府建筑、仓库以及其他，但教堂却代表了帝国对这种建筑形式本身的了解。

从最开始，墨西哥城便是西班牙美洲帝国的中心。因为资本在 20 世纪快速积累，阿科尔曼 (Acolman) 的圣奥古斯丁修道院 (San Agustin) 成了早期殖民建筑的最佳代表 (图 10.1)。在这个乡村地区，建于 16 世纪 20 年代至 60 年之间的建筑仍然保存完整。西班牙传教士在整个原始墨西哥帝国以及之外的地区快速修建了大量修道院，其中之一便是阿科尔曼修道院。

墨西哥帝国和其臣民所承受的文化断层是创伤性的。数百万当地人染疾而亡，或看似因为机能而死，他们往往连欧洲人的面都尚未见过。其他人则被直接屠杀，或被迫在极端恶劣的条件下劳动并最终早早离世。在整个 16 世纪，美洲当地人口数量减少了百分之九十，缩至五六百万人。从一开始，当地殖民统治者就发现，他们奴役当地劳工的权力受到了欧洲同胞呼吁善待劳工的呼声的阻碍，尽管这种阻碍并不完全。

来自整个欧洲天主教地区的托钵修会修士们被控强迫美洲印第安人转变信仰。很多时候，他们是真正地对土著人的物质和精神财富感兴趣。他们为当地人们提供了一个机会，接受一种让所有参与者都认为将变得极为强大的宗教 (毕竟，墨西哥神并未能保护那些相信他们的人们)。此举具有重要意义。当地人很快虔诚地接受了这种新信仰，但常常保留了旧信仰的一些元素。

图 10.1 墨西哥阿科尔曼的圣奥古斯汀修道院，建于 16 世纪 20 年代至 16 世纪 60 年代

在阿科尔曼发生了两件重大事件。第一件事与当地劳工有关。修道院是完全由墨西哥帝国劳工修建和装饰的。从技术上看，这并不足为奇，因为它几乎是在特奥蒂瓦坎 (Teotihuacan) 的大型建筑的影响下修建的，更不用提特诺奇蒂特兰城。考虑当时西班牙殖民者相对较少，而且他们还对自己的社会地位颇为自负，因此，他们不愿意参与必要的体力劳工也不奇怪。第二个故事与托钵修会修士和当地人将当地元素融入基督教信仰的方式有关。他们之所以这样做，是为了提高人们对基督教的认知，鼓励他们接受。比如，教堂前面修有围墙的大型中庭模仿中美洲地区神庙前面的广场，同时还为以前来参加露天弥撒仪式的农民提供了足够的空间。熟悉的图像和风格元素同样也舒缓了皈依基督教的过程。与墨西哥女神相似的圣母玛利亚坐在前院耶稣受难像的基座上。耶稣受难像同样也借用了当地的图像，把基督表现为一棵与十字架融合在一起的树，而不是一个绑在十字架上受刑的人物。

如果说同化是跨文化交流的一个特征，那么美学成就则是另一个特征。建筑历史学家经常假定，离建筑发展过程中的学术中心越远，建筑结构便更具当地性。然而，在阿科尔曼，距离却似乎催生了不同寻常的复杂性。西班牙文艺复兴式建筑通常被称为银匠式建筑。银匠式建筑仅出现在伊比利亚半岛上，它经常结合遗留的哥特式和伊斯兰元素。阿科尔曼的建造者们将复古式罗马凯旋门应用在建筑正面上，同时还在其上采用了西班牙教堂从未出现过的两种母题。它们分别是标示地名的墨西哥帝国象形文字和穿透之心的图案，但在圣奥古斯汀修道院出现的则以基督的圣心代替。这种图案之所以在欧洲反宗教革命运动中受到极大欢迎，可能是因为它对墨西哥人具有重要意义。

在圣奥古斯汀修道院的内部，人们会发现它引进了当代佛兰德人建筑而非西班牙建筑的两个不同方面（许多修道士来自受西班牙统治的低地国家）（图 10.2）。第一个是哥特式尖拱。尽管这种特征仍然流行于欧洲大部分地区，第一眼看去却可能会让人觉得它们具有地方性。然而，令人惊讶的是，仅仅几年前，墨西哥工匠尚对这些形状毫不知晓，如今却能够熟练地修建这种尖拱。同样令人诧异的是他们对欧洲典型传统的吸收。这些传统无疑是西班牙人或佛兰德人修道士传播给他们的。后堂内部的装饰性灰色绘画（黑灰色）源于进口印刷品。

西班牙和墨西哥帝国建筑的结合并不是墨西哥殖民地解决的唯一问题。数座 16 世纪时期的墨西哥殖民地教堂的最显著特征之一是，它们与西班牙人在科尔多瓦这样的城市中改建成教堂的清真寺相似。这类建筑比巴西利卡式教堂更加宽敞，不仅带有多个教堂中殿，还有大型入口庭院。这种形状可能受到一种设想的影响，即坐落在耶路撒冷神庙山的阿克萨清真寺（Al-Aqsa）是所罗门圣殿。所罗门圣殿是犹太人修建的有史以来最古老的宗教建筑。因此，这也是阿克萨清真寺同时受到基督教徒和穆斯林尊敬的原因。

阿科尔曼的紧密结构几乎可以确定受到了当地传统的部分影响，在西班牙将其本身与意大利文艺复兴元素结合，以创造西班牙王权的新形象。这种变化发生在菲利普二世统治时期。菲利普是查尔斯五世的儿子。他同时还是费迪南和伊莎贝拉的外孙以及圣神罗马帝国马克西米连国王的孙子。菲利普统治着中欧和低地国家（现在的比利时和荷兰）以及西班牙帝国。菲利普继承了西班牙、西班牙帝国和低地国家，并在与玛丽一世结婚后暂时统治过英格兰。夫妇膝下无子。玛丽一世是英格兰亨利八世的女儿，也是伊丽莎白女王一世的姐姐。菲利普和妻子试图在英格兰重新推行天主教。他在英格兰不受欢迎，这使得伊丽莎白决定不再结婚，因为其他适婚统治者中没有一位信仰英国国教。

图 10.2 圣奥古斯汀修道院的内部

考虑到所统治帝国的庞大规模，菲利普作为虔诚的天主教徒，其个人品位相对而言不算奢华。他主持修建了埃尔埃斯科里亚尔的圣罗伦索皇家修道院（图 10.3）。这座修道院建于 1563—1584 年，由托莱多的胡安·包蒂斯坦（Juan Bautista de Toledo）和胡安·德·埃雷拉（Juan de Herrera）设计。包蒂斯坦曾在米开朗基罗手下参与圣彼得教堂的修建。埃斯科里亚尔建筑群集中了大量不同的建筑类型，包括修道院、皇宫、图书馆、大学和皇家陵墓。其规划部分旨在重建耶路撒冷的所罗门圣殿。托莱多和埃雷拉认为所罗门圣殿是一座古典建筑。埃斯科里亚尔建筑群对神圣和世俗用途的融合是十六世纪西班牙国家的特征。当时西班牙在国内和国外所获得的权力大多源于对虔诚的表达。

圣罗伦索修道院受到意大利文艺复兴原则的极大影响，是一座庄严的建筑。比如，它几乎完全没有采用柱式。然而，那些长长的立面所用的琢石的造价极其昂贵。不足为奇的是，修道院的正面是这座建筑中唯一具有同时代人们所谓的"建筑术"的部分，上面装饰着人物雕像并采用了多利克柱式柱式。"建筑术"指一种试图将建筑提

图 10.3 西班牙埃尔埃斯科里亚尔的圣罗伦索皇家修道院，由托莱多的胡安·包蒂斯坦和胡安·德·埃雷拉设计，建于 1563—1584 年

升到艺术的潜意识行为。这个正面墙体上最具创新的方面是将中世纪的钟塔融入文艺复兴式教堂。大型祭坛后部装饰、鲜明的文艺复兴特征以及西班牙巴洛克艺术在修道院内部占据了主导地位 (图 10.4)。在 17 世纪,祭坛后部装饰还被转变成西班牙和西班牙殖民地神圣建筑的重要元素。

菲利普的生活相对简朴,这还可从他的寝宫的位置看出 (图 10.5)。中世纪早期,帝王经常坐在宫殿教堂最深处的圣坛的高座上观看弥撒仪式。在皇家修道院,菲利普可从床这个相对隐蔽的位置观看圣礼。从这里,他还能欣赏独特的景观。这展现了 16 世纪阿尔卑斯山南北地区明显具有隐秘性的礼拜方式。

图 10.4 小礼拜堂的内部,位于西班牙埃尔埃斯科里亚尔的圣罗伦索皇家修道院

148

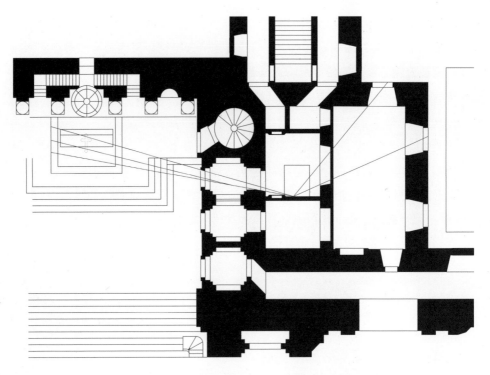

图 10.5 小礼拜堂和菲利普二世的寝宫的平面图，位于西班牙埃尔埃斯科里亚尔的圣罗伦索皇家修道院

菲利普对理想空间的兴趣还可从《印度群岛定律 (Law of Indies)》看出来。《印度群岛定律》在 1573 年颁布，里面收录了近半个世纪里整个西班牙帝国的城镇选址和规划的方法。它规定城市应采用网格平面图并修建一个中心广场。广场在西班牙语里被称为"plaza mayor（马约尔广场）"。这种广场的规模根据居民数量的多少而定，且能为当地军队提供训练和演练的场地。这种方形广场上最重要的位置被保留给政府建筑。第二重要的位置则留给教堂。

自古罗马时期以来，欧洲文明中从未出现过能与西班牙殖民地的建筑规划标准比拟的建筑规范。《印度群岛定律》的内容强调，这些城镇是新基础设施，其设计是为了震撼该地区的当地居民：新殖民地建成后，居民应尽可能避免和印第安人进行交流和贸易，不应进入他们的村镇，不应在乡村地区游玩或分散而居，也不应允许印第安人进入殖民地的围墙内，除非殖民地已经建成且已修筑防御工事，而建成住宅也已完工。这样的话，即便印第安人看见了这些建筑，也只会感到震惊。他们会知道西班牙人将在这里定居而不是暂留，并因此而害怕西班牙人，不敢触犯他们。他们会尊敬西班牙人，希望和他们交朋友。

然而，理论和实践之间有着巨大的差别。大多数城镇是建立在之前的定居点原址上，且完全利用当地劳工修建。定律规定的秩序可能部分受到最初的土著人定居点的形状或修建新耶路撒冷的理想规划的启发，却缺乏清晰的西班牙式建筑元素，而且还可能受到法国南部的中世纪晚期城堡城镇（Bastide）或者防御型城镇的影响。当然，《印度群岛定律》中展现的严谨设计理念在西班牙的应用要比在其殖民地上的应用少得多。可能当地建筑范例并没有表现对当地居民的尊重。将已建美洲定居点转变成西班牙殖民地通常意味着将当地劳工驱逐到乡村地区。直到相对较近的时期，在许多前西班牙殖民地，大多数当地农民仍然留在乡村土地上，而城市居民则大多是欧洲移民的后代。两者之间有着泾渭分明的典型民族分割线。

这种将中美洲当地的城市建设规划与理想的欧洲城市规划融合的方式向北传播到了很远的地方。这些南北线上修建的最后一个地方是加利福尼亚的索诺玛（Sonoma）广场（图10.6）。索诺玛广场建于1823年，由西班牙人而非墨西哥人修建。当时，西班牙人已经失去了其建立的美洲帝国的大部分地区，而美国则很快从他们手里抢占了今天的德克萨斯州、西墨西哥州、亚利桑那州、内华达州和加利福尼亚州。索诺玛建有一个中心广场。该广场比美国中西部地区任何乡村宅邸中出现的庭院都大得多。教堂位于广场一角，而政府建筑位于广场一边。

图10.6 加利福利尼亚州索诺玛城的广场，建于1823年

整个 16 和 17 世纪时期，西班牙和葡萄牙的殖民城市都是美洲地区最富裕、最文明的定居点，相对而言，索诺玛城是简朴的。当时，墨西哥城是西半球最大的城市。相比之下，魁北克、蒙特利尔、波士顿、纽约，甚至是费城都只不过是发展过快的城镇而已。今天，石油是最珍贵的自然资源，然而在 18 世纪，最珍贵的资源是贵金属。墨西哥城的大部分财富来自北部的银矿。墨西哥巴洛克式建筑的巅峰之作是位于银矿城塔科斯克 (Taxco) 的圣普里斯卡教堂 (Santa Prisca) (图 10.7)。圣普里斯卡教堂位于格雷罗州 (Guerrero)，建于 1751-1758 年，很可能是由迭戈·杜兰·贝鲁科斯 (Diego Duran Berruecos) 设计的。

阿科尔曼代表了当地和引进惯例的融合。然而两百年后，圣普里斯卡教堂却与人们在现代西班牙看到的教堂没有什么区别。在这个在采矿潮涌现之前很少有人定居的地区，没有属于自己的重要建筑历史，因此，它的建筑中没有出现任何中美洲元素。相反，人们看到的是一个发展成熟的西班牙巴洛克式或具有西班牙巴洛克风格的

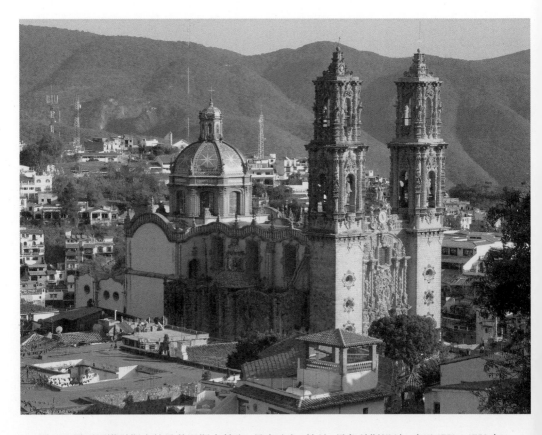

图 10.7 墨西哥塔科斯克的圣普里斯卡教堂，是由迭戈·杜兰·贝鲁科斯设计，建于 1751—1758 年

建筑范例。西班牙巴洛克式建筑的最显著特征便是它细分并美化古典柱式的方式，这很可能受到了遗留的中世纪和伊斯兰情感或当代中欧建筑的影响。采用这种繁复装饰的主要地点是圣坛组塑装饰。这种装饰形式反复出现在教堂的正面上。框架钟塔具有同样的装饰性。面砖装饰着交叉部之上的穹顶。这种源于地中海地区的贴砖技术在 18 世纪时已深深地根植于墨西哥文化。

在圣普里斯卡教堂的内部可看到西班牙巴洛克建筑的两个标志 (图 10.8)。一个是精美而高大的圣坛组塑装饰。比这稍小的圣坛组塑装饰还可在毗邻的小礼拜堂里看到。如同世界各地的 18 世纪西班牙建筑，这里没有出现任何高低起伏的建筑空间，而高低起伏是罗马巴洛克建筑所具有的重要特征。从平面图看，这是一座简单的厅堂式教堂。它的基本结构并不比阿科尔曼教堂复杂。18 世纪美洲地区的最伟大新兴城市并不属于西班牙人，而是属于葡萄牙人。葡萄牙人在巴西的米纳斯吉拉斯州(Minas Gerais)发现了金矿。采矿活动主要集中在黑金城欧鲁普雷图市(Ouro Preto)。葡萄牙一半的成年男子离开家乡去金矿工作。他们在非洲黑奴的协助下劳动。非洲黑奴沦为欧洲对美洲进行殖民统治时所采用的最恐怖手段之一的受害者。

图 10.8 圣普里斯卡教堂的内部

葡萄牙人在非洲拥有大量殖民据点。他们很快追随西班牙树立的榜样，贩运奴隶到新世界，种植经济作物并运至欧洲市场出售。奴隶制度并不是新事物，然而美洲地区的奴隶制条件之艰苦却是前所未有的。古罗马也蓄养奴隶。地中海的基督教和穆斯林地区以及世界上许多其他地方都有这种传统，然而在这些地区，极少有数代人都是奴隶的情况，然而美洲地区却有近四百年都是如此。比如，伊斯兰国家规定奴隶不能转变为穆斯林，奴隶生下的皈依穆斯林的孩子是自由的。

欧鲁普雷图市的人口规模到 18 世纪中期时达到了顶峰，多达 10 万人（是西半球上最大的说英语城市——费城人口的两倍多），其中半数是非洲人或其后代。这些新移民，如同阿科尔曼的墨西哥人，几乎立即吸收了欧洲的宗教建筑传统。欧鲁普雷图市因众多精美的巴洛克建筑样例而闻名。该城最著名的教堂是圣弗朗西斯科教堂 (Sao Francisco de Assis)。这座教堂显然是安东尼奥·弗朗西斯科·葡京 (Antonio Francisco Lisboa) 于 1764 年设计的。他被称为阿莱哈丁诺 (Aleijadinho) 或瘸子（图 10.9）。他是建筑师兼雕塑家。他的父亲是一名出生于葡萄牙的建筑师，他在父亲手下学习建筑。他的母亲是非洲奴隶，他自己也是奴隶。但这并不妨碍他成为能与贝尔尼尼比肩的当地建筑师，一位被认为设计并装饰了他参与施工教堂的天才木雕家。

圣弗朗西斯科教堂的外部和圣普里斯卡教堂截然不同。葡京没有采用组塑式正面，反而设计了一种紧追主要欧洲潮流的结构。他以木材和灰泥而不是石材修建了圣弗朗西斯科教堂。这些材料也是当时欧洲部分地区普遍采用的材料，而且比石材便宜。它的平面图，如同巴西殖民地教堂一样，具有罗马巴洛克建筑的典型凹曲线，而不具备墨西哥建筑的特征。圣弗朗西斯科教堂遵循最先在 18 世纪的法国树立的欧洲潮流，其装饰脱离古典主义，模仿植物形状。这里的洛可可式雕塑具有极高的质量。洛可可式 (Rococo) 这个 18 世纪的术语来源于法语，意思是贝壳制作的饰品。洛可可式风格指非古典的曲线细节，通常源于贝壳和植物。这种风格受到许多晚期巴洛克艺术家的喜爱。

在圣弗朗西斯科教堂，一个有着一半非洲血统且从未离开巴西的艺术家创造了一种完全现代的艺术作品，其风格和质量完全能与葡萄牙和中欧的教堂媲美。这包括使自己的艺术品位吸收一些与其父母在成长过程中所熟悉的事物完全不同的东西。跳进未可知世界在社会和经济急剧变化的压力下特别容易发生。位于今天美国地区边境内的两座教堂提供了一些不太深刻的证据，表现了 17 和 18 世纪设计理念传

图 10.9 巴西欧鲁普雷图市的圣弗朗西斯科教堂，由安东尼奥·弗朗西斯科·葡京设计，始建于 1766 年

播和转变的方式。在整个这段时期，修建教堂仍然是西班牙殖民帝国在未发现银矿的情况下向内陆地区逐渐扩张时最常采用的方式。今天的新墨西哥州和亚利桑那州分别保存了一座修建最早的教堂和一座修建最晚的教堂。这两座教堂位于格兰德河 (Rio Grande) 以北地区，同时也代表了在德克萨斯州和加利福利亚州建立的众多教堂。阿科马 (Acoma) 是美国为人类定居时间最长的地方之一。建立这个定居点的当地居民在 1629—1664 年间修建圣埃斯特万 (San Estevan) 教堂之前已经历经了很多苦难（图 10.10）。1598 年，阿科马发生了一场大屠杀。在这次大屠杀中，所有当地成年男子都被残害或屠杀，所有当地居民都变成了奴隶。这是今天美国的西班牙殖民历史上发生的最臭名昭著的事件之一。尽管如此，当地居民，就像之前的墨西哥人一样，最终接受了征服者的宗教信仰。

圣埃斯特万与阿科马极为不同。在阿科马，当地牧师发誓放弃任何反映欧洲传统的努力。这里只有两座钟塔作为一座教堂的标志被保留了下来，因为他们年轻时在墨西哥或欧洲生活的时候就已经熟悉这种建筑形式。事实上，他们利用主要为女子的

图 10.10 新墨西哥州阿科马的圣埃斯特万教堂，建于 1629—1664 年

当地劳工，创造了一座比之前以模塑土砖砌筑的建筑更加庞大的建筑。模塑土砖是当地很久以来一直采用的主要建筑材料。与当地民居建筑一样，其顶面以木材构建。木材都是从很远的地方运到这个山顶现场的。因此，建成后的结构既非完全的当地风格，也不是完全引进的建筑风格。它是一个混合体，在这里，它对当地建筑风格的极大偏重让许多当地评论家感觉，这些建筑几乎和周围村庄构成了有机整体。因为土砖是非永久性的，教堂实际上随着时间的变迁而变化，且必须定期维护。

圣埃斯特万教堂的内部，就像印第安保留地上的许多教堂一样，对外人来说仍然是限制禁入的。不过，图森 (Tucson) 城外的圣泽维尔·戴尔·巴克 (San Xavier del Bac) 教堂却并非如此 (图 10.11)。圣泽维尔教堂建于 1783—1797 年，坐落在索诺兰沙漠 (Sonoran Desert) 的边缘。该教堂和更西地区的加利福尼亚教堂一样，都是托钵修会修士试图引进定居生活方式的众多地方之一。然而，当地居民大多为游牧民族，所以极难实现，且并非总能适宜当地的地形。尽管如此，一种新的空间和政治及宗教秩序从这种相互交织的外来农耕技术、宗教和政治体制中诞生了。这比转变定居人群的信仰更具破坏性。比如，定居人群的住宅形式在西班牙殖民时期通常逐渐改变。

图 10.11 亚利桑那州图森市的圣泽维尔·戴尔·巴克教堂的内部，建于 1783—1797 年

圣泽维尔教堂是圣普里斯卡教堂的地方版。两座钟塔界定了一堵组塑立面墙体。这里的交叉部之上甚至有一个小穹顶。这里没有采用尾端建有圣坛的简单教堂中殿，而是采用了完整的拉丁十字形平面布局，两侧还有耳堂。此外还有一个唱诗席和一系列穹顶，对当地劳工来说，这是又一项技术创新。当地工匠再次承担了这座教堂的装饰。他们显然在其中融入了前基督教信仰的一些方面。这是在帝国供应链的最末端修建的一项极其庞大的工程。

在整个美洲地区，被殖民者和殖民者共同创造了两者能够和谐相处的环境。这些建筑嫁接了横亘在两种不同的空间、技术和建筑文化之间的鸿沟。殖民者拥有全部政治权力和大多数经济权力，但却依靠当地劳工将这种权力融入建筑形式。因此，很多建筑对两种文明而言都是新鲜的，在欧洲和美洲背景下都是高度现代的。两种文明的相遇产生了众多变化。这种变化对本土美洲人来说经常是创伤性的，而对殖民者来说也是变革性的。这种变化中产生的建筑可能被痛心地视为本土居民的原始文明被侵蚀、非洲奴隶被强迫贩运到此的证据，但它们同样也可被理解为超大型美学成就。这也是它们为什么往往仍被殖民创造者的后代引以为傲的原因。

延伸阅读

For examples of medieval European colonial architecture, see Maria Georgopoulou, *Venice's Mediterranean Colonies: Architecture and Urbanism* (Cambridge: Cambridge University Press, 2001). The basis of my discussion of Mexican colonial architecture is provided by Samuel Edgerton, *Theaters of Conversion: Religious Architecture and Indian Artisans in Colonial Mexico* (Albuquerque: University of New Mexico Press, 2001), reinforced by Jaime Lara, *City, Temple, Stage: Eschatological Architecture and Liturgical Theatrics in New Spain* (Notre Dame, Ind.: University of Notre Dame Press, 2004). On the Escorial, see Catherine Wilkinson Zerner, *Juan de Herrera: Architect to Philip II of Spain* (New Haven, Conn.: Yale University Press, 1993). For discussion of the possible impact of New World precedents on Old World architecture and planning, see Jesús Escobar, *The Plaza Mayor and the Shaping of Baroque Madrid* (Cambridge: Cambridge University Press, 2003). On the Law of the Indies, see Valerie Fraser, *The Architecture of Conquest: Architecture in the Viceroyalty of Peru, 1535–1635* (Cambridge: Cambridge University Press, 1990); on Ouro Preto, see Damian Bayon and Murillo Marx, *History of South American Colonial Art and Architecture: Spanish South America and Brazil* (New York: Rizzoli, 1992). William Pierson discusses San Xavier del Bac in *The Colonial and Neoclassical Styles,* volume 1 of *American Buildings and Their Architects* (Garden City, N.Y.: Doubleday, 1970).

11 北欧巴洛克式建筑

尽管文艺复兴运动对北欧建筑的影响有限，然而，在合适的条件下，更加灵活、更具戏剧性的巴洛克风格却在阿尔卑斯山以北地区取得了巨大成功。17 和 18 世纪时期，宫廷赞助的一些建筑设计显示，尽管巴洛克式风格在罗马正方兴未艾，但在别的地方，它却已经完全转变为服务于专制主义统治者的工具。那些试图获得前所未有的政治和空间权力的君主们喜欢采用巴洛克风格，因为它能产生有力的宣传效果。新的空间秩序，包括城市宅邸以及乡村广场，支持和象征了一种自上而下的政治体系。那时候，欧洲君主如同伊斯坦布尔、伊斯法罕和德里的君主们，都试图迫使拥有土地的土地贵族和城市市民将权力转让给权力日渐集中的国家，而且往往大获成功。法国的亨利五世便是这些君主之一，他的第二任妻子是玛丽·德·美第奇。在新教徒与天主教徒长时间对抗的内战末期，亨利来到了巴黎。他宣布将在巴黎举行一场弥撒仪式，并在战争胜利的前夕即 1593 年皈依罗马天主教。他在 1610 年遇害，从而结束了自己的统治。他执政于佛朗西斯一世和亨利的孙子路易十四世的统治时期，是该时期最重要的法国国王。

在 16 世纪，欧洲皇权极少涉及城市空间的重组。像克拉科夫这样的城市的居民也对利用民用建筑进行集体展示不感兴趣。相反，那些有经济实力的人们努力利用房屋立面的设计来彰显自己较为鲜明的个性。然而，这种现象却在 18 世纪的巴黎发生了变化，因为亨利通过一系列城市干预手段将自己的意志强加给城市，而这些干预手段成为他的统治权力的象征。他在巴黎修建了第一批广场。这种公共空间周围环绕着雷同的建筑，就像伊斯法罕的更大规模的练兵场一样，不过这里换成了民用建筑而已。其中，只有最早修建的广场道芬广场 (Place Dauphine) 被部分保存了下来，但建于 1605—1612 年的亨利四世 (Place Henri IV) 广场或者说今天的孚日广场 (Place des Vosges) 仍然是欧洲城市的骄傲 (图 11.1)。

亨利最初旨在修建一个容纳丝绸工人的广场。丝绸是法国的主要进口产品之一，而他希望鼓励当地人们生产这种珍贵商品。然而，最终在广场周围居住的人们大多为贵族。与广场本身的规则形状同样重要的是广场各立面的统一。事实上，也只有各立面是相似的。在这些公共面孔之后，独立建造者有权按自己的意愿进行修筑。环绕一层的拱廊证明了这个广场最初的商业目的。根据商业用途而设计的相关建筑秩序和细节装饰在这些房屋中所起的作用相对较小。房屋大多为砖砌结构，且以更贵的石材修边。总体来说，在 17 和 18 世纪，古典细节在北欧没有像在意大利那样受到重视。相反，如同在香波城堡和哈德威克庄园一样，在北欧建筑中扮演着关键角色的是一种稳定而清晰的等级秩序感。这种等级秩序感体现在 4 座中心阁楼的高度上。阁楼分立于广场四面，两两相对，比其他阁楼更高。

尽管这些立面只有极少明显的意大利特征，但以规则线条划分的城市空间却的确在一定程度上是模仿意大利先例建筑进行组织的。这个建筑先例便是米开朗基罗

图 11.1 法国巴黎的亨利四世广场 (孚日广场)，建于 1605—1612 年

设计的远为动态的罗马坎皮多里奥广场 (Campidoglio)。该广场几乎与孚日广场同时竣工。两个广场都以身着骑士装束的统治者雕塑为中心：罗马坎皮多里奥广场以古罗马帝王马可·奥里利乌斯 (Marcus Aurelius) 的雕像为中心，而巴黎的孚日广场则以亨利五世本人的雕像为中心。直到法国大革命爆发，历任法兰西国王都在位于其统治领域内的城市中修建了皇家广场。这种潮流从法国传播到了整个欧洲。这些广场的中心如同孚日广场的中心一样经常被视为最早的公园。随着从巴黎这座欧洲最大的城市直接步行至乡村地区变得日渐困难，开辟公共空间大受欢迎。尽管孚日广场的大多数居民为贵族或其仆从，城市市民作为最初的目标群体确实在 17 世纪获得了大量经济权力。他们试图将这种经济权力转变为日渐增加的政治权利，且在某些方面获得了成功。随着法国以及其他西欧国家、其主要亚洲贸易伙伴和非洲、亚洲与美洲的新殖民帝国转向商业经济，贸易和手工业生产逐渐取代农业成为私人财富的主要来源。在亨利之子路易十三世的统治下，以及亨利英年早逝后，在玛丽·德·美第奇的摄政统治下，这个以新教徒为主的阶级逐渐获得了堪比传统贵族的地位。事实上，其中很多人是通过购买贵族头衔加入贵族阶级的，而出售贵族头衔是王国政府以及巴黎周围的乡村宅邸的主要收入来源。购买庄园能免除缴税义务，这也是放弃贸易所能得到的回报。此举使得新兴的富裕土地所有者们特别热衷于炫耀自己新得的社会地位并重新规划土地以创造财富。

这项措施导致的结果之一是，欧洲基督教地区修建了众多精美的园林。其范例之一便是沃勒子爵城堡 (Vaux-le-Vicomte)。这座城堡是为路易十四的大臣尼古拉斯·富凯(Nicolas Fouquet)修建的，建于 1657—1661 年(图 11.2)。建筑师路易斯·勒沃 (Louis Le Vau) 和儒勒·哈杜安·孟萨尔 (Jules Hardouin-Mansart) 设计了这座城堡 (在法语中指乡村别墅)。查尔斯·勒·布朗 (Charles Le Brun) 参与了城堡的装饰，而景观设计师安德烈·勒·诺特 (Andre Le Notre) 则设计了园林。如同香波城堡一样，子爵城堡保留了典型中世纪城堡的精华，修建了一条护城河。除了强调城堡的古典细节外，该城堡的特别之处还在于对其周边景观进行了大规模的重新规划。这里淋漓尽致地表现了有关自然和神圣秩序的关系的文艺复兴观点，远不只是像伊朗萨非王朝和印度莫卧儿帝国一样，修建园林是出于对打猎和园林的热爱。这里展现的规则同时也代表了大部分 17 世纪法国哲学观点的理性。这种哲学观点鼓励人们对自然法则进行学术性研究。需要注意的是这种对理性的强调与同些年间意大利人和西班牙人对情感的强调的不同，以及关注重心从神圣和精神世界到世俗和政治领域的转移。

图 11.2 法国沃勒子爵城堡中由路易斯·勒沃和儒勒·哈杜安·孟萨尔设计的城堡以及安德烈·勒·诺特设计的园林, 建于 1657-1661 年

子爵城堡展现的工艺衍生于对法国的政权巩固和经济发展发挥着关键作用的技术。比如, 防御工事的设计对有序的新空间规划和该过程中采用的技术具有重要影响。17 世纪时, 随着只效忠国王的常备军取代贵族封地, 法国的旧防御工事被拆除。然而, 边境却在不断修筑新防御工事。景观与这些新要塞之间的联系对当代人来说非常明显, 更不用提工人, 他们中有很多同时参与了要塞和园林的修建。园林中苗床的设计受到了织物设计的极大影响。苗床相对较小, 里面密种修剪后的植物, 被称为苗圃。当时的另一个重要大臣让·巴普蒂斯特·柯尔贝尔 (Jean Baptiste Colbert)大肆宣扬要将法国建设成一个面向本国贵族以及外国市场的奢侈品中心。此前, 法国贵族和国际市场均受到荷兰、西班牙和意大利潮流的影响。法国的出口类奢侈品制造业成为国家经济发展的关键。当时, 原材料长距离运输的费用仍然高昂, 但法国织锦类产品的市场很快一直扩展到了美洲地区。

子爵城堡是法国园林传统的诞生地。在这种传统中, 将自然视为几何抽象物的理性观点凌驾于对自然尤其是水源进行控制的更加普遍的权力表达方式之上。这种园林在今天看来是人造的, 但 17 世纪的法国人认为它反映了潜在且神圣的自然秩序。

广阔的子爵城堡园林中这种融合了军事工程、以业主为主导的样板制作以及对水进行控制的设计是由一个平民构想的,但将这种综合设计与欧洲最为强大的君主联系在一起,则促进了整片欧洲大陆上的君主和贵族对它的接受。1661 年,路易十四独立掌权。他的母亲即奥地利的安娜之前一直摄政。当富凯在子爵城堡邀请所有宫廷官员为路易十四举行庆祝会时,路易发现了这个有助于他实现雄心壮志的合适舞台的用处。不久之后,富凯因挪用公款被捕。路易抓获了富凯聚集在此的艺术家和建筑师,并将他们带到了凡尔赛。

在路易十四的漫长统治期间,法国超越了意大利和西班牙成为欧洲的财富和时尚中心,修建了欧洲最豪华的宫殿。路易十四称自己为太阳王,并极其坚定地宣称"我就是国家"。在路易的统治下,法国的中央行政机构甚至最终蔓延到了极小的村庄。最初,路易斯像他的祖辈一样从巴黎进行统治。然而,他在那里感受到了贵族和城市中产阶级的威胁。前者曾在他年少时期对其母亲的摄政统治进行过反抗,后者具有的特权也难以控制。他将父亲位于凡尔赛郊区的狩猎小屋改建成了欧洲历史上最大最豪华的宫殿,以此来巩固自己的权力 (图 11.3)。

图 11.3 法国凡尔赛宫中由路易斯·勒沃和儒勒·哈杜安·孟萨尔设计的宫殿以及安德烈·勒·诺特设计的园林,始建于 1661 年

凡尔赛宫甚至比子爵城堡还要大。共有3条街道汇集在凡尔赛宫前面的庭院中。宫殿的施工极其缓慢，因为在原来的小屋之外陆续增加了大量建筑（这种三叉线的母题后来在城市和园林的设计中被广泛模仿）。路易的寝宫位于该立面的正中心。其后，在园林立面的中心矗立着镜厅（Hall of Mirrors），其内饰是当时欧洲最奢华的。从这里，人们可以俯瞰多个漂亮的园林，像在子爵城堡一样，园林一直延伸到地平线上。除了宫殿本身外，路易还修建了马厩、餐厅以及供日益增多的政府职员居住的多座建筑。这种对展示统治者的重视在伊朗和印度促生了众多有趣的类似建筑。在印度，沙贾汗同样将自己比作太阳。但凡尔赛宫是一座完全封闭的连续性系列建筑，其形式给人一种更为明显的壮观感，尤其是以鸟瞰图形式呈现时。在当时的欧洲，鸟瞰图是描绘此类庄园时最受欢迎的工具。

在镜厅，勒·布朗以一长列窗户构建了一组镜面墙（图11.4）。这项施工的技术难度很高，造价高昂。镜子是在一座新建的法国工厂里生产的，而工厂则是为了与威尼斯玻璃制品竞争而建的。镜厅中的高空照明设施照亮了勒·布朗的顶面墙绘，上面描述的是法国最近一次战胜荷兰的战争场面。该宫殿的主要特征是空间的巨大规模以及

图11.4 凡尔赛宫的镜厅，由儒勒·哈杜安·孟萨尔和查尔斯·勒·布朗设计，建于1678—1684年

材料的多样性，而不像贝尔尼尼和波洛米尼的作品那样，其重点在于空间戏剧性。然而，镜子当然也创造了一种幻想效果，并在之后的一百多年里在欧洲被屡屡模仿。该房间经过特别设计，以震撼竞争对手派送的使臣。路易曾在漂亮的镜厅中接待过他们。

凡尔赛宫与巴黎的短距离增加了路易控制这座宫殿及其居民的能力。这些人几乎包括整个法国贵族阶层。路易几乎使他们变成宫廷的人质，迫使他们住在宫殿里而不是各自的庄园里。在这里，如同路易的众多外国访客一样，他们时刻见证着众多壮观的仪式。这些仪式提升了路易的威望，并以此也提升了法国政府的威望。在措辞谨慎的法国宫廷庆典中，仪式远比隐私重要。国王从早晨睡醒直至夜间休息，一直位于公众的视线中。他对那些服务于他的贵族时刻保持警惕，使得他们没有时间或空间去谋划叛乱。法国剧作家莫里哀 (Moliere) 这样描写了朝臣的责任，"国王们最喜欢恭顺，厌恶反对意见。除非是他们希望的样子，事情总是做得不对的。耽误他们娱乐便是对他们的触犯。他们喜欢及时行乐，不愿等待。最出人意料的事情往往也是最受他们喜欢的。他们希望我们给予自己的方便，我们绝对不能考虑。我们唯一能做的事情便是取悦他们。无论他们何时发出命令，我们都有责任尽快满足他们。我们的行动最好足够快。即便我们很可惜地没能完成任务，我们至少还可以快速地顺从他们。凡赛尔宫的入口处包括早期宫殿的核心，但从未达成绝对一致性。"然而，园林的入口却并非如此。在这里，勒沃在儒勒·哈杜安·孟萨尔和查尔斯·勒·布朗的协助下，构想了一种引人注目的设计。这种设计影响了镜厅的 17 个开间以及更多其他空间。这座巨大的宫殿还为重要的皇族成员提供了套房，其中包括王后、国王的儿子、孙子以及其情妇生下的合法儿女。此外，宫殿还为朝臣提供了更加简朴的住宅。

凡尔赛宫的园林比子爵城堡的园林广阔得多。如果说贝丝从哈德威克庄园的长廊上向外观看象征着她对周边领地的控制，阿巴斯国王从阿里卡普宫可观看国王广场上举行的各种活动，那么路易十四在俯瞰这片结合了理想结构和现代工程学的领地时，其目光所及的范围到底有多广呢？这片领土体现了一种控制权，而哈德威克庄园没有体现出来这种权力。这座巴洛克式园林在文艺复兴式园林的直接掩饰下，展现了建造者和维护者的权力。园林的基本特征一眼即可看见。宫殿附近有很多花圃。宽阔的小路将花圃隔离，并提供了一处散步的地方。在众多花圃之间还修建了一个小而浅的水池，也被称为水盆 (bassins)。水池中央建了一座喷泉。较大的水景距离宫殿较远，其两侧是树林。树林里点缀着多个洞窟、亭台和更多的喷泉。最大的水景是一直延伸到地平线的大运河 (Grand Canal)。

园林的规模和技术很容易给参观者留下深刻印象。他们中既有外交人员和朝臣,也有负责修建和维护园林的工人。就像宫殿本身,园林为举行宫廷仪式提供了足够的背景空间,包括欢迎来访使臣的复杂庆典。雕塑是展现园林意义的关键元素,它们使园林看起来像是古典男神和女神以及朝臣居住的地方。路易和太阳神阿波罗之间的比拟尤其重要,阿波罗喷泉是园林的重要特征之一。众多喷泉和多个水池也不是纯粹的装饰。它们展示了国王控制自然以及法国的能力。比如,大运河代表法国正在扩张的制海权,包括其占有的新国际贸易和军事地位。国王和他的园林设计师勒·诺特在这片土地上应用的规则甚至扩展到了周边森林。这些森林经过精心规划、栽种和维护,是用于打猎的场地。里面还修建了笔直的道路,并分散地修建了隐秘的休息地,以供散步的朝臣使用。

凡赛尔宫是欧洲历史上修建的最大、最壮观的宫殿。它是路易对欧洲最富裕、最强大的国家进行君主专制统治的工具和代表。路易通过修建这座宫殿,控制了贵族的独立性,占用了资产阶级的新象征,还以巩固自己权力的方式展示了自己对法国和他国观众的权威。不足为奇的是,这种以高雅艺术为掩饰对原始力量进行展示的方式引起了其他君主的兴趣。1703 年,俄罗斯沙皇彼得大帝兴建了圣彼得堡城。彼得大帝修建将要取代莫斯科的新都城有几大原因。最重要的原因是,他试图使俄罗斯从外观和现实上都实现现代化。

早在 15 世纪,意大利建筑师和工程师就旅行到了莫斯科,并带来了新建筑和军事技术。在文艺复兴时期,技术转移方便了对重要的当地建筑传统进行更加复杂的诠释。这是一种具有影响力的前殖民建筑范例,引进者在其中具有文化主导性。暴君沙皇伊凡在 1555—1561 年间修建了圣瓦西里大教堂 (Saint Basil),以庆祝自己攻打鞑靼人取得的最新胜利 (图 11.5)。该教堂是由珀斯特尼克·雅科夫列夫 (Postnik Yakovlev) 设计的,象征着伊凡的雄心,那就是莫斯科将在耶路撒冷和伊斯坦布尔被穆斯林侵占后成为新的耶路撒冷。因为这座俄罗斯东正教教堂承认伊斯坦布尔的东正教主教而不是罗马的教皇,所以俄罗斯人没有理由去努力接受古代或现代古典形式。因此,尽管意大利技术在修建这座教堂时发挥了重要作用,但圣瓦西里大教堂的复杂而多彩的 9 个穹顶却展现了繁复精美的拜占庭图像。今天,世界各地的教堂中仍在采用暗指俄罗斯东正教的更加简单的葱形圆顶。

彼得大帝的新城市与欧洲城市有着更加直接的关系,主要原因是沙皇现正在努力加

图 11.5 俄罗斯莫斯科的圣瓦西里大教堂，由珀斯特尼克·雅科夫列夫设计，建于 1555—1561 年

入欧洲，而不是媲美拜占庭帝国或中东过去的辉煌。到1700年，他在技术和贸易方面已经远远落后于法国、德国、荷兰和英国，这与一百多年前其祖辈所面临的情形不同。值得一提的是，他采用了一种突出其个人权威的建筑词汇表，牺牲了留在莫斯科的贵族的利益。同样重要的是，彼得大帝在他和政敌即俄罗斯东正教教堂的统治者们之间保持着实际距离。比如，在莫斯科，如同在克拉科夫一样，主要教堂都隐藏在被称为克里姆林宫的帝国宫殿的宫墙内。但在圣彼得堡却并非如此。

彼得大帝将这座新城市直接修建在波罗的海地区。这是他最新从瑞典手中夺得的领地。因此，圣彼得堡比远在几百英里之外的东南地区的莫斯科能与欧洲其他国家保持更紧密的联系。彼得大帝从头开始修建了一座现代欧洲城市。这座城市有力地打破了俄罗斯作为欧洲大陆上最偏远、经济最落后国家的总体形象。如同那些同样胸怀修建新城市的伟大抱负的创建者一样，彼得大帝希望将自己的子民塑造成现代人。十七世纪的罗马和凡尔赛都为圣彼得堡的主要街道的三叉线母题提供了先例（图11.6）。彼得大帝最初采用的网格平面图很快被南部的快速发展打破，尤其是涅瓦大街（Nevsky Prospect）沿线地区的发展。涅瓦大街成为了该城最重要的街道。在亨利五世逝世一百多年后，城市和政治秩序再次体现在这里修建的多个相似立面上。

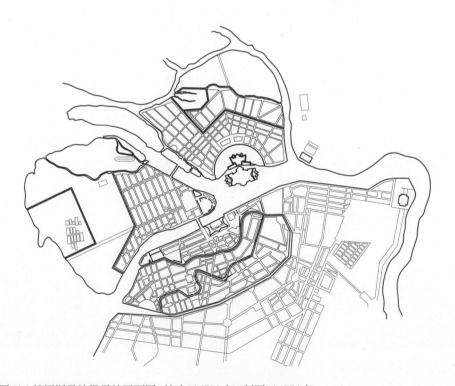

图11.6 俄罗斯圣彼得堡的平面图，始建于1703年，制图于1776年

圣彼得堡最初的城市中心是彼得保罗要塞。该要塞始建于 1706 年, 以防御瑞典人的潜在侵犯。它的星状外形在体现当代技术发展水平的防御工事方面树立了良好榜样。到 16 世纪时, 这座中世纪城市被大炮摧毁。文艺复兴式和巴洛克式城市的特征包括矮坡墙。矮坡墙的周边是开阔的空地, 而空地的边缘则挖掘沟渠。如同早期的圣彼得堡城, 这座要塞是由大量征用劳工修建的 (换句话说, 是由奴隶修建的)。这展示了彼得大帝的权力, 同时也反映了俄罗斯远离市场经济的事实, 而市场经济当时正在促进欧洲和世界其他地区的经济发展。许多人在修建该要塞过程中死于极其恶劣的工作条件。

要塞内坐落着稍后于 1712—1732 年间修建的圣彼得保罗教堂 (图 11.7)。该教堂由多梅尼克·特雷齐尼 (Domenico Trezzini) 设计。它也是这座城市里的第一座石砌建筑。彼得大帝引进了技术专家、工匠以及如特雷齐尼这样的专业人员。圣彼得堡因其平面图与勒·诺特设计的园林的平面图相仿而被贴上了现代标签。正因为如此, 这座教堂的建筑风格暗示了彼得大帝对俄罗斯传统的反感。自中世纪时期基督教传入俄罗斯后, 俄罗斯东正教教堂就采用了中心式布局, 并至少修建 5 个穹顶, 然而圣彼得保罗教堂却采用了一种古典立面, 一个巨大的尖顶和巴西利卡式平面布局。尖塔至今仍是该城最显著的地标。即便按照荷兰和英国的建筑标准来看, 这座教堂也是一座极高的城市地标建筑。在荷兰和英国, 教堂尖顶仍然耸立于城市天际。

圣彼得堡的第一批宫殿都很庞大且以木材构建。所有这些宫殿后来都被烧毁了, 通常是被大火吞噬。冬宫 (Winter Palace) (夏天时, 宫廷人员迁往乡村地区) 是主要皇宫, 由彼得的女儿伊丽莎白女皇建于 1754—1764 年。伊丽莎白女皇独掌政权后, 完成了其父亲始建的圣彼得堡城 (图 11.8)。她的建筑师巴尔托洛梅奥·拉斯特利 (Bartolomeo Rastreli) 虽然是意大利后裔, 但却在凡尔赛和俄罗斯长大。他的父亲曾作为雕塑家在凡尔赛工作过。冬宫是欧洲最大的城市宫殿, 但却是用砖覆灰泥修建的, 其造价远低于凡赛尔宫。灰泥最开始被涂上沙色, 因此看起来像石材。冬宫的修建资金来源于酒和盐的税收。

尽管冬宫的内部经历了大量改建, 其面向涅瓦河的立面却几乎保留了伊丽莎白女皇时代的模样。这个三层楼高的立面的整个长度上按规律竖立着一排附墙柱。其中一些附墙柱支撑三角楣。中间的 3 个开间顶上是一个三角楣。这些开间的装饰并不比这个长条结构两端的 9 个开间长的长廊的装饰多, 。事实上, 冬宫的大部分建筑

图 11.7 俄罗斯的圣彼得保罗教堂和彼得保罗要塞, 由多梅尼克·特雷齐尼设计, 建于 1712—1732 年

特色并非来自古典柱式，而来于精美的窗户细节处理。其窗户的装饰性旋涡和螺旋常常脱离古罗马建筑先例。

在整个 18 世纪前半期，凡尔赛宫仍是欧洲宫殿的范例。从欧洲北部的斯德哥尔摩到欧洲南部的那不勒斯，一直到东部的圣彼得堡，帝王、王国和更小的王公都修建了大规模的巴洛克式宫殿。特别是中欧，那里修建了大量此类宫殿。神圣罗马帝国的政权在 30 年战争结束后于 1648 年瓦解，导致今天的德国地区分裂成许多很小但却繁荣的王国。表现这种稳定性的方式之一便是修建流行的新宫殿。

其中一些宫殿是为主教修建的。他作为王公和宗教领袖统治一些主教教区、大主教区和位于该帝国的天主教地区的数量更少的女修道院城镇。有时候，他还与女修道院院长进行共同统治。他们的头衔通常由叔叔传给侄子或由姑姑传给侄女。维尔茨堡的连续多任王公教皇修建了极其壮观的新中欧宫殿。非常现代的艺术和建筑支持到 18 世纪时已日渐落后的政治体系，但效果可能不是那么明显。

之前，在维尔茨堡这片小型南部德国领地上，其王公主教选择在城市的最高点修建易于防御的宫殿，就像波兰国王在克拉科夫或斋蒲尔王公在安布尔修建宫殿一样。如今，他们选择了紧邻城墙内面的地方。约翰·巴尔萨塔 (Johann Balthasar) 曾在这里于 1720—1744 年修建了宫殿。这座宫殿为王公教主提供了一处规模适宜的大型宅邸。它同时还是一座综合建筑，既可作为现代办公楼，也做作为包括仆人和管理者的宫廷成员的住宅。

面向入口庭园的石砌立面，甚至是更加随意的园林立面，都与围墙内的结构毫不相关。从园林立面看过去，很容易辨认出主接待室的椭圆形特征。人们穿过几乎有点儿阴暗的柱林可前往大型台阶。诺依曼 (Neumann) 曾经前往巴黎和维也纳这两座当时最为重要的欧洲建筑中心城市，以与优秀同行讨论该台阶的设计。他修建了一个木桁架。该桁架跨越了在当时而言非常巨大的净跨距。但无论是当时还是现在，都几乎没有人注意这一点。众多中世纪和现代建筑具有的清晰连接结构并非巴洛克建筑师的关注点。相反，整个不可见的桁架只是一个达到目标的手段。在我们看来，隐藏的整个桁架实际上被画家乔凡尼·巴蒂斯塔·提埃坡罗 (Giambattista Tiepolo) 的作品完全取代了。提埃坡罗是受邀而来的威尼斯画家，他创作了这幅漂亮的顶面绘画 (图 11.9) 。

图 11.8 巴尔托洛梅奥·拉斯特利，冬宫，俄罗斯圣彼得堡，建于 1754—1764 年

图 11.9 约翰·巴尔塔萨·诺依曼 (Johann Balthasar Neumann)，宅邸楼梯间，德国维尔茨堡，建于 1720—1744 年。壁画装饰由乔凡尼·巴蒂斯塔·提埃坡罗设计，始建于 1750 年。

沿台阶往上走的时候，人们的注意力还会被从庭院窗户射进来并照亮了吊顶的光线吸引。如果这种设计没有产生如此美丽的效果，那么它将王公教主美化成整个已知世界的统治者的目的会显得滑稽可笑。此时，欧洲人已经在非洲、美洲和亚洲大部分地区建立了殖民地，但位于几百英里之外的内陆且没有海军的维尔茨堡在这些遥远的殖民领地上绝对没有起到任何作用。事实上，王公教皇只有几十万臣民。他们居住在只有几百平方英里的土地上。我们在这里看到的不是现实的体现，而是委托人明显不能实现抱负的表达。这座宫殿的规模及其装饰的奢华与这位王公教主的极其有限的权力毫不相关。然而，它们有效地展现了他超凡的品位。他邀请了一名欧洲最有天赋的建筑师和一名最有天赋的画家来赞美这种虚构的权力。这种虚幻性质是通过让雕像越出顶面界限的方式突出的。

这里对绘画和建筑的融合能与贝尔尼尼在科尔纳罗小礼拜堂对绘画和雕塑的融合比拟。然而，建成建筑轻松感和虚幻感却是全新的。在这里，诺依曼的白色墙面和提埃坡罗的粉彩取代了科尔纳罗小礼拜堂的彩色理石和凡尔赛宫的金箔。然而，彩色理石和金箔却能在白色和金色相间的凯瑟萨尔（Kaisersaal）或者说皇帝厅以及小礼拜堂看到，不过颜色较浅。它们是典型的洛可可式特征，也具有诺依曼通常用以取代正确的古典装饰细节的风格化自然形式。这种极具装饰性的风格大多用于内饰，流行于18世纪初期路易十四去世后法国兴起的一个反对君主专制统治的阶层。这种风格最初更加明显的与娱乐而不是政治相关，应用在巴黎一些比凡尔赛宫更具隐蔽性的建筑中。然而在维尔茨堡，这种洛可可式过分装饰却被应用在了真正的巴洛克式建筑规模中。

专制统治对巴洛克艺术和建筑的认同增加了巴洛克风格对 17 和 18 世纪的欧洲统治者的吸引力。他们在巴洛克风格中发现了一种令人惊讶的权力形象。这种形象极少像在他们的宫殿装饰和园林规划中所表现出来的那样完整。巴洛克风格在北欧和中欧比在意大利更加严谨，通常旨在征服人们并让他们留下深刻印象。然而，将巴洛克形式与皇家和天主教权力关联却限制了其吸引力，使得它们不受那些重视摆脱那种控制的相对自由的人们的喜爱。不论是文艺复兴式、巴洛克式还是洛可可式，也不论是世俗的还是神圣的，这种建筑风格都是一种创造性成果，能够改善到 18 世纪中期时往往看似落后的政治和宗教机构和体验。然而，尽管事实上许多建筑师和时尚导向者在两百多年里谴责这种成果的不合理性，这些成果仍然保留了下来，并受到公众的欢迎。对公众而言，这些成果仍然代表真正的奢华。对很多人来说，巴洛克风格的工艺和壮丽是完全可与其创造初衷脱离的。至今，它们的魅力仍在延续，这可从苏联对在第二次世界大战中遭到严重毁坏的东宫的如实修复看出来，还可从显示世界各地的外交部和总统府中外交官坐在洛可可式座椅上所拍的新闻图片上看出来。

延伸阅读

On Henri IV's changes to Paris, see Hillary Ballon, *The Paris of Henri IV: Architecture and Urbanism* (Cambridge: MIT Press, 1991). My discussion of the gardens at Vaux and Versailles is based on Chandra Mukerji, *Territorial Ambitions and the Gardens of Versailles* (Cambridge: Cambridge University Press, 1997). On Versailles, see also Robert W. Berger, *Versailles: The Château of Louis XIV* (University Park: Pennsylvania State University Press, 1985); Guy Walton, *Louis XIV's Versailles* (Chicago: University of Chicago Press, 1986); and Michel Baridon, *A History of the Gardens of Versailles* (Philadelphia: University of Pennsylvania Press, 2008). On Saint Petersburg, see William Craft Brumfield, *A History of Russian Architecture* (Cambridge: Cambridge University Press, 1993); and James Cracraft, *The Petrine Revolution in Russian Architecture* (Chicago: University of Chicago Press, 1988). Neumann's contribution to the Würzburg Residence is addressed in Christian Otto, *Space into Light: The Church Architecture of Balthasar Neumann* (New York: Architectural History Foundation, 1979); Tiepolo's is discussed in Michael Levey, *Giambattista Tiepolo: His Life and Art* (New Haven, Conn.: Yale University Press, 1986).

12 英国和爱尔兰的 城市与乡村

到 17 世纪中期，商业资本主义已经给城市和建筑的外观带来重大变化。从阿姆斯特丹到江户（今天的东京）以及非洲和美洲沿岸地区，城市和偏僻的乡村地区逐渐按规划发展，以加入国际贸易网络。17 世纪在整个欧洲和亚洲地区的历史上都被称为君主专制时期。在这个时期，强大的帝王如路易十四和沙贾汗拥有前所未有的权力。对商品的生产和消费的重视为许多贵族、商人和工匠提供了激动人心的新机会，尽管此时其他人，包括许多农民、奴隶和土著美洲人，仍然受制于被合理化的新压迫形式。在这些过程中，没有任何国家能比英国和爱尔兰处于更加领先的地位。因为查理一世于 1649 年被处死，且在 39 年后，他的儿子詹姆士二世又被推翻，斯图尔特王朝对君主专制的主张受到了有效的控制。如同 17 世纪的阿姆斯特丹一样，这里的城市建筑往往并没有表现国家或王朝的权威，反而与市场力量建立了比以往任何时候都更加紧密的联系。尽管这些政治和经济变化催生了一个史无前例的多元化城市环境，其直接建成环境却并不一定总是如今与资本主义房地产投机广泛相关的混乱情形。相反，这种建成环境通常为一系列相对有序的空间和建筑以及同样有序和多产的乡村地区。

在 1688 年的光荣革命中，英国人们推翻了詹姆斯二世的统治，转而支持他的女儿和荷兰女婿即玛丽二世和威廉三世。这次革命清楚地建立了英国地主阶级的政治权利，并巩固了他们对爱尔兰的控制。整个 18 世纪，英国的君主统治相对较弱，但其寡头统治却很强大。在寡头政治制度下，权力被分散在一个相对更加广泛的上层阶级的成员身上。这个阶层由乡村地区的贵族和乡绅以及城市中的成功专业人员和商业人士构成。这种权力是以君主和他或她的其他臣民的利益为代价的。实际上，

174

后者中有很多人的境况在这个时期处于下滑状态。在整个 18 世纪，英国上层阶级的建筑品位与政治哲学相互影响。上层阶级通过政治哲学来表达自己统治乡村地区和首都的权力。

自中世纪起，伦敦和克拉科夫一样也有两个主要中心: 威斯敏斯特自治市和伦敦城。威斯敏斯特至今仍保留着议会和皇宫，而伦敦城原本是中上层阶级的根据地。两者各有自己重要的中世纪教堂。西部的威斯敏斯特教堂是伦敦能与圣保罗大教堂比拟的皇家教堂。1666 年，在一场世界历史上发生的最大城市火灾之一中，伦敦城——不是威斯敏斯特——被烧毁。城内的大多数中世纪建筑被摧毁。这场大火引发了一场关于伦敦城未来的激烈讨论。这场讨论发生的背景是，4 位斯图尔特国王曾试图通过各种方法将意大利文艺复兴式建筑、法国式统治以及罗马天主教强加给伦敦人，而伦敦人则坚决反对他们视为侵犯了其所珍视的权力的事物。16 和 17 世纪的欧洲城市通常受到政治专制主义或专制主义的表象的影响。阿姆斯特丹作为一个共和国的首都，是这种现象中的重要特例之一。遭遇火灾后的伦敦坚持了自己，成了另一个特例。

皇家天文学家克里斯多佛·雷恩 (Christopher Wren) 提议彻底改变这座城市 (图 12.1)。在一幅显然受到了罗马和凡尔赛的影响的平面图中，他计划以宽阔的巴洛克

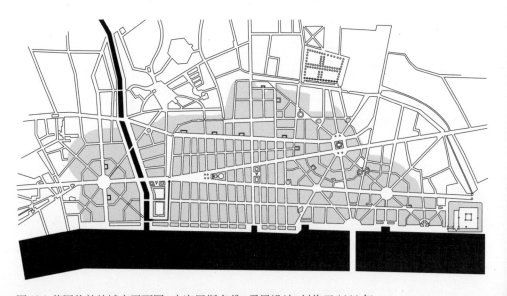

图 12.1 英国伦敦的城市平面图，由克里斯多佛·雷恩设计，创作于 1666 年

式大道取代中世纪的拥挤街道。然而，伦敦并没有沿着这些宽阔的线条重建。最终，国王查理二世、议会和城市官员选择保留该城的街道网络。议会尽管是一个经选举而组成的结构，却完全由贵族和教堂（上议院）以及乡绅和中上层阶层（下议院）构成。雷恩的设计为什么会遭拒？首先，政府极其不愿侵犯伦敦城个体产权人的权利。这些人中的大多数希望尽快重建。如果保留现有房产的线条，重建要更容易。第二，因为查理没有权利向臣民征税，因此，没有钱用于实施美好的新设计，无论设计有多么巧妙。最后，英国人和荷兰人一样，仍然对大陆潮流保持怀疑。对他们来说，巴洛克风格与天主教和君主专制的联系过于密切。议会的确颁布了一项建筑规范，要求新建筑应为砖砌结构，木材只能用于制作门窗框，但对私人财产的尊重则确保了土地所有者在其拥有的土地上重建私人建筑。

在大火灾发生后，雷恩所展现的建筑才能无疑使他得到了大量关注。在这场火灾中被摧毁的还有伦敦大教堂以及20多座教区教堂。雷恩监造了所有这些教堂。这片区域的大量教堂以及地平线上的显著尖塔讲述了很多有关被烧毁的伦敦城的故事。在17世纪，私人教堂仍然标志着伦敦城的人口密集街区，而大教堂则是该城最重要的地标。圣布里奇教堂（Saint Bride）首次建于1670—1674年，位于后来成为伦敦繁荣的新闻区的城区。雷恩新建了一种与该教堂的尖塔相似的成功范例。这种新范例将中世纪城市地形——作为城市标志的尖塔——和现代古典细节融合在一起（图12.2）。自布鲁乃列斯基去世250年后，引进的意大利建筑形式在英国仍然极其少见。教堂周围的街区均由根据新建筑规范修建的风格相对统一的砖砌排房构成。在这张城市建筑网络中还点缀着一些酒馆和商铺。

大教堂是雷恩的最重要的作品。新圣保罗大教堂如同其他中世纪教堂一样，经历了几十年才竣工（图12.3）。该教堂始建于1675年，直到1710年才完工。英国人自宗教改革运动以来再没修建过一座大教堂。这些建筑在整个欧洲地区仍然极少见，因为中世纪时期修建的高大建筑仍在使用。在修建大教堂的情形下，雷恩能够维持大穹顶所具有的庄严感。这座大教堂的3层壳体结构将波洛米尼的四喷泉圣卡罗教堂的复杂结构和圣彼得教堂的规模融合在一起。相对较浅的穹顶可从交叉部上看到，上面带有一个圆孔。当光线透过穹隆小亭射进来时，圆孔会发亮。穹顶被两个而不是一个上层结构包覆。第一层结构是由铁链包覆的砖砌圆锥体，用以支撑穹隆小亭的重量。第二层结构是以铅覆面的木结构，用以建立长久以来确定伦敦地平线的大胆轮廓。

图 12.2 英国伦敦的圣
布里奇教堂,由克里斯
多佛·雷恩设计,建于
1672—1703 年

图 12.3 英国伦敦的圣保罗大教堂, 由克里斯多佛·雷恩设计, 建于 1675—1710 年

即便在圣保罗大教堂, 英国人对巴洛克风格的接受仍然是有限的。雷恩的原始模型的大量曲线总让人想起迎合当地品位的贝尔尼尼。这里保留了一个拉丁十字架。雷恩还模仿了中世纪范例, 将扶壁结构塞进墙体, 同时通过应用古典装饰使重要的原型现代化。圣保罗大教堂处于一种特别的情形, 需要一个特别的解决方案。尽管它很快成为伦敦城最重要的地标之一, 但它很少被模仿, 因为伦敦不再需要其他这种规模的教堂。相反, 正是新教区教堂为英国国教和它的一些分支教会树立了范例, 因为这些教堂的信徒在北美沿岸建立了殖民地, 还在印度建立了贸易中心。然而, 雷恩在大火灾后承建的大量英国教堂建筑至今仍然非常特别。直到 19 世纪中期, 相对较新的英国国教教堂才在英格兰建立。其中一个重要的特例是圣玛田教堂 (Saint Martin-in-the-Fields)。该教堂位于伦敦的时尚区西区, 由詹姆斯·吉布斯 (James Gibbs) 设计, 建于 1721-1727 年 (图 12.4)。吉布斯在雷恩的模板上增加了一个神庙正面。他将带有三角楣的门廊与显著的尖塔并置, 打破了所有古典规则, 但这种结合系统的吸引力却是巨大的。吉布斯编写了一本著名的图样簿, 不久之后, 就涌现了大量仿造教堂, 尤其是北美地区, 自此以后, 几乎没有停止过对这座教堂的模仿。

图 12.4 英国伦敦的圣玛田教堂，由詹姆斯·吉布斯设计，建于 1726 年

17 和 18 世纪时，英国国教的祈祷文强调圣言，而不是圣餐的圣礼。这种要求对新伦敦教堂的室内设计有着重要作用（图 12.5）。教堂的焦点是供牧师诵读经书的诵经台以及供其布道的讲道坛，而不是圣坛。在中世纪的教堂中殿加侧廊的平面图上增加廊可方便来教堂的人观看和聆听他的表演。

大火灾导致大量房屋被摧毁，这是那些有经济能力的 18 世纪伦敦人搬迁至伦敦西区的新区的原因之一。在威斯敏斯特行政区，他们的住宅距离宫廷以及议会更近，因此也提高了他们的社会地位。伦敦的新街区以及爱丁堡和都柏林的新街区将巴黎的皇家广场和 17 世纪阿姆斯特丹具有的平均城市主义结合起来。私人房地产开发控制着这些环境的创建，而不是皇家法令。从 15 世纪到 17 世纪，在塑造建筑方面，世俗和神圣权威的影响力一直胜过资金的力量。到 18 世纪，这种情形明显有所改变，至少在英国和爱尔兰的城市是如此。18 世纪的伦敦、爱丁堡和都柏林

图 12.5 圣玛田教堂的内部

全都是由私人土地所有者们建立,而不是由国王或议会规划的。市场力量和活跃的城市中产阶级共同创造了令人惊讶的统一性——几乎所有伦敦人都住在相同的基本房屋类型中——以及多样性。这种多样性表现为发展新建筑类型,比如咖啡屋和银行。房屋建设的相对标准化减少了建筑成本,推进了民用建筑商品化的过程。当时,社会边界越来越不稳定,住宅的规模和居住条件是由人们拥有的财富而不是身份确定。在这种条件下,如果能够迎合这个时期人们的品味,房屋更容易售出或被租赁。

在整个 18 世纪,威斯敏斯特北部的布鲁姆斯伯里都就是围绕一系列广场规划的。这片土地的大部分都属于一个后来成为威斯敏斯特公爵的大家族。他们以此宣示自己最新积累的庞大财富。他们保留这片土地的所有权,但却将它按照 99 年的租期出租。在广场的四面建有排房。排房由城市专业人员和商人或乡村贵族的成员以及乡绅拥有或租住。乡村贵族和乡绅们如果活跃于宫廷或议会,或者有女儿待嫁,则很有可能在一年的大部分时间里都住在伦敦。尽管这些住宅的大部分是由木工随意修建的,且每次只建造几栋,它们的外观却通常极其相似。它们一般有 3 个开间宽,两到三间房深,两到四层楼高,因土地的价值而异。

广场本身为富裕阶层的住宅提供了充足的阳光,烘托出其显著的位置。商人和工匠则在富人住宅之间的街道上居住和工作。他们的住宅尽管外观和平面布局几乎与富人的住宅一样,但规模更小,且住进了更多人。有些人则住在租赁的房间中。单个房间的规格是衡量居住者经济地位的最好标准。在不那么体面的情形下,住宅楼一层的正面房间一般是商铺,而不是客厅。

建筑师极少参与广场的设计,但到 18 世纪末时,就像可追溯至 1776 年的贝德福德广场 (Bedford Square) 所展示的那样,广场的数量却日渐增多,因此而使得私人住宅看起来像是更大规模的宫殿的一部分 (图 12.6)。这能让所有租户共同感受中心人字形阁楼给予整个排房结构的壮观感。营造这样一个统一的环境不仅取决于那些将在此居住的人们的相对统一的品位,还取决于受过教育的建造者和木工。建造者和木工提供资金并根据图样簿和施工文件修建了这些房屋。同样对这种环境的建设做出贡献的是一名女子。她是 18 世纪英国最杰出的的女商人之一。这些房屋的许多标准化装饰都是以科德人造石 (Coadestone) 预制的。科德人造石是一种由埃莉诺·科德 (Eleanor Coade) 发明、生产和销售的类似水泥的物质。

图 12.6 英国伦敦的贝德福德广场，建于 1775—1786 年

尽管第一眼看去，阿姆斯特丹、江户和伦敦的内陆街景均缺乏个性空间，然而事实上，这些地方却修建了大量风格各异的建筑类型，且大多是城市中产阶级修建的。尽管伦敦的新政治和经济机构看起来极像住宅，但它们却暗示着 19 世纪城市即将具有的大量多样化特征。在伦敦，许多这类新建筑类型都能在伦敦城的商业区看到。这个重建后的商业中心被改建成了日益扩大的大不列颠帝国的金融中心，并为初期工业革命提供了资本。因为这里是在一座欧洲城市中建立的第一个几乎完全商业化的区域，各阶层的居民均因为地产升值而被迫迁出。上层阶级迁往西部，中产阶级迁往北部，而工人阶级则迁往东部。伦敦城的中心是英格兰银行。从 1788—1833 年，建筑师约翰·索恩 (John Soane) 改建了这座银行建筑。不过，在 20 世纪 20 年代的一次综合改建中，他的建筑只有阳角被保留了下来。索恩的银行既受到建筑规划方面的影响，也受到建筑师本身的影响。索恩具有异乎寻常的构建空间的才能，且追随当时的潮流对——古罗马和古希腊文明很感兴趣。

为了保障安全，英格兰银行没有采用外窗，因此，它的防火结构反而采用了天窗。该建筑的主要室内大厅, 比如殖民地部, 设计于 1818 年。它的浅穹顶是由陶砖拱形支撑的 (图 12.7)。顾客聚集在中心位置, 而员工则位于四周。凸显建筑的庄严感显得尤其重要, 因为随着银行开出的账单不再受到金银的支持, 由银行支持的货币体制完全建立在信任的基础上。这种新空间类型让人想起古典建筑前例, 如罗马澡堂, 然而却没有直接对其进行引用, 因此, 反而使该建筑成为这个现代帝国的一种大胆创新。高度和照明在这里均很重要, 而索恩也发明了一种新结构来满足这种要求。他结合了哥特式工程学的轻盈 (通过不同的材料实现) 和恰如其分的古典细节, 以极小的造价完成了必要的装饰。从节能和简洁角度看, 建成建筑均是现代性的, 且没有完全摈弃装饰。比如尽管穹顶的底部修建了一圈传统科林斯式柱式, 但支撑穹顶的穹隅的边缘却以线脚进行装饰, 这在古典先例建筑从中未出现过。

伦敦在整个 18 世纪都很繁荣。伦敦以及整个大不列颠帝国创造的财富都投资到了土地上。尼奥·帕拉第奥 (Neo-Palladian) 式建筑和如画景观建筑的创建能够表

图 12.7 英国伦敦的英格兰银行, 由约翰·索恩设计, 建于 1818 年

达一种特别的政治理想——自由。在 18 世纪 20 年代, 柏林顿伯爵理查德·波义耳 (Richard Boyle) 作为英国最富裕的贵族之一, 开始尝试通过建筑来表达自己所属阶级所拥有的政治权力。这种尝试的第一个成果便是他为自己在奇斯威克修建的别墅。该别墅位于伦敦郊区, 始建于 1725 年 (图 12.8)。

柏林顿伯爵取代国王成为当时英国的主要艺术赞助者。除了建筑外, 他的爱好还包括绘画、诗歌和音乐。他的交际圈包括画家、建筑师兼园林景观设计师威廉·肯特 (William Kent)、诗人亚历山大·蒲柏 (Alexander Pope) 和出生于德国的作曲家乔治·弗里德里希·亨德尔 (George Frideric Handel)。他是辉格党成员。辉格党是一个强烈主张通过宪法限制君主权力的英国政党。柏林顿赞助的建筑的主要魅力在于, 它建立了一种符合更加分散的权力机构的形象。这种权力机构以富裕的土地所有者为中心, 而不是以王室为中心。

柏林顿伯爵是一位绅士建筑师。他没有创造新建筑形式, 而是在对尼奥·帕拉第奥式建筑的特别关注以及对威尼托的文艺复兴式别墅的广泛关注中寻求灵感。他没

图 12.8 英国奇斯威克的奇斯威克宅邸, 由柏林顿伯爵理查德·波义耳修建, 建于 1725—1729 年

有满足于帕拉第奥本人著述的《建筑四书》中的作品，收集了众多前辈建筑师创作的原图。他是在 20 多岁去意大利旅行时开展这项工作的。那时候，许多与他属于同一阶层的英国男子都在求学的最后阶段出去旅行。柏林顿的建筑极其倚重建筑论述和前例。对 18 世纪的英国男子来说，遵循被视为古典秩序的规则表现了他们对法律的遵从。他们还认为法律使其拥有的政治权力合法化并限制这种权力。许多人将其政治体制等同于共和罗马的政治体制，后者也施行寡头政治。他们欣赏帕拉第奥公开古罗马建筑的重建的行为，并在自己设计的别墅中复制神庙式正面。他们还认识到帕拉第奥的许多赞助人一直是另一个寡头土地所有者阶层的成员，也就是说，是威尼斯的上层商人阶级的成员。

奇斯威克宅邸并非某座特定别墅的精确翻版，而是好几栋别墅的综合体，而且这些别墅并不都是帕拉第奥设计的。最重要的是，该宅邸表现了柏林顿对巴洛克风格的批判。就像威尼托的建筑前例一样，这座宅邸的规模不大，与英国显要贵族的乡村宅邸相比显得更小。从平面图看，它是一座紧凑型建筑，没有更加宏伟的建筑中套房内的连串房间。事实上，它只是在拆除一栋更大的旧房屋后增建的附属建筑而已。柏林顿将这栋位于距离伦敦不远的别墅主要用于娱乐。为什么像柏林顿这样富裕的人物会修建这样的规模适中的房屋？对柏林顿而言，一个伟大的贵族在其乡村领地上修建的大型乡村宅邸与王室修建的房屋类型并无多大区别。他认为，一个贵族所拥有的政治权力，部分来源于因与宫廷保持特定距离而培养的高尚道德，部分来源于他所理解的赋予他财富和政治权力的纯正乡村根源。因此，他不仅与王室形成了对比，还与日渐富裕的城市资产阶级形成了对比。城市资产阶级很快就开始采用这种别墅类型。对他们而言，别墅是家庭的唯一住宅，为家庭成员提供了类似乡村的郊区居住环境，且为他们前往账房和法院提供了交通便利条件。

奇斯威克宅邸的内部完全脱离了巴洛克和洛可可式风格（图 12.9）。在巴洛克和洛可可式建筑中，墙面和顶面的连接处以金箔装饰，以模糊两者之间的界限，且金箔装饰的卷须日渐脱离古典传统。然而，柏林顿倾向于严格采用线条性几何结构。保留的曲线是从圆环分割出来的部分，而不是从椭圆分割出来的部分。该宅邸的正方形平面图设置了 7 个房间，其中的 4 个长方形房间围绕在一个带有穹顶的八角形大厅周围。只有在园林部分，平面布局才变得更加复杂。那里有一座图书馆和一间闺房，两者与一个带有后堂的大厅连接。柏林顿在设计这座房屋的柱屏障和壁龛时，借鉴了帕拉第奥所理解的古罗马先例以及其他早期现代建筑。比如，他并不赞同出现在

图 12.9 奇斯威克宅邸的画廊

索恩后来设计的银行内饰中的创新，但他为同阶层的人们表现最重要政治观点提供了具有说服力的建筑形式，尽管这种建筑形式并非原创。同时，他还为那个阶层的成员打开了建筑行业的大门。对这些人来说，大兴土木仍将是近一个世纪里的一项主要活动。整个 18 世纪，英格兰、苏格兰和爱尔兰贵族以及那些渴望获得贵族地位的人们，在他们的乡村庄园里修建了漂亮的乡村宅邸。这些宅邸同时还成为流行建筑的模板。在长达几十年里，大多数乡村宅邸都是柏林顿推广的帕拉第奥风格。

然而，爱尔兰的第一座也是最大的现代古典房屋并不是贵族成员修建的，而是威廉·康诺利（William Conolly）修建的。康诺利在非常普通的环境下成长为爱尔兰下议院的院长。他的财富来源于买卖从天主教教徒手中没收的土地，柏林顿的财富也来源于此（除了是柏林顿第二位伯爵外，他还是科克郡的第三位伯爵）。康诺利的乡村宅邸即城堡城宅邸（Castletown House）的施工开始于 1722 年，约在 7 年后竣工（图 12.10）。与英格兰人相比，爱尔兰人雇用了更多意大利建筑师和工匠。亚历山德罗·伽利略（Alessandro Galilei）在一次爱尔兰短途旅行中设计了这座

图 12.10 亚历山德罗·伽利略和爱德华·罗维特·皮尔斯，城堡城宅邸，爱尔兰基尔代尔郡，始建于 1722 年

宅邸的正面。宅邸的中央大厅为双层结构, 里面的洛可可式灰泥天花是由保罗和菲利波·拉弗兰奇尼(Paolo and Filippo Lafranchini)设计的。爱尔兰建筑师爱德华·罗维特·皮尔斯 (Edward Lovett Pearce) 增建了柱廊和服务侧翼, 还可能提出了最初的内饰设计方案。在建成后的前一百年里, 这座宅地的主要居住者是康诺利的遗孀凯瑟琳和他的孙媳路易莎。许多保留下来的漂亮房间可追溯至 18 世纪 60 年代, 那时候路易莎对宅邸进行了重新装修。两个女子同样也积极参与了宅邸周围共用场地的设计。

伯灵顿的兴趣不只限于建筑。同样重要的是, 他在与威廉·肯特的合作中, 帮助引领了一种新的庭院设计风格。这种设计同样也是为了展示英国土地所有贵族和乡绅的政治独立地位。在奇斯威克宅邸和其他由柏林顿阶层的成员设计和修建的园林中, 出现了一种不同于法国园林如子爵城堡和凡尔赛宫的全新且持久的选择。

观看城堡城宅邸的庭院布置, 人们会感觉它像是一座耸立在开阔土地之上的宫殿。事实上, 正是在 18 世纪的英国和爱尔兰, 山水景观开始作为包括散步和打猎等娱乐的地点, 而不是生产性农耕区。实际耕作在这些宅邸的附近通常是看不到的。宅邸周围的如画园林最有可能是当时英国和爱尔兰乡村地区圈地运动的产物。这种园林最先出现在奇斯威克宅邸。在中世纪时期, 土地所有者的庄园可能分成好几个部分, 每个部分又被分成数个长条。一个独立的佃户可能只耕种了庄园中不同部分的几块长条形土地而已, 其他土地则是共有的, 专门用于放牧。这种生产方式保障了以农为生的众多人们的生活, 但却没有为土地所有人创造大量收入。自 16 世纪晚期到 18 世纪, 随着土地所有人对土地利用进行整合, 英国农耕景观发生了天翻地覆的变化。在很多情况下, 土地所有人将土地的利用从粗放式谷物种植转向转向畜牧, 其他人则对边缘土地进行过度开垦。这种新方式具有更大的经济效益, 提高了土地所有人的收入, 并极大地增加了食物供应。然而, 在爱尔兰, 发生了一场更加深刻的圈地运动。在 16 世纪末和 17 世纪时期, 大多为爱尔兰人和英裔爱尔兰人的众多人们失去了自己的土地, 尤其是继续坚守天主教教义的多数群体。这些土地被陆续从英格兰和苏格兰涌来的新教徒殖民者或像康诺利这样的最新皈依者的后裔夺走。这种利用乡村的有效新方法依赖于合理的组织。而对日渐复杂的勘测和绘图技术的使用则改善并记录了这种土地利用方式。勘测和绘图技术提供了记载土地所有人的新方法, 还在促进土地所有权转变的众多军事运动中发挥了辅助作用。在爱尔兰, 事实证明绘图对抢夺他们所描述的领土极其有用。

现代化给那些已经拥有政治和经济权力的人们带来了更多好处。对那些耕种土地的人们来说，圈地意味着失去耕种足够的土地养活自己的权利。他们经常被迫背井离乡。爱尔兰农民和高低苏格兰人支持被废黜的斯图尔特王室，但他们的结局却非常悲惨。他们最终与英国的处于相同情形的人们一起，提供英国的殖民统治和工业化亟须的大部分劳动力。殖民和工业化是促进英国财富积累的两大引擎。肯特在奇斯威克宅邸采用的景观风格在 18 世纪得到进一步发展。这部分要归功于被称为哈哈斯 (ha-has) 的沟渠。沟渠被用来阻止牲畜进入公园的草地，而外围草地则成为园林的一部分。始建于 1743 年的斯托海德宅邸 (Stourhead) 甚至比城堡城宅邸还要出名 (图 12.11)。建造这座宅邸的亨利·霍尔 (Henry Hoare) 是一名银行家。就像许多在 18 世纪的贸易或 19 世纪的工业中积累了财富的英国人一样，他坚守土地贵族的传统。他的继承人理查德·柯尔特·霍尔 (Richard Colt Hoare) 成为如画建筑的重要理论家。

斯托海德宅邸是充分应用了这种新美学理念的最重要建筑之一。这里，自由、非正式、爱国主义和怀旧的思想以一种强烈的方式融合在一起。斯托海德宅邸园林所具

图 12.11 英格兰威尔特郡的斯托海德宅邸园林，始建于 1743 年

有的的非正式性是经过精心设计的,其重要来源之一便是中国的文人园林,后者提供了多种人造视觉形式——假山、树木、水和亭。另一个来源是 17 世纪的风景画,尤其是法国艺术家克罗德·洛林 (Claude Lorrain) 的作品。伯灵顿和其所属的阶层将这些绘画作为罗马田园诗的视觉表现来欣赏。它们展现群山和树木的人造秩序,美化牧羊人的生活,忽略那些实际耕种农田的人们("如画"最初意指像一幅画)。斯托海德宅邸园林最初只是为了重现这些绘画,但它的设计还具有政治意义。当时,不对称结构被广泛认为对以子爵城堡和凡尔赛宫为代表的法国园林传统以及与凡尔赛宫相联系的君主专制构成了威胁。同时,在一个政治哲学以对自然法则的讨论为主的时期,它也被视为更加"自然"。

斯托海德宅邸是应该从散布在山水景观中的独立亭台上观赏的,而亭台本身也是景点。穿越园林的行走路线最初旨在重现维吉尔的《埃涅伊德》中描述的旅程。这是一首共和罗马史诗,如同其他有关古罗马的诗歌一样,在 18 世纪的英国被用以支持贵族对政治权力的主张。人们可以在两个不规则形状的湖泊散步,也可在两个湖泊之间的土地上慢行。湖边修建许多亭子。设置这些园林亭台的用意就是为了从远处观赏它们,同时也供人们参观和休憩。同时,它们还是新建筑知识的表现。在今天黎巴嫩的巴勒贝克,有一座仿照不久前被曝光的阿波罗神庙的古罗马式神殿。然而,随着时间的变迁,斯托海德宅邸逐渐加入了暗指英国中世纪历史和当前现实的元素,因为霍尔在其中增建了一个中世纪十字形市场、教堂和一座简朴的小屋。这预示了如画风格的倾向。如画风格脱离了绘画中的建筑先例,趋向于将特定的英国历史与现在进行融合。亚历山大教皇在《给伯灵顿的书信》中以几行诗清楚地描述了这种新风格的实质:

修建、种植你想要的东西,
竖立柱子,或搭建拱形
拓展土地,或挖掘洞穴
总之,别让自然被遗忘
把女神当成朴实的美女
不让她盛装,也不让她赤裸
别让她的美丽展露无余,
一半的技巧在于巧妙的隐藏
他心中了然,开心地混淆、撞见、改变和遮掩这些边界。

现代化的两个不同引擎改变了 17 和 18 世纪的伦敦和其乡村腹地。第一个引擎是资本主义房地产市场。市场力量在严格的政府规范和上层阶级品位的约束下，产生了一些历史上前所未有的最精美且分配最平等的房屋以及全新的环境，如索恩为英格兰银行设计的建筑。第二个引擎是一种最终将有利于许多其他人的政治哲学，尽管它最初是为了让那些已经具有许多特权的人们受益。尽管这种自由的表达方式源于一种寡头政治，它所衍生的政治思想和物理形式却均能受限于那种环境。它最初是贵族保护自己的特权、反对君主可能侵犯的工具，后来却变成了呼吁提高欧洲和世界各地的中产阶级最终包括工人阶级政治权力的号召。

延伸阅读

John Summerson, *Georgian London* (1946; repr., New Haven, Conn.: Yale University Press, 2003), remains the classic work on the subject. See also Kathryn McKellar, *The Birth of Modern London: The Design and Development of the City, 1660–1720* (Manchester: Manchester University Press, 1999); and Damie Stillman, *English Neo-classical Architecture* (London: A. Zwemmer, 1988). On Wren, see Kerry Downes, *The Architecture of Wren* (London: Granada, 1982); and James W. P. Campbell, *Building St. Paul's* (London: Thames & Hudson, 2007); on vernacular architecture, Peter Guillery, *The Small House in Eighteenth-Century London: A Social and Architectural History* (New Haven, Conn.: Yale University Press, 2004); and on the Bank of England, Daniel Abrahamson, *Building the Bank of England: Money, Architecture, and Society, 1694–1942* (New Haven, Conn.: Yale University Press, 2005). For discussion of Chiswick, see John Harris, *The Palladian Revival: Lord Burlington and His Villa and Garden at Chiswick* (New Haven, Conn.: Yale University Press, 1994). On the Irish country house and its English cousins, see Amanda Cochrane, ed., *Great Irish Houses* (Dun Laoghaire, Ireland: Image Publications, 2008); Finola O'Kane, *Landscape Design in Eighteenth-Century Ireland: Mixing Foreign Trees with the Native* (Cork: Cork University Press, 2004); and Mark Girouard, *Life in the English Country House: A Social and Architectural History* (New Haven, Conn.: Yale University Press, 1978). On enclosure and the English garden, see Ann Bermingham, *Landscape and Ideology: The English Rustic Tradition, 1740–1860* (Berkeley: University of California Press, 1986); Tom Williamson, *The Transformation of Rural England, 1700–1870* (Exeter: University of Exeter Press, 2002); and Tom Williamson, *Polite Landscapes: Gardens and Society in Eighteenth-Century England* (Baltimore: Johns Hopkins University Press, 1995). The Irish story is told in William J. Smyth, *Map-Making, Landscapes and Memory: A Geography of Colonial and Early Modern Ireland c. 1530–1750* (Cork: Cork University Press, 2006).

13 北美大陆
建筑

英国在 16 和 17 世纪对爱尔兰的再次殖民为大西洋两岸的英属殖民地提供了样板。事实上，英国人早在 12 世纪就已经占领了爱尔兰的部分土地。在英属殖民地上种植经济作物可为监管种植的人们带来巨大利益，然而受到他们剥削或奴役的劳工却极少受益。对今天的美国和加拿大地区美洲土著人的住宅与 17 世纪中大西洋沿岸欧洲和非洲定居者的住宅进行比较，我们会发现，文化差异是两种人群之间产生冲突的根源，特别是土著人和移民对财产权的认识的差异。英国人不愿意也不能够理解居住在这片土地上的爱尔兰人或美洲土著人。他们认为自己抢占土地的行为是合理的。同时，美洲殖民地环境还包括位于加勒比海地区的利润可观的糖料作物种植园。它与现代英国的环境在很多重要方面具有不同。

有 4 个本土美洲建筑范例能让我们认识其包蕴的不同建筑传统。印第安人的圆锥形帐篷仍然在人们的建筑认知中占有主要地位 (图 13.1)。到 19 世纪中晚期，圆锥形帐篷已常见于大平原地区。在抵御欧洲和偶尔的非洲后裔的军队和移民的攻击过程中，大平原的居民是低地 48 个州所有土著人中坚持时间最长的。有时候，他们能够获得胜利，部分归因于他们的移动性。圆锥形帐篷是一种由鞣制的野牛皮或帆布 (约 1800 年后) 覆盖在木杆或木桩上构成的圆锥形结构。整个结构极易拆卸。在欧洲人抵达北美前，土著人拖着极小的圆锥形帐篷从一个地方迁移至另一个地方。它们的建造者在 17 世纪学会了如何驯养人西班牙引进的马匹的野生后代。此后，圆锥形帐篷逐渐增大，其原因有二：第一，土著人更容易捕猎野牛，而野牛的皮可用以制作圆锥形帐篷。第二，有了马匹，运输圆锥形帐篷本身变得更容易。

图 13.1 明尼苏达州的基奥瓦人的圆锥形帐篷，建于 19 世纪

基奥瓦人也是一个搭建圆锥形帐篷的种族。在一年中的大部分时间里，他们都住在小帐篷里。他们使圆锥形帐篷的入口朝南。每个圆锥形帐篷的炉灶都布置在帐篷内的中心位置，所以烟很容易散出。在冬季时，则覆盖一层草，做成用以御寒的保温内衬。在夏天以及发生政治危机的时期，不同群落的基奥瓦人就会聚集起来，以参加宗教庆祝和商讨战略。在这种聚会期间，他们会将圆锥形帐篷排列成一个巨大的圆圈，以此确定供扩大后的群体居住的空间。部落内的每个群落则成为这个大圆圈的一段圆弧。女子拥有、缝制、搭建和拆卸圆锥形帐篷，而男子则涂刷那些具有装饰的帐篷。圆锥形帐篷的装饰有两个常见主题：神圣的象征符号和战争场面。战争场面通常颂扬在独立圆锥形帐篷中居住的年长男子。

圆锥形帐篷是游牧民族的移动式住宅，而其他美洲印第安人过着更加稳定的生活。比如，在加拿大不列颠哥伦比亚，在距离太平洋沿岸不远处的夏洛特皇后群岛上，海达族人是在永久性的滨水村庄上过冬的（图 13.2）。但在更加温暖的夏日，他们则在内陆的临时住宅居住。他们的房屋之上耸立着图腾柱。图腾柱既描述了神圣的

图 13.2 加拿大不列颠哥伦比亚的马塞特。照片摄于 1878 年

故事，还可兼做从海上辨认群落的标志。人们通常也是乘船从海上前往这些住宅。

海达族人的房屋以雪松木板构建，坐落在木柱和木梁之上。尽管这些结构是永久性的，但海达族人经常在春天时拆除木板，并在夏天时运送到内陆的宿营地，并在那里以木板搭建临时建筑。在冬季，这些位于大海和森林之间的住宅成为神圣建筑。在它们的坑式炉灶周围，人们会举行各种宗教仪式。在这些时候，炉灶成为宇宙之轴，将海达族人与他们所居住的平面之上和之下的精神世界联系起来。海达族人未能修建能够与教堂、犹太教会堂、清真寺或神庙（所有这些建筑事实上都有本土渊源）比拟的独立宗教建筑。相反，他们的住宅本身也是做礼拜的地方。

海达族人的聚居地周围群山环绕，因此，他们成为技艺高超的木工也不足为奇。19世纪时，木工技艺因为新木雕工具的发明而得以提高，但提高的程度却有争议。就像图腾柱，房屋正面也成为展示海达族人才能的作品。在太平洋西北海岸地区的博物馆里，收藏了许多海达族人的木制品。海达族人在木制品上雕刻的神圣标志也出现在他们的典礼用服饰和身体绘画上。土著人的建筑并没有保持不变。在 19 世纪后半期，欧洲房屋形式开始取代早期海达族人住宅的典型雪松木板房，但图腾柱仍然像过去一样显著。三角形屋顶以及位于建筑内部中央的坑式炉灶作为典型的内饰特征也保留了下来。工厂加工木材的引进改变了海达族人房屋的修建方式，但却没有影响融合了社会结构和宗教信仰的空间组织。欧洲人所知的最大的海达族人房屋是一座约建于 1850 年的木板房，位于马赛特镇，由酋长瓦阿 (Chief Wiah) 修建。它具有台阶状的 3 层黏土层结构，火坑位于最底层 (图 13.3)。房中摆设着海达族人用食物与欧洲、美洲水手交换而来的椅子。

人们通常认为土著美洲人的典型住宅相对来说不太牢固，因此也不重要。对那些觊觎土著人土地的欧洲移民来说，将土著人想象成未受教化的人们能方便自己更加心安理得地抢夺土地。海达族人占用土地的方式当然也与大多数欧洲人截然不同。除了居住在山区的人们之外，大多数欧洲人都不会随着季节的变化而迁徙。海达族人的住宅很大，然而美洲土著人在属于今天的美国和加拿大境内的大片土地上所修建的房屋中，它们不是最大的。最大的土著人住宅发现于今天新墨西哥州的印第安人村庄。

图 13.3 酋长瓦阿的房屋的内部，位于不列颠哥伦比亚的马赛特镇，照片摄于 19 世纪

阿科马的居民依据地形,在沙漠台地上建立防御性村落 (图 13.4)。西班牙人最终在 1598 年摧毁了印第安人村庄,此时距离他们首次发现它们已有近 60 年。这里尽管经历了严酷的征战,土著文化保留了下来,印第安人村庄也得以重建。阿科马的房屋大部分由土砖砌筑,一般朝南 (图 13.5)。许多房屋为三层楼高。居民和访客利用从外部爬楼梯进入上层楼房。直到相对较近的时期,这些结构才在地面层增建了小门,以作为额外保护措施。主要的居住区域是二楼和三楼的阳台以及紧邻其后的房间。房屋的大部分其他空间被用于储存物品。海达族人并不需要太多储存空间,因为他们靠山临海,打鱼和采集野果菜蔬都极为方便。阿科马的居民之前将食物储存在手工盆罐中。制作并销售盆罐如今是这个群体的主要收入来源之一。

土砖是阿科马人采用的主要建筑材料。它需要定期维护。每年,女子都会重新整修住宅的表面。历史上,劳动是严格按性别分工的,男子负责其他施工和维护工作。在这里,土砖并非唯一的建筑材料。传统上,上层结构的顶面 / 地面梁都是木材,

图 13.4 新墨西哥州阿科马的印第安人村庄鸟瞰图

图 13.5 新墨西哥州阿科马的印第安人村庄, 照片拍摄于 1899 年

而木材在这种干旱气候条件下供不应求。之后, 再在这木梁上搭建以树枝和草以及泥浆制成的覆盖层。今天, 阿科马的许多居民都采用混凝土。这种材料允许安装更大的窗户。尽管阿科马的第一座教堂可追溯至 17 世纪, 该城的居民仍然继续信仰他们的本土宗教。他们的环形神圣空间或者说基瓦会堂仍然对外人关闭。所谓的外人, 包括今天的现代游客以及殖民时期的牧师。那些牧师时刻准备着对他们所认为的异教徒进行迫害。

新墨西哥州的许多印第安人村庄在今天的美洲地区树立了一个不同寻常的大规模本土建筑的范例, 但第一个抵达大西洋沿岸地区的英国人还遇见了定居的村民。约翰·怀特 (John White) 在北卡罗来纳州度过了 1585 年的冬季。他在那里以水彩画描述了阿尔冈琴人居住的村庄。在他的一幅绘画中, 人们会发现坡梅奥克 (Pomeioc) 村是以木栅栏围护村庄和保护村民的 (图 13.6)。位于木栅栏之内的建筑是长屋。它们是沿海以及被称为东树林的内陆地区最常见的房屋类型。每座长

图 13.6 北卡罗来纳州的坡梅奥克村，由西奥多·德·布里 (Theodor de Bry) 创作于 1585 年后

屋由曲木框架加盖苇席构成。苇席可根据一天中的时段和季节调整，以允许或阻挡太阳和空气进入。这种住宅几乎与许多欧洲农民居住的板条屋一样大小。途经缅因州来到今天的乔治亚州地区的英国、荷兰和瑞典定居者最先驱逐的便是这种房屋的居民。

从 16 世纪到 18 世纪，世界各地的耕种土地面积都在大幅增加，农产品在国际市场上交易的范围也在扩大。在荷兰和英国，进口食品和其他产品方便了对现有土地的日渐有效的利用。农耕的类似创新也同时在印度和日本发生。新领域的创造还扩展到了美洲地区。在某些情况下，欧洲殖民者建立了种植园，并雇用非洲奴隶以及土著人种植庄稼，尤其是烟草和糖料作物，以在国际上出售。在其他情况下，他们开垦之前的林地，修建比他们在国内能够建立的远为广阔的农庄。他们能够达成此举，部分是因为他们的武器使得欧洲的私有制观点战胜了当地的公有制观点。此外，早在 16 世纪欧洲移民在此永久定居之前，欧洲疾病通过水手与渔民的接触而传播到当地，导致大多数土著人死亡，极大地减少了土著人对这些肥沃土地的占用。

英国人在北美建立的第一个永久定居点是 1608 年建立的弗吉尼亚州的詹姆斯敦。然而，在今天美国的东部海岸地区，除了新英格兰地区以外，几乎没有 17 世纪的欧洲建筑保留下来。在南部殖民地，早期欧洲人的住宅的规模通常与数量日渐减少的土著人的房屋差不多。那时候，土著人仍然与欧洲人毗邻而居。然而到 18 世纪，烟草种植开始为弗吉尼亚州和马里兰州的人们修建规模越来越大的房屋提供了资金。

1712 年，在弗吉尼亚州的塔克霍种植园 (Tuckahoe Plantation) 就修建了这样一座房屋 (图 13.7)。塔克霍是托马斯·杰斐逊的出生地。该房屋是 18 世纪初期在英国殖民地开始修建的新中央大厅式房屋的代表。这些房屋的纵深最初只有一室，但这里后来修建了许多纵深两室的房屋。塔克霍结合两座中央大厅式房屋，设计成"H"形平面布局，因而显得更加庄严。塔克霍是以木材修建，只有两端的烟囱是用高昂的砖砌成的。其他显著的建筑样例通常整体都是以砖砌成的。中央大厅式结构是 18 世纪美洲最壮观的殖民建筑类型，其平面布局在大多数殖民复兴建筑中得以应用。塔克霍的会客厅以五颜六色的镶板装饰，很可能最初上过涂料 (图 13.8)。它最初可能非常简朴，后来才增加了壁炉架和镶板。房屋装饰通常都衍生于图样簿。某些情况下，装饰工作是由契约式仆从 (通过同意提供一定期限的奴役服务以换取前往新世界的费用的男女) 完成的。

图 13.7 大屋，维吉尼亚州古奇兰郡塔克霍种植园，始建于 1733 年

在英国和爱尔兰，中央大厅式房屋为居住在城市中的乡绅及与其地位相当的专业人士修建的。与贵族修建的乡村宅邸相比，这些房屋仍然显得朴实，但北美南部的大多数种植园主却对他们的劳工拥有远为强大的权力。与在建立种植园系统中发挥了重要作用的奴隶劳工的悲惨遭遇相比，英国佃农在圈地运动中所经历的苦难便不足为道了。很多契约佣工都是因为圈地运动而被迫移民。他们在英属殖民地上与在可怕的条件下从西非沿海地区贩运过来的奴隶共同工作。西班牙人和葡萄牙人的种植园同样也依赖非洲劳工。事实证明，非洲奴隶比欧洲人更能抵御热带疾病。

在北美南部大西洋沿岸地区和加勒比海群岛的英属殖民地上，尽管拥有奴隶的白人居民相对较少，但最富裕之人（其中白人占绝大多数，但包括少数黑人）却往往拥有数百奴隶。直到 19 世纪初，许多富裕的北部人也拥有奴隶。几乎所有奴隶都是家仆。在北美南部地区，奴隶们除了承担农场工人和家庭佣仆的角色外，还有很多

图 13.8 塔克霍种植园大屋的会客室

担负着铁匠和木工的角色。多数种植园建筑是以奴隶为主的劳工修建的。奴隶们在白人不同程度的监管下工作，极少有机会修建类似于他们被迫放弃的非洲故土的房屋的建筑。对第一代黑人移民来说，背井离乡是奴隶的心理因素之一。因为身边围绕着一群他们认为地位低下的依附者，种植园主将许多服务空间从主屋中分离出来（图 13.9）。像中世纪欧洲的修道院和托普卡比·萨雷皇宫一样，他们将厨房设置在一座独立结构中。因为该地区的夏天非常炎热，这种布局能使主屋更加凉爽。因为厨房经常发生火灾，这种布局还能确保在厨房着火的情况下，火灾不会殃及主屋。塔克霍的厨房以砖砌筑。烟熏室也是如此。它是为种植园腌制、熏制和储存猪肉的地方。猪肉是该地区最常食用的肉类。

在塔克霍，通往住宅入口的一侧修建了两排附属建筑。就像英国和爱尔兰的乡村宅邸附近的村庄一样这些建筑能够给那些骑马或步行前往主屋的人们留下深刻印象，

图 13.9 塔克霍种植园的附属建筑，包括奴隶小屋，建于 19 世纪后半期

同时又显然与主屋相隔离。附属建筑之间的地方被称为庭院，也是一处重要的工作场所。加上厨房和烟熏室，一处办公室或一个牛奶房以及一所校舍，所有这些共同在主屋和奴隶小屋之间创建了一块中间地带。办公室和校舍是种植园主的家人会见那些他们不愿在主屋接待的人们的地方。直到 19 世纪末，南部的学校教育一般多是私下进行的而不是公开开展的。低识字率是美国内战前白人居民的典型特征。法律通常禁止奴隶学习识字。塔克霍的奴隶小屋是极其特别的，一间房最多能容纳 24 人。这些房屋的标准极高，这可从其结构的耐用性看出来。房屋中甚至还包括一个中央烟囱。在弗吉尼亚州的种植园中，附属建筑占据多数。这一事实在田间劳动的仆人和奴隶以及种植园主的家人之间确立了社会等级关系。塔克霍种植园的奴隶小屋幸存下来，这是相对极少的例外之一。在奴隶解放以后，新得自由的奴隶们决定摆脱之前主人的直接实际监管，开始在更加偏僻的地方快速修建新住宅。

北美南部地区的烟草种植，就像英国的畜牧业一样，体现了对自给农业的取缔以及对能带来更多利润的经济作物的强调。城镇对这项事业而言属于边缘地区，而北美南部与新英格兰和中大西洋沿岸的英属殖民地相比，其城镇的数量显得极少。许多种植园主将他们的农产品直接从自己的码头运到英国。他们乘船而不是经由陆路去教堂和走亲访友。然而，在北美北部地区，许多人们自 17 世纪时就定居在新英格兰，他们大多因为信仰而移民至此。他们经常复制圈地运动前英国乡村和邻近村庄建筑的方方面面。

新英格兰的村庄一般围绕一片草地或公地而建。草地或公地原本是村民放牧牛羊的地方。这块开阔空间周围修建了聚会所或教堂和城里最大的房屋。在 19 世纪，市政厅、学校、邮政局和图书馆通常都聚集在公地周围，同时杂货店可能也位于此。从一开始，一些大型城镇——康涅狄格州的纽黑文市是最早的例子——是按照网格布局的，将长方形的公地设置在一个九方格平面的中心，但大多数都是不规则的空间，根据通常为崎岖不平的地形的具体情形而定。17 世纪，新英格兰的农民一般居住在村庄里，步行或骑马前往农庄。这与英格兰大部分地区的情形一样。这种聚居方式同时还能保护农民免受攻击，且让他们受到邻居的监督，这很受虔诚的定居信仰者的重视。大多数村庄位于道路两旁，往往只有一栋房屋的深度。随着时间的变迁，很多谷仓成为房屋的附属结构。这种住宅系统在新英格兰地区的寒冷冬季里极为实用。

在康涅狄格州、罗德岛州和马塞诸塞州，一些建于 17 世纪的优质木结构房屋幸存了下来。这些建筑结构在当时极其著名。那时候，很多家庭仍然居住在不太牢固的单室房屋中。今天的人们大多是从文字叙述和考古发掘中了解这些房屋的。马塞诸塞州伊普斯威奇的惠普尔宅邸（Whipple House）是这些著名的幸存建筑之一（图 13.10）。它是分阶段修筑的，始建于 1677 年。这种房屋有两层楼，其陡屋顶下有个阁楼，常被称为盐盒式建筑。在惠普尔宅邸重建前拍摄的照片显示，它的如画山墙是复制品。阁楼的窗户在 18 或 19 世纪被加大，之后在 20 世纪时又被减小。

房屋一般会随着时间的变化而扩大。惠普尔宅邸原本仅由两个前室构成。房间的中心位置设置一个烟囱，这样可以为尽可能多的房屋空间提供暖气，因为这里的冬季比英国人习惯的冬季更加寒冷。火炉一侧有一部狭窄的楼梯。火炉的另一侧是大厅，而相同的大厅在哈德威克庄园却只起到很小的作用。然而，在 17 世纪的美洲，大厅继续成为——通常也是唯一的——主要房间。这里是烹饪食物、用餐的地方，也是

图 13.10 马塞诸塞州伊普斯威奇的惠普尔宅邸，始建于 1677 年

大多数家庭活动发生的地方。像惠普尔宅邸这样大规模的房屋，通常也有一间楼下会客室。这种展示型房间大多用于社交场合。楼上是多个卧室。如同这里一样，在经过后期增建后，楼上部分通常为一层结构空间，包括厨房或储存食物的食品室。厨房是第一个脱离大厅的实用性房间。17 世纪美国建筑的内部没有完整保存下来的。人们今天所见的内饰大多是 19 世纪晚期和 20 世纪重建后的结果。甚至连人们今天所看到的那些的确幸存下来的 18 世纪早期的样例，通常也比当时最精美的房屋中实际摆设的家具更多、更好。那时候，建筑的顶面较低，墙面抹灰或饰以朴实的木镶板。炉灶非常大，窗户却很小。

英国人威廉·哈里森（William Harrison）在 1577 年写下的一段话描述了这种蔓延到新世界的乡村生活标准的最新变化：

我所逗留的乡村地区仍有些老人在居住。他们清楚地记得在英格兰有 3 件事物发生了翻天覆地的变化，还有 3 样东西增加了很多。其一是最近增建了大量烟囱，而在他们所处的时代，在该地区的大多数高地城镇中，也不过修建了两三个……其二是住宅的大量增加（尽管不是普遍性的），因为（他们说）我们的父亲（对，还有我们自己）经常睡在草垫上，粗糙的垫子上只铺着一层床单，盖着用各种芦苇做成的被子，头枕一根好原木，而不是长枕或枕头。因此，如果我们的父亲或家里的成年男子在结婚 7 年内能够买上一张床垫或装有毛屑的床，还能用一个装满谷壳的袋子做枕头，那么，他会认为自己住的比城里的勋爵还要好。他们说到的第三件事是器皿的变化，木制大浅盘变成了白镴大浅盘，木勺变成了银勺或锡勺。

城市的生活标准普遍比乡村地区的生活标准高。英国在北美建立的最古老城市是新英格兰的波士顿，但最先根据平直的城市线条组织的城市则是宾夕法尼亚州的费城。在整个 18 世纪，费城是北美最大的说英语的城市。荷兰人仿照新阿姆斯特丹而建的纽约直到 19 世纪初伊利运河（Erie Canal）开通后才超越它。

费城是在 1682 年规划的（图 13.11）。这块相对平坦的土地是英国王室授予威廉·佩

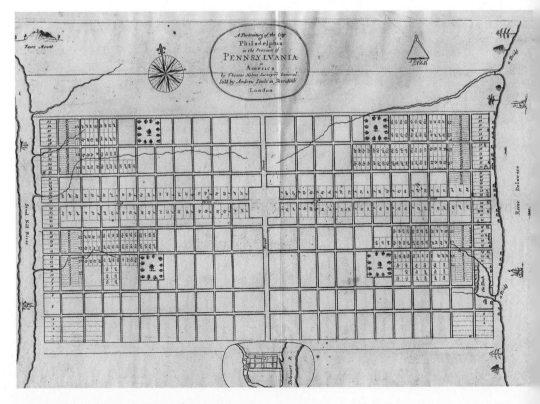

图 13.11 宾夕法尼亚州费城的地图，制作于 1689 年

恩（William Penn）的。在这里进行综合规划要相对容易些。佩恩是反对主流新教的费城人。他利用自己的权力对该城市进行规划。该城市更像是按照现实中正在发展的伦敦进行规划的，而不是按照雷恩的改建构想进行规划。佩恩在位于特拉华州和斯古吉尔河之间的土地上构建了一张网格。这个网格被 5 个广场打断，其中最大的广场是预留给市政厅的。值得注意的是街道宽裕的宽度：大多数有 50 英尺宽，两条主街的宽度为 100 英尺。佩恩的网格是在 19 世纪逐渐建立的。市政厅直到美国内战后才建立。事实上，首先得到发展的是繁忙的滨水区。18 世纪的费城是一个繁荣的港口城市，服务于广阔的农耕内陆地区。佩恩的费城殖民地获得成功的一个原因是，费城创建者给予那些定居于此的人们宗教自由。该殖民地成为最受来自德国和大不列颠群岛的众多持有不同意见的新教徒欢迎的目的地，其中包括来自北爱尔兰地区苏格兰人种植园的许多经验丰富之人。费城获得成功的另一个原因在于佩恩与当地人们建立的相对友好的关系。

如同在伦敦，费城的地平线上耸立着许多尖塔。然而，在陆地上，城市的生命力大多源于商业街。该城吸引了沿海地区最具才能的众多男女，其中最为出名的是本杰明·富兰克林。作为一个出版商，这位波士顿本土人帮助建立了费城的许多著名机构，包括图书馆公司和宾夕法尼亚大学。费城城市景观中的独立建筑与英国和爱尔兰的建筑相似。排屋仍然是最重要的建筑类型，此外，还有教堂和日渐增多的公共建筑。如同 18 世纪的伦敦，殖民地费城的大部分建筑是由高级木匠建造的。他们采用砖砌结构修建防火外墙。尽管费城没有能与布鲁姆斯伯里（Bloomsbury）的大型广场比拟的壮观城市建筑群，但它却仍会令欧洲人惊讶。不过，它仍然很特别。排屋形式在少数几座美洲殖民城市中占据主导地位，其中巴尔的摩、波士顿和纽约是最著名的特例。

费城的公共建筑的数量和种类也是突出的。在 18 世纪的费城，最著名的民用建筑是宾州议会大厦。人们从这里对该殖民地进行统治（图 13.12）。如今，它被称为独立大厅，因为在这里召开了 1766 年的第二次大陆会议，也是在这里，代表们批准了《独立宣言》。该建筑设计的归属仍然是一个颇受争议的话题。它到底是绅士建筑师安德鲁·汉密尔顿（Andrew Hamilton）还是建造者兼木工埃蒙德·伍利（Edmund Woolley）设计的？无论答案是哪个，我们都应该知道当时的高级木工比今天与建造师合作的承包商对设计拥有更大的决定权。木工在费城的生活中具有极其重要的地位，以至于他们的聚会地点——木工大厅成了第一次大陆会议的召开地点。

图 13.12 费城的宾州州议会大厦（独立大厅），始建于 1731 年

如同大西洋沿岸地区的其他主要机构建筑，宾州议会大厦与该地区最大的宅邸极像。塔克霍宅邸的中心大厅式平面布局被应用在这里，不过从 5 个开间增加了极不寻常的 9 个开间，且由砌筑、少量石材和木饰建造。到宾州议会大厦于 1731 年开始施工时，各殖民地上的新帕拉第奥房屋也开始增建附属建筑，其形式类似于该议会大厦主体结构两翼的附属建筑。很多此类房屋修建在城市中，而不是根据英国的习俗建在乡村地区。这种本土建筑模式还增加了一个装饰性塔楼。最初的塔楼增建于 1750—1753 年。现在的塔楼是 19 世纪改建后的结果。两者都表现了雷恩的教堂的影响。事实上，殖民地的教堂通常比英格兰的宗教建筑更像住宅。然而在北美，这种影响显然表现在其他方面。如同尖塔，有廊的建筑内部在雷恩和吉布斯的郊区教堂中都有先例。

本土美洲人、欧洲殖民者以及殖民者的非洲奴隶具有不同的建筑传统，他们在规划养育他们的土地时也采用不同方法。所有这些群体通常在想象中适应了需要面临新条件的情形，但欧洲人占据绝大多数的优势。先进的军事技术和土地私有制的观念有助于殖民者取代本土居民，并让他们保留对引进奴隶进行控制的权力。最开始，当地人对他们正在参与的过程没有形成具体认识，奴隶的实际隶属地位是通过南部种植园的空间布局表达的。欧洲殖民统治最具持久的体现之一，是独立住宅而不是美洲原本就有的聚族而居的住宅成为了北美的主要居住形式。

延伸阅读

Unfortunately, few comprehensive surveys are available of Native American architecture in what is now the United States and Canada. This account relies on Peter Nabokov, *Native American Architecture* (New York: Oxford University Press, 1989). William Cronon, *Changes in the Land: Indians, Colonists, and the Ecology of New England* (New York: Hill & Wang, 1983), provides a seminal discussion of the way in which differing cultural attitudes and use of the land facilitated European colonization. For discussion of American architecture in general, see Dell Upton, *Architecture in the United States* (Oxford: Oxford University Press, 1998); on the colonial, see his *Holy Things and Profane: Anglican Parish Churches in Virginia* (1986; repr., New Haven, Conn.: Yale University Press, 1997), and "White and Black Landscapes in Eighteenth-Century Virginia," *Places: A Quarterly Journal of Environmental Design* 2, no. 2 (1984): 59–72. For more on structures inhabited and used by slaves and former slaves, see Clifton Ellis and Rebecca Ginsburg, *Cabin, Quarter, Plantation: Architecture and Landscapes of North American Slavery* (New Haven, Conn.: Yale University Press, 2010); and Charles S. Aiken, *The Cotton Plantation South since the Civil War* (Baltimore: Johns Hopkins University Press, 1998). On the relationship of different forms of American colonial housing to their British sources, see David Hackett Fischer, *Albion's Seed: Four British Folkways in America* (Oxford: Oxford University Press, 1989). For more on the disputed authorship of the Pennsylvania statehouse, see James F. O'Gorman, Jeffrey A. Cohen, George E. Thomas, and G. Holmes Perkins, *Drawing toward Building: Philadelphia Architectural Graphics, 1732–1986* (Philadelphia: University of Pennsylvania Press, 1986).

14 东亚和东南亚的庭院和住宅

殖民意味着外国权力对景观施加影响。殖民过程尽管包括必要的妥协，但从定义上看，却让外来人控制了之前由当地人控制的空间和建筑的决定权。影响力或者说榜样的力量以更加微妙的方式发挥作用。数百年来，中国是世界上最强大的国家，中国建筑系统对邻国的建筑具有重大影响。中国周边的文明国家适当改变中国和其他国家的建筑范例，从而制作出满足自己要求的建筑方案。从朝鲜、中国西藏、泰国和苏门答腊岛（今天印度尼西亚最大的岛屿）的宫殿、神庙和房屋可看出，在当地建筑文化中融入中国和其他外部文化的影响能够创建既非强加也非地方性的建筑物。

朝鲜直接与中国接壤，它的建筑受到强大邻国的深刻影响。尽管如此，两个国家的建筑很少雷同。朝鲜在 1394—1910 年间由由朝鲜王朝（或者说李氏朝鲜）统治。它的首都位于首尔，统治者在那里修建了 5 座皇宫，其中最著名的是昌德宫（图 14.1）。该宫殿的首期工程完工于 1405—1412 年间，而北京的紫禁城当时仍然处于建设过程中。自主要宫殿被日本人于 1512 年摧毁后，该宫殿作为第二座皇宫在 17、18 世纪成为王朝统治的地点。昌德宫也在 1592 年被烧毁，但后来在 1609 年又得以重建。1621 年和 1830 年的两场大火给宫殿带来巨大破坏，但却未大幅改变这个建筑群的基本组织结构。

与紫禁城相比，昌德宫较小，它的庭院倾向于非正式，主要亭台的屋顶与背后的山脊线保持一致。采用这种非对称设计的原因之一是，昌德宫原本是两座皇宫的附属

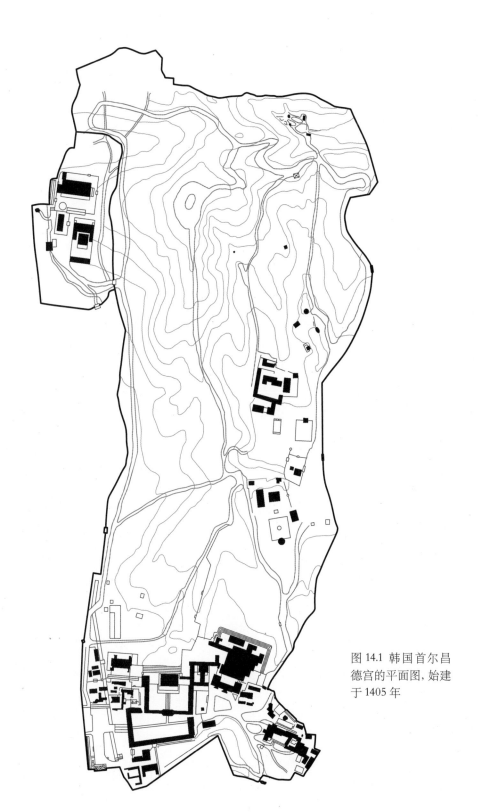

图 14.1 韩国首尔昌
德宫的平面图，始建
于 1405 年

建筑。外宫包括一个用于接待使臣尤其是中国使臣的正殿，以及供皇帝与朝臣几乎每日会见所用的大厅。更加隐蔽的内宫包括供皇帝、皇后、嫔妃和孩子们、皇太后、官员、宫廷侍女、士兵和奴隶居住的房屋。这里，如同在其他文明国家一样，皇太后是非常重要的人物，经常作为摄政者进行统治。昌德宫在作为主要皇宫建筑的时期发生了一个主要变化，那就是增加了共有 3 位皇太后先后居住过的住宅。到 18 世纪，皇太子也被授予一座较大的宅邸。冬季时，建筑以温突 (Ondol) 或者说暖炕供暖。

主要宫殿的后面是一座大园林。大园林沿着一个陡峭而覆盖着树林的山坡而建，中间点缀着亭台。然而，与北京和伊斯坦布尔的宫殿不同的是，这里并非这座宫殿最隐蔽的地方。昌德宫里建于 1776 年的奎章阁 (Jahamnu Pavilion)，是供皇帝观看在此处举行科举考试的地方 (图 14.2)。那些通过这些著名的考试的人们，在接

图 14.2 昌德宫的加翰奴阁，建于 1776 年

受政府授予的职位之前，将在位于该阁上层楼房的宽大皇家图书馆以及相邻的一座建筑内学习。换句话说，公务员们并未被限制在该宫殿的前面部分。他们能够进入更深处的地方，甚至连显著职位的候选官员也是如此。因此，我们发现，昌德宫的中国建筑形式比如大厅和大门是按照不同的方式组织的。这种组织方式与紫禁城的建筑有效表达的主导性等级秩序截然不同。

此外，朝鲜建筑系统如同中国建筑系统一样，其中保留了大量采用新形式的空间，以满足各种新用途。建于 1794—1796 年的水原市华城行宫就是如此（图 14.3）。这是东亚最现代的防御工事（在日本，自内战结束后，城堡变得不那么重要），综合采用了东西方军事技术修建。华城行宫位于首尔南面的不远处，同时也是正祖大王父亲的墓地。正祖大王的父亲在位列皇太子时期被其父杀害。丁若镛建立了华城行宫。他是现代改革运动中的著名人物，宣扬新技术的实际应用。

图 14.3 韩国水原市的华城行宫，建于 1794—1796 年

当时的一项主要政治创新对这座防御工事的修建发挥了重要作用: 修建这座庞大而牢固的结构的工人们能够领取工资。他们不是被迫参与的劳工。这场在朝鲜推广了砖的应用的建筑运动也被详细地载入了历史。这是朝鲜在 18 世纪末和 19 世纪初提出并在某些情况下实现了的一系列政治变革的一部分。如同同时代欧洲启蒙运动及其促动的改革一样, 这些政治变革的目的都是为了将集中于每个阶层——贵族、商人和农民——的精英团体的政治和经济权力在整个社会进行更加平等的分配。这座防御工事的修建以及影响了其修建的改革的呼声, 表现了欧洲殖民地之外的本土现代化可能性。

朝鲜半岛与中国东部接壤。西藏高原则将中国与喜马拉雅山脉隔离开来。喜马拉雅山脉是印度次大陆与亚洲大陆相撞产生的。这里的地形和气候——海拔高、雨水相对较少——促进了不同建筑形式的形成。这里的建筑形式还受到周边的中国和印度两种城市文化的影响。在 17 世纪, 拉萨是内陆佛教信仰的中心。早在一千多年前,

图 14.4 中国拉萨的布达拉宫, 始建于 1645 年

这里就修建了大昭寺。在对大昭寺进行重新装修和扩建时,该城在当时又修建了另一座重要建筑——布达拉宫(图14.4)。

一条小路将这座小型城市的政治和宗教中心连接起来。小路沿着陡峭地形而建,蜿蜒曲折,是众多公众活动的行进路线。在这里,中国柱梁结构的建筑细节与印度规划概念融合到了一起,并在很多方面受到当地建筑习惯的影响。尤其值得一提的是,印度教和佛教中的宇宙之轴的概念取代了中国人对轴对称地面平面图的强调。布达拉宫建在一座比昌德宫后面的小山远为陡峭的山坡上,是由一系列悬崖般的紧凑型建筑构成的。这些建筑高耸于周边的城市区域。

从1645年始建到20世纪中期,布达拉宫一直是当地宗教领袖达赖喇嘛的住宅。就像维尔茨堡的王公教主,他也是一个世俗统治者。该宫殿的大部分建筑都是在17世纪后半期修建的。该建筑极其牢固地建立在一个岬角上,因此,位于一个可观

图14.5 布达拉宫的内庭

望周围领地的绝佳位置。它也具有极其显著的防御性，因为沿着之字形道路往上攀登的访客都受到几乎像是从山体上长出来的墙体之上的人们的支配。

从下面看，布达拉宫看似一个实心结构，但实际上它的里面还有多个巨大的庭院，而庭院四周围绕着多层主体建筑（图14.5）。布达拉宫是由一系列建筑构成的，其中最著名的是红宫。红宫建于1690—1694年（除了最上面可追溯至1922年的两层外），里面设置宗教机构。人们可通过较小的住宅楼白宫进入红宫。该建筑群包括供达赖喇嘛和其朝臣居住的房屋、可举行国家庆典的接待厅、培训僧侣的学校以及前任达赖喇嘛的坟墓和其他神圣的朝圣地点。

在西藏，甚至连修建普通的住宅都需要极高的技巧。这里的住宅都是由专业工匠而不是普通居民修筑的。布达拉宫代表着充分利用当地材料和考虑地震条件的巅峰之作。它的石砌墙体覆以灰泥，从而将复杂的石砌结构遮掩了起来，而石砌结构被设计成具有抗地震功能。木结构顶面从内部以木柱支撑。朝向街道和庭院的大窗可让阳光射入，上面还带有横饰带。建筑群最高处的金色屋顶标示着已逝达赖喇嘛的坟墓，而不像中国其他地方和朝鲜的建筑那样用以标示大厅。墓地空间还建有舍利塔，即覆盖佛教徒遗骸的的土堆，包括佛陀的坟墓。每座舍利塔代表一座须弥山。须弥山是印度教和佛教宇宙学中世界的中心。舍利塔原本建立在佛陀借用的身体和物体之上。它们在不同的建筑文化中表现为不同的形式。在中国和日本，它们变成了多层宝塔。

泰国是另一个在中国和印度影响以及本土影响之间取得平衡的佛教国家。在十八世纪，泰国人统治了大部分印度支那地区。这些领地逐渐被法国和英国殖民帝国抢占。1767年，缅甸入侵者烧毁了泰国首都大城府。距此事发生后不到15年的时间里，察克里王朝（Chakri）建立者拉玛一世国王开始在曼谷修建新都城，包括一座主要皇宫。这座皇宫将中国围墙式宫殿建筑群的样式与佛教神庙的规划准则结合起来，而后者本身也受到了印度先例建筑的启发。然而，独立元素包括当地住宅类型的精美细节。这些细节不同于西藏建筑的元素。

就像其他亚洲宫殿建筑群一样，曼谷大皇宫包括用于管理、举行皇家仪式以及供女人和孩子居住的空间。大皇宫的围墙内有一座泰国最神圣的神殿——瓦特·法拉·卡伊乌（Wat Phra Kaew）或者说玉佛寺。玉佛寺的显著地位使这座宫殿区别于中

图 14.6 泰国曼谷的瓦特·法拉·卡伊乌（玉佛寺），始建于 1782 年

国和朝鲜的同类宫殿（图 14.6）。玉佛在为新帝王和他的王朝正名中扮演着重要角色，因此，玉佛寺的重要性与这一事实紧密相关。有史以来，君主将自己视为臣民和众神之间的媒介。拉玛一世在登上皇位的 4 年前抢夺了这座以玉石制成的佛像作为战利品。泰国君主的合法性部分依赖于对这个遗物的精心照顾。玉佛被供在神龛里，而神龛本身与大城府的建筑相似。尽管王朝在 1925 年搬出了大皇宫，国王每年都会回去 3 次，以为他本人的画像更衣。

玉佛寺位于大皇宫的一个角落，本身有围墙。它的重要性在建筑上表现为对中心神龛进行了一些改善，反映了但却并未复制印度先例建筑如米娜克希神庙的元素。第一个元素是一个回廊或者说敞开式拱廊。回廊包围了整个围地，还装饰了描述《罗摩传》的浅浮雕。《罗摩传》是泰国人从印度的《罗摩衍那》转变过来的。这首史诗的版本之一是在拉玛一世本人的监督下完成的。围地内还建有几座车蒂斯（chedis）或者说舍利塔。舍利塔在整个亚洲地区具有不同的建筑形式。钟形舍利塔是从斯里兰卡引入东南亚的。如同该地区其他地方的大型范例，这些舍利塔也覆以金箔。其他辅助结构包括一座收藏神圣经文的图书馆。中心神龛前面竖立着 8 个界标。

中心神龛被称为乌钵苏 (ubosot)，里面供奉着玉佛。这座神龛并不是特别大，它的建筑风格与同时期泰国住宅内的神龛相比也没有多大不同。这些神龛一般坐落在由木材或竹子做成的柱桩上，且具有高人字形屋顶。神庙和宫殿凉亭都是这种基本结构的翻版，只不过修筑得更大更精致而已。这种神龛在东南亚到处可见。中心神龛外表面的装饰五颜六色，装饰材料牢固而种类丰富，包括琉璃瓦和墙砖，此外，它的主屋顶和突出门廊为多层山形墙结构。所有这些将中心神龛定义成了一座完全特别的建筑。尽管这座特别的凉亭与整个神庙建筑群的核心结构都可追溯至 18 世纪晚期，然而，通过精心的装饰来丰富这些建筑的过程却一直延续着。与此同时，随着历代国王捐建附属建筑，这个建筑群作为一个整体也越来越华丽。只有国王才能通过中心大门进入中心神龛，也只有国王可碰触玉佛像。神龛的内部装饰着描述佛教宇宙学的绘画 (图 14.7)。玉佛坐在一个高高的金色王座上。王座也像该建筑的其他部分一样具有重复的建筑元素。在玉佛的金色皇冠上面悬挂着一列雨伞。雨伞象征泰国的王权。它们在印度也具有相同的寓意，而且还在那里启发了被称为查翠 (chhatri) 的带有屋顶的装饰性凉亭。

整个大皇宫里的本土凉亭并非是泰国独有的。凉亭的变体在整个东南亚地区都有出现。比如在苏门答腊岛，因为盛产木材，常降热带雨，凉亭在 20 世纪中期以前一直是民用建筑的主要形式，并在此后继续扮演重要角色，成为确立地区身份的象征。如同在西藏，施工方法反映了该地区经常发生地震的历史事实。因此，木工避免使用钉子，偏爱将木构件拼接或绑缚在一起。最开始，动物是用绳子拴在或围在房屋底下进行蓄养的。在那里，动物还可食用从地板间掉落的垃圾。在房屋底下生火有助于熏走蚊虫。将房屋抬离地面还能在雨季降大暴雨时起到防洪的作用，也能防范食肉动物的攻击，因为动物不能轻易爬上供人们出入房屋的可伸缩式楼梯。鞍背状屋顶原本是以茅草覆盖的。不过，早在一百多年前，人们开始用波纹金属薄板取代这种劳动密集型且相对不稳定的材料。无论屋顶采用何种材料，都特意设计了陡峻的排水沟，以加快雨水的排泄，而宽裕的屋檐则构成了进行大多数家庭活动的中介空间。几个带有亲戚关系的核心家庭可能共用建筑内部后面和侧面的卧室。卧室的最里面至少搭建一个高台。高台之上便是具有对流通风的高阁楼，这里被用于安全地储存贵重物品。最初每个家庭占用的空间面积很小，因为居民的大部分时间都是在室外度过的。

人类学家认为，这种基本房屋类型在东南亚地区流行了数百年，甚至上千年。然

图 14.7 玉佛寺中心神龛的内部

而，此类房屋的使用寿命仅有约 70 年，所以大多数幸存的范例都相对较新。不过图片记录却可追溯至 19 世纪末，当时荷兰殖民地的官员记录了许多建筑样例。房屋的规模、细节的质量以及房屋占用者的数量告诉我们，世界上许多不同地区的乡村都修建过这类别致的建筑。原本位于房屋前面的小型谷仓也反映了这种建筑风格。尽管苏门答腊岛的一些民族，比如居住在该岛北部的多巴巴塔克族 (Toba Batak) 不再修筑此类房屋，但其他民族如居住在苏门答腊岛西部的米南卡保人 (Minangkabau) 则继续如此。多巴巴塔克族的房屋因其精心雕刻的木制品和大型山墙而著名，而米南卡保人的住宅则因精美的多个屋顶尖塔而闻名 (图 14.8)。

米南卡保人在 16 世纪时开始皈依伊斯兰教。尽管从这个时期开始，米南卡保人开始将清真寺视为单独的神圣建筑而修筑，但人们修建和占用住宅的方式却仍然融入

图 14.8 加丹木屋 (Rumah gadang)，米南卡保人的住宅，带有谷仓，位于印度尼西亚苏门答腊岛的潘代·思凯克 (Pandai Sikek)，摄于 20 世纪

了强烈的仪式感。这些住宅被推测为建于伊斯兰人到来之前，因为在此之前住宅仍是进行膜拜的主要场所。住宅修建的不同阶段需要献祭祭品和特定的食品。建筑框架是由一位专业木工建造的，并由他带领的员工进行施工，但房屋的收尾工作则由房屋主人完成。

社会的母系制度也影响了房屋设计和居住的方式。单个房间属于已婚女性，丈夫则与妻子的家人一起生活。只有贵客才能坐在平台上，而新婚女子的卧室一般也位于其上。厨房位于与平台相反的一端，靠近门口。房屋大多被视为是女性的地盘，大多数男子除了睡觉以外，很少留在屋内。

尽管今天只有极少米南卡保人居住在传统房屋中，但人们却仍在修建此类房屋。它不仅能用于举行如婚礼和葬礼等家庭仪式，还能显示个人血统和大家庭的经济和社会地位。最初发现于这类房屋之上的精美屋顶尖塔如今应用在多种现代建筑类型中，包括银行和政府建筑。它们还在国家和地方意义上象征着米南卡保人。

从 16 世纪到 19 世纪初，亚洲的各种地区文明在新建立的国际化贸易网络中确立了自己的地位，而且在很多情况下，还因为本身商品生产效率的日渐提高而从中受益。从奥斯曼帝国到中国清朝，从朝鲜到苏门答腊岛，各强大帝国、胸怀野心的王国和繁荣的群落在认识到世界其他部分的情形下，修建了融合本土先例和条件的建筑。甚至连殖民主义在最初兴起的时候也并没有一味地大幅改变本土特色建筑。因为本土建筑因为施工技术和社会制度的最新改变而面临各种困难，它们却继续生成一种强烈的认同感，甚至对那些不再居住于这类房屋中的群落成员而言也是如此。因气候和地质情况而异的地区建筑传统启发了本土建筑，但最具雄心的建筑虽然从未依附于引入的建筑样式，却融入了对引入样式的认识。这些宏伟的建筑中大多数是宫殿或至少是由那些有权进行统治并负责最重要的宗教仪式的人们提供资金。东亚和东南亚地区最具影响力的两个建筑范例分别是紫禁城的轴线布局和柱梁结构大厅，以及代表宇宙之轴空间的形式和概念的宝塔。这些建筑在不取代当地世俗统治和神圣仪式的前提下进行世俗统治和举行神圣仪式的方式产生了影响。布达拉宫和玉佛寺具有相同的渊源和功能。这两座建筑的对比清楚地显示了当地环境如何对它们的用途产生了影响。

延伸阅读

For more on Korean architecture, see Kim Dong-uk, *Palaces of Korea* (Elizabeth, N.J.: Holym, 2006); and Myong-ho Sin, *Joseon Royal Court Culture: Ceremonial and Daily Life* (Paju-si, South Korea: Dolbegae, 2004). Knud Larsen, *The Lhasa Atlas: Traditional Tibetan Architecture and Townscape* (Boston: Shambhala, 2001), offers an overview of Lhasa and its architecture. On Thai architecture, see Nithi Sathapitanon and Brian Mertens, *Architecture of Thailand: A Guide to Traditional and Contemporary Forms* (New York: Thames & Hudson, 2006). For a general account of Southeast Asian houses, see Roxana Waterson, *The Living House: An Anthropology of Architecture in South-East Asia* (London: Thames & Hudson, 1997); and for the Minangkabau in particular, Marcel Vellinga, *Constituting Unity and Difference: Vernacular Architecture in a Minangkabau Village* (Leiden: KITLV Press, 2004).

15 日本江户时代
建筑

在中国所有邻国当中，日本的建筑与中国的建筑范例的差别最大。然而在 8 世纪，作为东亚最重要的城市之一的奈良却并非如此。当时从中国引入的建筑元素在奈良的大型神庙和宫殿建筑群中占有主导地位。到 17 世纪时，这一情形改变了。中国帝国的建筑系统具有相对稳定性，中国大家庭和宗教结构的空间组织具有开放性。与此形成鲜明对比的是，17 和 18 世纪的朝鲜、中国西藏和泰国的建筑风格发生了巨大变化。在日本，天皇自 12 世纪起就仅拥有名义权力。在被称为江户时代 (1603—1867 年) 时期，日本的首都 (也被称为江户，今天被称为东京) 出现了一种日渐独特的建筑。日本本土建筑从未受到中国原型的深刻影响，反而与东南亚建筑更加接近。日本在经历长时间内战之后获得的新政治稳定性催生了具有鲜明本土特色的城市和郊区建筑样式。

在江户时代，日本已经是世界上技术最先进的城市社会之一。日本政府做出的控制与其他国家的贸易的决策妨碍了当代人们对日本的快速城市化过程的认识，同时也保护其免受殖民主义的掠夺。到 1700 年，这座之前几乎全部为乡村地区的城市在江户时代成了世界最大的城市之一，其人口数量约达到 100 万。然而，这种快速转变却并没有伴随大量大型建筑的修建。大多数日本人仍然偏爱规模适中、几乎完全由木材构建的建筑。日本建筑只在极少和特殊的情形下才会显露明显的庄严感。相反，定义明确的日本乡村建筑类型与中国的建筑先例没有任何联系。它们重复出现在日本各处，但却带有显著的地方特征。以普通乡村建筑为基础的精美衍生建筑构成了一种日渐与中国建筑范例脱离的创新建筑，这不仅仅是因为在整个江户时代乡村地区既保留了它的实际重要性——极少食品是进口的——又保持了其本身的重要文化地位。

民家, 或者说典型的日本本土农舍, 仅由一座独立建筑构成 (图 15.1)。民家具有茅草屋顶。它的高山墙之下通常容纳好几层结构。屋顶远远伸出房屋墙体之外, 避免墙体遭受雨雪的侵蚀。脊梁的长度在传统上是暗示社会和身份地位的标志。如同苏门答腊岛的同类建筑一样, 这些结构能够容纳单个家庭, 但它们的木结构的雕刻装饰要少得多。民家的陡屋顶也为养蚕提供了安全空间。当地木匠几乎全部以木材构建民家。主柱用以支撑屋顶。多种框架系统决定其他结构部分。这些建筑元素因不同地区和木匠而不同。墙体并非结构性的。此外, 墙体的部分结构是推拉屏风, 这使得室外和室内空间的界线非常灵活 (图 15.2)。民家中支撑屋顶架构的木柱最初是直接置于地面上的, 并最终因为相对潮湿的气候而腐朽。然而到 17 世纪, 木柱立在石材上的情况日渐普遍, 就像在东南亚一样。在气温较低的日本, 没有必要将主要居住空间抬高于地面之上。早期民家的地面只是泥土, 但逐渐增多的财富带来了

图 15.1 日本冈山的村上家, 可能建于 16 世纪末

图 15.2 村上家的内部

巨大改进。最终，这些房屋只有工作区域保留了泥土地面。那些有支付能力的人家修建抬高的平台，作为居住和休息的区域，并在上面铺上以芦苇编织的榻榻米席垫。除了收藏寝具的储藏柜之外，民家内部只有极少家具。家人席地而坐。火炉是在生活空间中挖出的一个地坑。烟雾散发至屋檐，然后从茅草屋顶散出。大多数欧洲农舍曾经采用了类似格局。

民家至少从 15 世纪就开始修筑，但到 17 世纪初，日本的政治和社会变化给它带来了巨大建筑创新。那时候如同现在一样，日本都拥有一个皇室。天皇的许多臣民认为他是半神。然而，他和他的朝臣却只有极少直接政治权力。相反，幕府将军作为这个岛国的强大大名或者说武士阶层的成员，却是国家的实际统治者。尽管自史前时期以来，天皇的头衔就一直为同一家族拥有，但将军的头衔却从一个家族转移到另一个家族，而且大多数情况下是通过战争转移的。其中的一个动乱时期开始于 16 世纪初，并持续到了 17 世纪，直到德川家康于 1603 年建立新幕府王朝才结束。在德川家康完成统一前以及之后的短时间内，日本的这种散乱政治机构实际表现为该国相互敌对的大名建立的城堡上，而不是中央政府的建筑上。德川获胜以后，新建筑形式体现了将军和大名之间的微妙关系以及皇室的相对无能。

在 1500 年前，日本唯一的高建筑类型是宝塔，即东亚版舍利塔。而唯一的真正城市京都，继奈良之后成了日本的首都。然而，在 16 世纪，大名开始修建大型城堡。新市镇就是围绕这些相对安全的防御工事而建的，其中很多发展成了城市。中世纪的奈良和江都原本基于中国都城，其最初的规划也很严谨，但那些围绕城堡发展的城市却并非如此，部分是因为这里多为丘陵地貌。然而，网格平面仍很常见。平直街道的尽头可能被设计成丁字路口，以减少敌对大名的入侵或城内发生的平民暴动。幸存下来的城堡中最壮观的要数姬路城堡。该城堡建于 1601—1613 年，是德川家康武将的孙子池田辉政修建的防御工事（图 15.3）。该城堡的位置和其所在的城镇的关系如同建筑本身一样重要。不足为奇的是，在日本如同在欧洲，城堡一般建在城市的最高位置，利用地形来来俯瞰周边景观。城堡丧失重要的军事地位很久之后，人们仍将其视为家族政治权力的象征而修建。姬路城堡的四周建有围墙，并环绕着一条护城河，其规模相当于一个城市街区（图 15.4）。在城堡的核心位置，防御级别随着用以防御攻击的墙体的叠加而提高。平面图最底部的住宅防御级别稍低，是大名的朝臣和武士的主要住宅区域。

姬路城堡的平面图反映了重要的社会等级制度。最具特权的武士阶层大多居住在内墙内，其他人则簇居在第二层墙体的周围，而其他城镇居民则根据各自的职业聚居在第一层墙体之外的地带。在内城内，大多数神庙和神龛集聚在一处，彼此之间相距极近。在外城，它们通常坐落在城镇居民住宅和武士住宅之间。在上述两个位置，它们都不能超过城堡本身的重要地位。城堡的不规则形状部分是出于军事考虑，部分是出于地形考虑。

在日本建筑中极其少见的厚重石墙让这座防御工事既实用又壮观。石材未做修饰，也就是说，没有被切割成统一的长方形石块。墙体之上的部分由几英尺厚的木框构成。木框以竹片和黏土填充，之后再覆以灰泥并刷上白粉浆。人们前往宫殿需要频频转弯，这给了防卫者优势。事实上，潜在入侵者获得成功的最好机会并不是直接攻击，而是长时间地包围和切断大名获取食物、水和军事协助的通道。

城堡的塔是由一系列垂直堆叠的凉亭结构构成的。凉亭在日本有几百年的建筑历史，主要是作为神庙和宫殿建筑的一部分。然而，相对而言，这些最初受到中国影响的结构却对坚守更古老传统的当地民家建筑和新城堡的山墙样式几乎没有影响。大名创造这种建筑类型是为了增加自己的人身安全。今天，这种连锁人字形屋顶极其

图 15.3 日本姬路城堡的城市平面图, 17 世纪

高突的山墙可被视为雅致的建筑细节来供人欣赏, 但在 17 世纪初, 它们肯定令人望而生畏,标注着日本的不稳定政治局面以及人们在大名之间的混战中所饱受的苦难。

极少亚洲建筑类型是因其罕见的高度而闻名的。建造者从日本的宝塔传统中汲取经验, 围绕两个中心柱修建了姬路城堡 (每个宝塔采用一根中心柱)。其中之一是

图 15.4 日本的姬路城堡，建于 1601—1613 年

由一棵银杉树的整个树干做成的。另一根中心柱则是由两根树干榫接而成的。世俗建筑如今获得了之前只有宗教建筑才具有的庞大规模。宗教建筑维护了各个大名家族的政治野心，因为大名家族采用建筑来巩固自己所掌握的政治权力和军事力量。高塔是防御级别最高的空间。从理论上而言，即便进攻者突破了下面的坚固墙体，也很难突破这些高塔。事实上，根据社会习惯，大名应在那个时候退守到最高的塔的塔顶。在那里，他可以选择例行的自杀，而不需面对被敌人俘虏的命运。这些高塔当然还能作为很好的观景台。

姬路城堡是日本现存最大的城堡，但当它与于 1580 年建在新城市江都中心的另一座城堡并立时就显得黯然失色。尽管江都城堡只存在了约 20 年，之后就在十七世纪中期被烧毁，但它确是日本历史上修建的最大城堡。当 17 世纪最终实现和平后，江都获得了繁荣发展。整座城市都是以木材构成的。然而，18 世纪和 19 世纪初，人们在江都修建的所有房屋、商铺、剧院和其他建筑都因为改建、地震、火灾或战争而消失。因此, 江都既是壮观的, 也是短暂的。因为日本在这段时期实施闭关锁国政策, 几乎没有外国人访问这座城市, 所以它并没有给日本国人之外的人们留下印象。尽管如此, 它和伦敦并肩成为 18 世纪末和 19 世纪初世界最大最现代的城市。

德川武将们需求, 大名应每隔一年在新都城里居住一年, 甚至要求大名到其乡村宅邸出游时, 应将其家人留在城里。大名的房屋位于城堡之外的高地上。这些独立的住宅由被称为书院 (shoin) 的会客厅、周围的园林以及隔离公众视线的围墙构成 (书院源于禅寺的书房并从中借鉴了一种特别壁龛。壁龛中安装有架子, 可陈列立轴书画或其他艺术作品)。这种土地利用模式至今仍然影响着这些城市区域的开发。人们在这些地方仍可见到遗留的独立建筑。商人的住宅靠近水域, 且像民家一样采用木结构 (图 15.5)。然而, 在相似的厚重屋顶下, 商人住宅的平面图却与民家的平面图完全不同。一般而言, 商人们都是在房屋的前面部分招待顾客和宾客。这些更加开放的空间同时也是生产所售商品的地方。这些空间易于向街道开放, 其后是家庭的私人居住区, 而居住区的后面则是小庭院或园林。

大名阶层的融合催生了一个巨大的奢侈品市场, 并反过来又创造了一个由商人和工匠构成的富裕中产阶级。滨水区域和神庙附近是幕府统治较为宽松的两个地方。这里涌现大型娱乐区。娱乐区以剧院和妓院为中心, 还具有用餐和购物的地点。因为这些地方靠近城市运河, 这种现象也被称为"浮世"。今天, 我们是从文献资料和反映了城市商业街的印刷品上了解浮世的。商业街两边还有餐馆, 很多时候屋顶上还建有餐馆所有者的住宅 (图 15.6)。这些建筑的规模和材料并不是特别引人注目, 但这些区域的社会流动性预示了现代工业城市中可见的娱乐和购物的综合现象。

日本建筑的基本元素是朴实的, 但实际上在这个岛国的大多数强权人物所居住的豪华建筑中, 它们也可能是精美的。京都的两座宫殿表现了日本各个社会群体培养的新品位, 这种品位仅靠奢侈已经不能满足。这两座宫殿均建立于 17 世纪, 但风格却迥然不同。第一座是二条城宫殿, 建于 1624—1626 年, 由德川家康的儿子德川秀忠将军修建。该宫殿是特意为 1626 年接待后水尾天皇访问而建的一个合适处所, 不过更常用于接受大名的参拜。天皇在访问期间居住在以护城河围护的本丸御殿中, 然而该殿现存的建筑所修建的年代更近。将军居住在气氛更加轻松的二之丸御殿, 也被称为第二宫 (图 15.7)。二条城宫殿的墙体非常壮观, 但与其说它们具有实

图 15.5 日本奈良今井町 (Imai-cho) 的可爱房, 建于 18 世纪中期

际防御功能, 倒不如说它们表达了防御的思想。宫殿的主大门可轻易攻破。此外, 它还几乎直接通往宫殿的其他部分。墙体的规模在这里比其具有的任何严格的军事用途要更加重要。

人们可穿过唐门进入二之丸御殿。该宫殿主侧翼的 3 个半附联式书屋并没有像中国建筑那样按序排列或围绕庭院而建, 相反, 它们彼此稍微错开地排在前者的后面, 构成所谓的 "雁行" 队形。"书院" 这一术语最初指会见厅。随着时间的变迁, 它开始被用以指包括一个正式大厅的所有建筑。正式大厅同时还因具有写作凹室而显

图 15.6 《江户百景》的《月光下的 Surawaka-cho》，由安藤广重创作于 1856 年，木版画

图 15.7 日本东京二条城的二之丸御殿，建于 1624—1626 年

得特别。书院的其他重要特征包括用于支撑花格镶板吊顶的方柱、草编榻榻米席垫以及可用作隔墙的推拉纸质屏风障子。二条城宫殿有两座包括候见室的书院。访客需穿过候见室方可进入两个会见厅。在这些正式房间之后是供将军实际休憩的更加私密的住宅以及独立的服务建筑。请留意带有金箔装饰的精美山墙。还请留意这些建筑与中国同类建筑相比的封闭程度（毕竟日本的气候比中国大部分地区的气候更加寒冷），以及白色灰泥和上漆后的木框架之间的相互作用。

第三座书院是白书院 (Kurshoin)，是将军接待大名的地方。这些大名的家族忠于德川的时期要远长于在第二宫候见的大名家族（第 15.8）。白书院的地面以及书院内所有房间都铺上了榻榻米席垫。标准规格的榻榻米同时兼做组织内部空间的模块。将军和朝臣的座位从高度上看区别非常小，但却显而易见。将军的座位之后是一幅松树画。松树在日本传统上象征永恒。事实上，这个房间的四面都画上了以金色土地为背景的精美风景画。屋顶同样也饰有花格镶板和漆器。除了绘画和架子外，房间内的家具极少，而所有人都席地而坐。举例来说，该书院的规模比不上凡尔

图 15.8 二之丸御殿的白书院

赛宫的镜厅, 它的材料的丰富性也比不上德里红堡所采用的材料, 但房间中装饰的细节却使其成为表达政治权力等级的具有同等重要性的背景。

因为将军是 17 世纪日本的实际政治力量, 所以皇室建筑是沿着特别的线条修建的。这个时期或其他时期的著名日本皇室宅邸不是举行大型政治仪式的地方, 这点与二条城不同。从这方面来说, 它也不像托普卡比·萨雷皇宫或红堡。相反, 它是避开虚礼的休憩地。因此, 它更像中国文人园林, 而且它设置在等同于文人园林的日本园林中。皇室建筑胜过紫禁城的一点是, 这些日本人日常居住的建筑变得更加静雅别致, 最后成为特定力量的标志。这种力量指的是艺术力量而不是政治力量, 是人们可以定义为品位的同一力量。这种力量给欧洲地区的一些洛可可式建筑注入了特别的活力, 尤其是王公主教的维尔茨堡宅邸。桂离宫或者说日本皇家别院由 3 位皇室成员建于 1605—1663 年。他们分别是: 后水天皇的弟弟八条宫智仁亲王 [（后水位天皇将皇位传给了女儿明正天皇, 后者的外祖父是德川家康 (译者注: 应是德川秀忠）。在此之后，他曾两次正式拜访这座宫殿）］、八条宫智的儿子智忠亲王以及后水尾天皇的儿子幸 (Sachi) 王子。他们将桂离宫视为隐居所，特别是静坐的地方。因为皇室在日本政局中只扮演着一个边际角色，这些亲王没有多少别的事情可做。

就像仍然代表政治权力的多数建筑一样，桂离宫并非位于城市的中心，而是位于当时京都的郊区。尽管郊区夏宫是当时欧洲和亚洲的流行事物，桂离宫的位置却表明了其建造者的政治无能。这座整体呈不规则形状的建筑通过竹篱笆与外界隔开。其大门所在的平台以石材饰边，大门的木制门框保留着粗糙的树皮，门框上悬挂着竹帘（与篱笆所用的竹片不同），屋顶覆盖着两层茅草。所有这些营造出了整个居住环境所具有的优雅。所用材料毫不造作，非常淳朴，但这种淳朴却是极为自然的。整个桂离宫巧妙地利用了农民们熟悉的简朴材料，明显展示了细腻和雅致，而不是庞大的财富。

大门的另一边是一座园林。该园林呈现出刻意的非正式性和令人惊讶的复杂性（图15.9）。里面建有主殿的 3 座联结凉亭和数栋独立建筑。这些结构都偏离轴线。独立建筑主要为园林内的休憩地，而园林的设计还考虑树木随四季轮转而变化的情况。桥梁将所有结构架接起来，并引导通道穿过这些结构。从侧面前往宫殿时，只需穿过书院进入园林就能一览整个建筑群。这座别院由旧书院、中书院和新书院构成（图 15.10）。这种格局和二条城的格局大体相同，但这里的建筑因材料的简洁而出名。

在桂离宫，奢华的装饰被对空间的细微关注取代。这可从表示园林到内部空间的过度的细节看出。首先，该建筑是坐落在基座平台上。平台的高度使这里的书院区别于本土建筑。其次是位于一层敞开式拱廊之上的游廊。游廊与园林的连接处设置推拉屏风。屏风后是独立书院。书院与游廊和园林的关系仍很灵活。这些轻质结构反映了这样的事实，即大范围的森林采伐迫使日本人在 17 世纪更加节省地利用自然资源。

桂离宫书院的装饰比二条城书院的装饰简朴得多。它们对 20 世纪那些对比例和结构而不是装饰更感兴趣的建筑师而言是精细的，因此而受到他们的喜爱。特别是推拉屏风的灵活性，对西方建筑师从石砌结构转向钢筋混凝土结构的空间概念具有重大影响。日本多位本土现代建筑师著述了有关桂离宫的书籍。今天很多人理所当

图 15.9 日本东京桂离宫的园林和松琴亭茶室 (Shokintei teahouse)，建于 1615—1663 年

图 15.10 桂离宫以及位于右侧前景的旧书院

然地在阳台上安装从地面到天花的推拉门。在近 50 多年里，推拉门在世界很多地方都成为本土房屋的特征之一。然而，它们在本质上并不属于现代。相反，它们源于桂离宫所在的具体年代和地点。

尽管书院的外观具有现代感，最初的居民与现代人对这些传统空间的利用方式却具有极大的不同。17 世纪时期，富裕的欧洲人对椅子的喜爱几乎是独一无二的。那时候，日本人仍然坐在或跪在地面上或平台的边缘上。与花钱用于添置家具相比，日本人更注重服饰，那是他们在社交中展示自己的主要方面。此外，和服的多层布料还能帮助穿戴者抵御冷风，因为日本的住宅供暖不足，而且冷风还能快速穿透障子。日本人没有试图为整个房间供暖。相反，他们捧着一种小炭盆，以之直接加热身周的空气。

除了容纳居住空间外书院还可作为平台从中可欣赏园林还可从此出发去园林散步。旧书院最出名的特征可能要数观月台。观月台向外突出，悬空在周边的园林之上。它的柱子立在不规则的石基上，以防止柱子受潮腐烂。请注意明显呈随意分布的大卵石以及精准布置的精挑细选的石头，其中一些石头具有与现代的屋面雨水排水沟相同的作用。《源氏物语》里的一个对句描写了这种书院氛围：明亮的月光照亮了河水下游的村庄，桂树的阴影产生一片宁静。该书是一部 11 世纪的文学作品，归属于日本贵妇紫式部。

桂离宫的园林比中国同类园林更大，也没有那么正式，因为这里的建筑紧密地依附于一个更加随意但并非散乱的植物和假山的布景。这里的人为意味远没有中国文人园林那样明显，但这里同样也没有偶然因素。各种植物都经过精心挑选，以使它们的材质和颜色相互影响，并倒映在水中。园林并非旨在仅从宫殿观看，还可在其中穿行。园林中的 4 座茶室是休憩地。茶道具有桂离宫特有的自知的质朴感。茶道和桂离宫都受到了禅宗佛教的启发。禅宗佛教尽管起源于中国，却在日本蕴育出了独特的文化意味。未加修剪的原木柱子、竹帘和松琴亭 (Shokintei) 茶室的室外备膳室模仿了乡村建筑，但就像茶道中使用质地明显粗糙的瓷杯代表对精美瓷器的自发拒绝一样，这种建筑的简朴也是有意为之的 (图 15.11)。桂离宫的房屋和园林像中国文人园林一样，旨在激发某种情感，促使人们采取诗一样的行动，因为它们与情感和行为紧密相关。

观看工业化前的建筑时, 人们倾向于认为工业化前的乡村建筑蕴含着一种文明的精神, 因为乡村建筑的变化一般比城市建筑慢得多。许多现代观察家渴求能让我们积极应对生活中的不确定性的各种传统。自然, 修建桂离宫的亲王父子也有这种渴望。他们放弃采用受中国影响的二条城宫殿的瓦屋顶的外形, 还摒弃了装饰屋顶的镀金饰品, 转而采用表现民家风情的东西, 而许多日本平民都居住在民家中。尽管二条城和桂离宫的修建时间几乎相同, 它们却是截然不同的地方, 因为即便在日本上层社会, 每个人也有权体验并寻求各种不同的体验。也没有一种美学观点能将上层人士将日本本土建筑联系起来。我们在江户时代的日本发现了另一个初期本土现代特征。这种现代特征并没有体现在美学上, 虽然美学在长达一百多年对西方建筑产生了深刻影响。相反, 它体现在为不同阶层的人们提供的各种不同的城市和美学体验上。江户的街道和桂离宫的显著精细感中包蕴着一种活力。它们在引进的工业化带来的变化中幸存了下来。而这种变化瓦解并最终抹除了从凡尔赛到北京的其他宫廷文明的辉煌成就。

图 15.11 桂离宫的松琴亭茶室的内部

延伸阅读

On the *minka,* see Chuji Kawashima, *Minka: Traditional Houses of Rural Japan* (Tokyo: Kodansha International, 1986). For discussion of Edo, see Nicolas Fiévé and Paul Waley, eds., *Japanese Capitals in Historical Perspective: Place, Power and Memory in Kyoto, Edo and Tokyo* (London: Routledge, 2003); and James McClain, John Merriman, and Ugawa Kairu, *Edo and Paris: Urban Life and the State in the Early Modern Era* (Ithaca, N.Y.: Cornell University Press, 1994). My comparison of Nijo and Katsura follows William Coaldrake, *Architecture and Authority in Japan* (London: Routledge, 1996), as does my discussion of Himeji. On Katsura, see Virginia Ponciroli, ed., *Katsura: Imperial Villa* (Milan: Electa Architecture, 2004).

16 新古典主义与哥特复兴式建筑及市民空间

18 世纪新建筑类型的创造并不仅限于江户和伦敦兴建的娱乐和商业新建筑。从 18 世纪中期到 19 世纪中期，欧洲和北美地区的社会和政治体制发生的巨大变化之一便是，民用建筑成为快速发展的建筑行业抢先占据的主要领域。1776 年，美国人宣布独立于英国。13 年后，法国人攻占巴士底狱。这些只不过是众多暴乱中最重要的两起，而暴乱最终带来了大部分美洲地区的独立和欧洲的变革。

人们对建筑的合理外观以及政府的理想体制的公共辩论愈演愈烈，并促生了新民用建筑。法律如何取代国王的神圣权力以及如何创造个人自由和经济繁荣？启蒙运动的辩论促进了由各种机构组成的民用领域的诞生。这些机构主要为政府出资，用以管理和教育聚集于此的居民。它们包括立法机关、政府办公室、纪念碑、大学、博物馆甚至剧院。这些新建筑类型的修建及其包容的空间甚至改变了像伦敦和柏林这样在实际改革运动中幸存的城市的外观和体验，还改变了如巴黎和佛吉尼亚州的夏洛茨维尔这样的行动和思想中心。扩展后的民用建筑具有三大重要特征。其一，它不具备新功能，也没有获得新的重要性。其二，它是国家为中产阶级修建的，而不是君主为皇室人员修建的。人们认识到，资产阶级对皇室权威的挑战即便得不到满足，也应积极应对。其三，它为举行公共活动包括政治辩论创造了一个新空间。男性通常比女性更常出入这些地方。

同样重要的是，这些新建筑没有一点儿巴洛克特征。相反，尽管他们的建筑师有时候复兴了中世纪风格，包括罗马式和哥特式，新建筑通常呈现新古典主义风格。英

237

国贵族早已转向文艺复兴式，以之取代巴洛克风格。如今，建筑师利用对古罗马和希腊遗址的新考古学发现来辨认新建筑的来源。这种方法尤其在罗马受到普遍欢迎。在整个 18 世纪，越来越多的欧洲建筑师和年轻的贵族来到罗马旅行，且前者期望能够得到后者的聘用。新古典主义往往源于学识，尽管如此，它还与建筑结构和功能的创新相关。它还具有极其简单的结构，完全摈弃柱式。

新古典主义建筑被认为更加准确，因为它具有更加如实的历史性。它追随了被认为是古老的古典主义的规则。这种对建筑起源的新关注同时还催生了两种新现象：抽象、理想的几何结构结果对创作建筑形式的日渐增长的重要性以及结构表达对构建那种形式的日渐增长的重要性。男修道院院长马克·安东劳吉埃（Marc-Antoine Laugier）在巴黎以更多细节丰富了这些思想。在他于 1753 年出版的《论建筑》中，劳吉埃表示原始小屋是希腊神庙的起源（图 16.1）。他偏爱古希腊建筑而不是古罗马建筑是因为前者更加古老，尽管他和他的西欧同时代人那时候对其实际外观所知甚少。通过原始小屋，劳吉埃试图将建筑还原至假想的以柱子、檐部和三角楣构成的建筑起源。他认为，建筑应该剥离那种自古罗马时期以来就装饰古典建筑的多层非结构性装饰物。他引用启蒙主义运动哲学家如让·雅克·卢梭（Jean-Jacques Rousseau）的观点来证明这种还原论是自然的。

劳吉埃的著作和罗马法兰西学院的学术氛围都对雅克·热尔曼·苏夫洛（Jacques-Germain Soufflot）设计的一座巴黎大教堂规模的新教堂产生了重大影响（图 16.2）。当时的巴黎政府派送胸怀抱负的年轻艺术家去罗马研究古代遗物。该教堂最初以罗马城的守护神命名为圣日内维耶（Sainte-Genevieve）教堂，不过后来变成了服务于法国大革命和革新法兰西共和国的的伟人祠。早在 18 世纪 20 年代，英国贵族如伯灵顿伯爵就已经转向共和罗马和其建筑，以其为榜样建立一个更吸引人的政治体系。到 1757 年，当苏夫洛接受任命时，法兰西学院在法国获得了更加广泛的欢迎。在法国，众多贵族和资产阶级通过诉诸共和罗马的美德修辞来挑战君主专制的概念。

法国政府对此作出的回应是试图借鉴这种建筑风格而不是借鉴政治改革的实质。这种努力的唯一成果也是最重要的成果是圣日内维耶教堂。该教堂直到 1790 年才竣工。在巴士底狱被攻占后，它已与最初修建的目的毫不相关。这座教堂融合了 3 种不同的建筑类型——哥特式、巴洛克式和新古典主义。它的规模与哥特式大教堂

图 16.1 《论建筑》第二版的封面, 出版于 1755 年, 马克·安东劳吉埃著述

图 16.2 法国巴黎的圣日内维耶教堂（伟人祠），由雅克·热尔曼·苏夫洛设计，建于 1757-1790 年

的规模相当，并旨在采用相同的工程学结构。然而，它却具有一个大穹顶。这种大穹顶为布鲁乃列斯基在佛罗伦萨首次修建。此后数百年里，人们一直期待所有大型城市教堂都修筑这种穹顶。然而它的设计还具有规则感。这种规则主要但并非完全衍生于古建筑，是新古典主义的主要特征。

这座建筑的复杂施工过程显示出，法国人试图将古典主义重塑为一个合理系统的过程中所面临的的深层困难，因为在这种系统中，柱式承担了全部结构角色。因为该教堂拟用作皇家美德的建筑代表，因此，需要根据劳吉埃所描述的线条修建。劳吉埃倡导使用一种布局。在这种布局中，古典形式即便从装饰转变为结构也能保留下来。这种布局如今被视为该教堂的皇室赞助人和其建造师的道德及正直的象征。然而，劳吉埃并不是建筑师，他所持有的采用古典形式能够修建哥特式结构的观点检验了当时的工程学。建成建筑便是与布鲁乃列斯基的穹顶水平相当的工程学巨作。苏夫洛所面临的主要挑战是以柱而不是以墩支撑他的穹顶。尽管教堂中殿的整个檐部都由柱和墩支撑，极薄的墙体和较轻的拱顶结构却将该教堂区别于文艺复兴或巴洛克式建筑，让人想起哥特式大教堂的薄膜一样的结构。当国家桥梁和道路学校于 1747 年在巴黎建立时，工程学只是新兴的一个特别行业。但苏夫洛仍然负责这座教堂的结构。他采用切石技术——切割石材的科学——和钢筋加固技术。详细的技术图纸成为必要。技术图纸同时还详细描述了皇室订制所需的丰富装饰。在一个大多数木工懂得根据建筑师为其制作的立面图和平面图来修建任何建筑的时期，这些图纸是极不寻常的。

当代人批评苏夫洛的设计具有结构缺陷，有时候是因为这类评价还能兼做对赞助他们的王室政权的评论。但这种批评对建筑本身也有好处。苏夫洛的拱顶后来出现了裂缝，之后在重建中又被填充。他必须重新设计这座穹顶，以减轻其重量，并以三层壳体取代最初的两层壳体。1806 年，教堂还增加了辅助扶壁。尽管如此，其内部结构仍然保留了显著的轻盈感（图 16.3）

圣日内维耶教堂原本旨在成为君主在宗教术语中传递的公民美德的建筑象征。法国大革命后，该教堂变成了表现法国爱国主义精神的伟人祠。此后，该教堂成为了一个中间点，一边是欧洲的众多大型文艺复兴和巴洛克式教堂，另一边是十九世纪时期修建的像美国国会大厦那样的带有穹顶的立法机构建筑。后来成为美术学院（Academy des Beaux-Arts）秘书的安托万 - 克里索斯托姆·卡特梅尔·德·昆西（Quatremere Antoine-Chrysostome Quatremere de Quincy）在 1791 年将这座教堂改作俗用。此时距离教堂完工仅有一年。他还封堵了大多数窗户，使建筑成为了现在几乎像堡垒似的外观。在它的世俗角色中，伟人祠容纳了法国最重要市民的坟墓。所有人都可以进入该教堂。游客和学生能在这表达对法国政府的敬意。这里还能激发市民的爱国情怀。

将圣日内维耶教堂转变成伟人祠同时也突出了这座建筑的大部分细节的抽象化。这里的细节开始脱离于古典先例所具有的考古精准性。比如，侧面和后立面的壁柱的柱头没有复制任何古典柱式，相反，它们只是一种高度简洁化的新创新形式，突出而不是结束这种形式的竖向特征。此类抽象特征表现了最大胆的新古典主义，但根本的建筑解决方案并不总是服务于日渐深刻的社会发展。法国政府有意采用取代真正的改革或仅与最紧迫的改革相关的新古典主义建筑。这种为了使新古典主义风格作为政治改革的一个象征的意图极大地牺牲了此类建筑的功能。

图 16.3 圣日内维耶教堂的内部

到 1789 年法国大革命实际爆发的时候，法国最具天赋的建筑师克劳德·尼古拉·勒杜（Claude-Nicolas Ledoux）已遭到普遍厌弃。他没有在之后的恐怖时期丢失性命已是万幸。勒杜不受欢迎的最主要原因是因为这位聪明的幻想建筑师在 1783年发挥自己的才能设计了通往巴黎的一系列收费站。每条进出巴黎城市的道路和水道都有这类收费站。所有进入巴黎的人们必须在这些收费站为携带的物品交税（图16.4）。这种新系统特别不受欢迎是因为几乎没有公共会计来表明君主是如何使用所收集的资金的。人们普遍认为以税收支持政权会拖累法国经济，因此感到非常愤怒，这是法国大革命爆发的主要原因。巴黎人所称的收费站建于 1784—1787 年，并最终在巴士底狱被攻占不久前竣工。

幸存下来的收费站中最壮观的要数维莱特收费站（Barriere de la Villette）。它是进入巴黎的一个主要入口，除了通常的围护桩外，还有一栋收税楼。这座城门的设计甚至与圣日内维耶教堂相比都算得上简化设计。它的美感来源于其明显的极简主义。一个三角楣横跨在无基座的多利克柱式墩上。当时的新古典主义艺术家和建筑

图 16.4 法国巴黎的维莱特收费站，由克劳德·尼古拉·勒杜设计，建于 1784—1787 年

师将这些墩与公民美德联系起来。这里没有横饰带或其他装饰,也没有一个完整的穹顶。仅用一个圆柱就将古典建筑系统大幅还原至结构性的必要构件。然而,这座建筑的极简结构并没有遵守劳吉埃或任何其他人的规则。劳吉埃提倡修建纯粹的柱梁结构,不带拱廊,而勒杜受英国新帕拉第奥式建筑的启发,在无穹顶的圆筒上设计了一圈由拱形之间的成对柱子构成的母题。这种母题衍生于所谓的赛里阿诺式(Serliano)或帕拉第奥式窗。这两种窗出现在英国和北美许多新帕拉第奥式建筑中,包括英格兰的奇斯威克宅邸和费城的独立大厅。对图案效果而不是对劳吉埃的理性主义的强调是勒杜所设计的收费站的特征。在收费站的设计中,他创作或从不易进入的早期先例建筑借鉴了一些新建筑母题,比如由柱子屏蔽的壁龛洞口,并因此而扩展了新古典主义的范围。

勒杜在建筑思想改革的大胆能与即将发生的政治革命比拟,即便这两者的目的完全相反。暴民在前往巴士底狱的路途中攻占了收费站。尽管如此,却正是受到启蒙的保皇分子勒杜的建筑成了全欧洲地区的时代标志,将被战争和不同政治系统分割的各国建筑统一了起来。尽管新古典主义是扩展后的公用建筑范围的主要形式,要想承担起新建筑应该满足或被期待满足的新目标,只有历史样式是不够的。其中最重要的任务之一便是对民众进行教育,这样他们就能够承担他们渴望承担的新公民义务。这次实验中的领袖之一是另一位法国建筑师艾迪安·路易·布雷(Etienne-Louis Boullee)。尽管他极少修建建筑,但他却是一位重要的建筑教育家和梦想家,鼓舞了好几代后继建筑师。

布雷为物理学家艾萨克·牛顿(Issac Newton)设计的纪念碑可追溯至1784年,却根本无法实现(图16.5)。纪念碑是一块墓石或墓碑,用以纪念实际并未埋葬在其下的亡者,被纪念者通常是在海上失踪的。在18世纪,多数欧洲公共纪念碑或是君主像,比如作为法国皇家广场的中心装饰件的骑马雕塑,或是著名的实际坟墓。纪念性建筑很快成为一种重要工具,用以启发资产阶级公众,给他们输入真正的或想象的国家目标(比如乔治·华盛顿的纪念碑以及后来的内战纪念碑在19世纪的美国很常见)。牛顿葬于他的出生地英格兰,但布雷梦想在法国纪念他。法国的启蒙运动哲学家们敬慕这位先锋物理学家以理性解释自然法则的精神。这符合他们追随1688年在英国竖立的榜样的渴望,并尽可能以法规取代皇室的奇想。

布雷计划修建一个巨大的球体,并拟在其硕大的基座上种植一圈柏树。柏树在古

图 16.5 艾萨克·牛顿纪念碑，由艾迪安·路易·布雷设计于 1784 年

希腊神话故事中具有哀悼的意思。该结构屋顶上的小洞可为日间的访客提供观看夜间星群的机会。从内部条件看，这座建筑还能用作浑天仪。在夜间，它从内部照明。该建筑的庞大规模、它对日间和夜间的颠倒以及布雷的设计图中光和影的强烈对比都是完美的各种表现。如同爱尔兰哲学家兼政治家埃德蒙·伯克 (Edmund Burke) 在 1757 年所写的一样，庄严是自然的壮观引发的情感。他将这种情感仔细地区分于对更加传统和和谐的美感的欣赏。伯克声称"自然的伟大和庄严能够发挥出最大威力时，它们所产生的感情是惊奇。而惊奇是一种精神状态。在这种状态下，所有感情都悬空起来，带有一点儿震慑。"他的这番言论后来促动了浪漫主义的诞生。布雷在庄严效果和理性几何之间建立的平衡如今几乎已经完全脱离于其古典起源，然而却捕捉了令其同时代人着迷的自然的两个方面。将自然法则理解为逻辑社会和政治以及自然系统的基础日渐伴随着对庄严和不规则的欣赏，不论是崎岖的阿尔卑斯山脉，还是制约着欣赏方式的变化多端的气候条件。然而，由此而产生的对建筑的情感方面的注重并非总是直接显露在不断扩展的社会领域。

新古典主义建筑与真正的政治改革保持着不清不楚的关系，但无论是由民主党人还是国王赞助, 欧洲民用建筑到 1800 年时已经获得了重要的建筑地位。民用建筑自中世纪晚期起一直是例外而不是惯例。容纳这些孕育了资产阶级的机构在新独立的美国尤其重要。这些机构旨在培训足够担任领导职责的人员。位于夏洛茨维尔的佛吉尼亚大学都是托马斯·杰斐逊创立和设计的 (图 16.6)。托马斯·杰斐逊同时还是《独立宣言》的作者、美国第三任总统和美国历史上最重要的绅士建筑师。他为美国的独立做出了重要贡献。大多数关注建筑的同时代美国人都追随英国建筑潮流, 然而, 杰斐逊在担任美国驻法国大使一职后却选择了法国新古典主义。

杰斐逊建立佛吉尼亚大学是为了给那里的白人男子选民提供受教育的机会 (该大学在 1950 年开始招收非裔美国人且直到 1970 年才开始招收女性作为本科生)。这种教育中最重要的一点是采用希腊语和拉丁语教学, 以给杰斐逊的同时代人输入民主共和国的政治概念, 但它同时也包括建筑学。该大学最初修建的几栋建筑建于1817—1826 年间。这些建筑成了建筑以及教育方面的典范, 代表了杰斐逊对共同体的展望。校园同时也显示了社会等级秩序。圆形大厅位于大草坪的一端, 其中原本包括被杰斐逊视为该大学最重要的建筑的图书馆以及中心行政楼。其面是 10 位

图 16.6 佛吉尼亚州夏洛茨维尔的佛吉尼亚大学, 由托马斯·杰斐逊设计, 建于 1817—1828 年

教授的住宅。在这个时代的欧洲和其美洲殖民地, 商铺和行业办公室仍然普遍位于住宅内, 然而, 教授们的住宅的前排房间却被用作教室。教员宿舍之间以拱廊相连, 而拱廊两边则是学生宿舍。第二排学生宿舍与第一排之间以园林隔开。在教员和学生之间保持近距离是为了确保承认对学生的合理监护。尽管大学严格服务于白人男子, 女子和奴隶却和白人男性教授共同居住在教员宿舍中。

杰斐逊在佛吉尼亚大学的设计中, 谨慎地平衡了统一性和多样性。拱廊将整个大学连接到一起, 同时还提供了避雨遮阳的处所。拱廊呈阶梯状, 以与这片土地的缓坡相协调, 而独立凉亭的标高也各不相同。这为正确使用三种柱式——多利克柱式、爱奥尼亚式和科林斯式——提供了样例。杰斐逊咨询了全国仅有的极少数专业建筑师, 以将这座大学变成一处可供潜在赞助人和未来的绅士建筑师学习建筑专业的处所。杰斐逊的设计成为美国学院和大学建筑的原型。在园林中学习的思想仍然是美国高等教育的最著名特征之一。在其他地方, 尤其是在说德语的中欧地区, 新民用建筑服务于不断增加的资产阶级。他们微妙而缓慢地获得了对政府的控制权, 通常是通过承担公务员的角色而不是通过选举在于 1806 年废除的前神圣罗马帝国, 民族国家——许多是被拿破仑提升到王国地位的——相互竞争已成为统一德国的核心。君主们将眼光投向向国界之外的地方, 以吸引受过教育的中产阶级的注意。中产阶级主要由专业人士、公务员和新教牧师构成。其成员的身份部分是通过他们理解新国家赞助的文化设施的能力确立的。

在 1815—1848 年间, 柏林、慕尼黑、德累斯顿、卡尔斯鲁厄和斯图加特分别作为普鲁士州、巴伐利亚州、萨克森州、巴登州和乌腾堡州的首府, 均修建了大量民用建筑。它们所容纳的机构——艺术博物馆、歌剧院、音乐厅、政府办公建筑和教育设施——代表了文化地点的转移, 并在少得多的程度上, 代表了政治权力从君主和宫廷手中到国家和中上层阶级的转移。像卡尔·弗里德里希·辛克尔 (Karl Friedrich Schinkel) 这样的建筑师是公务员, 他们所在的得到政府资助的办公室专门负责公共建筑的设计。慕尼黑和德累斯顿将其新文化设施集中于城市建筑群, 而辛克尔和普鲁士皇室赞助人却将此类设施与现有城市地标关联起来。

辛克尔在阿尔特博物馆 (Altes Museum) 或者说老博物馆极其明确地解决了这个民用问题。老博物馆建于 1824—1828 年, 位于普鲁士皇宫的一个小园林中 (图 16.7)。到法国大革命爆发, 法国人将皇室艺术收藏品收归国有, 并将它们放在前宫殿卢浮宫展览。展出的艺术品属于个人所有,其中大多数人是贵族——荷兰除外。在 19 世纪 20 年代,德国王公们开始公开展示个人收藏品,将个人财产上交到国家。在柏林,第一批艺术历史学家中的一些人被雇用来策划一次综合收藏品展览,以将这门艺术历史的新专业传输给公民。尽管文化体验创造了一种授权感,但却没有达到代议制政府的要求。

辛克尔选择的建筑形式与国王选择的建筑现场一样重要。他没有采用神庙正面,而是借用古希腊柱廊作为自己的模型。他寻求世俗建筑先例而不是神圣先例,因而选用了供雅典男性市民聚集在一起参加讨论的建筑类型。辛克尔努力创建一个可供市民聚会和开展讨论以及可供访客欣赏艺术的地方。两个不同的入口通道穿过大量空间通向画廊(图 16.8)。人们从前门可进入一个宽敞的圆厅,里面装饰着一圈雕塑。人们还可直接从外面的一段大型楼梯上楼。这种设计给予一种适用于资产阶级的宏大规模和列队行进的感觉。楼梯通往有顶的二层空间,从那里可观望博物馆和宫殿之间的开放空间。如此大规模的楼梯还可供人们在上面和朋友散步、聊天或研究艺术作品(尽管这座博物馆向各种背景的男性和女性开放,辛克尔本人的绘画却显示,这些地方只为穿着得体的成年男子和少年占用)。

图 16.7 德国柏林的阿尔特博物馆,由卡尔·弗里德里希·辛克尔设计,建于 1824—1828 年

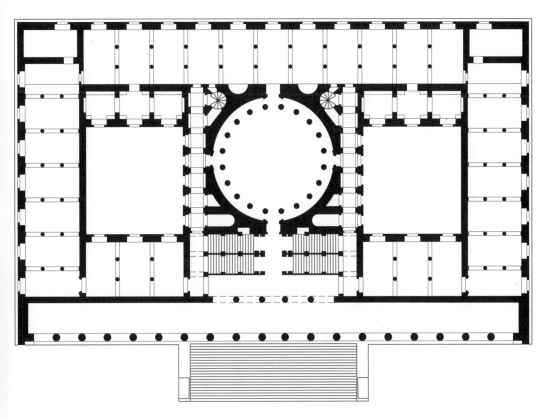

图 16.8 阿尔特博物馆的平面图

然而，在背后支持这种立面设计的是一篇有关建筑逻辑的论文。当时，在整个欧洲大陆，那些对民用建筑类型和新古典主义样式的融合感兴趣的人们正在倡导这种建筑逻辑。辛克尔从一个名为让·尼古拉斯·路易·杜兰德 (Jean-Nicolas-Louis Durand) 的法国建筑教师那里借鉴了这种平面图，上面有一个大圆圈和两个与一个长方形内切的庭院。当时，杜兰德的著作为整个欧洲地区的民用建筑提供了有用的模型。画廊设置在两层楼上，围绕建筑一周。侧面照明打断了墙面区域，却没有提供正常足够的照明，但后来的博物馆通常采用上空照明。

到 19 世纪 30 年，新古典主义的主导地位受到日渐受欢迎的其他建筑样式的挑战。辛克尔在某些承建的建筑包括教堂采用了哥特式风格，但即便是古典主义者，因受到古希腊神庙原本也刷上了明亮的颜色的发现的启发也开始不再设计壮观的白色神庙。许多人开始尝试设计多彩建筑，采用不同颜色的建筑材料。在英国，在民用建筑上复兴哥特式风格早已预见，因为哥特式风格早在 18 世纪时就已经应用于民用建筑，

比如草莓山庄园 (Strawberry Hill)。该庄园位于伦敦近郊, 在 18 世纪后半期为霍勒斯·沃波尔 (Horace Walpole) 居住和扩建。这种在 18 世纪曾被视为浩大而不实用的建筑样式, 却在 19 世纪获得了用于道德教育的严肃性。因为重复采用, 新古典主义已经丢失了这种严肃性。

在这种建筑风格中, 新帕拉第奥式乡村宅邸和如画园林搭配在一起, 同时像在斯托海德宅邸一样通过将哥特式元素融入园林加以补充。只需再增加一级小台阶便可将如画风格应用在房屋本身。采用这种风格的建筑中最出名的要数草莓山宅邸 (图 16.9)。沃波尔出生于一个著名的英国政治家庭。他创建了一座反映了其作为古文物研究者和历史学家 (他还是一名小说家) 的兴趣, 采用英国中世纪而不是古希腊或古罗马材料的建筑。沃波尔是通过设计民用建筑来构建自我的先锋之一。这种策略将在几年后引起那些对社会惯例之外的选择极有兴趣之人包括他的同性恋伙伴的注意。他将这种建筑向相对陌生的人们开放, 甚至还出版了草莓山庄园收纳的收藏品手册。

图 16.9 英格兰特威克纳姆的草莓山庄园, 建于 1747—1790 年

对其主人来说，草莓山庄园不仅是一个提供居住、协作和娱乐的地方。就像今天的众多房屋一样，草莓山庄园还是增强其主要居住者个人情感的舞台背景。斯托海德宅邸园林中所谓的自然不对称性如今被融入了整个建筑的构造和风格中，因为沃波尔以更加分明的个人特色和迥异的建筑风格改撰了伯灵顿表达的原创自由和爱国主义的原始信息。沃波尔并没有重建一个真正的中世纪城堡。相反，他增加了一层哥特式装饰面板，以改善他 18 世纪生活的物质享受。因为他关注表现一种中世纪风格而不是功能，所以毫不介意地将大多数细节建立在宗教建筑而不是世俗建筑的基础上，他也未遵守同时代的法国理论而关注结构的完整性。比如，他借鉴了威斯敏斯特教堂中亨利七世小礼拜堂的设计而在长廊中采用以精美的混凝纸制作的扇形拱顶。亨利七世小礼拜堂的修建时间比哈德威克庄园早了近百年。该长廊提供了一个更加华丽的装饰典范，且比初期伊丽莎白和詹姆士一世式长廊所采用的更加朴实的装饰顶面华丽得多。

几十年后，英国人在遭遇经济危机时转向更加严肃的哥特式风格。在 1834 年 10 月 14 日，一场大火烧毁了伦敦议会大厦。该大厦是英国代议制政府极其强大的传统

图 16.10 英格兰伦敦的议会大厦，由查尔斯·巴里设计，建于 1836—1867 年

中心。该建筑重建设计的竞赛简介中明确规定该建筑应为哥特式或伊丽莎白式风格。目的是为了通过修建一座看似与极受尊重的历史相关的建筑来减轻失落感。建筑师们还要负责对曾是一堆增建物的建筑群进行有序规划。设计竞赛的获胜者是查尔斯·巴里（Charles Barry）。他因其设计的文艺复兴式复古建筑而不是哥特式建筑而出名。巴里的建筑始建于 1836 年，最终竣工于 1867 年（图 16.10）。他将锚固在标志性大本钟钟楼上的如画非对称结构与完全不同于欧洲新古典主义建筑师喜欢的更加理想的几何结构的实用平面图相结合。建于 11 世纪的威斯敏斯特大厅在这场大火中幸存了下来。它使巴里的交叉轴平面图稍微偏离了平衡。

奥古斯都·威尔比·诺斯莫尔·皮金（Augustus Welby Northmore Pugin）是一位著名法国移民建筑师的儿子。他和父亲一样，是哥特式建筑方面的权威人物。他作为制图员参与了巴里的参赛图纸的制作，并负责了大部分内装设计。议会大厦中对现代功能和历史样式的融合成为大多数 19 世纪建筑样式的特征。这种融合缓和了从旧到新的过渡。上议院的内部是议会大厦中最漂亮的，一眼看去，像是采用了中世纪风格（图 16.11）。然而，如果仔细观看这个君主对全体议员发表年度讲话的房间，人们便会发现它的规模和组织程度都是完全现代的。上议院的占地面积极大，没有采用支柱，平面吊顶极高。舒适的阶梯式长凳成组摆放在面向演讲桌的三面，为上议院议员提供了座椅。第四面空置是为了避免议员背对装饰性王座，而王座的高大使用者显得极其矮小。这里，新古典主义的原始庄严完全被一种哥特式壮丽取代。这种哥特式风格在样式上而不是在规模上不同于凡尔赛宫的哥特式风格。到这个时期，工业革命创造的财富使得中产阶级过上了与贵族上层阶级一样舒适的生活，正如建筑所展示的一样。

今天，我们倾向于使公共空间浪漫主义化。公共空间正日益屈服于商业化和渐趋分散的城市景观的压力。然而，公共空间在其兴起的时期也具有局限性，最显著的是它限制各阶层的女性以及中低产阶级和工人阶级男子进入。使用这些建筑的公众有限，而建筑本身只是面向那些受过足够教育、能领会其意涵的人开放。尽管如此，随着统治阶级的扩大和社会流动机会的增多，这些新建筑类型的出现对真正的政治变革的发展具有重要意义。

图 16.11 议会大厦的上议院。装饰由奥古斯都·威尔比·诺斯莫尔·皮金设计

延伸阅读

For a survey of European architecture during this period, see Barry Bergdoll, *European Architecture: 1750–1890* (New York: Oxford University Press, 2000). The emergence of civic architecture was accompanied by public debates over its appearance. See Joseph Rykwert, *The First Moderns: The Architects of the Eighteenth Century* (Cambridge: MIT Press, 1983); and Richard Wittman, *Architecture, Print Culture, and the Public Sphere in Eighteenth-Century France* (New York: Routledge, 2007). Marc-Antoine Laugier, *Essay on Architecture,* trans. Wolfgang Hermann and Anni Hermann (1753; New York: Hennessey and Ingalls, 1971), Schinkel's Berlin buildings in relation to the politics and culture of the period, see Barry Bergdoll, *Karl Friedrich Schinkel: An Architect for Prussia* (New York: Rizzoli, 1994); and James Sheehan, *Museums in the German Art World: From the End of the Old Regime to the Rise of Modernism* (New York: Oxford University Press, 2000). Michael Lewis, *The Gothic Revival* (New York: Thames & Hudson, 2002), offers a useful introduction to the subject; and see Michael Snodin, *Horace Walpole's Strawberry Hill* (New Haven, Conn.: Yale University Press, 2009), on this pioneering example.

17 工业革命时期的 建筑

18世纪末，新的政治思想开始转变欧洲和美洲地区的建筑和社会。然而，民用建筑的出现并非推动建筑和城市转变的唯一动力。自17世纪起，阿姆斯特丹和伦敦一直是欧洲经济进行现代化的中心。这些城市都是商业城市，国际贸易和殖民统治在其中促生了一个快速扩展的中产阶级。建筑历史学家将注意力集中在这些城市新区的民用和宗教建筑上，但这两种建筑都属于新消费环境，比如伦敦的沃克斯园林。该园林于17世纪中期开业。人们需付费才能进入这座娱乐性公园的前体，在里面用餐、饮酒、听音乐、了解最新八卦新闻并展示最新时尚。在巴黎，巴黎皇家宫殿在工业革命前期、中期和后期扮演了类似的角色，而在日本，江户提供了一系列能与之比拟的以顾客为导向的娱乐机会。这个时期，在世界各地的城市中涌现的新商业区、咖啡馆和剧院更具娱乐性而不是教育性。

商业城市的出现预示了工业城市的发展。工业城市是一种截然不同的环境，在这里，一般缺乏使阿姆斯特丹、伦敦和江户成为令人振奋的居住地的娱乐设施。然而，在这些不受欢迎的工业城市中生产的产品却对都市生活产生了巨大影响。资本主义房地产投机已经超越了公民道德，成为促进18和19世纪初伦敦发展的因素。在十九世纪，无论国家是受专制君主还是资产阶级公民控制，资本主义对其确定城市形式的主导地位的挑衅日渐增加。这章讲述了这些相互联系的现象的两个方面。第一个方面是生产钢铁和纺织品这两种工业革命时期的典型产品的新工业景观。第二个方面是采用批量生产的材料——玻璃和钢材——作为建筑材料的新建筑类型。在很多情况下，这些方面是与工业化过程的其他方面产生的经济和技术变化不可分割的。

十八世纪的英国是技术革命的发生地。这种令人震惊的技术革命是由来自圈地运动的廉价劳动力和来自英国全球贸易网络的资金驱动的。大多数 18 世纪伦敦的投机房地产大多由木工和建造者建造。产生了这些木工和建造者的阶层中又培育出了一批受过高等教育的工匠。他们开始尝试生产钢铁、纺织品和能源过程中采用的生产技术。如此带来的结果便是这 3 种物品的大量增加以及工业革命的诞生。

这些变化不仅发生在大都市伦敦，也发生在靠近自然资源的小城镇如煤溪谷。这些自然资源在无数的高炉中被转变。早期工业生产一般远离已建城市。原材料——在这种清下指铁矿石和煤——的供应确定了最初为小规模生产的工厂的有效布置。到 18 世纪的最后 25 年，煤溪谷生产了数量空前的钢铁。该城镇的高炉以煤为燃料，而煤在 18 世纪逐渐取代了木材成为英国最重要的能源。这里生产的钢材很快被发现了新用途。第一座钢铁桥建于 1777—1779 年，横跨在塞文河上 (图 17.1)。托马斯·普里查德 (Thomas Pritchard) 和亚伯拉罕·达比 (Abraham Darby) 合作设计了这座桥梁。后者是一位当地铁器制造商，他拥有当时英格兰最大的铸造厂。他铸造了桥梁部件。达比对扩展其产品市场很感兴趣。这座桥梁的结构非常轻盈，以至于桥拱超过预期——高出引桥很多，从而产生了一个尖顶路床。

钢铁并非产量远超以前任何时期的唯一材料。在 18 世纪后半期，英国发明家改变了纺织品生产的过程。1766 年制作的一幅法国版画描述了地毯工作间里工匠纺纱、缠绕和纺织的情景。工人们的穿着得体，且最初由女子在家中开展的活动如今为男子承担。这些企业的数量和规模在 15 到十 18 世纪期间逐渐增长，尤其是在英国、法国、印度、中国和日本。重点仍然在于单个手工艺者的技术。最终的成品往往非常昂贵，因此，生产这些产品的手工艺者也享有相对较高的经济和社会地位。

当纺织继纺纱在英国被机械化后，这种情况改变了。启蒙运动激发了人们使手工和工业生产过程合理化的实际想法。粗纺毛织物自中世纪晚期一直是欧洲的主要生产产品。在欧洲，商人所到之处都有销售。如今，该生产过程被机械化了。这种改变开始于 1767 年，当时约翰·哈格里夫 (John Hargreaves) 发明了多轴纺织机。这种机器能机械地将羊毛纺成线。尽管这种机器是手动的，却比单轴纺车更加有效，因为它由 8 个纺锤而不是 1 个纺锤构成。这样一来，到 19 世纪的第二个 25 年，英国已经开始向印度这样的地方出口纺织品，而之前是从这些地方进口纺织品。这并非一种完全有益的发展。所谓的第三世界的贫穷，大多数源于其成品在国际市场上

图 17.1 煤溪谷铁桥, 由托马斯·普里查德和亚伯拉罕·达比设计, 建于 1777—1779 年

的贬值。随着廉价的女工和童工逐渐取代技术男性工匠在同样不健康的工作场所工作, 英国本土也发生了同样激烈的社会变化。欧洲和美国工人运动经历了一百多年才让工厂工人重新达到工匠先辈们曾经享受的生活标准。今天, 世界上很多地方的工人仍然未能享受那种生活标准。

一旦能够借助机器纺线, 剩余生产过程的机械化就进行得非常迅速。蒸汽机的发明意味着, 到 1780 年, 工厂在理论上可以设置在任何地方。尽管如此, 19 世纪大的部分时间里, 水力仍然是主要动力源, 更不用说它很廉价。依赖水能带来的第一个结果便是, 将工厂建立在瀑布线上。而瀑布线位于主要城镇和城市以外的地方。在这些地方, 通航水域是优先考虑的事项。这种改变产生了新社区, 或者完成了对之前存在的乡村工厂的转变。新工厂按照生产的全新原则规划。依赖水能的第二个结果表现在独立工厂建筑的形式上。生产的竖向组织可最有效地利用能源, 因此而产生了高工厂建筑, 与之前占据主要地位并因低廉的电力而在二十世纪回归的低矮建筑形成了对比。

具有这种新规模的第一座美国工业城是位于梅里马克河(Merrimack)和康科德河(Concord River)交汇处的马塞诸塞州的洛厄尔(图17.2)。洛厄尔是在1826年以一位波士顿人的姓名命名的。这位波士顿人参观了英国的纺织厂,并在看美国建立第一批纺织厂约三十年后,提出了先纺原毛然后织成布的统一生产过程。洛厄尔的第一座工厂建立于1822年。高大的工厂很快在该城镇的滨水区拔地而起,使它有了城市的规模。这座城镇的发展获得了波士顿富裕商人阶级的资金支持。洛厄尔产生的大多数财富都将在波士顿消耗,而且很多时候,是由对工业城完全不了解的人们花费的。新的城市环境大多远离洛厄尔的工人阶级。

洛厄尔的工厂位于河流以及为工业发展提供便利而修建的运河沿岸。这种工程学曾经被应用于蒂沃利、凡尔赛、伊斯法罕和阿格拉的庭院式园林中那样的娱乐和农业生产设施中。如今,正是它决定了城市的形状。工人住宅大多填充在空隙中。除了普理查德对铁桥的贡献外,煤溪谷和洛厄尔的几乎所有一切都是在没有聘用建筑师的情况下修建的。建造者和木工修建了锻造场和工厂,他们偶尔也会听从工程师提出的建议。在洛厄尔,如同在其他地方一样,工厂最开始是巨大版的独立大厅。只

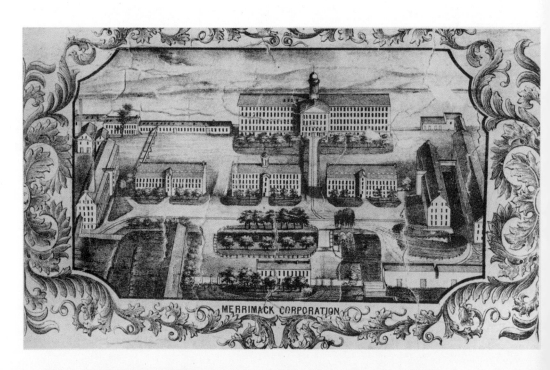

图17.2 马塞诸塞州洛厄尔的梅里马克公司工厂,建于1823年,图片来源于1850年

不过在洛厄尔，有更多的楼层、更多开间和更少装饰。楼梯间塔楼和圆屋顶位于建筑的一端或中心。圆屋顶包括了用以规定工作日的钟。砖砌外围墙将内部的木结构建筑围了起来。最后，拱窗口的取缔允许人们在砖墙上开取更大的洞口，因此而能提供更好的室内照明（图 17.3）。古典美国工厂建筑在 19 世纪剩余的时间里追随了这种模式。许多这类建筑只是简单的长方形结构，甚至连偏离它们的纯粹工业功能的塔楼都没有。

将梳理、纺线和织布的地点从家庭转移至工厂意味着有必要为工人提供住宅及向他们支付工资。在一些工业城市，这个转移过程是无计划的，但洛厄尔并非如此，这里有关工作地点的规范也系统性地延伸到民居环境。在这里，现有建筑术语被融入了更新程度的合理规划中。这些供膳寄宿舍和宿舍是给最初大多为数女性的工人居住的。它们比同时期普通的单一家庭住宅要大，但却并不比后者漂亮。这些住宅由独立公司修建、拥有和维护。这些公司雇用女舍监监管和监督他们的工人。通常 4 个工人共住一间房间。

对新英格兰女性来说，工厂工作是除了家庭仆从之外的第一份带薪工作。两个工厂工人的妹妹如此写道，"女孩们开始在纳舒厄和洛厄尔的棉纺织厂工作。这是一份全天候的工作，但却一点儿都不可怕。它给了她们观看别的城镇和地方的机会，还有比大多数同时代人更多地了解世界的机会。她们身穿朴素的、家庭作坊制作的衣服。在工作数月后，她们穿着漂亮的城市服饰回趟家，或者可能结婚。她们的口袋里所揣的钱也比以往任何时候都多。"

与之前依赖童工的情形相比，雇用农村女性在当时被视为一种社会进步。在 19 世纪 30 年代发生两次要求实行 10 小时工作制的罢工后，工厂工人于 1844 年在美国建立了第一个女子工会。到十 19 世纪 50 年代，更多因遭受饥荒而感到绝望（因此而温驯）的爱尔兰移民取代了他们。

与当代伦敦、巴黎或柏林等城市的民用建筑相比，除了合理的组织和体面的建筑外，美学在洛厄尔的建设中所起的作用很小。洛厄尔被设计成用于生产而不是娱乐或教化。它仍然为工人阶级而不是上层阶级居住。然而到 19 世纪 40 年代，已建城市的建筑开始转变，因为建筑获得了新功能。新建筑利用了数量达到前所未有的铁和玻璃，最后，钢材的使用量也超出了以往任何时候。

此类新建筑之一是棕榈树温室 (Palm Stove)。该温室由德斯慕斯·伯尔顿 (Decimus Burton) 设计，建于 1844—1848 年，位于伦敦郊区裘园皇家植物园。该植物园逐渐从一个私人皇家植物园转变为公共植物园 (图 17.4)。裘园位于阿尔特博物馆和一个公共公园之间的一个交叉口处，是一个颇受伦敦中产阶级欢迎的星期日出游的目的地。他们前去参观各种外国植物品种。殖民、探险和自然历史科学的发展给英国带来了一种新认知以及更多植物种类其中许多是热带植物杜鹃花、牡丹、兰花、棕榈树以及其他许多需要加以保护才能耐受英格兰更冷气候的植物种类在这里大受欢迎。

大型温室设计的第一个巨大发展要归功于约瑟夫·帕克斯顿 (Joseph Paxton)。他是查特斯沃思庄园 (Chatsworth) 的园丁。查特斯沃思庄园是哈德威克的贝丝

图 17.3 位于马塞诸塞州洛厄尔的布特工厂，中间是会计房，建于 1835—1838 年，右边是第六座工厂，建于 1871 年

图 17.4 英格兰伦敦的裘园皇家植物园的棕榈树温室，由德斯慕斯·伯尔顿设计，建于 1845-1848 年

的后代德文郡公爵的乡村宅邸。这座建筑未能幸存下来，但在棕榈树温室，我们能够充分了解这种新美学。该温室是第一座完全用铁和玻璃构建的重要建筑。新温室是大型玻璃圆形结构。该结构能够保持种植外来物种所需的温度和湿度，并具有容许树木生长成熟所需的足够高的空间。仅在几十年前，这些建筑都是不可想象的，因为那时候玻璃仍是一种奢侈品。1845 年，玻璃税被取消，玻璃的使用急剧增长，因此，促进了筒形玻璃和片状玻璃产量的快速增加。然而，伯尔顿的并不是完全合理的。棕榈树温室的大部分锻铁构件具有同样的古希腊复兴细节。这种细节常见于当时的大型民用建筑上。

参观温室能让人体会更加大型的玻璃建筑可能产生的效果。1851 年在伦敦修建、由帕克斯顿设计的水晶宫 (Crystal Palace) 是当时最大的建筑 (图 17.5)。这里同样采用了新施工技术以实现新建筑功能。水晶宫里是一座举行了一系列如今被称为世界博览会的贸易展览建筑。该建筑因此也是现代会展中心的先祖。展会的组织者包括维多利亚女王的丈夫阿尔伯特亲王。他们需要一种造价较低、工期较短的临时建筑。他们偏向一种无隔断的内部空间，且这种空间应跨越伦敦的主要公共

图 17.5 英格兰伦敦的水晶宫，由约瑟夫·帕克斯顿设计，建于 1851 年

公园海德公园的树木。19 世纪中期的大多数英国民用建筑的设计都是通过议会大厦那种设计竞赛产生的，但这次举行的竞赛却没有带来令人满意的结果。帕克斯顿因此而前来帮忙，提出修建一座与他在查特斯沃思庄园修建的温室类似的玻璃木材结构。

许多工匠因为工业化而变得贫困，但随着机械能力变得比古典学习更重要，少数人却发现了发展的绝佳机会。帕克斯顿没有接受过建筑学或工程学方面的教育。如今，他比雇用他的拥有令人难以置信的庞大财富的公爵还要出名。在伦敦《泰晤士报》发布的他的讣闻如此评价他："他从平民跻身于同时代最伟大的园丁，他是一种新建筑类型的发明者，也是一个天才。他将毕生精力注入了最伟大最高贵的流行事物。"然而，帕克斯顿并非独自工作，而是与当时的著名工程师和建筑公司共同合作。

水晶宫只能用最高级的形容词来描述。它的占地范围有 1848 英尺长，408 英尺宽，面积为 19 英亩。而棕榈树温室只有 100 英尺宽，138 英尺长。横切水晶宫的拱形中心十字结构有 72 英尺宽，108 英尺长。水晶宫的规模远超出哥特式大教堂。它在表面的透明度以及内部的净跨度方面都是空前的。水晶宫不仅大过任何之前的独立建筑，它的修建速度也是极其迅速的，只用了 17 个星期。之所以可以在这么短

的时间里完工是因为它所采用的铁、木材和玻璃构件全部都是预制的，而且尽可能
标准化。帕克斯顿和他的合作者采用了柱梁结构，除了取代横梁的带有穹顶的十字
结构以及斜拉加劲的桁架构件外。这种替代使他们能够采用更少更短的材料，而
材料也更容易在短时间内制作完成。此外，建筑过程中还没有必要使用脚手架。水
晶宫代表了帕克斯顿尝试修建脊沟式建筑的巅峰之作（图17.6）。该结构覆以褶状

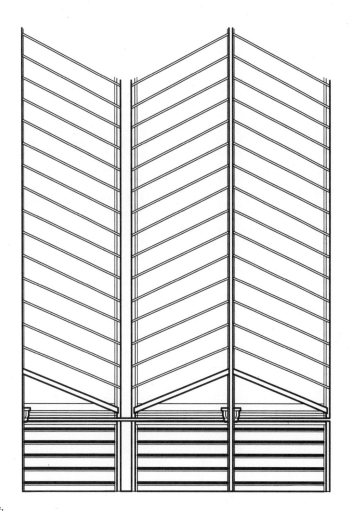

图17.6 水晶宫脊沟式结构的
细节图

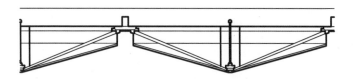

玻璃面板。玻璃片固定在木框中，以铸铁柱子和大梁为支撑框架。这种脊沟式系统支撑玻璃的原理与波纹纸支撑硬纸板的原理相同。这种系统是另一位园艺家约翰·劳登 (John Loudon) 提出的，但帕克斯顿却是使之实现的第一人。如今，他将这种系统应用在一个规模空前的建筑中。这座完工建筑共用了 400 吨玻璃。

水晶宫举行的展览旨在展示英国的机械及其生产的产品。其初衷是希望展会能够宣扬英国的技术优势并为其产品寻找新市场。此次展会不但实现了所有这些目的，而且还产生了一种批判产品设计的重要文化。例如，许多评论家偏爱来自印度的进口手工制品。本应是颂扬工业化的活动却激起了人们对过度工业化的强烈谴责。这种异议不仅出现在对工业产品的质量上，还出现在水晶宫本身。自 20 世纪 30 年代起，现代运动的历史学家就在思考为什么这种建筑风格更加实用的变体未能在诸如议会大厦的设计中获得直接成功。然而，当时许多人们甚至不确定水晶宫是否算得上建筑。大多数公众认为它是，但那些与建筑行业的关系更密切的人们却通常否认。皮金称它是"大怪兽"。英国著名的建筑评论家约翰·拉斯金 (John Ruskin) 不屑一顾地将它视为"黄瓜框架"。 这种苛刻的评论是英国人对艺术和工业能够相容的观点表示怀疑的早期迹象。

还有一个缺点值得注意。最初，那些采用铁的人们认为自己所用的是一种防火材料，因为铁不能燃烧。然而，铁会在高温条件下变形。帕克斯顿的水晶宫如此受欢迎，以至于在展览会结束后，它又被拆除并在伦敦的一个郊区园林中重建，而后，最终在一次大火中被烧毁。到此事发生的 1936 年，在多层建筑中采用像水晶宫那样的裸露金属结构早已被禁止。

这项新掩饰技术的实际应用与 19 世纪中期伦敦人所谓的艺术之间具有一定的差距。那些站立在两座伦敦火车站前面的人们能够体会这种差距。这两座火车站彼此相邻，修建时间相差不到 20 年。纺织业机械化与运输业的新发展一样重要。其中最出名的要数铁路运输和汽船运输，但主要发展甚至先于这些新运输形式而发生。从 18 世纪至 19 世纪早期的这个时期是一个修建道路和运河的时代，特别是在英国、法国和美国东部。运输行业的改革改变了人们体验和规划景观的方式。

工业一般位于距离建成城市很远的地方，但铁路却为已建城市中心带来了新技术以及廉价的制造品。除了偶尔通过温室和展厅外，大多数城市中产阶级成员正是通过乘坐火车旅行才亲自体会到正在大幅提高他们的生活标准的技术。铁路从本质上就具有破坏性，大多数政府官员试图将铁路限制在城市中心之外的地方。事实上，19 世纪中期，许多欧洲城市的边缘都可通过火车站的位置来辨认；如果是像伦敦重要的大型城市，则可通过相互竞争的私人公司修建的火车站环来辨认。

伦敦的幸存火车站中修建最早的是国王十字火车站，竣工于 1852 年 (图 17.7)。其建筑师路易斯·丘比特 (Lewis Cubitt) 也是汤姆斯·丘比特的兄弟。后者是当时伦敦最著名的房地产开发商。他的堂兄弟威廉·丘比特是一位有名的铁路工程师。国王十字火车站是大北方铁路公司 (Great Northern Railway) 的伦敦终点站。它是当时最大的已建火车站。它的立面极其简洁，几乎没有任何装饰。内部和外部的鲜明呼应将这座火车站区别于民用建筑。里面的两个拱形与双层覆面内部的两个跨度一致。最初，该车站的一个拱形结构允许火车进站，另一个容许火车出站。即便在进站和出站都可利用相同轨道之后，这里的双拱形结构仍然是欧洲火车站普遍采用的标准。火车站需要巨大的跨度，因为需要很高的高度来散发蒸汽机产生的烟雾。它们还需要为乘客提供遮蔽物。国王十字火车站的车棚有 280 英尺长，105

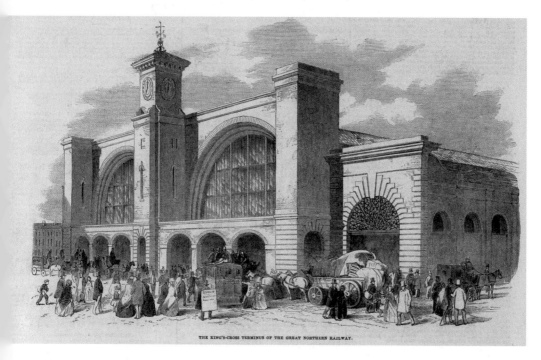

图 17.7 路易斯·丘比特和威廉·丘比特，国王十字火车站，英格兰伦敦，建于 1852 年

英尺宽，71 英尺高，由一堵拱形砖墙隔开。原本该结构是由立在铸铁柱脚的多层木桁架支撑的，后来在 1869 年被改成铁结构，因为首次设计中的横向推力被证明是多余的。

许多当代人对国王十字火车站的极简风格感到不满。建筑师对工程师大幅侵入其行业而经常感到困扰，并对工程师的实用设计对重要的复兴建筑发出的挑战感到不快。资产阶级赞助者经常偏爱更加明显的艺术解决方案，而不是由技术和资金决定的简单图表。米德兰大酒店 (Midland Grand Hotel) 和圣潘克拉斯火车站 (St. Pancras Station) 便是如此。它是建筑师乔治·吉尔伯特·斯科特 (George Gilbert Scott) 与两位工程师威廉·亨利·巴洛 (William Henry Barlow) 和罗兰·曼森·奥尔迪许 (Roland Mason Ordish) 的合作成果 (图 17.8)。这座建筑是由米兰德铁路公司于 1865—1876 年建立的。该宾馆的哥特复兴式立面给了后面的火车终点站一个装饰性公共脸面。事实证明将宾馆和火车站结合在一起既方便又有利可赢，但它需要采用一种与国王十字火车站不同的建筑式样——一种既文雅又舒适的风格。哥特式母题在该建筑中的重要性，如同在议会大厦一样，超越了整个现代平面和功能。在此情况下，他们引用了佛兰德人和意大利人的建筑元素而不是当地建筑元素。铁路方便了英国建筑师前往欧洲大陆的修业旅行。宾馆是一种支持新兴的旅行和旅游的新建筑类型。

火车站位于宾馆后面，并给它带来其所接待的大多数顾客。该火车站从工程学的角度来看也同样壮观 (图 17.9)。在大约 30 年里，它那 240 英尺的净跨度是世界上最大的。它有 100 英尺高，689 英尺长。根据这里的地形需要修建一个高架车站。该地点的巨大房地产价值启发人们利用车站之下的空间作为啤酒仓库的想法。啤酒桶被用作跨越整个空间的穹顶的模块并立在铁柱上。穹顶的铸铁网格肋形成了一个尖拱。尖拱符合哥特式美学，同时被证明是抵御横向风压的最佳结构。玻璃的安装采用脊沟式系统，借鉴了水晶宫的先例。等到圣潘克拉斯火车站完工时，英国上层阶级对几乎未在棕榈树温室、水晶宫和国王十字火车站体现的工程美学不再那么确定。米德兰大酒店是建筑技术应用的典范。它利用建筑艺术驯化新城市环境的工业性质。尽管如此，工业美学最终帮助启发了现代运动。

巴黎的埃菲尔铁塔是 1889 年世界博览会的核心建筑。它没有实际功能，只能作为地标和观景台 (图 17.10)。与之相关的博览会旨在庆祝攻占巴士底狱一百周年纪念

图 17.8 英格兰伦敦的米德兰大酒店，由乔治·吉尔伯特·斯科特设计，建于 1865—1876 年

268

图 17.9 英格兰伦敦的圣潘克拉斯火车站，由威廉·亨利·巴洛和罗兰·曼森·奥尔迪许设计，建于 1865—1876 年

日以及后来的法国大革命的爆发，并且不那么明显地赞美了法国工业和产品。埃菲尔还创造了自由女神像的支架，为规划的巴拿马运河设计了水闸。在这里，他将那种在国外参与庞大且通常高利润的基础设施工程的伟大抱负带回了巴黎。埃菲尔铁塔高达 1000 英尺，在长达 40 年时间里都是世界最高建筑，超过了德国新近完工的科隆大教堂 (Cologne Cathedral) 的双塔。它完全以钢铁搭建，展现了纯粹的金属结构的可能性，而且如同水晶宫一样，它是用预制构件修建的。然而，它花费了两年而不是 17 个星期才完工。这也暗示了它的网状结构要远为复杂。效率并非设计所有方面的要求。一些细节带有部分装饰性。最初，帕里的许多艺术家几乎一致地将这座铁塔批评为极其丑陋，但它在 20 世纪时却成为一个地标。此时，工业美学已经扎根，埃菲尔铁塔最终甚至超过了巴黎圣母院，成为巴黎和法国的象征。

图 17.10 法国巴黎的埃菲尔铁塔, 由居斯塔夫·埃菲尔设计, 竣工于 1889 年

符合当时品位的美学和工程学在 19 世纪的最后一座大桥上获得了最佳平衡。它就是横跨纽约城曼哈顿区和布鲁克林区之间的东河的布鲁克林大桥 (图 17.11)。它出自两位工程师约翰和华盛顿·罗布林之手。当多数建筑师和众多受过高等教育的赞助人将工程师对已建环境所做的贡献表示不信任时,罗布林父子明白,仅仅采用工业美学是不足以让一栋建筑成为城市地标的。约翰·罗布林是一位生于德国并在德国接受教育的工程师。他最初设计了这座大桥。该大桥始建于 1867 年,直到 1883 年才竣工,此时距离罗布林在工程现场的一场事故中丧生已经很久。他的儿子华盛顿同样在现场工作时得了减压病,且有精神失常症。华盛顿的妻子艾米丽负责了该工程相关的所有公关工作,并传达他做出的必要的计算结果。她后来获得了法律学位。

布鲁克林大桥并非第一座采用金属而不是缆索的悬索桥,但它却是当时为止最大的大桥。此外,它采用了由罗布林父子发明和制作的钢缆,而不是更加脆弱的铸铁或锻铁构件。最新的酸性转炉技术使得钢铁到 19 世纪 60 年代已被广为采用。

工程学方面的挑战非常巨大。桥梁从河流两岸的低势河岸开始就得在一个跨度内上升到足够的高度,以允许当时仍然包括高桅帆船的船只通行。桥面高出水面 120 英尺,跨越一条 1595 英尺宽的河流。该大桥的长度为 5862 英尺,包括长引桥在内。桥墩本身就有七层楼高,比大桥修建时期纽约的大多数建筑都要高。每座桥塔高达 168 英尺,比纽约城内除三一教堂 (Trinity Church) 的尖塔之外的任何建筑都高。

从一开始,约翰·罗布林就意识到了其设计中的美学因素。他在 1867 年骄傲地写道:"根据我的图纸建成后的大桥将不仅仅将是现存最大的大桥,而且是世界乃至该时期的最伟大工程。它最显著的特征——大桥塔将成为周边城市的地标,并能成为美国名胜。"

事实上,这座大桥不仅仅在当代人,而且在接下来的数代人的心中都成为了一个标志。这些人们日渐迷恋罗布林父子拒绝的工业美学。然而,罗布林父子却反而采用了受哥特式风格启发的塔楼拱形和石材饰面。建筑批评家刘易斯·芒福德 (Lewis Mumford) 在 1891 年如此描述这座大桥:"石材反衬着钢铁,厚重的花岗岩承重,蜘蛛网状的钢铁承受拉力。在这座结构上,过去那种庞大而具有保护性的建筑,与

图 17.11 约翰·卢布林和华盛顿·卢布林，布鲁克林大桥，纽约，建于 1867-1883 年

未来的轻盈、腾空、暴露在阳光下的建筑融合在一起。这是一座由空隙构成的建筑，而不是实体构成的建筑。"

工业革命转变了已建环境的组织和建设。新的生产地根据有效的生产过程布置，其所生产的建筑材料被用于修建规模空前的新建筑类型。空间和时间的关系被铁路和桥梁永远地改变。铁路和桥梁都前所未有地加快了人们从一个地方前往另一个地方的速度。

延伸阅读

Recently historians have demonstrated that patterns of urban sociability and consumerism previously thought to have developed only in the eighteenth century and only in the West have earlier roots in diverse cultures and were a cause rather than a product of industrialization. See in particular Linda Levy Peck, *Consuming Splendor: Society and Culture in Seventeenth-Century England* (New Haven, Conn.: Yale University Press, 2005). For discussion of the Iron Bridge in Coalbrookdale and the use of iron more generally, see Christine Vialls, *Iron and the Industrial Revolution* (Cambridge: Cambridge University Press, 1989). On Lowell and its workforce, see Thomas Dublin, *Transforming Women's Work: New England Lives in the Industrial Revolution* (Ithaca, N.Y.: Cornell University Press, 1994). On the Crystal Palace and its predecessors, see Patrick Beaver, *The Crystal Palace, 1851–1936: A Portrait of Victorian Enterprise* (London: Hugh Evelyn, 1970). The classic comparison of London's two train stations appears in John Summerson, *Victorian Architecture: Four Studies in Evaluation* (New York: Columbia University Press, 1970). On the Eiffel Tower, see Darcy Grimaldo Grigsby, "Geometry/Labor = Volume/Mass," *October* 106 (2003): 3–34. On the Brooklyn Bridge, see Richard Haw, *Brooklyn Bridge: A Cultural History* (New Brunswick, N.J.: Rutgers University Press, 2005); and Alan Trachtenberg, *Brooklyn Bridge: Fact and Symbol* (New York: Oxford University Press, 1979).

18

19 世纪的
巴黎建筑

声名显赫的拿破仑执掌法国政权长达十年，从 1804 年一直延续到 1814 年，之后在 1815 年又短时间回归，直至最终大败于滑铁卢之战。在顶峰时期，他所统治的领土从西班牙和葡萄牙延伸到莫斯科的大门，但传播法国大革命的信念——自由、平等和博爱——的初衷却变成了个人征服。最终，许多大革命的成就都被抹灭。被送上断头台的路易十六的弟弟在 1815 年复辟皇权。法国在 17 和 18 世纪的大多数时间里都是欧洲最富裕、技术最先进的国家。然而到 19 世纪，它却开始落后于其邻国。法国的发展出现了实质性的停滞，而拿破仑美化城市的计划也未获得丝毫成果。

但法国还有另一位拿破仑——拿破仑一世的侄子。他在 1848 年的另一次革命中夺得了政权，并于 1852 年登上皇位，成为拿破仑三世（拿破仑二世是拿破仑一世的儿子，孩童时期就已死亡），其统治一直延续到 1870 年。他有几次试图在战场上获得叔叔那样的战绩，不过均以惨败告终。他在 1870 年丢了皇位。尽管如此，他是那个不能为学习建筑或城市历史的学生遗忘的拿破仑。在他的领导下，巴黎的人口数量在 20 年里增长了 1 倍，法国的工业产量终于逼近英国的产量，法国首都也从一座凋敝不堪的大都市转变成世界最宏丽的城市。即便拿破仑三世被迫流放到英格兰后，他所颁布的城市政策却幸存了下来，就如同它们创造的辉煌一样。

要想了解 19 世纪中期巴黎的故事以及那里建立的各种建筑模型传播到遥远的布宜诺斯艾利斯和圣佛朗西斯科的原因，我们必须了解法国建筑师是如何接受培训和进行实践的。直至 18 世纪中期，建造者和木工而非建筑师设计了欧洲及现有殖民地和前殖民地的大多数建筑。建筑师仍然非常稀少。然而，到 18 世纪中期，法国出现了一种学习建筑的新方法：建筑学校。法国大革命爆发后，由皇家艺术院赞助的学校被转变成了美术学校 (Ecole des Beaux-Arts)。美术学院根据课程规划教授建筑、绘画和雕塑。这种教育方式很快形成了教育模式，并迅速传播到欧洲其他地区，到 19 世纪末时传播到了世界各地。尽管该学校是法国政府创立的，许多外国学生却将他们在巴黎掌握的这种教育系统带回了祖国。

美术学院是世界上最重要的建筑学校，不仅因为它是最古老的，也因为它提供的教育是系统性的。美术学院的教育者们将建筑构想为一个合理的系统。平面图和剖面图与立面图一样重要，三者之间应该是密不可分的。古典主义是受人欢迎的样式，但它具有不同的形式。比样式更重要，或者说比建筑更重要的是按照交叉轴环形系统建立的合理空间组织。查尔斯·佩西耶 (Charles Percier) 为法兰西学院的一栋建筑所做的获奖设计可追溯至 1786 年 (图 18.1)。3 所学院各自具有相似的空间，第四面均设置大小合适的入口。佩西耶在拱廊、独立学院的主要空间和公共穹顶中心空间之间建立了清楚的等级关系。

佩西耶在这次竞赛中承接的任务的性质突出了法国政府出资的目的：建立一个能够设计出服务并代表法国的建筑的专业机构。随着时间的变迁，为此类竞赛设计的建筑以及建筑图纸都逐渐增加了装饰。茱莉亚·摩根 (Julia Morgan) 是在该学校学习并从那里毕业的第一位女子。她创作的一幅绘画描述了该学校对外观的注重，学生们最终也因这方面的才能而出名 (图 18.2)。摩根，如同所有美术学院的学生一样，将自己的时间部分花在学校的课堂上，部分花在著名建筑师的工作室或画室中。这些建筑师大约每周来一次学校，以对学生的学习成果做出"评判"。摩根和同学们往往通宵工作以准备毕业图纸，而后推着被称为沙雷特 (charettes) 的小型手推车穿过街道，将图纸从画室运至美术学校。之后，一个评审委员会将秘密地对这些图纸进行评价并发奖，但却不会对评选结果发表任何其他公共评论。

毕业后，摩根回到家乡加利福尼亚州的奥克兰。巴黎美术学院最成功的法国毕业生，即那些获得了罗马奖的毕业生们，将大部分职业生涯花费在指导自己的学生以及参与巴黎极少数由政府出资的著名新建筑的修建上。亨利·拉布鲁斯特 (Henri Labrouste) 的职业生涯也具有这种特征。他可能是该学校所有法国毕业生中最富想象力的学生。在 20 世纪的大部分时间里，美术学校的作品一直被批评为是对古

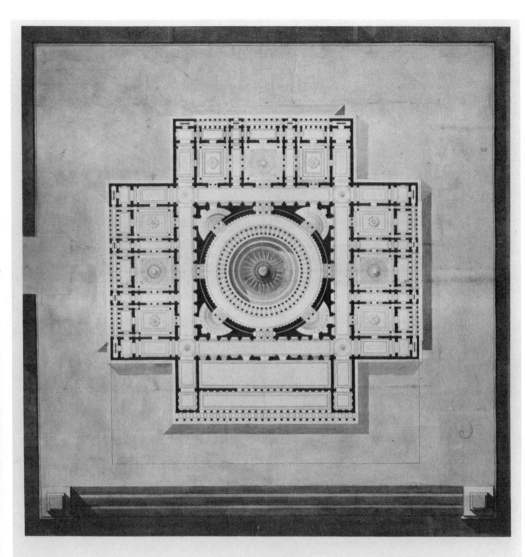

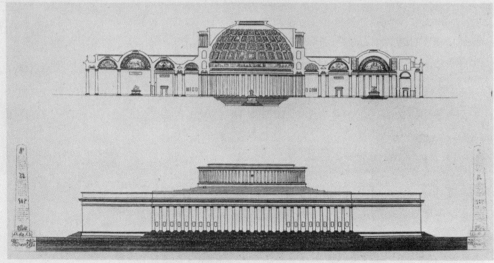

图 18.1 组合学院工程，由查尔斯·佩西耶设计于 1786 年

图 18.2 一座剧院的图纸，由茱莉亚·摩根设计于 1902 年

希腊和古罗马建筑以及文艺复兴式和巴洛克式建筑的模仿，缺乏原创。更新的研究表明新材料和新功能给古典形式和平面图的动态改变所带来的影响。拉布鲁斯特设计的巴黎圣吉纳维芙图书馆 (Bibliotheque Sainte-Genevieve) 是鲜明地表现了这种系统中固有的可能变化的建筑之一。该图书馆是在 1838—1850 年间设计和修建的 (图 18.3)。

该图书馆位于苏夫洛的大教堂附近。一眼看去，它显得相对简朴：上层是一长排拱券窗口，更加封闭的下层也有一长排圆顶窗户。以拱券取代毗邻的伟人祠的一层所采用的新古典主义墩梁系统是该图书馆的第一个新建筑元素。拉布鲁斯特坚持清楚地展示该建筑的功能。尽管将所有民用建筑容纳在一座古希腊或古罗马神殿的重建立面后面是当时的潮流，他却希望清楚地表明这是一座图书馆。他用两种方法

图 18.3 法国巴黎的圣吉纳维芙图书馆，由亨利·拉布鲁斯特设计，建于 1838-1850 年

达到了这个目的。首先，他将阅读室放在图书馆二楼的正面，因为那里的自然光线最充足。该立面没有附加任何带有三角饰的柱廊或其他母题，因此，没有损坏这个空间的量的表现。其二，他采用描述建筑用途的装饰方案。拉布鲁斯特认为，建筑应该尽可能直接地表达。对他而言，能够达到该目的的装饰比古典细节更重要。第二层一半以上的拱券都安装了牌匾，上面列出了拱券后面所收藏的书籍的最著名作家的姓名。他以此告诉公众，这是一栋与知识和文学相关的建筑。秉着相同的精神，拉布鲁斯特在入口大门的两侧各设计了一个浅浮雕火炬雕塑，以表明这样一个事实，那就是以采用新技术后的煤气灯进行照明后，该图书馆成为第一座在夜间开放的重要图书馆。

访客从大门进入图书馆后再穿越一层走到建筑后面的楼梯就可前往二楼的阅读室。拉布鲁斯特试图以这条通道取代他无法挤入图书馆前面的城市空间的园林。他认为这是外面的喧闹城市空间和他试图在楼上营造的学术氛围之间的必要过渡。该通道两旁装饰着著名作家的半身像以及树木绘画。通向阅读室的楼梯悬挂着一幅拉斐尔的《雅典学院》的复制品。这幅梵蒂冈壁画描绘了古希腊哲学家和学者，他们进一步确立了这栋建筑的性质。阅读室是巴黎第一个受益于铁结构的公共空间。铁结构使实现建筑的轻盈和开放成为可能 (图 18.4)。这是裸铁首次应用在一座重要的民用建筑上,不过这座文化机构是由一位著名建筑师,而不是工程师设计的。正因为铁结构,房间的光线充足。建筑四面的拱券窗户容许高侧窗的光线进入内部空间。与平面顶面相比,双筒形穹顶使光线在该空间产生了更加有效的反射。采用铁使得拉布鲁斯特能够尽可能少地采用支撑该结构的柱子,进一步完善他使整个建筑充满光线的目标。

融合先进结构和功能的学术建筑仍然为拉布鲁斯赛特和他的前美术学校同学在巴黎修建。然而,它们并不是那些让巴黎在大约 1860 年直至 1914 年第一次世界大战爆发期间成为几乎所有观察者心中的模范现代城市的建筑。尽管民用领域的建筑是面向对国家机制感兴趣的资产阶级的,然而,19 世纪五六十年代法国政府有兴趣的却恰好是阻止这个阶级参与政治。拿破仑没有给予他们政治权力,相反,为他们提供了一个巨大的游乐场。法国在工业生产力方面永远不可能超越英国,但巴黎却成为一个比伦敦更适宜购买和展示奢侈品的地方。购买和展示奢侈品因工业化

图 18.4 圣吉纳维芙图书馆的阅读室

的环境而成为可能，而巴黎却像适于生产的任何工厂地面的平面布局一样适于发挥这种功能。

在 1853 年被任命为巴黎地方长官的男爵乔治 - 欧仁·奥斯曼 (Georges-Eugene Haussmann) 在这个发展过程起到了带头作用。他开始在该城市现有道路网络之上修建新大道 (图 18.5)。尽管时尚的西北区修建的街道数量最多，但新建道路却广泛地分布在全城各处。新大道为该城市交通的有效通行提供了便利，同时打通了新的南北和东西通道(图 18.6)。这点非常重要，因为铁路不能将旅客运至城市中心。从法国某个地方运来的人们和物品通常需要自行前往位于法国另一个地区的出发点。从一开始，评论家们就指责新街道系统的设计还旨在维持城市秩序。他们辩称，士兵们可以在这些街道上列队前进 (甚至是射击)，轻松地清除巴黎巷战利用的街垒。然而，巴黎最血腥的一次巷战发生在 1871 年法国政府对巴黎公社进行残暴镇压之时。此次巷战发生在新大道修建后，而不是修建前。就在最近的 1968 年，街头游行抗议还推翻了一个选举出来的法国政府。

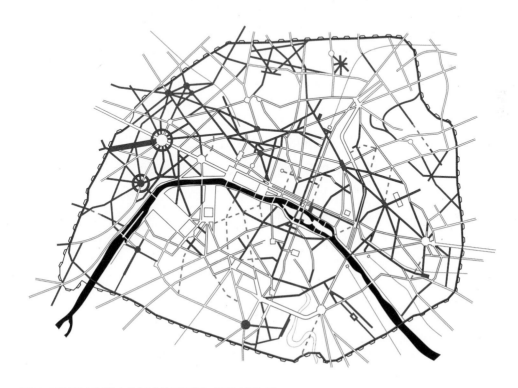

图 18.5 法国巴黎增建的街道的平面图，1854-1889 年

图 18.6 卡米耶·毕沙罗 (Camille Pissarro) 的《法国剧院：雨景（歌剧院大街）》，创作于 1898 年

奥斯曼的现代化运动改变了巴黎和巴黎生活的特征，大道只不过是其中最显著的部分。到 1850 年，巴黎仍然有许多肮脏狭窄的小路。有些街道甚至穿过在中世纪时期修建的道路。街道两旁坐落着两至三层的楼房，其中大多数是在 17 和 18 世纪修建的，取代了之前更小的建筑。这些街道没有设置人行道，照明不足，供水排水系统极差，通常是令人不适的地点。相反，新大道具有中心交通通道，道路两边栽种林荫树木，还设置了宽敞的人行道，而人行道面向商铺和公寓。

大多数家境优渥的巴黎人和巴黎城里的众多游客对其认为的城市进步点头称赞。其他人，尤其是那些在政治上反对赞助人拿破仑三世的人们并不确定。一些重要学者团体开始思考巴黎的一些历史和城市魅力是否会随着中世纪后街的拆除而消失，这在法国历史上是前所未有的。对历史价值的了解是城市规划的一个新因素，不为重建部分罗马城的教皇们知晓，也不为奥斯曼理解和支持。奥斯曼只欣赏包括像巴黎圣母院那样的主要不朽之作的重要建筑。令提倡保护者恐慌的是，奥斯曼拆除了大教堂前面的中世纪建筑，以修建保存至今的广场。

奥斯曼的大街是新建的，但宽阔的街道不是。西克斯图斯五世的罗马的巴洛克形式早已被路易十四引进巴黎。奥斯曼在此基础上增加了最新的便利设施，如下水道、垃圾箱、街道照明和公共交通设施。市政服务与街道生活的融合建立在娱乐活动的公共商业化的基础之上。这种融合产生了一种新的城市生活方式，并将公共环境与工业革命的成果联系起来。奥斯曼的种种改革不可争议地使中心城市比以前任何时候都更具吸引力，尤其是对中上层阶级和富人而言。这两者的人数的增长速度甚至超过城市本身的发展速度。到 19 世纪 40 年代，许多巴黎上层阶级迁移至郊区，以避开城市里污秽不健康的环境。在第二帝国时期，他们又搬回城市以享受该城市的新城市便利设施。那时候，很多穷人涌进城市，在巴黎的大型公共建设工程中寻找一份建筑工作，那么他们又去了哪里？随着巴黎人口数量的增长以及大多数破旧低廉的房屋被拆除，工人阶级挤进了城市里剩余的、也日渐昂贵的贫民窟。其他人则搬迁至城市边缘的郊区棚屋。他们通常从那里步行两个小时回到城市里工作。这种恶劣的居住环境的持续存在当然是巴黎复兴的最大污点。

历史上，巴黎就有着富裕街区和贫穷街区之分，但总体而言，不同阶级住的相距不远，甚至居住在同一栋楼里。更穷的租户居住在上面楼层。早在 18 世纪，因为这座都城的住宅需求如此之高，以至于出现了一些按需而建的公寓建筑。从 19 世纪 60 年代开始，电梯的发明使得许多新公寓建筑大多为该城不断增加的资产阶级居住，只有楼下的看门人和位于最高位置的阁楼租户代表低收入阶层。整个区域逐渐几乎完全为殷实家庭居住。

巴黎街区之间日渐分明的等级划分使得最漂亮的新街道成为那些有购买能力之人的活动场所。早在 1850 年前，巴黎或其他欧洲城市只有少数人们愿意在其中散步的地方。在半个世纪里，高贵的购物者选择有遮蔽物的拱廊。这些地方和通常肮脏狭窄的小路隔离，体面的女子也尽可能避开这些小路。如今，公共生活蔓延到了街道上。宽阔且定期打扫的人行道为林荫树木遮蔽，变成了休闲阶级以及仆人和商人的日常行走路线。当英国和美国的同等阶层日渐躲在郊区的私人宅邸时，巴黎人乐意在公共空间度过大部分时间。他们在咖啡馆与朋友会面，而不是客厅里。

拿破仑三世和奥斯曼还提供了亲近自然的通道。在 19 世纪,如画公园不再是英国贵族的独占地。如画公园如今也在城市内修建,也能满足中产阶级的保健和娱乐需求。这个阶级同样也利用和喜欢博物馆和剧院。最初,工人阶级对这些空间使用很少,因为新公园距离他们居住的地方很远,而且他们只有周日才能休息。然而,随着公共交通的改善和工作周的逐渐缩短,公园逐渐为所有人享用。

园林建筑师阿道夫·阿尔方德 (Adolphe Alphand) 在 1863—1867 年间修建了柏特休蒙公园 (Parc des Buttes-Chaumont)。该公园位于巴黎郊区的一个中产阶级街区 (图 18.7)。这里在变成公园前是一个采石场。它那巨大的地形变化方便

图 18.7 巴黎的柏特休蒙公园,由阿道夫·阿尔方德设计,建于1863—1867 年

了将这个丑陋的地方变成一处供儿童游玩和成人休闲的地方。它成为巴黎的众多街区绿化区之一。在这座城市里，几乎没有人能够富有到修建一个大型公园。在该公园修建的时期，改革家们越来越关注城市各阶层居民的健康，辩论改善卫生环境、增加阳光和新鲜空气的必要性。在说英语地区，这种认识促进了低密度住宅区的开发。然而，在欧洲，城市公园的田原氛围仍然只是重要的城市化的装饰。

巴黎在欧洲仍然占据重要地位不只是因为它是一个集中消费和展示的地方。巴黎人善于为进行这些活动创造合适的舞台。这些舞台的重要性早就随着大量女性的频繁访问和它们偏重商业性而不是民用性而丧失。然而，今天的奢侈品市场被严肃地视为是推动了至少从 16 世纪开始的经济现代化进程的引擎。建于 1852 年的蓬马歇百货公司 (Bon Marche) 是世界最早的百货商店之一 (图 18.8)。Bon Marche 翻译出来是 "物廉价美"，意思是相对便宜。法国快速增多的工厂生产的商品以及来自扩展后的国际贸易网络的商品就是在百货商店进行展示和销售的。这种新的销售模式很快从百货商店传播到小型企业。任何人都能进入百货商店，而不仅仅包括那些旨在购物的人们。他们能够观看交错排列的商品，并在该过程中了解在这座城市中可以买到什么样的物品。所有顾客按相同的价格购买，而价格也清楚地被展示出来。人们不再需要讨价还价。

购物方式的变化对女性的影响是最直接对的。它们为那些很少出去工作赚钱且没有选举权的中产阶级和富裕女性提供了作为顾客使用真正的经济权力的机会。百货商店同样还为这些女性与朋友进行社交创造了公共地点。购物成为资产阶级的休闲活动，而不仅仅是贵族休闲活动。人们可能购买一些根本不需要的东西，只是为了享受拥有和穿戴时尚服饰的乐趣。百货商店通过提供餐馆、阅读室和干净的卫生间而鼓励女性进城。此外，销售货物的工作成为中低产阶级女性的常见职业，为她们提供了一定的受欢迎的经济独立地位。更少见的是，女性参与了百货商店的管理。百货商店通常一开始是家族企业。玛格丽特·布锡考特 (Marguerite Boucicaut) 作为蓬马歇百货公司的合创人，在丈夫阿里斯蒂德 (Aristide) 去世后管理该公司。女性工厂工人和血汗工厂的女裁缝生产了在商铺和百货商店出售的纺织品、饰品和成衣。工业革命极大地增加了这些产品尤其是纺织品的供应。新交通网络和插入图片的时尚杂志确保了巴黎时尚在国际上的传播。

蓬马歇百货一开始只是一个小店铺，后来才扩展到占据巴黎的一整个街区。该百

图 18.8 法国巴黎的蓬马歇百货公司的天井, 由 L.A 波洛瓦和古斯塔夫·埃菲尔设计, 建于 1876 年

货商店的最终外部式样与最新扩建的卢浮宫相似,后者的建筑师沿用了该建筑 16 和 17 世纪的结构部分的华丽风格。因此,在 19 世纪六七十年代,这种风格成为了国际奢侈品的标志,直至巴黎歌剧院的范例产生了一种更具装饰性、更少历史主义的另一个选择,但真正的惊奇却在建筑内部。新百货商店是围绕大型天井组织的。天井最深处的位置提供了照明,也显示了仍是新现象的多层结构。这种玻璃和铁的笼子的壮观规模在这里与直白的新工程学展示并举。建筑师 L.A. 波洛瓦 (L.A.Boileau) 与工程师古斯塔夫·埃菲尔合作设计的蓬马歇百货的这部分结构可追溯至 1876 年。人们可乘坐电梯上到百货公司的楼顶,并沿着其中修建的巴黎最大的楼梯下楼。下楼的过程完全暴露在其他购物者的视线范围内。这种美妙的体验能与巴黎的任何民用建筑所能提供的体验媲美。后者具有明显的教诲目的,而蓬马歇百货则更加有趣。然而在这些场景后,人们会发现更多实用性能,更少奢华。这里有一个庞大的邮购部,货物从这里被航运到世界各地。这里提供的员工厨房和餐厅展示了布锡考特的仁慈,也使员工们能够在大多为女性工人们的严密监视下保护公司的名誉。

许多百货商店都聚集在由奥斯曼和拿破仑创建的最漂亮街区,位于如今名为歌剧院大街的拿破仑大街上。新大道是整座城市最显著的南北轴线,将卢浮宫旁边的瑞弗里大道 (rue de Rivoli) 和歌剧院连接了起来。新大道本身就是第二帝国唯一的最重要建筑。它的两边林立着时尚的公寓楼和商铺。此外,巴黎最漂亮的宾馆、餐馆和百货商店很快也集聚到了该区。大道的统一檐口高度以及锻铁阳台取代了更小房产的稠密网络。新街道穿越但并没有从根本上改变城市网络。人们经过巴黎该区的体验改变了,但居民却与新环境和旧环境均建立了联系。

大道的终点位于歌剧院本身 (图 18.9)。歌剧院由查尔斯·戛纳 (Charles Garnier) 设计,始建于 1861 年,但直到 1874 年才竣工。这里,如巴黎城内的其他许多地方,一栋著名建筑成为一条重要轴线的终点。奥斯曼将该歌剧院作为一个与周围街道分离的岛屿来修建。采用这种设计还有其他几个原因。第一便是安全,特别是因为之前的歌剧院里曾发生了一起刺杀拿破仑三世的事件。第二,在这个时期,舞者经常死于因表演服装被舞台脚光的煤气火焰点燃而引起的火灾,因此,剧院火灾是最常发生、死亡率最高的城市灾难。如今至少可以在大火吞噬整个街区之前轻松地隔离火灾。最后,去歌剧院的人们极少是步行去歌剧院并从建筑的主门进入的。相反,大多数人是乘坐马车前来,并把马车存放在歌剧院的两侧。

图 18.9 法国巴黎的歌剧院，由查尔斯·戛纳设计，建于 1861—1874 年

在歌剧院中创造的奢华的建筑词汇表显示了社会的新财富和公众从财富中所获得的快乐。歌剧院抓住了让巴黎成为欧洲文化中心的大部分精神，吸引了各类人群。有人只是想要在此享受别人的陪伴，有人喜欢在这里交流来自公共聚会地点的思想，有人可能只是在大道咖啡馆和百货商店偶然相遇的，还有人可能经过精心准备后才来剧院。

在所有精美的装饰之下，这座优秀的新古典建筑的骨架却可在平面图以及立面图中清晰地辨别（图 18.10）。戛纳对歌剧院内部空间的组织和任何工厂的空间组织一样有效。基于观众在该空间的流量，他对穿过建筑的通道和观众席给予了相同的重视，同时还创造了一个宽敞的后台空间。观看和被观看是表演的重要部分。前面的表演空间和后面的支持空间超过了舞台和观众席的空间。大楼梯取代宫廷成为巴黎的社交中心，所有看戏者都通过这段楼梯前往自己的座位（图 18.11）。在马车入口以及楼梯之间甚至还有一间供人们整理服饰的房间。在整个巴黎，事实上可能是

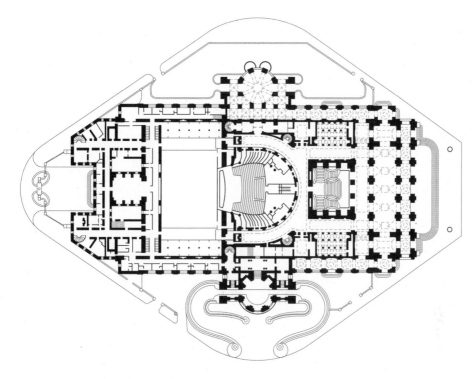

图 18.10 巴黎歌剧院的平面图

整个世界，楼梯本身就是炫耀自己最精美的服饰和珠宝的最佳位置，或者如果是男子，则是展示自己与重要人物的熟悉程度的最好地点。这里如同整个第二帝国时期的巴黎一样，参与是由一个人的购买能力决定的，这与一百多年前的宫廷不同。那时候，要参与大多发生在宫廷中的娱乐活动是由一个人出生的阶级或者说其所具有的其他社会联系确定的。

歌剧院的主要功能之一便是展示少女。皇室或贵族聚会只允许那些具有合适社会关系的人们参加。与之不同的是，富裕的工匠以及贵族、实业家的妻子和国外游客都可在这里进行亲密交谈，就像他们在百货商店一样。在歌剧院，适婚少女被介绍给同龄人，包括潜在的丈夫。芭蕾舞演员并非靠极少的工资生活，而是靠主顾给予的金钱。她们穿着在当时看来极为暴露的衣服，通过自己在歌剧舞台上的表演来吸引主顾。富裕点儿的女子以及工匠在从楼梯前往包厢的过程中，或者于剧间休息时在比最豪华的舞厅还要奢华的休息室散步时，以及坐在排列在观众席墙体上的包厢时，都能展示自己。他们本身也是场景的一部分，就像舞台上发生的场景一样。

图 18.11 巴黎歌剧院的楼梯

然而，拿破仑三世创建的巴黎并不只是女性展示自己的地方。拿破仑三世对将巴黎改变为世界最舒适最令人愉快的城市环境做出了巨大贡献。新巴黎重申了巴黎成为艺术和文化的全球引领者的主张。拿破仑三世未能征服任何国家。然而，他战胜了十九世纪巴黎所面临的的众多困难。这是极其伟大的成就。

延伸阅读

Most scholars of Second Empire Paris are much more critical of Napoleon III and Haussmann. See, for example, T. J. Clark, *The Painting of Modern Life: Paris in the Art of Manet and His Followers* (Princeton, N.J.: Princeton University Press, 1984); and David Harvey, *Paris: Capital of Modernity* (New York: Routledge, 2003). My account draws on Robert Herbert, *Impressionism: Art, Leisure, and Parisian Society* (New Haven, Conn.: Yale University Press, 1988); and David Jordan, *Transforming Paris: The Life and Labors of Baron Haussmann* (Chicago: University of Chicago Press, 1995); as well as David Van Zanten's *Designing Paris: The Architecture of Duban, Duc, Labrouste, and Vaudoyer* (Cambridge: MIT Press, 1987) and *Building Paris: Architectural Institutions and the Transformation of the French Capital, 1830–1870* (Cambridge: Cambridge University Press, 1994). On apartment life in Paris, see Sharon Marcus, *Apartment Stories: City and Home in Nineteenth-Century Paris and London* (Berkeley: University of California Press, 1999). On the Bon Marché, see Michael B. Miller, *The Bon Marché: Bourgeois Culture and the Department Store, 1869–1920* (Princeton, N.J.: Princeton University Press, 1981). For the most thorough account of the Opera, see Christopher Mead, *Charles Garnier's Paris Opera: Architectural Empathy and the Renaissance of French Classicism* (Cambridge: MIT Press, 1991).

19 理想家庭生活

政治和技术的变化促使像巴黎这样的大城市修建民用和商业建筑，同时也触发了通常给被认为不变的环境——家庭环境的剧变。在巴黎，符合潮流的公寓楼和服务其居民的商铺一样共同出现在相同的大道上。英国和美国的城市沿着与欧洲大陆上的城市截然不同的路线发展。从整个 19 世纪直至现在，说英语国家的人们养成了一种对独立或半独立房屋的偏爱。这类房屋往往带有前园林和后园林，且位于城市边缘。居住因此而与工作、购物和管理分离开来。随着工业革命的进展，越来越多的创收性工作从家庭转移至工厂或办公室，同时，铁路和汽船在家庭和工作地之间提供了新的交通方式，因此，居住地和工作地之间开始分离。由此一来而出现了郊区以及对建筑如何修建、组织、装饰和居住具有重要性进行思考的方法。矛盾的是，这些变化将全新的空间以工业前村庄和乡村生活的怀念风格包装起来，因而经常掩盖了郊区的新兴事实。

在整个说英语地区，女性和男性都认为，成员越来越多的核心家庭维持了他们认为受到工业化威胁的道德观。许多女性支持这种观点，并以之扩大中产价级女性作为家庭主妇和改革家的得到认可的舞台和权利。这种有关中产阶级家庭的感性观点及早期其他选择反过来促进了装饰艺术、民用建筑、园林建筑和郊区规划方面的改革。

许多人认为，19 世纪的美国人和欧洲人有关女性的合理地位的观点的根源比事实证明的还要深远。直到 18 世纪，法国启蒙运动哲学家让·雅克·卢梭著述的教育作品才鼓励人们不再将儿童视为微型成年认。同样，我们所认为的直到最近才有所改观的男主外、女主内的观点是错误的。这种责任分配方式在不到两百年间里一直是中产阶级欧洲和美洲家庭以及在更多的时期内是大多数其他家庭的标准分配方式。在那之前，多数男子在家里工作，而大多数商铺、专业办公室和工作间与厨房和卧室位于同一屋檐下。当生产地点转移至家庭之外后，许多女性和儿童也随之而去，成了工厂工人这种转变主要是在19世纪新英格兰地区的富裕的非农业家庭中完成的。对中产阶级女性来说，它带来了一种职责性危机。尽管随着富人日渐富裕，更多的家庭能够雇用仆人帮忙，然而，大多数女性仍然在丈夫出去工作时留在家里。她们还需要做饭（用柴火灶做饭，几乎每道菜都以原料做成）、洗衣和熨衣（同样不能借用现代设备；事实上，大多数生活用水都是手工泵取的）、打扫房间（没有吸尘器）、教育孩子、维系亲戚关系和维护园林。与她们之前参与管理商铺或者生产在其中出售的商品不同的是，这些活动并非现金经济的一部分，因此，与家中向她们分配少量金钱的男性成员相比，她们的经济地位逐渐下降。在美国和法国大革命爆发前，多数男性以及女性缺乏政治权利。如今，中产阶级男性获得了政治权利，但他们的妻子和女儿仍然没有。

在这种情况下，出现了一些根本解决方案。其中之一是约翰·汉弗莱·诺伊斯（John Humphrey Noyes）在上纽约州创立的奥奈达公社（Oneida Community）（图19.1）。诺伊斯和其追随者们住在一种很像宾馆或宿舍的地方。这座建筑随着公社本身的扩大而扩展，直至公社在19世纪80年代解体。公社的每个成员都有自己的房间。这允许以不稳定的性关系取代传统婚姻。它同样还意味着，主持家务和社交活动是像为市场生产商品一样集体完成的，且通常由穿着布鲁默女服的女子完成。布鲁默女服是一种宽松的长裤，与当时的女裙相比，能给女子更多的运动自由。儿童是由公社全体养育的，而不是其父母。他们的父母可能仍然在一起，也可能不在一起。尽管公社的大多数育儿工人是女子，却没有女子能在家里和她的孩子们单独相处，而那些实际上照顾儿童的女子需要承担的额外工作也更少。

奥奈达公社对中产阶级的规则尤其是性规则的挑战对大多数19世纪的美国人来说是非常激进的。学者们比如凯瑟琳·比彻尔（Catharine Beecher）和她的妹妹哈里特·比彻尔（Harriet Beecher）在将中产阶级女性的经济重要性重塑为真正的道德权利尤其是宗教权利方面获得了更多成就。这些女子以及认可她们的男子对日渐重要的金钱的许多方面感到不满。她们还描述了新工业化的经济和逐渐城市化的社会的残忍和不道德。对他们而言，家庭是以女性为主导的逃避不舒服但不可

THE KITCHEN. ONEIDA COMMUNITY.

图 19.1 纽约奥奈达公社大楼的公社厨房, 建于约 1870 年

避免的变化的港湾。这里, 女性能够抚慰她们的丈夫、父亲、兄弟, 并在一个从空间上与城市分开的环境中养育和教育他们的孩子。

比彻尔率先创建了高质量的女子学校, 并使教育成为一种体面的女性职业。这些参与工作的女性受到新劳动分工的歧视, 且像她一样是单身女子, 不能依赖父亲、兄弟或丈夫, 需要自己赚钱 (比彻尔的未婚夫死于海难)。她还通过为众多女性撰写管家论文来养活自己。这些女性或居住在远离母亲和姐妹的地方, 或者因家庭地位上升而居住在与其生活环境完全不同的陌生环境中。

比彻尔以怀念的心态看待她的大多数读者的父母和祖父母居住的农舍。19 世纪下半期, 许多美国人著述了有关民用建筑和相关话题的手册。同他们一样, 比彻尔也偏爱哥特式复兴农舍, 将草莓山庄园的如画特征推介给了中产阶级。她钟爱带有园林的单一家庭住宅, 同时认为住宅应该合理组织。比彻尔强调家庭的效用——既是工作点, 也是休憩地。这将她区别于同样也写作有关郊区农舍和别墅的建筑风格的

男性。她和妹妹在 1869 年出版的"美国女性之家"的设计具有一个核心服务区,而核心区的周围具有更多装饰元素,比如凸窗和游廊 (图 19.2)。比彻尔特别关注厨房和供暖系统的组织。供暖和烹饪共用一根管道,因此很实用。她还提议采用一种可移动房间隔墙。隔墙还能方便存放衣物。人们在这里发现另一种结合形象和效率的组合,这种组合自此以后,一直是大多数美国郊区住宅的共同特征。

工业化不仅仅改变了中产阶级男性、女性和儿童的角色,因为他们如今接受更久的学校教育,而不是做某行业的学徒或做一定期限的仆人,而且工业化还影响了他们家中日益增多的有形商品的设计和生产方式。有些商品如今是在工厂生产的,有些仍然是在工作坊生产的,但几乎所有商品都是为大众市场而不是独立顾客设计的,而且许多是之前仅为皇室、贵族和其他富裕阶级享用的种类或具有他们专用的装饰。到 19 世纪中期,在水晶宫举行世界博览会后,这种情形逐渐变得明晰。批评家们为手工生产和这种方式下产生的低质量标准感到惋惜。

对英国很多善于思考的观察者来说,这种现象的补救方法是复兴中世纪形式。他们相信这也能让人们回归记忆中的更好社会。负责议会大厦的细部设计的建筑师皮金 (Pujin) 在 1836 年出版了《对比》一书。他在其中对比论述了中世纪以及现代的城市和社会机构。他在阐述两种社会体制下的价值观时展示了两种重要但矛盾的观点。他认为一种社会是虔诚而慈善的,另一种是无情和资本主义的。这些观点中的第一个观点是,建筑样式反映了诞生了它的社会的价值观。这种观点助长了 19 世纪的人们对历史的迷恋。这个时期,艺术史被确立为一门专业。在艺术史专业中,建筑历史不仅仅指对早期建筑的外观的记录。历史对皮金来说具有道德意义。他认为模仿过去的建筑风格是恢复作为其来源的社会价值观的手段。这种希望促使社会改革家和哥特式复兴建筑师建立联盟,但却被证明是错误的,因为仅有样式不足以促进社会变化。

最终因为这种情形而感到沮丧的一人是威廉·莫里斯 (William Morris)。他的父亲是一个富商。他原本是画家兼诗人,后来从建筑和装修自己的房屋的经验中受到启发,从而致力于家具的设计、生产和销售。他是英国最具影响力的社会党人之一,因此希望通过这些活动来巩固自己的政治地位。尽管他在试图通过设计达成社会变革方面取得了极少成就,却极大地促进了人们品位的改变——尽管是通过另外一系列直接的政治活动实现的——并推动了工人阶级事业的发展。

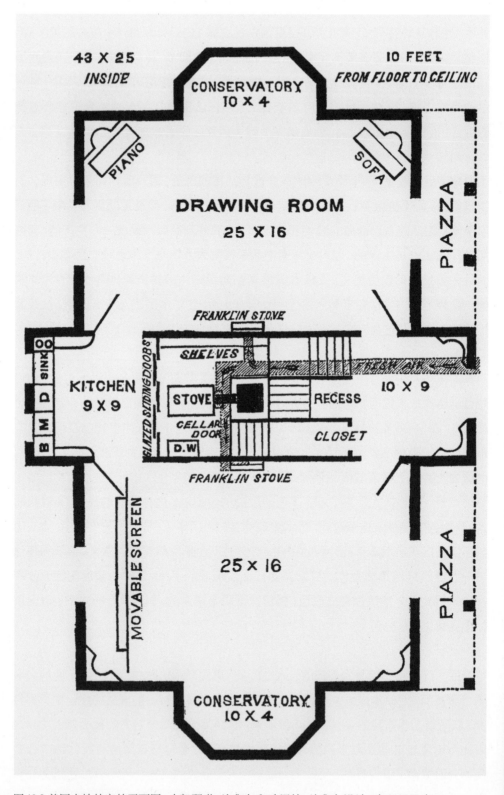

图 19.2 美国女性的家的平面图，由凯瑟琳·比彻尔和哈里特·比彻尔设计，建于 1869 年

菲利普·韦伯 (Philip Webb) 于 1859 年为莫里斯在伦敦郊区的贝克斯利·希斯 (Bexley Heath) 修建了红房 (Red House) (图 19.3)。具有讽刺性的是, 莫里斯能住在乡村地区是因为这里有铁路与伦敦相接, 交通便利, 而他的学术、经济和政治活动都以伦敦为中心。红房借鉴了英国乡村本土建筑以及对富农和低级贵族的农舍, 没有采用受到如皮金和比彻尔等各种著名人物喜爱的哥特式装饰。莫里斯骄傲地承认自己的中产阶级身份, 而不是试图模仿上层社交人物采用的建筑样式, 也没有将神圣建筑原型改变为具有世俗用途的建筑。相反, 各种尺寸和形状的洞口与内部功能相对应, 提供了多样性。韦伯用普通的红砖取代石材或可模拟石材花纹的灰泥。对莫里斯和韦伯来说, 就像对之前的劳吉埃一样, 建筑庄严是道德品质的标志之一。

红房的建筑样式与哥特式复兴建筑师在英国乡村地区或附近修建的新牧师住所相似。它保持了有关住宅舒适度的中产阶级标准。红房有两个会客厅和一个带有宽裕的服务空间的餐厅。莫里斯一家可能极少进入餐厅服务空间。它的特别之处在于莫

图 19.3 英格兰贝克斯利·希斯的红房, 由菲利普·韦伯设计, 建于 1859 年

里斯选择的装饰方式。这里既挂着莫里斯和他的画家朋友们创作的新中世纪绘画，也摆设了让人想起不太遥远的乡村生活方式的椅子。会客厅展示了与议会大厦截然不同的中世纪复兴风格（图 19.4）。莫里斯没有借鉴大型宗教建筑的元素。他喜爱工业前的手工艺品，不论它来自编织了他所穿衣服的当代亚洲，还是来自一个世纪前的乡村生活。在一百年前的乡村，这种受人欢迎的摇椅非常常见。对莫里斯来说，民居建筑和家具是在品位和生活方式方面反对工业化和其带来的社会转变的象征。莫里斯本人对这些椅子以及包覆椅子的衬垫印花棉布的设计不仅仅源于怀念。他非常仰慕批评家约翰·拉斯金（John Ruskin）。拉斯金喜爱哥特式风格多过古典风格，因为他认为中世纪工人能够以不同的方式表达自己，而那些参与古典建筑建设的人们却不能做到，因为后者遵守预示了工业过程的更加严格的规则。拉斯金和莫里斯倡导一种美学，这种美学涉及到对参与创造之人的对待方式。拉斯金还认为，艺术应该基于自然以及历史。作为回应，莫里斯创作了花卉图案。他的顾客从中获得了一种逃避现实和精神方面的乐趣，就像参观园林或公园所能够获取的乐趣一样。

这些目的具有巨大的吸引力，以至于工艺美术运动不仅限于独立房屋和其装饰，还融合了郊区和园林设计。今天的美国人倾向于将郊区与第二次世界大战后的几年联

图 19.4 红房的会客厅

系起来，当时的郊区住宅已经能为更多的家庭负担得起，且已经更加普遍地为中产阶级阶层居住。然而甚至到了 1850 年，当然也包括到 1870 年，许多在英国和美国城市工作的人们仍然选择在城郊居住。他们在那里能够居住在独立或半独立的房屋中。往城郊迁移的运动更多是由中上层阶级中的学者和具有改革思想的人们尤其是专业人士引导的，而不是富人。那时候和现在一样，人们认为此类住宅能为孩子们提供非常健康的环境。中产阶级父母认为孩子们应该体验早期农业时代的乐趣（当然不用干苦活），而不是他们所看到的现代城市中的肮脏和不道德。

贝德福德公园（Bedford Park）就是这样的社区之一。该社区位于伦敦，最初开发于 1875 年。它是由建筑师理查德·诺曼·肖（Richard Norman Shaw）设计的，有意地模仿了前工业时期的英国村庄（图 19.5）。要实现这种建筑风格需要两个非常重要的条件。其一是创建足够的公共和半公共绿色空间。其二是选择肖作为建筑师。肖和曾经合作过的伙伴威廉·艾登·纳斯菲尔德（William Eden Nesfield）发明了被称为安妮女王风格的建筑样式。安妮女王风格是比红房少了些许严肃但多了些许如画般的感觉的样式。它以 17 世纪的英荷建筑为基础，那时候的建筑融合中

图 19.5 英格兰伦敦的贝德福德公园，由理查德·诺曼·肖设计，始建于 1875 年

世纪晚期建筑的大规模和一些受到古典启发的装饰。肖的建筑词汇表中出现了符合潮流的像赤褐色太阳花这样的漂亮细节，受到了以手工艺和个性为特征的大火灾前的伦敦人们的喜爱，并在英国乡村地区流行了一个多世纪。肖设计的房屋具有大量山墙和凸窗。它们的小块窗玻璃是对大块平板玻璃的有意反抗。到此时，大块玻璃已经被人们利用了 25 年，并在伦敦住宅中得到普遍应用。

通过追溯现代化之前的工艺标准和展望更大程度的社会公正，工艺美术运动的设计师、生产商和消费者希望能够通过制造并住在漂亮的建筑里来挽救自己的时代和灵魂。莫里斯面临的一个问题是，他的高质量产品仍然只供给了他希望革新的资产阶级，甚至在为了降低成本而实现了一定程度的大规模制造后也是如此。然而，在那个资产阶级阶层中，工艺美术运动为许多女性提供了新的机会。她们在其中找到了一种赚取生活的体面方式，且不会损害分配给她们的理想角色。这些女性的美德不仅在于她们对严格行为规范的遵守，尤其是性方面的规范，还表现在她们与男性家庭成员所在的违背道德的工作地点保持的距离上。工艺生产和教育、护理和图书馆管理成为对她们而言可接受的工作，部分是因为这些工作能被视为女性传统针线活以及她们新近获得的装饰房屋的决定权的延伸。莫里斯本人也做刺绣，他还鼓励家里的所有女性成员做刺绣。他的女儿梅成为工艺美术运动的一个著名成员。

甚至在更早的 1876 年，英国协会女裁缝皇家学会将其成员制作的产品样品送到了费城世界博览会上展览，以庆祝《独立宣言》发表一百周年纪念活动。在此次博览会上展出的还有一件由辛辛那提的玛丽·露易丝·麦克劳克林 (Mary Louise McLaughlin) 设计的家具。玛丽后来成为当时著名的艺术陶艺家。她将瓷器变成了一种表达自我的工具。坎迪斯·惠勒 (Candace Wheeler) 是一名参观了这次展会的访客。他受到此次展会上看到的女性作品的鼓舞而选择了装饰艺术作为自己的职业，并在很多方面成为能与莫里斯比肩的美国人。不过他选择的是一种纯艺术生涯，没有参与社会主义政治运动。惠勒和路易斯·康福特·蒂芙尼 (Louis Comfort Tiffany) 共同创建了被称为艺术家联合社 (Associated Artists) 的第一家由专业装饰者组成的美国公司。该公司承接的第一项任务便是康涅狄格州哈特福特的马克·吐温故居的室内装饰。一幅描述了联合艺术家运用材料的情形的绘画突出了工艺美术运动为何吸引了如此多的中产阶级女性的原因 (图 19.6)。它展示了一个家一样的温馨氛围，与独属于工人阶级领域的工厂内部完全不同。工艺美术运动为创造性地自我表达以及经济授权提供了机会。然而，惠勒如同莫里斯一样

图 19.6 纽约州纽约的艺术家联合社的设计室，
创作于 1884 年

转向制造者们，以创作出被赞为艺术品的设计。许多人对工艺美术运动圈里常见的当代日本工艺表现出了兴趣。这种高标准的工艺赢取了人们对伊斯兰以及日本器皿的尊敬，鼓励了西方艺术家展平画面以在走向 20 世纪的抽象主义迷恋过程中踏出重要的第一步。

在工艺美术运动中吸收说英语的女性并不仅限于在协调的内部空间中设计物品上。比如，格特鲁德·杰基尔 (Gertrude Jekyll) 最初是一名技艺高超的工艺美术运动缝纫女工，后来才开始从事艺术活动，但随着她年纪的增长，她失去了做细活所需的好视力。后来，她作为园林建筑师而创造了第二个同时也更加出名的职业生涯。她是再次将莫里斯有关自然和设计的思想导入塑造自然本身的领先者，并将园林建筑变成了 20 世纪头几十年里英国和美国以女性为主导的职业。在英格兰苏尔哈姆斯泰德 (Sulhamstead) 的一个弗利农场 (Folly Farm) 上，她在 1906—1912 年间与一位名为埃德温·兰西尔·勒琴斯 (Edwin Landseer Lutyens) 的年轻建筑师进行了合作 (图 19.7)。勒琴斯所接受的第一项任务便是为杰基尔的主顾翻新、增建甚至是设计住宅。杰基尔率先拒绝采用棕榈树温室里包含的异国事物而选用当

图 19.7 弗利农场，位于英格兰的苏尔哈姆斯泰德，园林由格特鲁德·杰基尔设计，房屋由埃德温·兰西尔·勒琴斯翻新和扩建，建于 1906-1912 年

地物品。她支持采用非正式植物，不过却将它们设置在更加宽敞和正式的背景中。这种背景标志着英国工艺美术运动的衰落。杰基尔对花和细节的强调与之前的大型如画园林如斯托海德宅邸园林的结构具有很大不同。18 世纪的先辈园林建造师从未像她这样对植物元素给予如此重视。杰基尔构想园林时更关注与人类相距更近的花和房间，而不是树木和田园。

在这个时期，女性同时还以建筑作家以及赞助人的身份活跃于社会上。在美国，第一个以建筑作家为职业的女性是玛丽安娜·格里斯沃尔德·范·伦瑟拉尔 (Mariana Griswold Van Rensselaer)。小说家伊迪斯·沃顿 (Edith Wharton) 最初与人合著了一本房屋装饰方面的书籍，此后便开始了写作生涯。她的侄女比阿特丽克斯·法兰德 (Beatrix Farrand) 是一名重要的园林建筑师。女性也能参与自己房屋的设计，许多人利用自己所具有的业主和收藏家的身份作为自我表达的工具。这样的女子之一便是西奥德特·蒲柏·里德尔 (Theodate Pope Riddle)。她的希尔·斯特德宅邸 (Hill-Stead) 位于康尼狄格州法明顿郊区，设计于 1898—1902 年，表面上是由符合潮流的纽约迈金·米德·怀特 (McKim, Mead and White) 公司设计的 (图 19.8)。事实上，它的大部分是出自里德尔之手。里德尔上过法明顿的寄宿学校，并说服自己的父母在那里修建一栋房子。后来，她成为一名持有许可证的建筑师，设计了该地区的寄宿学校，包括康尼狄格州埃文的埃文老农场中学 (Avon Old Farms)。她建立这座中学以纪念自己的父母。她的榜样激发了其外甥菲利普·约翰逊 (Philip Johnson) 对建筑的兴趣。

希尔·斯特德宅邸是富足的英裔美国人在世纪之交建立的标准住宅。这类住宅使这些人区别于模仿欧洲贵族的强盗式资本家以及贫穷的东欧和南欧移民。他们对自己的过去以及美洲民主价值观的根源进行了追忆，认为这些东西受到了资本主义和社会主义的威胁。这种做法也让他们做好了应对美国城市日渐混乱局面的准备。这种建筑模式引起了巨大反响，至今仍主导着美国许多地方的房地产市场。收入不同和种族各异的购买者逐渐将这些住宅视为同化和融入的标志。

希尔·斯特德宅邸被设计成看似随着时间而扩展的形式，并以后期希腊复兴式侧廊取代佛农山庄 (Mount Vernon) 般的前面园林。当然，它比其本身着意模仿的散乱农舍要大得多。在塔克霍，服务空间如厨房大多位于独立的外围建筑中。在这里，服务空间被融入主屋，如同在红房一样，完全填充了地面层一半的空间。中央供暖

图 19.8 康尼狄格州法明顿的希尔 - 斯特德宅邸，由西奥德特·蒲柏·里德尔和迈金、米德·怀特公司设计，建于 1898-1902 年

同样也允许里德尔和她的建筑师们利用一个比更早时期的先辈们偏爱的平面更加开放的平面。娱乐的主要空间——会客厅和餐厅——展示了里德尔的父亲阿尔弗雷德·蒲柏 (Afred Pope) 收藏的著名印象主义艺术作品。在一次巴黎旅行中，蒲柏开始于 1889 年购买克劳德·莫奈 (Claude Monet) 和其朋友的作品。他曾向美国印象主义画家玛丽·卡萨特 (Mary Cassatt) 咨询过。后者也鼓励著名的妇女参政权论者露易丝娜·海维梅耶尔 (Louisine Havemeyer) 和芝加哥名流兼公民组织者贝尔特·奥诺儿·帕尔默 (Berthe Honore Palmer) 收藏现代法国绘画作品。希尔·斯特德宅邸的这种当时被认为激进的艺术品位突出了房屋本身也并非完全传统的特征。

据此约 30 年前，迈金·米德·怀特公司在美国工艺美术运动的第一个阶段复兴了一种早期乡村殖民建筑风格的某些特征。这种建筑风格在 19 世纪 80 年代新英格兰海岸修建的夏季"小屋"中非常流行。在很多情况下，这些非正式建筑与 17 世纪的建筑师为了达到现代舒适标准而改变后的模式相似。工艺美术运动理论要求对内部建筑风格和装饰进行完全整合,而这种角色逐渐落到建筑师或者受过教育的女性赞助人的身上。该公司于 1881 年在当时最受欢迎的夏季避暑地——罗德岛州纽波特的金斯克顿宅邸增建了一间餐厅。该餐厅展示了工艺美术运动带来的大量影响 (图 19.9)。餐厅的墙面以软木面板装饰,顶面较低,面积较大,这种设计更多地应归因于工艺美术运动对日本的迷恋,而陈设品则将具有异国风情的东方地毯和 17 世纪英国的老式家具与新设计结合起来。新设计的规模是现代的,但它们的细节却直接地引用了纽波特著名的殖民地细工木匠的作品。就像软木饰面所用的细木框,路易斯·康福特·蒂芙尼的乳白色瓷砖为这种精心控制的系列图案创造了一种抽象的衬托物。迈金·米德·怀特公司在 17 和 18 世纪的新英格兰农舍中体现了对乡村混乱现状的抵抗。他们的导师亨利·霍伯桑·理查森 (Henry Hobson Richardson) 提出了一种更加简单和原始的解决方案,那就是通过与自然建立神秘的联系。然而,装饰了莫里斯的椅子的漂亮花朵不是他的风格。相反,他将注意

图 19.9 罗德岛州纽波特金斯克顿宅邸的餐厅, 由迈金、米德·怀特公司设计, 建于 1881 年

图 19.10 马塞诸塞州北伊斯顿修建的埃姆斯门房城门宅邸，由亨利·霍伯桑·理查森设计，建于 1880-1881 年

力转向自己于1880—1881 年在马塞诸塞州北伊斯顿修建的埃姆斯城门宅邸(Ames Gate Lodge) (图 19.10)。该门房是该区的基础。这座特别的建筑有着普通的功能，那就是限制人们进入道路下方的大房屋，或至少为大房屋建立视觉上的隐秘性，并为大量男性宾客提供额外卧室。该大房子为该城最著名的家族所有。

理查森是其所处时期的著名美国建筑师。他在巴黎的美术学校接受培训，回到美国后，首先在纽约和波士顿从业。他在 1886 年 48 岁时去世。理查森没有著述理论。他所拥有的丰富藏书中大多为加入大量插图的书籍。他将这些书籍作为元素库，并以创新的方式加以结合。不过，无论他是否读过拉尔夫·瓦尔多·爱默生 (Ralph Waldo Emerson) 或亨利·梭罗 (Henry Thoreau) 的作品，他定然非常了解超验论思想。这种思想影响了其朋友弗雷德里克·劳·奥姆斯特德 (Frederick Law Olmsted) 对美国园林的看法。弗雷德里克是纽约城中央公园的合作设计师。理查森自然也对拉斯金非常熟悉。然而，在城门宅邸中，他对自然的利用远远超出了拉斯金提出的装饰意见的启发。

最后的冰河时代使整个新英格兰乡村地区散落着各种不同尺寸的卵石。殖民地的农民尽可能将自己地里的卵石清走，并利用卵石修建墙体来标志田地和房产的界限。在19世纪80年代，许多当地建筑师，包括理查森，以卵石修建了外观粗糙的地基。理查森以两种不同颜色的糙石修建了城门宅邸的整个外墙。这些糙石中许多是卵石，使建筑看起来像是从地里长出来的。这座建筑之所以如此优异在于理查森与诺克罗斯（Norcross）兄弟的合作。诺克罗斯兄弟是承包商，他们在实现理查森的构想方面提出了很多细节方面的建议。在这座杰出的建筑中，地理象征完全取代了历史象征。在美国工业化和城市发展最为活跃的时期，城门宅邸显得超越了时代，扎根于不可改变的永久土地上。理查森对自然元素的强调启发了大西洋两岸的众多下一代建筑师。

欧洲和美洲地区的女性在历史上到底承担着什么角色的普遍观点具体源于19世纪中期人们对工业化和城市化的回应。我们对能给生活和社会带来影响的设计的认识是全新的。然而，仅有设计改革是不足以实现社会变革的。它太容易在富裕的赞助人所过的更加舒适的生活中稀释。在贝德福德公园长大的威廉·巴特勒·叶慈（William Butler Yeats）所写的诗歌《亚当的诅咒》中弥漫着一种遗失的理想主义的感觉。叶芝的父亲和兄弟都是画家。他的姐妹们都是工艺美术运动的活跃人物，其中一人曾为梅·莫里斯（May Morris）工作过。

那一年夏末我们一起闲坐，
有你闺中密友，还有你和我，
她温柔而美丽，我们在谈诗。
我说："一行诗有时要几个小时；
但若显得不像是即席之作，
我们的推敲就算是白忙活……

那温柔美丽的女人接着说，
许多人若发现她的声音这么
甜美而柔和，心儿就会狂跳，
她回答我："生为女人都知道——
尽管在学校里没人这么说——
要想美丽我们就得勤劳作。"……

我有一个心思只想对你言，

我想说你很美丽，我也竭力

以古老而高贵的方式爱你；

这看起来皆大欢喜，但我们

内心疲惫却似那中空一轮。

（译者注：该段诗歌为王道余译。）

延伸阅读

For discussion of the Oneida Community and Catharine Beecher in the context of a larger examination of American suburbia, see Dolores Hayden, *Building Suburbia: Green Fields and Urban Growth, 1820–2000* (New York: Vintage Books, 2003). Very different views of suburbia appear in Robert Fishman, *Bourgeois Utopias: The Rise and Fall of Suburbia* (New York: Basic Books, 1987); and Robert Bruegmann, *Sprawl: A Compact History* (Chicago: University of Chicago Press, 2005). John Archer, *Architecture and Suburbia: From English Villa to American Dream House, 1690–2000* (Minneapolis: University of Minnesota Press, 2005), maps the history of the suburban house. On the Red House, see Sheila Kirk, *Philip Webb: Pioneer of Arts and Crafts Architecture* (Chichester: Wiley-Academy, 2005); and Fiona MacCarthy, *William Morris: A Life for Our Time* (New York: Knopf, 1995). John Ruskin's *The Seven Lamps of Architecture,* first published in London in 1849, is a seminal Arts and Crafts text. On Queen Anne, see Mark Girouard, *Sweetness and Light: The Queen Anne Movement, 1860–1900* (New Haven, Conn.: Yale University Press, 1977). On the Arts and Crafts movement, see Peter Davey, *Arts and Crafts Architecture* (London: Phaidon, 1995); and the series of pertinent exhibit catalogs edited by Wendy Kaplan, of which the most recent is *The Arts and Crafts Movement in Europe and America: Design for the Modern World* (New York: Thames & Hudson, 2004). Doreen Bolger Burke, *In Pursuit of Beauty: Americans and the Aesthetic Movement* (New York: Metropolitan Museum of Art, 1986), is also useful. On Candace Wheeler, see Amelia Peck, *Candace Wheeler: The Art and Enterprise of American Design, 1870–1900* (New York: Metropolitan Museum of Art, 2001). For discussion of American design reform, see also J. M. Mancini, *Pre-Modernism: Art-World Change and American Culture from the Civil War to the Armory Show* (Princeton, N.J.: Princeton University Press, 2005). On Jekyll in particular and Arts and Crafts gardens more generally, see Jane Brown, *Gardens of a Golden Afternoon: The Story of a Partnership, Edwin Lutyens and Gertrude Jekyll* (New York: Van Reinhold Nostrand, 1982); and Judith Tankard, *The Gardens of the Arts and Crafts Movement: Reality and Imagination* (New York: Harry N. Abrams, 2004). On Hill-Stead, see Mark Hewitt, *The Architect and the American Country*

20 帝国建构

到 18 世纪末，在哥伦布发现新世界之后建立的殖民帝国开始坍塌。美国和法国革命释放的力量似乎预示着欧洲对遥远领地的统治的结束。有关自由的新政治思想在本土政治对殖民力量的权威的挑战下得到发展。处于大革命中的法国的经济几乎因为海地的奴隶叛乱而崩溃。海地最终获得了独立，成为美洲第一个由黑人统治的国家。拿破仑后来试图从奥斯曼人手中夺取埃及，但他的努力最终也沦于同样羞辱的失败。因为拿破仑对西班牙的入侵，西班牙所占有的从墨西哥到智利的殖民地也获得了独立。葡萄牙国王试图向巴西寻找庇护——皇室的一个分支还拒绝回到欧洲——然而，巴西最终也独立了。

然而，殖民主义远没有终止。一种新型的帝国正在迅速崛起。在 1800-1940 年间，非洲的所有国家和除了伊朗、阿富汗、泰国、中国和日本之外的亚洲国家都受到了欧洲或者——更加罕见——美国或日本的控制。曾经在 17 世纪创造了伊斯法罕和阿格拉的辉煌成就的本土现代主义时期已经结束了。在整个非洲和亚洲地区，各种新压力同时改变了城市和乡村。就像之前的工业化改变创造利益的全球贸易网络一样，种种新压力给欧洲人带来了利益，并最终给美国人带来了利益。直到 19 世纪，殖民地的手工制品一直在国际市场颇具竞争力。如今，殖民地却逐渐缩减成了原材料生产地和销售在其他地方以这种原材料生产的商品的市场。

这些北非和亚洲的建筑和城市形态通常在建筑样式上显示其与欧洲的显著不同。新空间体验和社会规范的创建方式以及旧空间经验和社会规范的保持在创建混合环境时具有同样的重要性。尽管殖民者掌握着决定权，殖民者与被殖民者的建筑样式却因为两者之间的交流而改变。两者之间的文化交流呈现出多种形式。欧洲人引进了新建筑和城市规划思想，既是为了宣扬自己的权威，也是为自己创造熟悉的环境。然而，建成环境不可避免地与原型不同。同时，新本土上层阶级采用引进的建筑形式是为了实现现代化，而在现代化过程中，最终包含对外国统治的抵抗。同时，现有上层阶级以全新的方式利用前殖民时期的建筑先例，以支持自己对权力的主张。

在这种新殖民主义潮流中，最典型的例子发生在南亚。莫卧儿帝国在 1707 年奥朗则布去世后日渐衰落，由此产生的权力空缺不仅为一些本土王公填充，还为于1600 年成立的英国东印度公司填充。东印度公司开展贸易活动，并最终集聚了大量领地。到维多利亚女王在 1877 年被宣称为印度女王时，英国已经控制了如今为印度、巴基斯坦、孟加拉国和斯里兰卡的大部分地区。那些保持了领地的名义政治权力的当地王公们知道只有与英国合作才能保持这种权力因为英国人随时可以取代他们。英国人以实际行动保护那些与他们合作的当地统治者们。事实上，王公们经常专注于保护本土文化，因为，他们的权力就是来源于此。尽管如此，他们的权力逐渐转移到了城市中产阶级手中。中产阶级的成员居住在加尔各答、孟买和马德拉斯（如今的金奈）这样的都市中心。他们试图通过向殖民者学习来增加自己的政治和社会影响力。他们对西方知识的掌握并没有带来权力的分享，因而对殖民者的统治日渐憎恨。作为全新过程的成果，印度殖民城市是前所未有的，即便他们如同欧洲和美洲城市一样经常披着掩饰那种现代性的历史主义外衣。

到商人约伯·查诺克（Job Charnock）在 1656 年创建加尔各答时，城市在南亚地区已经算不上新事物。然而，加尔各答是一座新城市。这种新城市直到葡萄牙水手首次抵达亚洲海岸时才开始在亚洲发展。在 16 和 17 世纪，中国的澳门、印度尼西亚的巴达维亚（今天的雅加达）以及印度的加尔各答、马德拉斯和孟买是欧洲人在本土以外地区建立的最重要的交易点。最初大多为男性的小型外国群体与大规模的当地人群共同居住。当地人群供应那些欧洲缺乏的商品。这种城市的更新范例是新加坡和中国香港。最开始，这些城市主要是岛屿般的哨站，但在很多情况下，包括加尔各答，它们也成了欧洲人对周围内陆进行控制的据点。殖民扩张不仅依靠占有优势的西方军事技术，还利用了当地人之间的分裂。随着莫卧儿统治的衰弱，当地出现了强大的统治者。尽快与其他欧洲人之间存在激烈竞争，英国人仍然在孟加拉取得了胜利。

亚洲殖民城市与美洲殖民城市不同。与许多最重要的西班牙殖民地不同的是，亚洲殖民城市一般以小型村镇为基础发展而来，而不是建立在已建城市中心的原址上。大多数居民来源于周边的乡村地区，而不是国外。此外，多数欧洲殖民者希望在创造财富后回到家乡。他们并不愿意让自己的家人永久地定居在仍然是外国土地的地方。18 世纪晚期有关加尔各答的两张风景画反映了这种情形下产生的城市和建筑创新。第一幅风景画描绘的是城市中心，上面为带有古典细节的大型独立建筑占据（图 20.1）。这些细节虽然与当时英国建筑的细节在一定程度上相似，但却不足以使它们成为欧洲引进品。这些独立的宅邸聚集在一处，分布在乔林基路 (Chowringhee Road) 两边，且四周建有围墙。这种建筑群在英国没有先例。几乎对所有居住在建筑群内的殖民官员而言，这是一座乘坐马车出行而不是步行的城市。因为，他们有能力聘用大量当地仆从，所以才能修建如此奢华的住宅。

吉特伯雷路 (Chitpore Road) 上居住的欧洲人极少。这条路的两旁几乎连续坐落

图 20.1 描绘印度加尔各答乔林基路的风景画，由汤姆斯·丹尼尔创作于 1798 年

着一排高低不一和性能不同的建筑（图 20.2）。建筑空间直接面向街道是常见的，因为避免墙体表面和洞口遭受阳光直射的屋顶和遮阳棚也朝向街道。在画面的背景中，人们可看到一座建筑。它可能是一座神庙，它的屋顶是本土建筑具有的典型陡峻屋顶。英国人像莫卧儿帝国和拉吉普特的统治者们一样占用了这座神庙。画里呈现的是本土建筑形式，但这种形式是随着全球商品和资本的流通而出现的，没有受到当地宗教和政治控制的影响。而当地宗教和政治控制最初影响了马杜赖和德里的发展。

当然，也有些英国人显然试图复制他们所熟悉的建筑。比如建于 1799—1803 年的加尔各答总督官邸就模仿了一座 18 世纪英国乡村宅邸肯德莱斯顿宅邸（Kedleston）。然而，总督宅邸采用的施工技术以及平面布局都截然不同。整个加尔各答城里，灰泥覆面的砖取代了昂贵的永久性琢石，因为琢石需要从印度其他地区进口。此外，尽管中央内部空间盖有屋顶，它却更应归因于庭院式住宅的当地实践者，而不是帕

图 20.2 描绘印度加尔各答吉特伯雷路的风景画，由汤姆斯·丹尼尔创作于 1797 年

拉第奥或其英国仰慕者。这座建筑与当地统治者和土地所有人召开会议所用的大型会客厅 (durbar hall) 相似，暗示了英国掌握当地政权形式的能力和意愿。

欧洲对亚洲的这种殖民形式比之在美洲新大陆需要更多地依赖当地上层阶级的合作。矛盾的是，当地上层阶级在很多情况下发现他们看似保护传统的行为却促进了现代化过程。从一开始，孟加拉上层阶级的许多成员就受益于英国人的统治，因为英国人的统治提供了受人欢迎的政治稳定以及进入新市场的渠道。一般来说，他们的财富来源于土地。只要他们能够收缴足够令英国人满意的税收，他们就能对这些土地进行更加稳固的控制（这种情形对农民来说通常是灾难）。许多被称为柴明达尔 (zamindar) 的土地拥有者永久地定居在这座城市里。他们在这里与当地商人合作，很快成为以英国和孟加拉方式教育出来的学者和专业人士阶级。

单个英国行政官员和士兵希望退休后能回到到英格兰，因此，大多居住在租借的房子里。与他们不同的是，孟加拉上层阶级居则住在豪宅里。这些豪宅通常为同一个大家庭的数代人连续占用。大理石宫 (Marble Palace) 便是此类建筑之一。它是由在英国受过教育的年轻王公马詹德拉·穆里克 (Majendra Mullick) 在 1835—1840 年建立的（图 20.3）。这座大型灰泥覆面的古典宫殿坐落在一个城市园林中。它与英国人在加尔各答修建的宅邸具有更多共同点，相反，与前殖民时期的孟加拉建筑的共同点要少得多。大理石宫的房间里摆放着许多进口珍宝。这些财富证明了居住者在全球文化中的地位，还表现了他和他的家族所受到的西方习俗的影响，比如他们习惯于坐在椅子上，而不是坐在铺在地面上的小地毯和坐垫上。然而，这座宫殿是围绕一个敞开的庭院布置的。这里仍然根据印度教的风俗定期向成百上千的穷人施舍食物。在这些建筑的修建过程中，没有任何英国工人做出贡献。即便是在英国人修建住宅，也仅限于由英国绅士建筑师和工程师提出意见。

就像孟加拉的上层阶级向英国人学习一样，英国人也从与其共同生活的人们那里学习。这种在相互交流中产生的建筑术语在平房中得到了最好体现（图 20.4）。平房这个术语源于孟加拉，代表了对当地屋顶形式的借鉴。这种屋顶既可遮挡季风雨，也能提供避免强烈的热带阳光直射的宽敞遮阳物。英国殖民官员所居住的早期平房和当地人为自己修建的平房只有极少不同。随着时间的变迁，只有一层楼的房屋逐渐增加了古典细节。这些楼的地基通常高于地面，且总是以多层游廊环绕。它们往往为印度人修建，并租借给英国租户。它们仍然围绕在一个大型中央空间的四周。

图 20.3 加尔各答大理石宫的庭院，建于 1835—1840 年

图 20.4 印度马德拉斯基恩迪 (Gindy) 的官员平房，约建于 1851 年

这种建筑样式从印度传播到了大不列颠帝国所及的其他气候温暖的地区，但它的名字却开始与气候通常冷得多的英国和北美地区的非正式住宅联系起来。这些房屋通常在形式上和平面上都与殖民地的最初模型截然不同。

在新殖民地，英国行政官长官们的住宅比他们在伦敦的住宅奢华得多。加尔各答的宅邸，甚至连乡村平房，都要好过他们在本国能够购买得起的住宅，能为他们提供更多的空间和更好的服务。然而，享受这种奢华的代价便是缺乏隐私和像当地人一样因熟识而获得的见闻。不过，居住在英国人住宅中的仆从并不能享受英国人的生活标准。相反，他们通常被迫在恶劣的环境中生活和工作。殖民者们坚信这些条件符合当地惯例。他们并没有将此归因于由殖民剥削导致的贫穷。

在英属印度以外的地区还有一些没有直接受到东印度公司控制的领地。阿瓦达（Avadh），也被称为奥德（Oudh）的印度行政长官是利用了莫卧儿集权统治的松弛之机的最强大王公之一。直到 1856 年英国人夺取了印度的统治权，勒克瑙的宫廷仍然是印度次大陆上最奢华的宫廷之一，吸引着欧洲探险家和印度其他地区的商人。康斯坦莎宫（Constantia）最先将欧洲建筑思想引进勒克瑙并将其融入当地文化传统。这座宫殿如今被称为拉·马蒂尼耶宫(La Martiniere)，由法国探险家克劳德·马丁（Claude Martin）设计和修建，约建于 1795—1800 年，是一座住宅兼墓地（图 20.5）。它的古典柱式显然是欧式的，但建筑本身完全是由当地工人修建的，在马丁去世后才竣工。如同马丁，当地工人也是部分借鉴马丁收藏的建筑著述开展工作。那些对他们而言属于异国母题的东西，对马丁来说却是熟悉的家乡的模仿。

这座建筑的很多方面反映了印度环境对设计的影响。庞大的坟墓本身显然是印度式的。马丁认为任何漂亮的建筑都应兼作宅邸。他的这种观点是建筑融合了两种文明时能够做出的创新之一。其他反映了印度背景的元素包括该建筑的半防御型特征和通风竖管。尽管欧洲频繁发生战乱，半防御型特征在当时的欧洲建筑中非常显著，而通风竖管则可从贯穿整个房屋的 4 个竖井中吸收冷空气。

因为英国人对阿瓦达宫廷的影响日渐增大，他们鼓励大肆挥霍地修建一系列宫殿。他们更希望印度地方行政长官不将钱花费在制造和购买枪支上，而是花在更加没有意义的展示上。长久以来，当地王公通过这种展示来表现自己的权力。这些行政长官被迫雇用英国士兵来承担所谓的保护责任，通常以高价从欧洲和孟加拉商人手

图 20.5 印度勒克瑙的康斯坦莎宫（拉·马蒂尼耶宫），建于 1795—1800 年

中购买外国奢侈品。宫廷对欧洲建筑样式的吸收并未意味着他们对英国人心怀好感。当印度民族起义在 1857 年爆发时，尽管勒克瑙是欧化程度最高的亚洲城市之一，却仍然产生了一些对英国统治的最激烈反抗。

勒克瑙早期宅邸的平面图遵循了本土而不是欧洲建筑先例，其四周建有围墙，其间散布着凉亭。然而，独立建筑却装饰着从欧洲家具和纺织品上借鉴的母题。建成建筑既不符合印度人的惯例，也不符合欧洲人的流行惯例。欧洲人倾向于以嘲讽之态看待他们视为扭曲的建筑，但在印度背景下，这种混合建筑却作为成熟的类型元素的现代化成果而运行得不错。最后一座宫殿卡色巴格宫（Qaiserbagh）是由印度地方行政长官瓦吉德·阿里·沙德（Wajid Ali Shad）修建的，建于约 1850 年。该宫殿直接模仿康斯坦莎宫而建，它的吸引力很可能源于它明显不同于该城的大型欧洲人社区里修建的其他建筑（图 20.6）。该宫殿有六层楼高，屋顶上建有一座带

图 20.6 印度勒克瑙的卡色巴格宫，建于 1850 年

有三角饰的凉亭和一个小穹顶。进入宫殿主楼需穿过一座硕大的大门。尽管整座宫殿采用了古典柱式，但它的结构仍然受到了同样启发了康斯坦莎宫建筑的大型伊斯兰教坟墓的深刻影响。

在印度民族起义爆发后，大不列帝国的统治中心向西迁移至孟买。孟买日显重要的地位由于美国内战引起的棉花热而再度提升，因为美国内战减少了美国出口到英国的棉花供应量。苏伊士运河的开通使得从伦敦到孟买的航程远短于从伦敦到加尔各答的航程，因此也保证了孟买的重要性。孟买成了英属印度的首座工业和港口城市。因此，殖民者和被殖民者在这里修建了许多哥特复兴式和印度撒拉逊式大型民用建筑。这些建筑的出现摧毁了而不是巩固了英国人的统治。印度人利用对这些建筑空间的接近机会，了解了欧洲权力赖以存在的机构，并最终建立了自己的机构。这座城市得以发展的关键在于，它通过填海扩建了欧洲人最初聚居的边界贸易

图 20.7 印度孟买的椭圆练兵场 (Oval Maidan) ，右边是亨利·圣·克莱尔·威尔金斯 (Henry St.Clair Wilkins) 秘书处办公楼，建于 1874 年

战。这块空间被一座大型公共园林占据。公园四面是众多最显著的新公共建筑 (图 20.7)。其布局的现代化程度要超过建筑的外国化程度。它与 18 世纪初的伦敦或巴黎格格不入，同样也与德里或北京格格不入。它代表一种新城市主义和一种新公民社会网络，依赖于众多政府官员而不是单一统治者的意愿。

到 19 世纪 60 年代孟买进入繁荣期后，18 世纪末和 19 世纪初的加尔各答和伦敦所具有的新古典主义风格逐渐为哥特复兴风格取代。在孟买，基督教徒一直属于少数宗派。在这样的城市中采用哥特复兴风格看起来像是强制施行英国统治的显著象征。殖民主义通常以这样的种族主义言论进行自我辩护："我们利用自身的优势对印度进行统治。如果我们被印度习惯和行为同化，这种优势便会消失。"这种机构建筑让英国人想到家乡，并为他们提供了实行管理的空间，同时也让印度人了解了西方的优势所在。孟买大学由殖民政府建于 1857 年，用于培训士兵，以让他们进入基层殖民政府从事行政工作。这座大学的许多毕业生最终成为了著名的民族主义者。孟买大学的图书馆和毗邻建筑建于 1869—1878 年, 由普瑞姆昌德·洛伊昌德 (Premchand Roychand) 赞助。洛伊昌德是一名印度银行家, 他致力于为印度人提供发展经济和振兴政治所需的西方教育 (图 20.8)。在英国, 与欧洲大陆不同的是, 其机构建筑更为经常地通过私人赞助而不是政府干预修建。在印度也是如此, 孟买逐渐增多的民用基础设施也几乎没有什么独特之处, 但这里, 建筑的高质量非常显著。早期英国民用建筑是由公共工程部门的工程师设计的, 与此不同的是, 孟买大学的建筑则是印度次大陆上最先由英格兰最著名、最受尊重的建筑师们设计的建筑。洛伊昌德邀请了米德兰大酒店的建筑师乔治·吉尔伯特·斯科特设计孟买大学。斯科特从未去过孟买, 但他很高兴地将梵蒂冈哥特式风格用在这座建筑中, 不过作了适当修改, 比如这里的拱廊未采用玻璃。

图 20.8 印度孟买的孟买大学的集会大厅 (Convocation Hall) 和拉加贝钟楼 (Rajabai Clock Tower), 由乔治·吉尔伯特·斯科特设计, 建于 1869—1878 年

孟买不仅骄傲地拥有一种由与欧洲城市中可见的机构建筑相似的建筑构成的新公共环境，而且还拥有众多与欧洲城市相同的基础设施。尽管关于谁应为民用设施的改善承担费用的众多争论（不代表不纳税）延迟了合理的排污设施的修建，改善交通基础设施却是英国对印度次大陆的内陆地区进行控制的关键所在。在整个亚洲和非洲地区，修建铁路对维持殖民权力非常重要。在孟买，城市中的铁路终点站具有与伦敦火车站相同的详细建筑规划。弗雷德里克·威廉·斯蒂文斯 (Frederick Williams Stevens) 设计了维多利亚火车站 [今天的贾特拉帕蒂希瓦吉火车站 (Chhatrapati Shivaji)]（图 20.9）。该火车站建于 1877—1888 年，其主楼的结构明显受到了斯科特的米德兰大酒店的启发，但缺少那栋楼的商业功能。相反，尽管市场力量曾经塑造了伦敦，然而，殖民政府所具有的战胜市场力量的能力却使得这座建筑成了一座显著的民用建筑。不过，斯蒂文斯谨慎地根据当地环境对引进的哥特复兴风格进行了调整。出于对工艺美术运动的支持，他雇用了孟买吉吉博伊学校 (Jeejeebhoy School) 的学生来完成许多细节。

图 20.9 印度孟买的维多利亚火车站（贾特拉帕蒂希瓦吉火车站），由弗雷德里克·威廉·斯蒂文斯设计，建于 1877—1888 年

图 20.10 印度孟买的街道景观。照片摄于 1922 年

当然，整座孟买城并不是完全由地标建筑构成的。19 世纪末期修建的典型街道非常宽阔，道路两边林立着许多一层是商铺和工作坊、上层结构是公寓的建筑（图20.10）。建成后的孟买景观与当代英国城市景观截然不同。在伦敦，商铺更多地与排屋隔离，每栋楼房在理想情况下由一个单独的家庭居住。在孟买，通常封闭的阳台在街道和建筑内部的房间之间形成了缓冲区。巷道从这些街道向两边延伸，很多情况下通向贫民窟住宅的繁密网络。英国人往往坦然地表示对这种居住环境感到震惊。这里缺乏清洁水源，常常突然爆发令人惊恐的传染病。但他们很少承认自己在创造迫使贫穷的租户去城市找工作的情形中所起到的同谋作用。这些穷人的生活环境更多地反映了现代市场压力，而不是前殖民时期乡村或城市住宅的形式。这些街区的中产阶级居民不仅不断学习通常用以装饰英国建筑的引进装饰细节，而且还在努力学习民主自治的辩术。英国人也对这种现状感到不满。

作为回应，19 世纪末和 20 世纪的殖民建筑逐渐融合了印度次大陆前殖民建筑的元素，尤其是莫卧儿人和拉其普特人修建的大型建筑。这种建筑风格被称为印度撒拉逊风格，如今取代了之前掩盖了创新性平面和功能的哥特式细节。这种战略对减少不断涌现的独立运动没有发挥任何作用，主要因为——与通常极其喜欢所见到的印度如画遗产的殖民官员不同——许多民族主义者不愿被禁锢在封建历史中。他们往往避开对他们来说代表退步而不是国家身份的建筑风格。最能代表印度撒拉逊风格的母题源于清真寺和穆斯林坟墓。但这种事实并没有表现出南亚的世俗身份，尤其是对印度教徒而言。当时，因为英国采用分而治之的统治手段，世俗和宗教群体之间的矛盾日渐升级。

在整个殖民时期，斋蒲尔维持了其保护领地的地位。其庇护人是王公拉姆·辛格(Ram Singh) 和沙怀·马杜·辛格二世 (Sawai Mahdo Singh II) 。这些王公授予工匠维持英国人希望他们保护的前殖民传统的权力。工匠采用像英国人借鉴的新方法来完成该任务，成功地抵制了一些但绝非全部避免了工业化带来的巨大破坏性影响。在斋蒲尔如同在印度其他地方一样，日渐全球化的市场威胁到了当地的手工艺生产。与手工艺生产相关的工艺技术和文化价值观在根据英国工艺美术运动的范例建立的机构中幸存了下来。

继万国博览会在水晶宫举行后，亨利·科尔 (Henry Cole) 在南肯辛顿创立了一所工业设计学校，以确保对工业产品的良好设计，并倡导对其正在取代的手工艺进行保护。该设计学校的附属楼用以收藏来源于世界各地的前工业手工艺品，旨在为普通公众和该学校的学生建立一个样例。该附属楼后来成了维多利亚和阿尔伯特博物馆。大约 30 年后，斋蒲尔重复了这一过程。在 1883 年，斋蒲尔博览会展示了来自印度各地的手工艺品。3 年后，这些收藏品被转移到了新阿尔伯特展厅。阿尔伯特展厅是一座永久性的手工艺品博物馆，旨在为工匠们提供模板，并指导潜在的赞助人欣赏如今成为奢侈品的手工艺品 (图 20.11) 。阿尔伯特展厅以阿尔伯特亲王即后来的国王爱德华二世命名。阿尔伯特在 1876 年成了第一位访问印度的英国皇室成员。阿尔伯特展厅是由服务于印度王公们的英国工程师塞缪尔·斯文顿·雅各布 (Samuel Swinton Jaco) 设计的。从平面图来看，它可能与受到法国美术学校的原则启发的欧洲或美国民用建筑无异。然而，它的装饰细节是由接受学校培训而不是经历学徒实习的当地工匠们完成的。今天，斋蒲尔之所以成为印度的主要旅游地之一，主要是因为它在 19 世纪最后几十年里恢复和保护了活跃的手工艺传统。

然而，对手工艺生产的保护却付出了巨大代价。尽管许多西方工艺美术工人能从其作品中获取足够的佣金来确保其中产阶级地位，殖民地的手工艺者却仍然在一种商

图 20.11 印度斋普尔的阿尔伯特展厅, 由塞缪尔·斯文顿·雅各布设计, 建于 1876—1887 年

业竞争系统中挣扎。这种系统压低手工艺品的价格, 以与批量生产的商品竞争, 因而让手工艺者处于贫穷状况。在斋蒲尔, 殖民行政长官和具有传统思想的王公们认为现代化对大多数印度人 (王公们在事实上成为新式汽车的狂热消费者) 而言是不适合的, 因此产生了对工业化的自觉抵制。这种抵制行为妨碍了经济发展并排除了经济发展可能带来的好处。

尽管许多殖民者和被殖民者做出了众多深思熟虑的努力来保护前现代化技术和前殖民风格, 然而, 英国建筑的许多方面仍然不可避免地传播到了南亚。那里的贵族们利用西方奢侈品来证明他们对已经失去的权力的幻想。欧洲人努力克服什么是合适的殖民建筑风格以及是否和如何改变自己的建筑传统以适应外国情形的问题。他们试图充分了解当地建筑传统, 以更加有效地发挥它们的政治作用。同时, 南亚的城市中产阶级致力于学习现代欧洲文化, 以逐渐从殖民者手中抢夺经济和政治控制权。比起外国引进品, 他们在很多情况下更加反对代表落后和压迫的前殖民文化和政治形式。

现代化过程的断层是普遍现象, 但创造有效的建筑作为回应的能力没有丧失。随着贫穷的农民和工人以及富裕的社会上层阶级之间的差别日渐增大, 欧洲人抛弃了其自身的建筑、城市和社会传统。殖民主义扩大了另一种差别, 这次是种族之间和阶级之间的差别。它剥夺了当地人平等地参与现代化的机会。欧洲和美洲的军事和工业技术优势剥夺了现有本土上层阶级的权力, 并控制了新本土上层阶级的力量, 同时对农民和工匠产生了更加残忍的影响。即便许多英国殖民官员真正地喜爱前殖民建筑风格并努力保护它, 他们的努力经常使臣民禁锢于历史中。前殖民建筑形式一旦脱离了产生了它的社会结构, 通常就毫无意义可言。殖民者很少将本土元素融入自己的现代性的代表物中,他们甚至对本土现代化的努力成果表现出更多不满, 谴责其有违印度传统, 且嘲笑这些成果通常是欧洲模型的可笑扭曲。在国外如同在本土一样, 英国正式建筑都试图通过代表通常为想象的而非实际的延续性来控制变化。然而, 建筑样式在构建政治现实方面并不如其在塑造实际空间方面那么有效。尽管其带来的破坏性影响仍然存在, 大英帝国并未能延续。

延伸阅读

The older, more European-oriented literature on colonial cities in the Indian subcontinent is rapidly being replaced by new studies that stress the experience and agency of the cities' indigenous inhabitants. Examples of the former include Norma Evenson, *The Indian Metropolis: A View toward the West* (New Haven, Conn.: Yale University Press, 1989); Anthony King, *The Bungalow: The Production of a Global Culture* (London: Routledge, 1984); Thomas Metcalf, *An Imperial Vision: Indian Architecture and Britain's Raj* (Berkeley: University of California Press, 1989); and G. H. R. Tillotson, *The Tradition of Indian Architecture: Continuity, Controversy, and Change since 1850* (New Haven, Conn.: Yale University Press, 1989). For the latter, see Swati Chattopadhyay, *Representing Calcutta: Modernity, Nationalism, and the Colonial Uncanny* (London: Routledge, 2005); Preeti Chopra, *A Joint Enterprise: Indian Elites and the Making of British Bombay* (Minneapolis: University of Minnesota Press, 2011); Arindam Dutta, *The Bureaucracy of Beauty: Design in the Age of Its Global Reproduction* (London: Routledge, 2006); William J. Glover, *Making Lahore Modern: Constructing and Imagining a Colonial City* (Minneapolis: University of Minnesota Press, 2007); Jyoti Hosagrahar, *Indigenous Modernities: Negotiating Architecture and Urbanism* (London: Routledge, 2005); Rosie Llewellyn-Jones, *A Fatal Friendship: The Nawabs, the British, and the City of Lucknow* (Delhi: Oxford University Press, 1992); and Peter Scriver and Vikramaditya Prakash, eds., *Colonial Modernities: British Building, Architecture, and Dwelling in Colonial India and Ceylon* (London: Routledge, 2007).

21

芝加哥：从大火灾到第一次世界大战

19 世纪的柏林、巴黎、加尔各答和孟买等之前的城市有所不同。这些城市均因众多民用基础设施而出名，尤其是巴黎，那里为人们提供了空前多样购物和娱乐机会。尽管这些城市都是由全球资本主义构建的，它们却不仅仅是房地产价值的标识。政治显然重要，承认中产阶级参与国家和地方管理的需求尤其重要。从殖民城市偶尔发生的政治暴动到更加理想的新民用建筑类型如博物馆，表现这种需求的建筑都削减了利润的重要性，而这种利润最终是通过促进资本经济的方式产生的。然而，同时代人并不确定的是，文化是否调和了新美国城市芝加哥的房地产市场。对整个欧洲和美国地区细心的观察者们来说，19 世纪八九十年代涌现的芝加哥正是因为展现出了资本和城市形式之间的清晰关系，才呈现出了现代化的城市面孔。那里是游客们观看现在和一瞥他们的家乡可能拥有的未来的地方。他们往往对所见所闻感到震惊。芝加哥的快速发展给资本主义联盟带来了混乱。那些具有非凡才能的建筑师们在驯化这些力量中到底能承担什么样的角色并不总是很清楚。

19 世纪欧洲城市化进程的速度是空前的，而亚洲殖民城市也在快速扩张，但北美城市在 19 世纪后半期却发展得更快、更壮大，其市民的种族类型也更多。一个街区里甚至能听到几十种语言，比如纽约的下东区。北美最成功的城市非芝加哥莫属。芝加哥是由一个名为约翰·施洗者·普安·德·塞布尔 (Jean Baptist Point du Sable) 的皮草商人创建的。它在 1850 年时只是一个小村庄，但到 1900 年时，它已经发展成世界主要大都市之一，其人口数量达到 150 多万。它的快速发展只在 1871 年发生的大火灾期间出现暂时中断。这场大火摧毁了这座城市的大部分区域，并促使人们在重建城市时采用不易燃烧的材料。芝加哥是连接盛产粮食、肉类和木材的中西部内陆和东海岸的主要城市尤其是纽约的铁路交通枢纽，并从这里将这些物产运输到世界各地。芝加哥的成功就是建立在这个基础之上。随着四周围绕着高架铁路的市中心日渐为人所知，生产空间逐渐集聚到卢普区。芝加哥同时也是制造类产品的区域配送中心。

伦敦和纽约在开发专门用于银行和其他金融服务的区域方面起到了领头作用。美国的市中心比伦敦的市中心拥有更多服务于这种新型工业经济的新建筑类型。电梯和日渐增多的钢铁的结合为创造各种新环境提供了可能。在这种新环境中，各种公司更加靠近银行和律师、竞争者和顾客，而不是商品生产的地方。此外，无论是批发还是零售，出售成品的的商铺距离生产商的办公室往往只隔了几个街区。

最早的摩天大楼并非建在芝加哥，而是在纽约。直到芝加哥的西尔斯大厦 (Sears Tower) 于 1974 年竣工，世界最高的办公大楼在一个世纪里都一直位于纽约。从一开始，芝加哥办公楼就从外观上不同于早期纽约的办公楼。后者往往是将一模一样的楼层叠加到一起并放在一个复折式屋顶下，然后在屋顶上修建一个高高的钟塔。芝加哥的办公楼大多数都是投机地产，并不总是作为独立的城市地标设计的。因为它们建立在沙土上而不是像曼哈顿那样的基岩上，用相对较轻的钢铁结构取代厚重的石砌结构显得更加重要。然而，严格的消防规范确保了钢铁没有明显外露。该城市的第一座预制结构建筑的铸铁店面在大火灾的高温下产生了变形。

芝加哥的办公楼大多是由四大公司修建的。威廉·勒巴隆·詹尼 (William Le Baron Jenney) 曾接受工程师教育。在为他工作时相识的年轻建筑师们创建了另外 3 个重要的建筑事务所：丹克马尔·艾德勒 (Dankmar Adler) 与路易斯·萨利文 (Louis Sullivan) 创立了艾德勒和萨利文建筑事务所，丹尼尔·伯恩罕 (Daniel Burnham) 和约翰·韦尔伯恩·鲁特 (John Wellborn Root) 创建了伯恩罕和鲁特建筑事务所，威廉·霍拉伯德 (William Holabird) 和马丁·罗什 (Martin Roche) 建立了霍拉伯德和罗什建筑事务所。这些建筑师们专注于在芝加哥卢普区以及与之类似的美国中西部区域高效地修建办公室、店铺和统楼面，而伯恩罕和鲁特建筑事务所则将业务最终扩展到了整个美国。在这几家创新型合作事务所的每个公司中，一般都有一个成员专门负责业务，包括从与业主进行交易到管理公司内部的一切事物，而另一人则专门负责设计细节。然而，在他们专门负责的业务范围内需要进行大量实际工作时，公司创建人都无法事事亲力亲为。因此，这些公司雇用了大量绘图员以及领导他们的更有经验的建筑师。通常绘图员又转而为这些公司的竞争对手工作。在这些大型的新公司的众多工作人员中，没有人对其运用娴熟的新建筑地基或框架的表现真正感兴趣，相反，如同对伯恩罕和鲁特建筑事务所修建的卢克里大厦（Rookery Building）进行检验时所发现的一样，对房地产的思考促动了许多正式决策的出台（图 21.1）。

铁框架的出现对街面带来了非常显著的影响。两层楼商铺正面的挑檐空间缩小了，但将行人与商品隔离的玻璃屏障既展示了商铺内部，同时又在最大程度上改善了室内照明。从街道看去，卢克里大厦看似一座实心的砖砌结构建筑，但事实上它是围绕一个中心照明庭院而建的。庭院确保每个办公室都不会距离窗户太远（还提供了煤气照明）。面向该庭院的墙面上的白色瓷砖能将每一缕光线都反射进建筑内部。如果只有效率决定街面的设计，那么街面很可能看起来更像贴砖的庭院墙面。事实上，只有建筑底部的两层楼完全体现了效率的重要性。商铺建立在中庭周围以及街面上。二十年后，弗兰克·劳埃德·莱特（Frank Lloyd Wright）为伯恩罕和鲁特建筑事务所的原始内部增添了一层美化装饰，其中大多为新装饰性铁艺制品。

百货商店、宾馆、仓库、灯具制造厂、高等俱乐部、艺术机构以及政府建筑也同样位于卢普区。有时候，它们几乎无法区别于与同一家公司设计的办公楼。施莱辛格和梅尔（Schlesinger and Mayer）百货商店，后来改名为卡森·派瑞·斯科特（Carson Pirie Scott）百货公司，始建于 1898 年（图 21.2）。它的建筑师路易斯·萨利文是同时代建筑师中唯一创造了大量建筑理论的芝加哥建筑师。他在巴黎美术学校接受过教育，但也受到了拉斯金和超验主义哲学家拉尔夫·瓦尔多·爱默生的著作的启发。萨利文在钢结构的合理连接点上增加了——与事务所绘图员乔治·格兰特·埃姆斯利（George Grant Elmslie）合作——精美的镀铜铸钢装饰。这种装饰为大多数芝加哥建筑师以及雇用他们的开发商避而不用，但它却特别适用于出售大小件奢侈品的商铺的低层楼层。此外，萨利文的装饰因为批量生产而价格低廉。装饰上层楼层的压制赤土陶砖带的造价只比普通砖稍高。19 世纪 80 年引进的赤土陶砖覆面得以推广的部分原因在于，它使承包商减少了对加入工会的瓦工的依赖。闪亮的瓷砖在临街建筑立面上的应用最初仅限于天窗位置。相对市中心的其他大部分沾满煤灰的建筑表面来说，这是一种可以清洗的有利选择。

图 21.1 伊利诺斯州芝加哥的卢克里大厦，由伯恩罕和鲁特建筑事务所设计，建于 1885—1888 年

图 21.2 伊利诺斯州芝加哥的施莱辛格和梅尔百货商店（后改名为卡森·派瑞·斯科特百货公司），由路易斯·萨利文设计，建于 1898—1906 年

萨利文在百货公司的正立面上采用了两个独特的元素。他在上层楼层上选用了"芝加哥窗"，这种窗户由 3 部分构成。它在整个市中心都极其常见，每个窗户都由 3 块玻璃构成，中间的大玻璃片固定，两边的玻璃片可开闭。这对没有空调、夏季气候炎热的城市而言非常重要。萨利文甚至在窗户洞口的内边都增加了装饰。装饰仍然影响着完全注重效率的建筑风格。但是最精美的装饰却位于建筑的拐角入口处（图 21.3）。

在整个欧洲和美国地区，百货商店都会争抢角落位置，几乎总是以圆柱形元素突出这个位置。这里，萨利文和埃姆斯利的丰富建筑元素体现在各种繁复的装饰中。这种装饰原本常见于民用建筑和改革性机构建筑。这种装饰的风格化特征在 19 和 20 世纪之交流行于大西洋两岸。它给没有常见的内部天井的百货商店增加了一点儿时尚感。

尽管卢克里大厦和卡森·派瑞·斯科特百货公司一楼的装饰都非常漂亮，但在世纪之交有时间对建筑风格进行思考的芝加哥人中，极少有人对卢普区商业建筑营造的氛围感到满意。芝加哥站在资助创建新民用建筑风格的先锋。这种建筑风格即便无可争辩地与不断提升的社会目标相关联，看起来也会具有极大的不同。这是更具美学风格的激进派办公建筑不具备的。芝加哥的重要市民们希望修建兼具文化和商业功

图 21.3 施莱辛格和梅尔百货公司的入口细节

能的建筑。这种渴望完美地在芝加哥哥伦布纪念博览馆上体现了出来。这次博览会于 1893 年在芝加哥南区举行 (图 21.4)。该博览馆最引人注目的方面包括它的规模、和谐的组织以及将主要建筑联系在一起的统一古典元素。但这里同样也有娱乐空间，比如波斯剧院的第一座摩天轮和异国舞蹈。该博览馆对教诲性元素和娱乐性元素的平衡也是它大获成功的原因之一。这里的娱乐区为后来的包括科尼岛和迪斯尼乐园的美国娱乐区提供了指南。在这里，繁荣发展的一种公众建筑在未来将取代庄严的广场风格 (Court of Honor) 的博览馆而成为美国商业建筑的范例。

在距离此次博览会召开许久之后的 20 世纪 20 年代，萨利文和莱特对该博览馆的古典主义风格进行了强烈谴责。这种言论为现代运动历史学家反对古典主义奠定了基础。然而，那时候以及之后很长一段时间内，普通美国公民以及多数建筑师都非常喜欢这种风格。当代人将这个时期视为美国建筑风格的成熟时期。博览馆的魅力

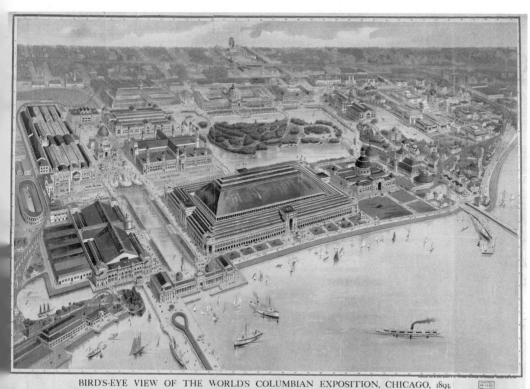

图 21.4 伊利诺斯州芝加哥的芝加哥哥伦布纪念博览馆的概览图，创作于 1893 年

在哪里呢? 首先, 它展现了以综合专业规划取代投机房地产开发的可能性。当时美国最著名的园林建筑师弗雷德里克·劳·奥姆斯特德与丹尼尔·伯恩罕合作设计了博览馆的平面图。大型民用、公园和娱乐区域与良好的交通和最新照明设施的融合产生了巨大吸引力。它震惊了芝加哥各阶级的市民以及欧洲人、富裕的东部人和中西部地区小城镇的零售商们。这为城市美化运动奠定了基础, 而城市美化运动又推动了民用建筑的发展。这场运动还促使城市规划作为独立行业而在美国诞生。事实上, 伯恩罕在 1909 年制作的芝加哥规划图促进了该城湖畔公园的修建。芝加哥规划图以及伯恩罕后来在马尼拉和圣弗朗西斯科的规划中所扮演的角色都是这次博览馆所获得的最显著的成就。

其次, 广场风格的统一建筑元素表现出了规整的城市外观, 与 19 世纪末城市的混乱建筑风格形成了鲜明对比。博览馆的该部分是由中西部和东部沿海地区最著名的建筑师共同设计的, 同时还有众多雕刻家小组的支持。这些建筑均是临时结构, 大多是在钢结构上抹灰构成, 但它们闪闪发光的白色外观、统一的古典元素、庞大的规模、丰富的装饰以及数量空前的公共艺术品让大多数参观者眼花缭乱。他们对利用古典修正主义创造一种遵循游戏规则的感觉的行动给予了肯定。民用修正风格建筑的外观掩饰了这样的事实, 即广场周围的大多数建筑都是展示美国工业产品的大型壳体。该博览馆的改革性还表现在展出了专门针对女性的展品。这些展品均收藏在女性建筑馆 (Women's Building) 中。该馆由新近毕业于麻省理工学院的的索菲亚·海登 (Sophia Hayden) 设计。海登在仅限女性参加的竞赛中获得了设计该建筑的资格。修建该建筑的想法是贝莎·奥诺儿·帕尔默 (Bertha Honore Palmer) 提出的。她的丈夫是当时芝加哥最富裕的男性之一。尽管此次博览会有这些极富的芝加哥人的参与, 但它获得成功的原因之一是它更好地代表了中上层阶级而不是精英阶级的品位和目标。许多机构如美国图书馆协会和美国国家家庭经济协会是在该博览馆中创立的, 也选择在这里召开年度会议。这些机构对以芝加哥和美国强盗式资本家为代表的资本主义感到不满, 偏爱基于本土文化的中产阶级美德。他们称颂创建城市环境的行为。这种城市环境应是公共的而非私人的, 其规模甚至可能超过占据主要地位的新商业建筑。他们的品位可能是传统的, 但他们往往也愿意关注新艺术和深刻的社会变革。

这种特点在由坎迪斯·惠勒负责装饰的女性建筑馆的内部几乎是显而易见的 (图 21.5) 。其展品主要展示了美国女性作为女手艺人、社会改革家以及专业人员所获得的成果（将非裔美国人的展厅与其他人的展厅隔离开来表现了当代人能够接受的上限）。展会强调女性活动应是对女性家庭角色的延伸而不是否认，然而，这座展厅的风格却没有表现丝毫家庭元素。相反，它与其他主要展览结构相协调。女性建筑馆的室内装饰包括帕尔默的朋友玛丽·卡萨特创作的大幅壁画（现已丢失）。这些壁画是博览会上所展示的最具创意的艺术品。

在芝加哥哥伦布纪念博览会上出现了两种有关技术可以改变家庭生活的观点，且两种观点的分歧日渐增大。观点之一与由艾伦·斯沃洛·理查兹 (Ellen Swallow Richards) 和玛丽·辛曼 (Mary Hinman) 设计的拉姆福德厨房 (Rumford Kitchen) 有关（图 21.6）。该厨房每天为博览会的参观者准备多达 1 万份廉价而营养的食品。该建筑更像一座带有宽裕前廊的宽敞而舒适的农舍，而不是工厂。其内部装饰风格掩盖了内在的工业组织。此处博览会还展示了电动厨房。电动厨房 (Electric Kitchen) 首次暗示，理查兹和艾贝尔 (Abel) 采用并在其他大型宾馆和参观厨房应用的技术也能为单一家庭承担得起（图 21.7）。

图 21.5 芝加哥哥伦布纪念博览会的女性建筑馆的内部，由建筑师索菲亚·海登和室内设计师坎迪斯·惠勒设计

图 21.6 芝加哥哥伦布纪念博览会的拉姆福德厨房

这种对比代表了家庭改革者们在之后的几年里试图推进的两个不同方向。理查兹和艾贝尔的试验受到了夏洛特·帕金斯·吉尔曼 (Charlotte Perkins Gilman) 的著作的启发。吉尔曼是凯瑟琳·比彻尔和哈里特·比彻尔·斯托 (Harriet Beecher Stowe) 的侄孙女。她倡导修建公共厨房和公共食堂，以减少女性工作，使她们能够追求慈善和职业生涯。她描绘了自己理想，"一栋服务于婚后职业女性的宽敞而服务到位的公寓楼……公寓里将不设置厨房。但公寓楼里配备一间厨房，并从这里向每个家庭提供食物。人们可在自己的房间或在公共餐厅里用餐。这是一个大家庭，这里的清洁工作是由工作效率高的工人完成的。工人们不是由各个家庭独自雇用的，而是由公寓楼的经理聘用。公寓楼里还有一个屋顶园林、日托所和幼儿园，面聘请的都是受过良好专业培训的护士和教师，他们能确保孩子的合理看护……这种理想必须建立在商业基础上才能获得巨大的商业成功。因此，它必会获得成功，因为这是一种日渐增长的社会需求。"

吉尔曼号召转变女性角色，呼吁她们专注于公共改革，而不是主持家务和照顾家人。这种号召对很多人来说并没有电动厨房那么吸引人。在电动厨房里，电器制造商为家庭主妇们展现了新电器日渐增多的辅助作用。不用说，如果每个能够负担得起的

图 21.7 芝加哥哥伦布纪念博览会的电动厨房

家庭都能购买电器，那么电炉以及在下半个世纪里出现的冰箱、吸尘器和洗衣机的市场要比邻居们共享资源集体购买公用电器的市场大得多。吉尔曼和其同盟不能完全理解的是，他们试图以新方式管理的理想家庭最终竟然促成而不是批判了这种现状。到 20 世纪 20 年代，克莉丝汀·弗雷德里克（Christine Frederick）设计的一种合理组织的厨房取代了她们的乌托邦梦想。克莉丝汀是一位工业效率方面的专家，她率先将时间和动作的研究结果应用在家庭中。

这些辩论对许多芝加哥人来说仍然是学术性的，因为中产阶级的家庭生活仍然不在他们的关注范围内。这座城市里的贫民窟臭名显著。它们大多为东欧和南欧地区的最新移民居住。这里的住宅无人维护，照明不足，通常一家人挤在一个房间里。在这些条件下滋生的疾病也威胁到了中产阶级邻居的健康。在整个美国地区，这些丑陋不堪的街区在第二次世界大战后要不被转移到了从南部乡村地区过来的黑人移民手中，要不被拆除以修建高速公路和公共住宅。那些在 20 世纪 60 年代幸存下来的街区，比如纽约的小妇人区 (Little Lady) 和波士顿的北端区 (North End)，通常随着人口密度的降低以及 19 世纪末和 20 世纪初移民定居者的后代掌握了维护和修补街区的办法而发生了翻天覆地的改变。

许多中产阶级成员应对城市贫民区的方法是避居到郊区。然而，其他人，尤其是第一代受过大学教育的女性，试图给贫民窟居民灌输美国中产阶级的价值观，试图帮助他们解决同化过程时遇到的困难，减少他们对美国价值观的危害，即在贫穷地区蓬勃发展的工会制度和社会主义思潮。简·亚当斯 (Jane Addams) 和艾伦·盖茨 (Ellen Gates) 于 1889 年在芝加哥创立了赫尔馆 (Hull House)。这是美国最著名的社会服务所。她们搬进了贫民窟的一座体面的住宅中，通过友好对待新邻居并为他们提供有用的帮助来改善他们的生活。在亚当斯的领导下，赫尔馆最终扩建成了几乎包括 4 个方形城市街区的建筑(图 21.8)。它提供了享用虽然简单但却便宜、健康的食物的用餐空间（亚当斯从拉姆福德厨房购买了设备）、成人教室和会议室以及儿童空间，包括一座体育馆和一个托儿所。这是美国日托所的早期样例。它的出现允许街区女性寻找有偿工作，并能确保她们的孩子在其工作期间得到良好的照顾。所有这些设施都通过私人慈善机构建立的，当时地方、州和国家政府尚未将减轻贫困视为自己的责任。政府的这种无为行为促使许多像亚当斯这样的中产阶级女性参加争取女性选举权的运动。

赫尔馆的许多建筑看起来像是民用建筑而不是机构建筑。如家环境对大多为女性的居民而言非常重要，因为它见证了她们进入社会福利工作的新领域这一事实。最初，房屋的简单装饰部分旨在为富裕的捐助者和贫穷的邻居们提供具有良好品位的实物教学。今天，许多人强调人们之所以积极参与社会服务运动，是试图强迫他们的贫民窟邻居接受他们的中产阶级价值观，而不是促使他们采用改革性政治措施解决该区的社会问题。然而，亚当斯是一个非常勇敢的女性，她毫不畏惧地采取了激进的态度。她是第一位荣获诺贝尔和平奖的美国女性。她曾与罢工工人共同发动了终止童工的运动，是全美有色人种协会 (NAACP) 的创建人，也是反对美国参与第一次世界大战的反战主义者的发言人。

图 21.8 伊利诺斯州芝加哥的赫尔馆, 竣工于 1907 年

芝加哥中产阶级大多居住在郊区的街区, 远离亚当斯每日面对的问题。这里, 许多能够负担得起的人们修建了房屋, 以此展示他们在令人安心的家庭生活中尝试新事物的信心。莱特在郊区的橡树公园 (Oak Park) 居住和工作, 并在赫尔馆讲授他的实践工作。赫尔馆同时也是一个艺术改革中心。莱特是推广草原风格的先行者。草原风格是工艺美术运动在当地的表现形式, 不过, 它的起源和雄心却绝对具有国际性。尽管他所设计的几栋房屋的基址地形迥异, 莱特却认为它们的典型水平状态与周边景观的平坦特征相协调。

受到日本政府在芝加哥哥伦布纪念博览会上修建的建筑的启发, 莱特快速放弃了对启发了早期工艺美术建筑的工业前当地建筑的追随。他于 1902—1903 年间在高地公园 (Highland Park) 修建的沃德·威利茨宅邸 (Ward Willits House) 展现了他对日本的迷恋 (图 21.9)。[(莱特公司的许多设计成果都体现了来自日本印刷品的影响, 包括马里恩·马奥尼·格里芬 (Marion Mahony Griffin) 的作品。格里芬夫

336

图 21.9 伊利诺斯州高地公园的沃德·威利茨宅邸，由弗兰克·劳埃德·莱特 (Frank Lloyd Wright) 设计，建于 1902—1903 年

人是伊利诺斯州第一位获得建筑执业许可的女性，在 1895-1909 年在莱特的事务所工作。）] 在 1905 年，威利茨一家和莱特一家曾同去日本旅行。与当时许多从事视觉艺术工作的西方人一样，莱特对日本艺术颇为仰慕。与他对日本的迷恋更加激进的是，他愿意采用钢铁以及钢筋混凝土这种用于市中心的新材料来创建新郊区建筑类型。在威利茨宅邸中，各个立面的清晰的黑白几何结构可能受到了日本的影响，但低四坡屋顶的薄墙和宽悬臂却均用钢筋加固。莱特在将创新形式与令人安心的熟悉社会思想的融合方面极具天赋。在这座宅邸的纸风车式平面中，他没有采用展览会建筑的美术学院式组织而偏向敞开空间（图 21.10）。服务区的规模体现了社会改革的限制。直到 20 世纪 30 年代，当家庭住宅不再能够负担得起仆从时，人们才将厨房和客厅联系起来。莱特的中上层阶级业主含蓄地批判了非常富裕的芝加哥人偏爱的贵族装饰。莱特放弃了大多数装饰，但却保留了大部分的舒适性，这种特征首先体现在显著的壁炉、温暖的装饰、空间的规模以及这些房屋坐落的广阔地块上。

如同金斯科特 (Kingscote) 的迈金·米德·怀特公司，莱特试图保留房屋内部设计的完全控制权。他认为只有自己的艺术工艺能够确保合适的近乎精神的效果。与因

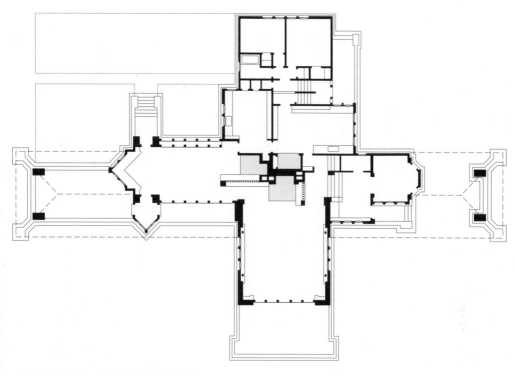

图 21.10 沃德·威利茨宅邸的平面图

采用新材料而成为可能的开放平面形成对比的是，莱特的极简装饰尽管在今天大受推崇，然而对当时的工艺美术建筑师而言却并非独有的。沃德·威利茨宅邸的会客厅和餐厅是类独立凉亭结构，从房屋核心向外突出，带有三面裸露外墙。莱特在设计这些房间时，对采光和通风的关注完善了他的空间创新。外部飞檐能在夏天调节光线，并允许在凉爽的夏日夜晚和下暴风雨的时候保持窗户打开。他的草原风格房屋的窗户允许光线进入，但屏蔽而不是显露周围景观，创造了较高程度的视觉隐蔽性。莱特为每栋房屋设计了一种彩色玻璃图案，一般都是某种特定的花朵图案。尽管在长达 60 年的职业生涯中，莱特设计了数百座建筑并成为美国最著名的建筑师，但他一生仅有少数几次建设市中心的项目。相反，他将工业和商业建筑的工程技术不仅运用在民用和郊区住宅上，甚至还应用在更加激进的建筑如他自己的教堂上。他的教堂是位于橡树公园的联合教堂 (Unity Temple)，建于 1906—1909 年 (图 21.11)。教堂随同其成员搬迁到了新住宅区。这里，一位论派和普救论者的联合群众宣布放弃传统教堂建筑，转而选择更加简洁、更低造价的建筑，因为造价低对他们而言更加重要。

图 21.11 伊利诺斯州橡树公园的联合教堂，由弗兰克·劳埃德·莱特设计，建于 1906—1909 年

该教堂由两座建筑构成：一座神殿和一个会堂或者说主日学校建筑。莱特特意将入口设置在偏离两栋建筑之间的轴线的位置。这一决定迫使访客为了寻找大门而注意到临街立面的整体构造。这座钢筋混凝土结构的显著简洁感使联合教堂成了反对 19 世纪折中主义风格的早期建筑先例之一。钢筋混凝土作为新材将廉价与纪念性结合在一起。然而，同时还值得注意的是其可能融合的玛雅建筑元素。这些建筑元素自然影响了莱特后期所做的几次尝试。他试图通过借鉴美洲土著居民的大型建筑来创建独特的美国建筑。当时，尽管这种借鉴更加抽象，但它却与当时土著美洲普韦布洛人和西班牙殖民传教团在西南地区借鉴当地建筑元素没有多大不同。

在做礼拜的空间里，莱特强调对从发言人讲台做出的演讲的直接视觉和听觉效果（图 21.12）。这种新教形式突出演讲而不是弥撒圣礼，且未采用圣坛。在一个电力扩音系统尚未出现的时期，良好的音响效果显得非常重要。莱特还关注日光，没有在创

图 21.12 联合教堂的内部

造令人分神的室外风景。日光在很多信仰中是灵性的象征。他依靠几何结构而不是历史装饰来创造一个实际上像集会一样统一的空间。在营造一种温暖而不是肃杀的氛围方面，他十分注意颜色和规模。他在处理因钢筋混凝土而成为可能的净宽度时成功地考虑了所有细节。莱特的设计在 20 世纪头 10 年里受到了极大推崇，在美国西北部各州设计了大量建筑。然而，1909 年后他遭遇了事业上的困境，因为他抛弃了家人，携带一个业主的妻子去了欧洲，后者在 5 年后被谋杀。与他同去欧洲的还有后者的两个孩子以及莱特的其他 5 个家人。直到大约 30 年后，他的名声才得以恢复。

后代人理所当然地采用十九世纪中期说英语地区出现的新城市组织类型。高昂的房地产将大多数住宅区挤出了金融和商业专区，但这些社会团体对家庭生活作为安全港的强调也促进了建筑功能的隔离。然而，商业本身是绝对不够的。从一开始，那些享有众多充足的手段去思考其他事情的芝加哥居民也渴望文化。到 19 世纪 80 年代，这种渴望促进了民用机构的诞生，以补充新商业机构。在芝加哥以及美国的其他地方，这些结构所在的建筑——公共图书馆、博物馆、剧院和管弦乐厅以及政府建筑——更多地旨在为熏陶更多公众提供场所，而不是提供展示的地方。这点与巴黎的情形不同。在芝加哥，城市美化运动将美术建筑与工艺美术运动思想融合在一起。后者对那些具有改革思想的女性尤其具有吸引力，因为她们对将自己的理想化使命从家庭转移至社会领域颇感兴趣。许多中产阶级成员还渴望获得那种与自然、家庭以及神之间的联系，她们认为这种联系珍藏在工业前的生活中。这些渴望促进了郊区街区（这个时期并非总是单独的城镇，尽管有可能是）的开发和服务于他们的教堂的修建。在每个区域——商业、民用、家庭和宗教，新建筑材料为扩大后的富裕中产阶级带来了新设计。

延伸阅读

On Chicago's relationship to its hinterland, see William Cronon, *Nature's Metropolis: Chicago and the Great West* (New York: W. W. Norton, 1991); on the impression it made on others, see Arnold Lewis, *An Early Encounter with Tomorrow: Europeans, Chicago's Loop, and the World's Columbian Exposition* (Urbana: University of Illinois Press, 1997). On New York's skyscrapers, see Sarah Bradford Landau and Carl Condit, *The Rise of the New York Skyscraper, 1865–1913* (New Haven, Conn.: Yale University Press, 1996). For discussion of the Rookery Building, see Daniel Bluestone, *Constructing Chicago* (New Haven, Conn.: Yale University Press, 1991); and Meredith L. Clausen, "Frank Lloyd Wright, Vertical Space, and the Chicago School's Quest for Light," *Journal of the Society of Architectural Historians* 44, no. 1 (1985): 66–74. On the context of architectural production in Chicago at the time, see Robert Bruegmann, *The Architects and the City: Holabird & Roche of Chicago, 1880–1918* (Chicago: University of Chicago Press, 1997); and Joanna Merwood-Salisbury, *Chicago 1890: The Skyscraper and the Modern City* (Chicago: University of Chicago Press, 2009). Joseph Siry, *Carson Pirie Scott: Louis Sullivan and the Chicago Department Store* (Chicago: University of Chicago Press, 1988), is the standard work on the subject. On the Women's Building, see Sally Webster, *Eve's Daughter/Modern Woman: A Mural by Mary Cassatt* (Urbana: University of Illinois Press, 2004); and Wanda Corn, *Women Building History: Public Art at the 1893 Columbian Exposition* (Berkeley: University of California Press, 2010). The Rumford and Electric Kitchens are described in Dolores Hayden, *The Grand Domestic Revolution: A History of Feminist Designs for American Homes* (Cambridge: MIT Press, 1982). On Christine Frederick, see Janice Williams Rutherford, *Selling Mrs. Consumer: Christine Frederick and the Rise of Household Efficiency* (Athens: University of Georgia Press, 2003). The tensions between the commercial and the civic in reform efforts, including Burnham's plan and settlement houses, are recounted in Robin F. Bachin, *Building the South Side: Urban Space and Civic Culture in Chicago, 1890–1919* (Chicago: University of Chicago Press, 2004). Jane Jacobs, *The Death and Life of Great American Cities* (New York:

Random House, 1961), describes the revival of ethnic neighborhoods like the one that once surrounded Hull House. On Hull House itself, see Louise W. Knight, *Citizen: Jane Addams and the Struggle for Democracy* (Chicago: University of Chicago Press, 2005). On Frank Lloyd Wright, see Neil Levine, *The Architecture of Frank Lloyd Wright* (Princeton, N.J.: Princeton University Press, 1996); Reyner Banham, *The Architecture of the Well-Tempered Environment* (Chicago: University of Chicago Press, 1986); and Joseph Siry, *Unity Temple: Frank Lloyd Wright and Architecture for Liberal Religion* (Cambridge: Cambridge University Press, 1996).

22 先锋派之创出

说到 20 世纪的建筑样式，我们需要考虑创造了先锋建筑的现代运动的起源。先锋 (Avant-garde) 这个词汇原本是描述先锋部队的军事用语，如今被用来形容有意识地反对现状并转而支持新提议的各种文化形式。这种新提议开辟了希望其他人追随的道路。先锋艺术出现在 19 世纪中期的欧洲，尤其是法国，当时的艺术家、建筑师和作家以及他们的支持者们反对制度化品位。这种品位曾经催生了模仿辛克尔的阿尔特博物馆或戛纳的巴黎歌剧院的缺乏创意的建筑。欧洲大陆的一些优秀人物如今希望以比同类工艺美术运动更加激进的方式表达他们对那种已建秩序的不满。他们反对国家的制度化赞助或至少在制度外工作，并对资产阶级的地位提出了挑战。许多先锋艺术作品，比如巴勃罗·毕加索 (Pablo Picasso) 和乔治·布拉克 (Georges Braque) 的立体绘画，晦涩难懂、充满矛盾，而不具备传统意义上的美丽。

早在 19 世纪 90 年代进行的一些尝试就为这种正式实验的爆发创造了珍贵的先例。第一代先锋建筑师们提出了众多如何创新的方法，不过他们中只有极少人积极支持后来的创新者。先锋艺术的支持者们假定创新形式能够支持改革的政治目标。这在有些时候是正确的，但新建筑形式并不总是与经济、社会或政治变化相关。Art nouveau 这个法语单词的意思是"新艺术派"，诞生于 19 世纪 90 年代的比利时首都布鲁塞尔。在像建于 1895—1901 年的范·艾特菲尔德公馆 (Van Eetvelde House) 的建筑中，维克多·奥塔 (Victor Horta) 领先创建了一种融合钢结构、风格化植物装饰、开放照明空间的新综合结构 (图 22.1)。奥塔是一位建筑师，他在

19 世纪的最后 10 年里和 20 世纪的前几年里远远地偏离了其接受的美术教育。到 19 世纪末,富裕的比利时人对单一家庭城镇住宅的喜爱多过当时巴黎和大多数其他大型欧洲城市所具有的典型城市公寓,也多过在说英语地区日渐普遍的半独立式或完全独立式郊区房屋。这部分是因为经济高度工业化的比利时是钢铁的主要生产地。到 1890 年,许多房屋的建筑师已经采用铁过梁加大窗户。奥塔更加先进,他系统性地采用铁结构,以为建立在又深又窄的地块上的房屋提供更充足的照明。奥塔在范·艾特菲尔德公馆的中间打开一个洞口,在其中安插了一个两层楼高的房间。该房间以天窗照明,顶面安装彩色玻璃。这个漂亮的中庭的作用不仅仅在于指引访客从简朴的入口前往主要接待室,它还为奢华娱乐提供了舞台背景。范·艾特菲尔德公馆的立面是挂在入口平面前的一帘悬挂铁幕。

图 22.1 比利时布鲁塞尔的范·艾特菲尔德公馆的内部,由维克多·奥塔设计,建于 1895—1901 年

奥塔认为建筑应该体现现代性，而不只是提供一个逃避现代性的舒适处所，但他并不反对奢华。奥塔如同其他新艺术派建筑师和设计师一样，喜欢通常受到植物形状启发的鞭索曲线。有时候，此类装饰完全脱离了象征符号，变成了纯粹由抽象线条构成的网状结构。这些线条同时模糊了结构和装饰之间的界限。在范·艾特菲尔德公馆的中庭中，无论是支撑着玻璃屋顶膜结构的有点儿像茎梗的铁墩，还是支撑花状电灯装置的茎梗，都几乎没有具象特征。新艺术派的新装饰元素通常也与采用的具体材料无关。奥塔在地面上镶贴的马赛克上以及墙面涂刷的膜版印刷装饰上都采用了与环绕上部楼层和楼梯的半结构式铁栏杆相同的母题。奥塔是一代设计改革家之一。这些改革家们仿照理查德·瓦格纳 (Richard Wagner) 树立的榜样，用统一的效果取代了中上层阶级住宅中展现的各种样式和手工艺品，以获得一种心理效果以及视觉和谐感。瓦格纳是一位德国作曲家。他创作抒情诗，并积极参与歌剧表演。

尽管奥塔像比利时先锋艺术派的许多成员一样，具有社会主义同情心，甚至为比利时工党设计了人民宫 (Maison du Peuple)，不过，他的主要赞助人都是富裕的工业家。男爵埃德蒙·范·艾特菲尔德是比利时国王利奥波德二世 (Leopold II) 对非洲刚果进行臭名昭著的剥削性私人领主统治的首席行政官。刚果地区有数百万居民在殖民初期死亡。用以建造这座公馆的财富以及装饰其许多房间的热带树木都来自这种残酷的统治。这种统治甚至令那些不愿对该时期的其他殖民帝国提出挑战的同时代人震惊。到 1900 年，新艺术派风格已经传播到了欧洲大部分地区。然而，当这种风格被证明只是一种潮流，而不是对已建建筑实践模式的有效综合挑战时，它很快便失败了。新艺术派装饰便于应用在那些结构和平面保持不变的建筑的各个立面上。新艺术派广告和廉价的消费产品很快体现了这种风格在定义一个可识别的精英阶层方面的优势。流行这种潮流时兴的中心是巴黎。先锋建筑风格从定义上看是只应用在少数建筑上的而巴黎的大多数建筑并未受到这种一时流行的风格的影响。然而，它却在百货商店和咖啡店中非常流行。在这些地方，有关新事物的消息非常重要。这种建筑风格还标志出了通向巴黎新地铁系统的入口。地铁这种新铁路网络日渐将欧洲城市中心与新外围地区联系起来。新艺术派在巴黎的主要追随者赫克多·吉马德 (Hector Guimard) 在 1899—1905 年间设计了这些地铁入口 (图 22.2)。

新艺术的曲线装饰有时候令人想起洛可可式风格。当时，法国对奢侈品生产的垄断地位日渐受到其他欧洲国家尤其是英国和德国的朴素设计的威胁，而新艺术风格的出现振兴了精美的法国奢侈品市场。然而，从吉马德对地铁入口的设计可看出，

图 22.2 法国巴黎的阿贝斯地铁站，由赫克多·吉马德设计，建于 1900 年

他甚至比奥塔更加拥护工业生产。他直面现代化的主要方面之一：批量生产。铸铁建筑正面早在 19 世纪中期就已经开始生产，而预制建筑也并非新事物。然而，将先锋艺术融入批量生产却是新鲜的，且具有预言性。吉马德地铁入口重现了整个巴黎的几种批量生产的标准设计。它们的统一风格具有重要意义，既使得这种穿越巴黎的新交通方式易于辨认，同时还节省了时间和金钱。

在说德语的中欧地区，新艺术风格也被称为 Jugendstil 或者说青年派。受到该地区的传统巴洛克风格的影响，新艺术在奥匈帝国所呈现的形式与其在法国和比利时呈现的形式稍有不同。约瑟夫·玛利亚·奥尔布里希 (Joseph Maria Olbrich) 的维也纳分离派博物馆 (Secession Building) 竣工于 1898 年（图 22.3）。它是由一群以画家古斯塔夫·克里姆特 (Gustave Klimt) 为首的艺术家们委托建造的。克里姆特在此不久前正式退出了国家美术学院。自 17 世纪末起，该美术学院一直赞助艺术家教育，支持他们展出作品。到 19 世纪，它还为国家博物馆收购藏品。克里姆特和其他人还组织了分离派展会，提供了其他展示地点。

图 22.3 奥地利维也纳的分离派博物馆, 由约瑟夫·玛利亚·奥尔布里希设计, 建于 1898 年

奥尔布里希负责体现主要体制变化。他像莱特一样转向早期建筑形式。莱特在 1904 年的路易斯安那博览会 (Louisiana Purchase Exposition) 上看到了奥尔布里希的作品, 对其极尽夸赞。事实上, 对块状分离派博物馆的了解无疑给了莱特后来设计联合教堂的勇气。20 世纪建筑文化的最重要特征之一便是, 杂志上的发表作品以及众多建筑师日渐国际化的旅行和实践使得创新设计的影响范围远远超出其实际所在的地方。为了宣传其首次展会, 奥尔布里希设计了描述分离派博物馆的海报, 以此方式为印刷文化做出了部分贡献。

分离派博物馆上刻了一句话 (德语), 其意思是"对时间而言, 它是艺术; 对艺术而言, 它是自由。"奥尔布里希所接受的教育是古典学术性的。古典学术强调对称和宏大的规模, 这种特点的影响至今仍然可见。自建筑侧面的风格化玫瑰花丛开始, 奥尔布里希以大胆新颖的方式框住了这种传统结构, 而玫瑰花丛还在开放性金属穹顶的结构上重现。如同在穹顶两侧的塔式结构上一样, 这种玫瑰花丛装饰还与深入建筑历史——这里是古埃及——的努力结合起来, 而深入历史是为了建立看似不为时间改变的稳定性，就像联合教堂一样。建筑内部同样新颖。开放式平面允许空间的重新分配，以便举行不同的展会。该博物馆里在最先举行的展会之一上将苏格兰建筑师查尔斯·雷尼·马金托什 (Charles Rennie Mackintosh) 和他的艺术家妻子玛格丽特·麦克唐纳·马金托什 (Margaret MacDonald Mackintosh) 创作的作品引进了维也纳。

维也纳人喜欢马金托什夫妇将新艺术典型的自然风格化和女性形式与日渐严肃的直线性进行对比的方式。就像柳茶馆 (Willow Tea Rooms) 的奢华客厅 (Salon de Luxe) 清楚展现的一样，马金托什夫妇几乎不排斥装饰 (图 22.4)。柳茶馆位于苏格兰格拉斯哥，于 1903 年开业。这里，如同在工艺美术式住宅中一样，装饰和建筑形式构成了一个统一整体，然而形式不再表现对工业前历史的怀念。干净明快的白色家具反衬着精美的抽象彩色玻璃门和只是稍微更具代表性的装饰彩色玻璃。除了门上镶嵌的类珠宝饰品之外，这种环境的奢华体现在用心的装饰上，而不是奢

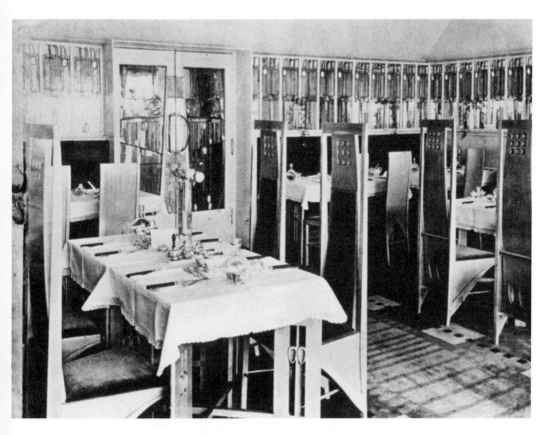

图 22.4 苏格兰格拉斯哥的柳茶馆的奢华客厅，由查尔斯·雷尼·马金托什设计，建于 1903 年

华的装饰材料上。主顾们如想在这里享用茶水, 就要比在这座建筑中同样也由马克托什夫妇设计的其他房间里喝茶多支付一便士。尽管玛格丽特·马克托什对女性形式和花卉图案的连续使用可能具有性别暗示, 就像众多新艺术装饰一样, 柳茶馆却保留了美学尝试和渐进社会变革之间的工艺美术联系。格拉斯哥连锁茶馆的所有者凯瑟琳·克兰斯顿 (Catherine Cranston) 通过将家庭美学推广到公共领域, 来鼓励女性前往市中心, 同时维持将她的茶馆区别于竞争者的茶馆的独特外观。茶馆尽管同时向两性开放, 却为单个或结伴女性在市中心愉快地用餐和享用下午茶提供单独空间。茶馆中的一些房间只对女性开放。在商铺上班的女性来此享用午餐, 有时候还在此用晚餐。更加富裕的女性则在购物前后在此慢慢享用茶水。克兰斯顿的许多顾客像她本人一样是禁酒运动的成员, 因此, 茶馆不供应酒精饮料。光顾茶馆的女性能够避免遭受醉汉的骚扰, 而这种事情在该城的其他饭店和酒吧经常发生。

在很多年里, 马克托什夫妇巧妙地在抽象和装饰中获取平衡, 但现代运动的其他前辈却更愿意考虑完全摈弃装饰。自 20 世纪 20 年代起, 一篇原本晦涩难懂的文章被以多种译文版本广泛发表。在这篇文章里, 维也纳建筑师阿道夫·卢斯 (Adolf Loos) 隐晦地将装饰与罪恶联系起来。建于 1912 年的肖依宅邸 (Scheu House) 呈立方体状, 其立面无任何装饰, 如同柳茶馆稍作修饰的立面一样, 被视为现代运动偏爱白色盒子造型的前期范例。卢斯著述的大多数文章都令人震惊。他像先锋派对手一样喜爱奢华的材料和微妙的细节, 但他讥讽他们的作品, 强烈批判他们采用整体分析的方法进行设计的行为。相反, 卢斯试图设计能在不断变化的潮流中留存的环境艺术。肖依宅邸是为一位活跃于田园城市运动的律师和他的担任儿童书籍编辑的妻子修建的。它的门廊装饰非常朴实 (图 22.5)。支撑上层楼层的横梁给人一种结构感。一些墙体上镶贴着普通木板。窗玻璃的上半部分被整齐地细分成小格。房间的家具由业主而不是建筑师选择, 还可随着居住者品位的变化而改变。

卢斯对在抽象绘画出现之前产生的应用装饰的谴责启发了新一代建筑师。这些建筑师们将墙体视为空间分隔物, 而不是结构元素。尤其是在 20 世纪前 10 年里, 立体主义艺术家、表现主义艺术家、未来主义者、构成主义者和风格主义者树立的榜样促使他们采用钢筋混凝土和框架钢结构来创造非对称、开放的平面。非表现派艺术和新建筑技术的融合同样也鼓励了众多建筑师接受受严肃工厂建筑外观影响的美学观。他们在 1918—1932 年间确立了极简主义的名声。这种美学观点之所以对他们具有吸引力, 既是因为它从定义上看是现代的, 也因为它提供了历史主义之

图 22.5 奥地利维也纳的肖依宅邸的楼梯间, 由阿道夫·卢斯设计, 建于 1912 年

外的另一种引人注意的选择。他们的作品直至今天仍然符合现代建筑的大多数定义。尽管这种建筑在当时以及之后被其倡导者和批判者广泛视为共产主义的象征, 或至少是社会主义民主的象征, 然而造价相对较高的单一家庭住宅以及一座政府修建的凉亭 (一个重要例子) 为这种新建筑样式提供了重要的展示窗口。

这种触动了尝试的艺术通常被视为 1914 年 8 月至 1918 年 11 月的第一次世界大战爆发的前兆。最初的交战国——德国、奥地利、塞尔维亚、俄罗斯、比利时、法国和英国——的大多数居民满怀喜悦地迎接战争的爆发。他们认为这将是一场短期冲突，他们所在的一方将战胜敌国。然而，军事技术的进步导致交战双方都有数百万人死亡，而战役中的获胜方也不过惨胜而已。所有参战国的经济都遭受了严重破坏。在许多国家里，人们的生活质量直到 20 世纪 50 年代才见改善。其政治效应也同样具有天启性，随着三大帝国坍塌，取而代之的是共产主义苏联、脆弱的民主德国以及新独立的波兰、芬兰、爱沙尼亚、立陶宛、拉脱维亚、奥地利、匈牙利、捷克斯洛伐克和新组建的南斯拉夫。

战争让战胜者回归珍贵的国家传统，显示出清晰的古典主义联系。然而，它使战败国甚至包括这些国家的很多保持中立的居民，从与名誉扫地的政体紧密相关的传统中解脱了出来。在整场战争过程中保持中立的荷兰早在 20 世纪头 10 年里就已经成为了种类异常繁多的建筑样式的实验室，其建筑在国外广受称赞。新荷兰风格之一便是 "de Stijl"，在荷兰语中意为 "风格主义"。如同战争期间的先锋抽象艺术的众多样例，这种风格受到了新艺术潮流的启发，在这里指受到了皮特·蒙德里安 (Piet Mondria) 和特奥·凡·杜斯伯格 (Theo van Doesburg) 的严格直线性抽象主义的启发。位于乌得勒支 (Utrecht) 郊区的施罗德宅邸 (Schroeder House) 建于 1922 年，竣工于 1923 年，由赫里特·里特费尔德 (Gerrit Rietveld) 与其业主特鲁斯·施罗德 (Truus Schroeder) 共同设计。这栋宅邸突出了在空间中悬浮的多个原色平面与空间自由的交叠。这种空间自由来自于将承重砖墙改变为框架结构 (图 22.6)。

从街道看过去，施罗德宅邸看起来就像一个先锋建筑的典型样例。混凝土楼板衬托出以明亮的原色凸显的钢梁。楼板和钢梁共同界定了阳台并遮挡了内部空间。然而，对独自养育 3 个孩子的遗孀母亲施罗德来说，新颖的美学和结构是不够的，她决意挣脱她所体会到的令人窒息的中产阶级家庭生活传统。上层楼层的平面布局表现了融合正式和社会体验的改革性选择 (图 22.7)。推拉隔断提供了灵活性，施罗德将这种灵活性等同于自我表达。在位于街道上层的主楼层上，她和孩子们可自主设置隔断来提供私人休息空间，除了厕所和浴室外，所有隔断都面向一个大空间。他们还可将隔断竖立在任何连接位置上。施罗德宅邸能够满足业主的需求，部分是因为尽管里特费尔德设计了所有装饰，施罗德和她的孩子们却能控制空间使用的方式。没有任何其他地方能以比这里更加愉快、更少矫饰的方式实现个人自由和新建筑形式之间的平衡。施罗德在其余生中一直在此居住。这是为特定的人物创造的特定环境，而不是用于大量生产的原型。尽管该建筑广受称赞，它仍然是独一无二的。

图 22.6 荷兰乌得勒支的施罗德宅邸，由皮特·蒙德里安和特奥·凡·杜斯伯格设计，建于
1922—1923 年

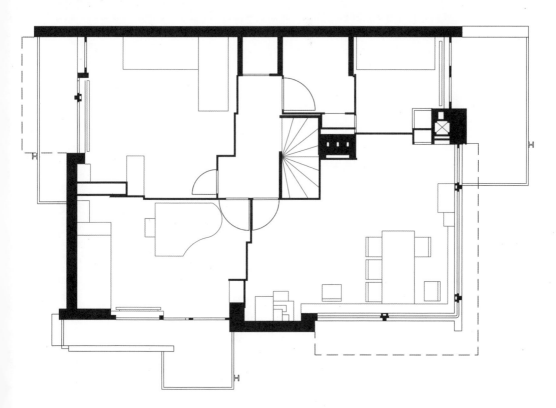

图 22.7 施罗德宅邸的平面图

萨伏伊别墅（Villa Savoye）是一座位于巴黎郊区普瓦西（Poissy）的周末度假别墅，由勒·柯布西耶（Le Corbusier）建于 1928—1930 年。在这座别墅中，对正式问题的关注促生了一幅与资产阶级家庭生活相矛盾的图像（图 22.8）。这座欧洲最著名的先锋建筑的开放性平面利用了框架结构的空间可能性，然而，它却完全没有那种融入施罗德宅邸的个人自由的感觉。勒·柯布西耶发出了"选择建筑而不是改革"的著名宣言，暗示欧洲中产阶级所居住的建筑的规划、施工以及外观的变化能取代更加基本的社会重组。

尽管他从未接受传统建筑学校的教育，这位 20 世纪最具影响力的建筑师却在过去和现在的建筑学中打下了牢固的基础。作为一个年轻男子，查尔斯·埃杜阿德·杰恩雷特（Charles-Edouard Jeaneret）（自 1920 年起他开始称自己为勒·柯布西耶）尝试了众多现代建筑样式，既有相对传统的风格，也有先锋风格。他在 1905 年修建了自己的第一座房屋，这年他 18 岁。从 1905 年到 20 世纪 20 年代，他从工艺美术运动成员转而成为具有创意的新古典主义者，后来又开始拥护立体主义的一种保守形式，他称之为纯粹主义。作为瑞士本土人，他拥有的良好地位使得他能够了解德国和说法语国家的最新当代建筑。在第一次世界大战前，他访问了维也纳，并在柏林和巴黎短暂工作过一段时间。他经由希腊旅行到了土耳其。他称赞了希腊的帕特

图 22.8 法国普瓦西的萨伏伊别墅，由勒·柯布西耶设计，建于 1928—1931 年

农神庙和刷上了白色涂料的当地建筑。1917 年, 他开始在巴黎定居, 并在那里成为支持大量生产的现代建筑模式的第一批战后建筑师之一。在这个时期, 许多年轻的建筑师受到了战时经历的重创, 而工业因与现代武器联系起来而遭到了许多人的怀疑。此时, 勒·柯布西耶意识到, 技术进步能为美好未来的乐观展望提供模板。

勒·柯布西耶将住宅描述为"生活的机器"。他暗示, 尽管住宅更大且缺乏便携性, 却能加以合理规划, 并能像当时最激动人心的新机器即汽车和飞机一样进行有效生产。到 20 世纪 20 年代早期, 对福特汽车的装配线生产的颂扬极大地启发了许多欧洲先锋派建筑师。他们希望房屋很快也能以标准化成套产品的形式进行修建。理论上, 这将有利于降低生产成本, 帮助化解在过度拥挤的城市以及遗留战场上尤为紧迫的住宅危机。勒·柯布西耶的雪铁龙宅邸 (Citrohan) 是一个工业化生产的原型住宅工程, 建于 1922 年。该工程的名称仿效了法国汽车制造商雪铁龙 (Citroen) 的名称。建筑师们还利用工业母题来表现显然冷酷的客观形象, 尽管如此, 这种客观形象也保留了一种技术浪漫的氛围。勒·柯布西耶并非欣赏豪华远洋客轮的紧凑结构的唯一建筑师。

勒·柯布西耶很可能并没有打算让萨伏伊别墅成为复制的对象。相反, 这座房子是一项研究成果, 其混凝土框架结构允许超常的空间管理。被他称为底层架空柱 (pilotis) 的裸露混凝土柱子支撑着混凝土楼板。墙体由砖块砌筑并覆以灰泥。建筑师没有按照严格的网格设置柱子 (图 22.9)。对那些习惯于关注建筑细节的人们来说, 这提供了一种使 (唯一明显的) 合理设计生动起来的张力。建筑师谨慎地表现了他对标准承重结构的偏离。如果外墙是承重墙, 他将无法把上层楼层的显著盒装结构与通过洞口产生的腐蚀作用结合起来。建筑师以带型窗围护两层没有屋顶的阳台以及整栋楼的主要生活区。有些窗户没有安装玻璃。带型窗之所以设置在二楼是借鉴了文艺复兴时期以后的欧洲宫殿、城市宅邸和豪华的公寓楼范例, 不同的是勒·柯布西耶让居住者悬空于草坪之上, 而不是商业街之上。卫生是一个重要卖点, 可用来说服资产阶级目标群放弃炫富并选择暗示工业现代化的抽象形象。勒·柯布西耶将上层楼层以及支撑它的底层架空柱涂成白色。绿色的墙体将凹进去的地面层进一步推出视线之外。在建筑内部, 设置在显眼位置上的洗手盆可供从巴黎来的访客洗手或洗脸。他们可在洗去驾车旅程的一身灰尘后再前往楼上的主要居住区。洗手盆是借助技术实现清洁的标志。尽管在其他背景下, 工业美学代表工人阶级权利的增加, 但勒·柯布西耶却提供了许多资产阶级便利设施。这种设施常见于设计

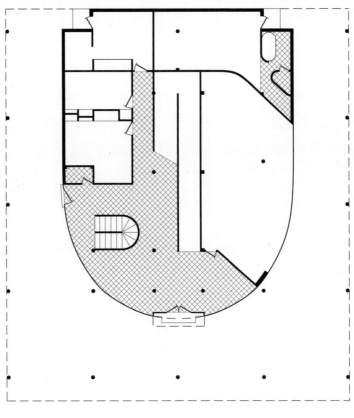

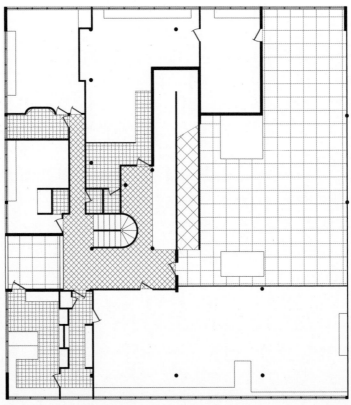

图 22.9 萨伏伊别墅的平面图

风格不那么激进的度假住宅中。他将供留宿仆人居住的房间放在车库后面。楼上的厨房完全与房屋所有者的生活空间隔离。设计师假定房屋所有者从不下厨做饭和打扫卫生。仆人们只能使用一个旋转楼梯，而楼梯同时也是一件抽象艺术品。如往常一样，他们不能使用通往二楼的正式通道。正式通道是一个缓坡，而不是一段楼梯。勒·柯布西耶在之后的职业生涯中偏爱缓坡，部分是因为它们能够提供空间体验，此外，还以为它们标记了建筑和更加普通的环境之间的界限。

勒·柯布西耶关注穿过建筑的体验而不是漂亮的手工细节。他在建筑内建立的空间联系别出心裁。上层结构中的封闭房间按传统方式装饰。其中面向天台的墙体安装全高玻璃，人们可透过玻璃观看精心圈定的周边山水风景（图 22.10）。一个缓坡将屋顶平台与三楼的观景平台连接起来。人们从观景平台可观看四周，或真正俯瞰房屋的内部。勒·柯布西耶引人瞩目地宣称"建筑就是巧妙、正确、漂亮地摆弄聚集在光线下的块体"。他在这里提供了一处休憩处，以供人们观看光和影在房屋的古朴表面以及远处的乡村上的变幻。

图 22.10 萨伏伊别墅的屋顶平台

里特费尔德与施罗德紧密合作，将施罗德宅邸按照后者想居住的方式加以改建，而勒·柯布西耶设计萨伏伊别墅的首要目的却是引起其他建筑师的注意。对那些建筑师而言，这座别墅变成了一个朝圣所。最初，观众大多是通过发表在专业杂志和有关其建筑师以及现代建筑的著作上插入的经过精心拍摄的照片了解这座别墅的。勒·柯布西耶相继出版了有关完工作品的著作。这些著作以及之后出现的法语、德语和英语译本只是一种受到最广泛阅读的新建筑风格的样例。它们专门描述一个独立建筑师或建筑公司的作品，通常是以向柯布西耶进行咨询的方式完成的（在较早的时期，没有出现有关女性建筑师的专题论著）。

德国馆 (German Pavilion) 最初是为 1929 年的世界博览会修建的，位于西班牙巴塞罗那。它的故事证明直接体验建筑对建筑是否受到广泛称赞并没有决定作用。该展馆由路德维格·密斯·凡·德·罗 (Ludwig Mies van der Rohe) 设计，在博览会结束后被拆除。在 1981—1986 年，它又在原址上得以重建，部分是为了满足游客的需求，因为有些游客仍在寻找它，没有意识到它已经消失。密斯具有极大的设计自由，因为这栋建筑的功能仅限于为西班牙国王和王后提供前来在访客留言簿上签字的空间。就在第一次世界大战结束 10 年后，这种认可形式对德国政府而言仍然重要。如同勒·柯布西耶，密斯对框架结构和抽象绘画的结合很感兴趣。该展馆的平面图有可能成为一幅风格主义绘画（图 22.11）。展馆的墙体看似完全独立于支撑屋顶楼板的柱子。展馆内的所有空间都没有采用四面实体墙界定。相反，建筑内的硬石平面以及透明和半透明的玻璃片可自由滑动。

如同里特费尔德、施罗德和勒·柯布西耶，密斯采用了开放式平面布局，但与他们不同的是，他创建了一个足够奢华、适合接待预期的王室来宾的环境。里特费尔德喜欢将明亮的颜色涂在木材、钢材和混凝土上。勒·柯布西耶在萨伏伊别墅的大部分结构上采用了统一的白色灰泥覆面。受到专业伙伴兼朋友莉莉·瑞克 (Lilly Reich) 的影响，密斯采用吸引人们注意其本身的感观的表面（图 22.12）。瑞克一开始独自工作，但后来与密斯合作为德国多种行业设计了抽象风格的商品交易会展馆。她还与夏洛特·佩里安 (Charlotte Perriand)（后者曾与勒·柯布西耶合作）以及艾琳·格雷 (Eileen Gray) 共同引领了高雅现代主义风格，以表达自己从 19 世纪女性传统中解放出来的事实。有着漂亮纹理的理石反射在闪亮的镀铬柱面上，形成对历史主义装饰的漂亮回应，既反映了它丰富的材料，也保留了现代主义抽象和其对机器时代的光滑的迷恋。在美国股市崩盘后的第二年 10 月，国际经济危机爆发。这削弱了人

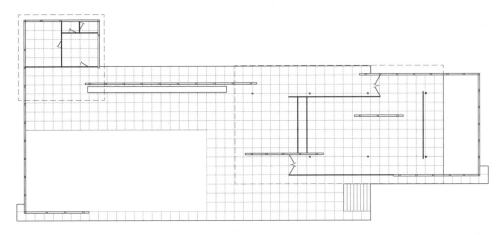

图 22.11 西班牙巴塞罗那德国馆的平面图, 由路德维格·密斯·凡·德·罗设计, 建于 1929 年

图 22.12 德国馆的内部, 首次建于 1929 年, 重建于 1981—1986 年

们借助这种有效的方式表达现代主义奢华的直接兴趣。然而, 德国馆再次提供了令人信服的证据, 证明先锋建筑并不需要挑战像民族国家这样的已建机构, 相反, 它可能为它们提供有效的支持。

无论建筑师的政治主张如何, 无论这种主张如何影响设计, 先锋建筑偏离传统品位的事实在很多情况下隔离了工人阶级以及中产阶级目标群体。尽管现代主义辩论具有包容性,许多建筑师发现这种距离是必要的,有助于形成他们各自的特别才能。这种特别才能对许多建筑师而言仍然重要,即便是在 20 世纪 20 年代那个人们对匿名机械美学极感兴趣的时期。当然不是对所有建筑师都重要。先锋建筑风格总是面临这样的危险:它只是一时的潮流,而不是利用技术来改善未来特别是改善住宅条件来完成自己的使命。同时,先锋建筑师在创建被普遍认为抓住了那个时代的精神的建筑风格方面获得了巨大成功。在大约一百年里,将抽象艺术与工业图像融合的方式充分地表达了创新性。先锋风格的兴起极为普通,最初常常出现在为狂热爱好者精心打造的建筑上,但最终却占领世界各地的大部分建筑,其主要原因是粗糙的复制品的造价相对较低。当风格受到房地产开发商或权威的拥护时,象征可能经常战胜现实,但事实证明,建筑师们通过利用最新技术以从历史中解脱的希望是持久的。

延伸阅读

On Horta in general and on the ties between Belgian art nouveau and the Congo colony in particular, see Pierre Loze, *Belgium Art Nouveau: From Victor Horta to Antoine Pompe* (Ghent, Belgium: Snoeck-Ducaju & Zoon, 1991); Wagner's influence on architecture is chronicled in Juliet Koss, *Modernism after Wagner* (Minneapolis: University of Minnesota Press, 2010). On art nouveau in France, see Debora Silverman, *Art Nouveau in Fin-de-Siècle France: Politics, Psychology, and Style* (Berkeley: University of California Press, 1994). Its Viennese counterpoint is chronicled in Leslie Topp, *Architecture and Truth in Fin-de-Siècle Vienna* (Cambridge: Cambridge University Press, 2004). On Mackintosh, see Alan Crawford, *Charles Rennie Mackintosh* (London: Thames & Hudson, 1994). The complex history of Loos's essay is the subject of Christopher Long, "The Origins and Context of Adolf Loos's 'Ornament and Crime,'" *Journal of the Society of Architectural Historians* 68, no. 2 (2009): 200–223. On the Scheu House, see Eve Blau, *The Architecture of Red Vienna, 1919–1934* (Cambridge: MIT Press, 1999); and on the Schroeder House, Alice Friedman, *Women and the Making of the Modern House: A Social and Architectural History* (New York: Harry N. Abrams, 1998). For an examination of the conservative character of Le Corbusier's purism, see Kenneth Silver, *Esprit de Corps: The Art of the Parisian Avant-Garde and the First World War, 1914–1925* (Princeton, N.J.: Princeton University Press, 1989). The discussion of the Villa Savoye is also informed by Beatriz Colomina, *Privacy and Publicity: Modern Architecture as Mass Media* (Cambridge: MIT Press, 1994); William Jordy, *Symbolic Essence and Other Writings on Modern Architecture and American Culture* (New Haven, Conn.: Yale University Press, 2005); and Mark Wigley, *White Walls, Designer Dresses: The Fashioning of Modern Architecture* (Cambridge: MIT Press, 1995). On the German Pavilion, see Robin Evans, *Translation from Drawing into Buildings* (Cambridge: MIT Press, 1997); Christiane Lange, *Ludwig Mies van der Rohe and Lilly Reich: Furniture and Interiors* (Ostfildern, Germany: Hatje Cantz, 2007); and Terence Riley and Barry Bergdoll, eds., *Mies in Berlin* (New York: Museum of Modern Art, 2001).

23 大众建筑

先锋艺术只是现代运动和前现代运动的一个单一方面。如密斯的德国馆所展示，建筑改革在 20 世纪的第二个和第三个 10 年中在德国取得了大幅进展。先锋建筑从定义上看是非同寻常和非典型的。然而，19 世纪最后几十年里的装饰复古主义在德国比在任何其他地方都被摈弃得更加迅速。在很多情况下，取代复古主义的新建筑风格直接反映了大众文化和工业生产的情形。几乎在所有情况下，新建筑风格承认建筑受众发生的基本变化。在德国以及在其他新建筑形式和社会改革并行的地方，专业建筑师而不是木工和主要建造者的设计首次面向整个社会，几乎包括工人阶级和中下层阶级，而不只是面向同等阶级和上层阶级。这些建筑师在设计往往显然用于销售商品以及实现乌托邦社会理想的建筑时，借用了娱乐场所尤其是剧院和电影院以及广告中运用的技巧来迎合大众。

德国是直到 1871 年才建立的新国家。德国民族主义的兴起伴随着大型纪念碑的广泛修建，如德国第一位总理奥托·冯·俾斯麦 (Otto von Bismark) 的纪念碑。这些纪念碑旨在给德国人灌输一种保守的爱国主义。德国的第一部宪法要求给予所有男性选举权。1919 年，德国女性也获得了选举权。俾斯麦希望农民能与贵族联合，共同抵制中产阶级，但他的希望落空了。到 1912 年，社会党成为德国国会大厦 (Reichstag) 中最大的政党。在 20 世纪前 30 多年里，德国政治围绕贵族和大多数中产阶级以及剩余中产阶级和工人阶级之间的分歧展开。极少德国建筑师明确参与党派政治，但却有很多人认为他们的设计有助于弥合这种分歧。

改革家们对工业化带来的社会混乱深感不满。他们支持将工业转变成高雅文化,这与大多数工艺美术运动的追随者不同,后者将现代技术从艺术中排除。1907 年,通用电气公司(常常被称为 AEG)聘用彼得·贝伦斯(Peter Behrens)为内部设计师。贝伦斯在包装这个公司的公共形象方面所扮演的角色包括设计该公司的产品生产工厂、出售产品的商铺、甚至宣传海报。确定海报所采用的字体以及进行产品的宣传设计也是他的工作。

柏林的 AEG 涡轮机工厂建于 1909 年,上面装饰着贝伦斯设计的公司标识(图23.1)。贝伦斯将工业美学沿着古典线条组织,巧妙地将这座现代工厂转变成一座工业神殿。端墙以突出的转角支撑山墙。在长侧立面沿线,枢接桁架的支架复制了古希腊神殿柱子的布局,展示了最新技术。贝伦斯专注于图像,而不是结构的表达。在偏离视线的地方,他以传统方式支撑长墙。他还在看似支撑了上方山墙的混凝土转角以及实际支撑山墙中心窗户的钢框之间建立了一种拉力。

图 23.1 德国的 AEG 涡轮机工厂,由彼得·贝伦斯设计,建于 1909 年

这座工厂让许多德国文化评论员确信，基于传统的简洁设计能够避免德国的新工业化和快速工业化带来的混乱。他们认为建筑以及工业和平面造型设计能够增加社会稳定性。如果将包括城市到咖啡勺的所有事物都委托给设计师进行设计，那么乡村景观的退化、城市街区的混乱以及现代广告的喧闹情形都会得到缓解。如果机器制造的中产阶级家具不模仿手工生产的奢侈品，如果工业家为工人们提供居住的模范村庄，那么对现代化的反对声就会减少。对统一美学的信心解释了为什么贝伦斯会受委托设计柏林商铺的外观（图 23.2）。贝伦斯设计的商品如电风扇和茶壶就在这些商铺中出售。橱窗展示品也经过精心布置。当时，绘画在大多数博物馆和其他艺术展览馆中仍然经常悬挂在地面到天花之间，所以整洁是这些商铺的显著特征。统一的简洁特征、毫无装饰的设计成为 AEG 的标识，并将其区别于竞争者。那些竞争者仍然用历史主义装饰包装他们的产品。这种简洁风格提供了与现代

图 23.2 德国柏林的 AEG 商铺，由彼得·贝伦斯设计，建于 1910 年

城市生活相关的视觉混乱的另一种引人注目的选择, 在这方面甚至超越了芝加哥哥伦布纪念博览馆的建筑。贝伦斯对技术的了解为现代运动铺好了道路, 最重要的是因为现代运动的三个主要支持者——勒·柯布西耶、沃尔特·格罗庇乌斯 (Walter Gropius) 和路德维格·密斯·凡·德·罗——均曾经在他手下工作。

在德国的其他地方, 其他建筑师很快修建了一种不那么依赖古典前例的现代大型建筑。最出名的样例是由马克思·伯格 (Max Berg) 主持修建的百年纪念会堂 (Centennial Hall)。该纪念讲堂位于当时的布雷斯劳, 即今天的波兰城市弗罗茨瓦夫 (图 23.3)。它在 1913 年专用于庆祝普鲁士王国呼吁国民反对拿破仑运动的百周年纪念日。伯格放弃历史风格的主张在当时被认为尤其适用于旨在面向大众而不是中上层阶级的建筑。大约一个世纪前, 辛克尔设计民用建筑具有暗示历史的装饰。这种历史暗示如今被认为不适用于那些不能欣赏它的未受过相关教育的公众成员。甚至在放弃具象绘画的主张获得众多追随者之前, 重要的德国建筑师们就已

图 23.3 波兰弗罗茨瓦夫的百年纪念会堂, 由马克思·伯格设计, 建于 1913 年

经转向抽象主义, 以与新扩展的公众群体进行交流。百年纪念讲堂完全以钢筋混凝土建造是当时的一个工程学奇迹伯格和其他建筑师喜爱混凝土的整体可塑性特征。与裸露钢铁不同的是这种特征能将明显的现代大规模与更好的防火性能结合起来。同样重要的是它还能为一座能够容纳数千人的讲堂提供巨大的内部净跨度。讲堂的目的在于将来自各个社会阶层的人们构成的观众汇聚在一起。这些人们没有被柱子隔离, 也没有因为经历而被划分, 他们在一种超越阶级差别的团体意识中接受教诲。新同情理论假设对环境刺激的反应是普遍的, 鼓励建筑师相信自己能够真正建立和规划社群。

这些愿望受到了现代剧院中的多种尝试的启发, 因为它们与该建筑紧密相关。抽象的背景设计领先于抽象建筑。抽象设计的表达力是建筑师获取灵感的主要源泉。马克思·莱茵哈特 (Max Reinhardt) 是当代剧院改革的领军人物之一。他强调抽象背景设计的重要性, 并将剧院空间整合为进行高度情感表现的背景。这种情感表现旨在引发众多观众的热烈回应。百年纪念会堂的意义不仅体现在墙面上展示的象征性节目单中, 还体现在由数百人参演的开场露天表演中。其剧本是由刚刚获得诺贝尔文学奖的格哈特·霍普特曼 (Gerhart Hauptmann) 写作的, 并由莱茵哈特搬上了舞台。当王储拒绝参加开幕典礼而其父亲威尔海姆王国 (WilhemIm II) 联合抵制该建筑时, 百年纪念会堂传达的和平信息引起了巨大轰动。

公开展示抽象建筑以吸引人们的注意非常重要。这种重要性在第二年科隆玻璃暖房的设计中(Glashaus)被凸显了出来(图 23.4)。该玻璃暖房是布鲁诺·陶特(Bruno Taut) 的作品, 它是由德意志工艺联盟 (German Werkbund) 组织的一场展览会的一部分。德意志工艺联盟是一个由工业家、设计师和评论家组成的团体, 它试图提升批量生产和其产生的消费者文化的品位。陶特在与先锋派诗人和小说家保罗·谢巴特 (Paul Scheerbart) 的接触中受到鼓舞, 对以彩色玻璃建立的乌托邦建筑充满信心。他在玻璃暖房的过梁上刻上了谢巴特的口号—— "彩色玻璃消除了怨恨"。陶特和谢巴特并非孤身作战。早在 10 年前, 贝伦斯就理想化地表明透明形式在本质上属于精神。大胆的年轻德国表现主义画家们采用明亮的颜色。陶特委托他们为玻璃暖房制作彩色玻璃窗。

玻璃暖房同时也是一个广告。匹兹堡平板玻璃公司 (Pittsburgh Plate Glass Company) 同意承建该展厅, 并在其中展示了多种玻璃制品。陶特本人对灯光的利

图 23.4 德国科隆的玻璃暖房, 由布鲁诺·陶特设计, 建于 1914 年

用部分源于他在一年前为钢铁行业修建的一座展馆。该展馆以灯光来凸显展品。陶特将广告技术与社会和谐的类中世纪展望融合在一起。这导致出现了一系列修建壮观城市中心的提议, 不过这些提议都未能实现。在这些高技术、社会主义版本的中世纪哥特式教堂中, 各阶级的人们将再次聚集一处, 以追求精神目标而不是个人目标。

玻璃暖房是一座临时建筑, 其本身也是展览会的一部分。然而, 此次展览会却因第一次世界大战的爆发而被迫中断。玻璃暖房的内部曾经在一个巨大的万花筒投射下来的光线下悸动, 充满了多彩的活力, 如今却只留下了黑白的图像。陶特利用电和彩色玻璃创造现代常见的选择来取代传统装饰, 并在该过程中创建了一种几乎无形的建筑。陶特创造的景象并非旨在转移人们的注意力, 让他们不再关注资本主义生产的现实; 相反, 它是为了转变并最终升华这种现实。尽管如此, 建成后的玻璃暖房却与新娱乐公园的环境交叠在一起。到 1918 年末, 十一月革命推翻了失败的德意志君主体制, 建立了一个被称为魏玛共和国的脆弱民主政体。新政体没有得到德国上层阶级的支持, 同时因为其在早期对更加激进的革命形式的镇压, 也失去了大多数工人阶级的支持。魏玛共和国在头几年里的显著特征是经济混乱,几乎没有建立任何新建筑。在 1923 年货币稳定后,且尤其是在 1929 年股市崩盘之前,贝伦斯、伯格和陶特的经验在多种新情形下得以重新组合。

百货商店仍然是城市商业区的核心,但在 20 世纪二十年代的德国,它却以全新的形式展现,揭露而不是掩盖其与生产了大多数在售商品的工厂之间的联系。由艾瑞克·门德尔松 (Erich Mendelsohn) 设计并于 1926—1928 年在斯图加特的市中心修建的肖肯百货商店 (Schocken) 引领了这一潮流 (图 23.5)。肖肯连锁店部分模仿了美国百货商店如伍尔沃斯 (Woolworth) 的模式,以极其低廉的价格出售数量有限的产品。该百货商店允诺向包括工人阶级在内的业主提供高效服务而不是奢侈服务。门德尔松在此不久前去了芝加哥旅行。他修建的百货商店是对萨利文的卡森·派瑞·斯科特百货商场进行无情的工业化修改的结果。他的百货商店还部分借鉴了一座他曾经参观过的美国建筑——一座混凝土结构工厂。亨利·福特的 T 形

图 23.5 艾瑞克·门德尔松,肖肯百货公司商店,德国斯图加特,建于 1926-1928 年

小汽车就是在该工厂的生产线上生产的。门德尔松仔细研究了自己的建筑现场，在建筑的 4 个立面采用了 4 种不同的处理方式，每个立面都以其面对的街道的宽度和相邻建筑的高度为标准进行调节。之后，他又将这座光秃秃的建筑装饰成像玻璃暖房那样的抽象而技术性的壮丽幻景。

如同之前的贝伦斯和通用电力公司，门德尔松和他的业主对广告给予了高度重视。框架钢结构允许建筑师在整个地面层采用玻璃。在夜间，该建筑坐立在由展示窗构成的发光带上。窗的顶部装饰着肖肯百货的名称的发光字母。此外，他将中庭所具有的效果极为有效地转移到了楼梯间。他将楼梯间这个城市标志描述为"一座玻璃环构成的大山，一个只需支付一次费用就可永久利用的广告。"标志、展示窗和夜间照明为选用极简的内饰创造了条件，而字母再次取代了装饰。该百货商店的墙面上则装饰着以字母拼写的的经营标语。

百货商店是当代现代性的标志之一，是所有城市中心最高通常也最新的建筑之一，同时还允许所有人进入。当代现代性的另一个标志是电影院。对几乎所有城市居民而言，包括那些极少能够买得起正规剧院门票的人们，看电影至少是一种可以偶尔为之的娱乐活动。电影以及收音机和留声机改变了娱乐节目。娱乐节目如今也能批量生产，而不仅限于现场表演。能够容纳数千人的首批大型影院聚集在市中心，而小型影院则将故事片传播到了街区。在美国，20 世纪二三十年代修建的电影院为所有人展现了充满异域风情的幻想，包括工人阶级和中下层阶级业主。在德国，因为没有那么多钱制造昂贵的特效，剧院建筑师转而采用了彩色灯光。

门德尔松的环球影院 (Universum Cinema) 是第一座专用于播放"有声电影"的电影院。该影院于 1928 年在柏林开业 (图 23.6)，位于一个住宅小区中。该住宅小区中同时还有一个著名的夜总会、多家商铺和众多公寓。门德尔松严格遵循现有街道线路和相邻立面的高度，但却将该大楼从中间分开，以为商业租户提供更多空间，为公寓居民提供阳光和空气，还为发生火灾时从电影院逃生提供了足够的出口。就像在斯图加特，他选择砖块而不是与先锋建筑相关的白色灰泥表面，因为砖块表面不易老化。一个同时代批评家将环球影院比喻成一座漂浮的岛屿，将其所在的街道比喻成一片水域。环球影院是最先设计成以汽车速度路过也能看见的建筑之一。它的通风道非常有效，后来广泛出现在许多城市地标建筑中。侧立面的带形窗就像一节电影胶卷。门德尔松还为影院外部提供夜间泛光照明，并在内部采用种类众多、

图 23.6 德国柏林的环球影院，由艾瑞克·门德尔松设计，建于 1926—1928 年

通常为间接的照明灯具，这是对电影技术的另一种支持。他援引当时最受欢迎的几部电影，骄傲地宣称："因此，巴斯特·基顿 (Buster Keaton) 不住可可式宫殿。波将金 (Potemkin) 不吃灰泥糕点……幻想——而不是精神病院——为空间、颜色和光线占据。"这种平民主义的技术幻想使得德国人即便在德国经济和政治体制土崩瓦解之时也感受到了最新潮流。这种技术幻想在 20 世纪 30 年代迅速传播。在全球经济危机爆发以后，甚至连灰泥糕点对许多人来说也成了奢侈品。

左翼分子批评环球影院分散了女店员的注意力，使得她们不再积极投入反对法西斯主义的活动。即便如此，门德尔松为私人开发商和其他业主（其中大多数为犹太人同胞创造的作品在两次世界大战之间的大部分欧洲地区成了城市现代化的标志。尽管百货商场和电影主导了人们对现代城市的公共认知，魏玛共和国却在德国主要城市的郊区带来了更加综合的变化。在那里，新联邦法律为大型住宅区带来了大量资金。这些住宅区由工会和市政府建立，通过新有轨电车路线与老城区连接起来。

图 23.7 德国柏林的布里茨住宅区，由马丁·瓦格纳和布鲁诺·陶特建造，建于 1925—1930 年

它们使得工厂上层工人以及办公室白领员工能够搬出拥挤的城市街区并迁居到郊区。其中规模最大的一个住宅区是布里茨 (Britz) 或者说马蹄铁 (Horseshoe) 住宅区。该住宅区始建于 1927 年，由柏林城市建筑师马丁·瓦格纳 (Martin Wagner) 和布鲁诺·陶特建造 (图 23.7)。尽管大部分新住宅都采用相对传统的风格，其布局也与工业前的村镇相仿，但在柏林和法兰克福，抽象艺术的影响却可从除了明亮涂料之外没有其它装饰的建筑外墙清楚地看出来。布里茨的公寓楼按规律间隔设置楼梯，每两套公寓中间设置一部楼梯，每套公寓都有单独的小阳台。这些住宅区为成千上万的居民提供了住宅，其中大多数为带有两个卧室的小型公寓。

在法兰克福，其明确目标便是在尽可能少的空间里为尽可能多的人们提供舒适的住宅。尽管部分公寓和大多数厨房 [厨房由玛格丽特·舒特·利霍茨基 (Margarete Schutte-Lihotsky) 设计] 比之前更小，但其设备却比之前要好，都安装了如今成为标准配置的冷热自来水、抽水马桶、电炉或煤气灶。在整个德国，建筑师们都在尝试采用新建筑技术和规划原理。在法兰克福，许多新住宅区是按照提供尽可能多的阳光的原则设计的。然而，在柏林，街道仍然非常重要。陶特在坚固的临街墙体

图 23.8 德国科隆·里尔的圣恩格尔贝特教堂，由多米尼库斯·波姆设计，建于 1930—1932 年

上采用鲜红色涂料。鲜红色还能表达该街区的政治感情。他将该住宅区敞开，在一块排水不良的土地上修建了一个马蹄铁形公园。

新街区包括像面包房、肉铺和小型杂货店这样的基本商铺。这里也建有教堂，其主要目的是为了反对采用世俗方法解决德国社会问题。这些宗教建筑从来不像在世俗的聚会场所见到的宗教建筑那样激进，但那些相信永恒的德国人却愿意采取令人不可思议的行动以确认他们的机构是现代的和与时俱进的。多米尼库斯·波姆 (Dominikus Bohm) 引领了罗马天主教建筑的改革。这次改革最终导致了梵蒂冈第二次大公会议在 1962—1965 年强行推进改革。他的圣恩格尔贝特教堂 (Saint Engelbert) 于 1930—1932 年建于科隆郊区的里尔 (Riehl)。该教堂展示了神学变化对建筑形式的影响 (图 23.8)。礼仪运动 (Liturgical Movement) 提倡以公众对弥撒的关注取代对圣人的个人崇拜。波姆是礼仪运动的成员。他对此主张做出了回应，在圣恩格尔贝特教堂提供了一个集会用的连续环形区域。在环形空间里，能够激发感情的自然采光取代了装饰。他取消了将牧师与俗人隔开的圣坛，稍稍抬高包括圣坛的高坛，将其变成一个简单的桌子，以强调上帝和人类之间的等级关系。就像设计大型哥特式教堂的建筑师们一样，波姆骄傲地采用了最新建筑技术。他在圣恩格尔贝特教堂里采用了以钢筋混凝土构成的低成本穹顶。他调和自己的创新结构，在上面贴上了传统的外皮——墙体覆砖，屋顶包铜——让人想起历史先例，比如市

图 23.9 德国德绍的包豪斯建筑学院，由沃尔特·格罗庇乌斯创建，建于 1926 年

中心的中心集中式中世纪教堂以及中世纪早期意大利教堂的钟塔。两次世界大战之间的先锋派作品被重塑，以服务于世界各地的中产阶级公众。在此后几十年，波姆的建筑具有一种巨大但通常不为人承认的影响力。他既不是社会激进分子，也不是政治保守派，因此在明显的现代性和让人安心的永恒性之间创建了一个中间地带。

在魏玛共和国共存的多种现代主义往往被该世纪中最重要的试验即包豪斯建筑学院遮掩光芒。该学院专门培养艺术家、设计师和建筑师（图 23.9）。它将首次出现在贝伦斯为通用电气设计的建筑作品中的工业美学形成系统并编成法典。沃尔特·格罗庇乌斯（Walter Gropius）在十一月革命结束后不久的 1919 年创建了包豪斯学院。出于对魏玛共和国的同情，他、陶特以及批评家阿道夫·贝尼（Adolf Behne）早就对外宣称："艺术和人们必须组成一个统一体。艺术不应只为少数人带来快乐，更应为大众带来快乐并给予他们支持。我们的目标便是将艺术统一置于一座伟大建筑的保护翼下。"

包豪斯建筑学院的最初目标是恢复艺术和工艺之间的关系。格罗庇乌斯认为这种关系在文艺复兴时期随着专业建筑师的出现而被打断。这种本质上保守的目标从一开始就通过先锋艺术形式实现了。包豪斯学院没有突出裸体人体画像，也没有强调古典历史作品的石膏模型，它向学生们讲授各种材料的特征和用途以及结构的抽象原理，并在针对抽象主义对他们进行指导的同时，还要求他们掌握一门手艺。学院的工作间旨在维持学院资金来源，同时有助于使其不再依赖公共资金，因为每当保守派掌权时，资金便会被扣留。因为担心女性进入学校，格罗庇乌斯试图将她们限制在纺织作坊内。他的公开歧视行为引发了纺织品设计的革命。其他工作间专注于家具制造、木材加工、金属制造、制陶和广告。这些活动最终都会关注平面设计。

包豪斯学院的大部分影响力应归功于其杰出的教师团队。格罗庇乌斯的继承者汉斯·迈耶（Hannes Meyer）和路德维格·密斯·凡·德·罗也是建筑师。两位欧洲著名画家瓦西里·康定斯基（Wassily Kandinsky）和保罗·克利（Paul Klee）曾在包豪斯授课。拉斯洛·莫霍伊·纳吉（Laszlo Moholy-Nagy）和莉莉·瑞克名列机器美学的众多代表人物之中。如同很多同事一样，约瑟夫·阿尔伯斯（Josef Albers）和马歇·布劳耶（Marcel Breuer）作为第一批被擢升为教师的学生之一，在移民至美国后仍然坚持授课。当右翼民族主义者加入当地政府中，包豪斯创造的先锋艺术及其早期教员和学生对社会主义政治的同情最终导致其被逐出魏玛共和国。包豪

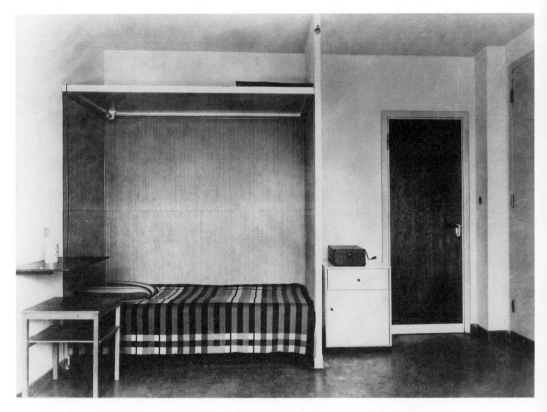

图 23.10 包豪斯建筑学院的宿舍，家具由马歇·布劳耶设计，寝具由根塔·斯托兹设计

斯学院于 1926 年在德绍重新成立。其建筑是由格罗庇乌斯专门设计的。纸风车式平面对美术轴对称性提出了鲜明的挑战，同时，工作室大楼所展现的清晰工业美学创造了持续采用历史风格尤其是古典风格之外的大胆选择。这并非出于对照明点的实用性考虑，因为在阳光明媚的日子里，照明点显得过高；也并非出于通风的考虑，因为它在冬季很难加热，在夏天极难降温。尽管如此，这是该学院自 1923 年以来参与工业设计后的一种有效展示。就像肖肯百货商店，工作室大楼明显模仿了美国工厂。此外，格罗庇乌斯的目标也和肖肯和门德尔松的目标几乎一样，那就是在不对产品冠以阶级地位的标签的条件下，生产将现代消费者社会的利益带给大众的产品。包豪斯学院同时也是生活和玩乐的地方。尽管它只为小部分学生提供了住宅，宿舍却在营造该学院全天候具有的活跃氛围具有重要作用。宿舍的房间里包含由马歇·布劳耶设计的家具、由根塔·斯托兹 (Gunta Stolzl) 设计并在纺织作坊生产的寝具 (图 23.10)。它们的严肃特征掩饰了其中发生的怪诞行为。该学院的传奇魅力大部分来自于学生以及教员所享受的乐趣，他们打破中产阶级的生活传统尝试性、爵士乐和时尚以及艺术。

包豪斯创造了传统中产阶级品位之外的引人注目的选择，并立即获得了成功。不过，它的成功从一开始就引发了疑问：它真的是在创建一种风格，而不是提供一种处理艺术和工业或艺术和工业之间的关系的更加永久的解决方案。从那时至现在，包豪斯学院所引领的风格从最初的流行到最后的被摒弃，但从未失去代表新事物的能力。包豪斯学院在 1933 年被纳粹党关闭，不过仅在几个月后，它又被迫转移到了柏林。因此，很久以来，它还与作为其创建宗旨的社会主义思想相关联。然而，学院的许多教员和非犹太学生却能在德意志第三帝国时期继续从事自己的职业，而且往往没有改变他们曾经采用的建筑风格。

包豪斯学院关闭，许多著名的教员移民到美国。这种情形促使人们将现代德国建筑的复杂结构简化成机构的简单结构。这种机构非常特别，因为尽管其目的是改变日常生活，但却仍与工人阶级保持了较远的距离。德国工人喜爱具有政治同情心的建筑师们提供的改良住宅，却从未成为先锋艺术的热情拥护者。当纳粹党剥夺了对伯格、陶特和门德尔松的建筑而言非常重要的公开展示权后，现代运动转而向内关注美学。先锋艺术在很多情况下远远地偏离了大众品位。因此，虽然它仍在宣称代表众多支持者，但却很快失去了他们的支持。只有在批量生产的抽象作品达成了人们的梦想和愿望的时期和地方，这种美学才能繁荣发展。

延伸阅读

Much of this chapter reprises the discussion in my *German Architecture for a Mass Audience* (London: Routledge, 2000). On Behrens and the AEG, see Stanford Anderson, *Peter Behrens and a New Architecture for the Twentieth Century* (Cambridge: MIT Press, 2000); and Frederic J. Schwartz, *The Werkbund: Design Theory and Mass Culture before the First World War* (New Haven, Conn.: Yale University Press, 1996). On the Centennial Hall and the Glashaus, see Jerzy Ilkosz, *Max Berg's Centennial Hall and Exhibition Grounds in Wrocław* (Wrocław, Poland: Muzeum Architektury, 2006); and Iain Boyd Whyte, *Bruno Taut and the Architecture of Activism* (Cambridge: Cambridge University Press, 1982). For more on Mendelsohn, see Kathleen James, *Erich Mendelsohn and the Architecture of German Modernism* (Cambridge: Cambridge University Press, 1997); and Regina Stephan, ed., *Erich Mendelsohn: Architect, 1887–1953* (New York: Monacelli, 1999). Barbara Miller Lane, *Architecture and Politics in Germany, 1918–1945* (Cambridge, Mass.: Harvard University Press, 1968), remains the standard source on German housing projects and the political debate about them. On the Bauhaus, see Barry Bergdoll and Leah Dickerman, eds., *Bauhaus 1919–1933: Workshops for Modernity* (New York: Museum of Modern Art, 2009); Magdalene Droste, *The Bauhaus* (Cologne: Taschen, 1990); Ulrike Müller, *Bauhaus Women: Art, Handicraft, Design* (Paris: Flammirion, 2009); and my edited volume *Bauhaus Culture: From Weimar to the Cold War* (Minneapolis: University of Minnesota Press, 2006).

24 创建城市秩序

20 世纪上半期的现代运动未能见证现代化对建筑和城市的全面影响。工业和抽象建筑、功能性和合理性建筑并不足以应对城市压力以及秩序力量对它们的影响。在20 世纪 20 年代，现代主义未能在世界上任何一处地方的建筑上占据主导地位。甚至在 20 世纪 30 年代，现代主义的全面影响也大多限于欧洲边缘城市。这些城市希望通过采用激进的建筑形式来证明其现代性。比如，抽象工业建筑对美国摩天大楼的真正现代化几乎没有任何影响。那些摩天大楼保留了谨慎且生动的装饰细节。

20 世纪前 40 年里的城市规划历史对现代主义的有限影响力做出了一些解释。在美国的城市中心，区域划分只是稍微遏制了房地产投机。大多数善于思考的当代人仍然对市中心充满担忧。同时，城市住宅问题仍然紧迫，因为营利性住宅未能满足所有进城寻找工作的人们的住宅需求，更别提穷人了。轿车是激发巨大变化的最重要因素。它改变了交通，让旅客脱离了 19 世纪的有轨电车。城市规划是 20 世纪的一个新行业。为了获得成功，规划者需要获得更大的政治权力，比以往任何时候给予建筑师的权力都要多。要获得这种权力主要依靠规划者改变形式以赢取政治精英们的同情心的能力。不足为奇的是，规划者对先锋建筑方案保持怀疑的态度。

今天，许多建筑师和城市规划者满心怀念地看待 1900 年左右的欧洲城市。然而，一百多年前，许多城市居民都以轻视的目光看待它们。1898 年，埃比尼泽·霍华德 (Ebenezer Howard) 提出了首个应对日渐增建的人口密度及其产生的问题的综合选择方案。在他的著作《明天的田园城市》中，他提议通过创建卫星城来控制城市增长。每座卫星城的人口数量约为 3 万人，卫星城之间以及卫星城和中心城市之间以带状公园或耕地隔离。他还在这些绿化带中插入各种机构（图 24.1）。霍华德的关注重心是规划，而不是建筑，但他对绿色空间通道的突出加深了人们对英国工艺美术运动建筑师总希望复兴的工业前乡村生活的怀念感。这种喜爱在第一座实际建成的田园城市中表现得尤为明显。英格兰莱奇沃思城 (Letchworth) 始建于 1904 年，是依照巴里·帕克 (Barry Parker) 和雷蒙德·恩

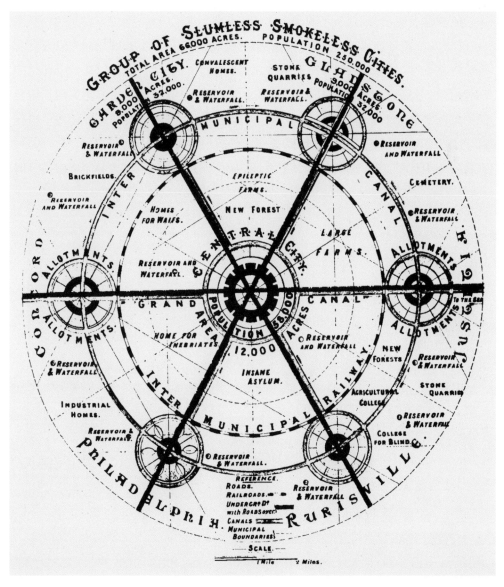

图 24.1 1898 年出版的《明天：通往真正改革的和平之路》的插图，1902 年再版时改名为《明天的田园城市》，由埃比尼泽·霍华德著述

翁 (Raymond Unwin) 的设计修建的。这座城市的重点是为预期的工人阶级提供更好的住宅 (图 24.2)。

第一次世界大战前，大多数住宅改革大多由私人提出——一种慈善和投资组合。受过教育的私人开发商是符合当时标准的慈善家。他们赞助了莱奇沃思城的开发，只希望在开发过程中获取中等利润。城市中心是根据启发了奥斯曼的巴黎规划的美术理想规划的，没有限制在已建城市的范围内。这种形式能够产生城市秩序和民用建筑的合理表现。民用建筑不再因市中心的商业用途而被排挤出去。真正的创新出现在街区。在莱奇沃思城，启发了贝德福德公园的中产阶级家庭理想如今沿着社会等级阶梯下移。许多租户是中产阶级改革家。他们搬迁至新社区，以在一个理想的环境生活。然而，这些房屋却是专门为工业工人建造的。这也是它们比贝德福德公园的先例建筑更小更朴实甚至在外观上更加统一的原因之一。另一个原因是，早在20 世纪 20 年代的现代运动诞生前，建筑师们就已经开始转向极简形式，减少装饰，选择被视为更加正式、明晰的建筑形式。在莱奇沃思城，他们则选择了能够负担得

图 24.2 英格兰赫特福德郡的莱奇沃思城，由巴里·帕克和雷蒙德·恩翁设计，始建于 1904 年

起的建筑形式。除了显然令人想起乡村生活的形式外,还有一种强调在街区以及城市提供大量绿化空间的新综合措施。莱奇沃思的建造者们认为,居住在乡村般的条件下将对身心尤其是对孩子们的身心更加有益。帕克和恩翁对城市街道之外的其他如画以及以行人为导向的规划方案尤其关注。他们使房屋远离街道,并配置足够宽裕的园林。

在接下来的几十年里,极少有独立田园城市得以建成,但数百个田园城市开发项目正在几乎所有大陆上开展。陶特是田园城市运动的主要德国追随者。他最终将田园城市的规划原则与抽象建筑形式结合起来,并将其应用在布里茨住宅区。然而,在1910—1940年间,在开始建立社会民主的民主国家中,除了西欧国家如德国、荷兰和瑞典之外,人们发现实施城市规划的展望变得异常艰难。私人所有制以及公共政治代表都是强大的制约力量。那些对改革城市应具有的外观有所认识的欧洲人往往发现,他们只有将理想应用在政府拥有更大决定权的地方才能实现理想。殖民城市为新欧洲规划理想提供了实验室。这种规划理想包括有序的民用建筑群和受田园城市启发的对开放空间的关注。

英国人建立的最具综合性的殖民城市都具有这两个特征。印度的新首都新德里是英国最重要的殖民地城市。它是专门为抵制鼓动建立代议制政府的日渐团结的当地精英而建的 (图24.3)。加尔各答在政治上或空间上都不再是一座受英国人控制的城市,它的街道和报纸轻易地充满了对殖民统治的反对声,而且印度人拥有该城的大多数房地产。因此,英国人在1912年转向德里一个毗邻夏嘉汗纳巴德 (Shahjahanabad) 的地方。在这块保留着早期帝国踪迹的地方,英国人为帝国进行表演修建了一个大型舞台。他们将前殖民印度的建筑形式与最新的西方城市规划融合在一起,希望此举能够获得印度传统上层阶级 (斋普尔的王公拥有这里的大部分土地) 和农民的支持。为了实现该城市规划,他们委任埃德温·兰西尔·勒琴斯为英国人所称的殖民总督。勒琴斯是格特鲁德·杰基尔的合作伙伴,还是一位前总督的女婿。勒琴斯之前没有参加过城市规模工程的经验。此后,他设计了众多规模日渐扩大的大型乡村住宅,还与杰基尔合作设计了多个园林,因此而成为声名显赫的建筑师。

新德里的创建使得英国人能够展现一幅实现政治控制和殖民公民秩序的图画,而这幅图画已经无法施加在加尔各答上。从英国人最初为了寻求利润而建立帝国,到

图 24.3 印度新德里的中央秘书处大楼, 由赫伯特·贝克 (Herbert Baker) 设计, 始建于 1912 年

后来为了维持帝国而强调控制, 创建新德里成为这种过渡的最后阶段。印度的上层英国政府职员大多来自上层土地所有者。这些土地所有者们仍然对资本改变英国和印度城市的方式感到不瞒。他们同时还对印度中产阶级实现现代化的方式加以鄙视。这种现代化过程增加了印度独立的压力。在新德里, 他们决定抑制两种促进变化的力量。在加尔各答和孟买, 种族之间的空间隔离早已消失。印度工业家族如塔塔 (Tatas) 和塞拉贝斯 (Sarabhais) 的住宅比大多数英国殖民行政官员的住宅更加奢华。来自伊拉克的犹太人兼金融家萨松家族 (Sassoons) 最终离开孟买加入了英国上流社会。然而在新德里, 英国人能够强行施行一种清晰的等级制度。比如, 规划者能够对康诺特广场 (Connaught Circus) 施加一定程度的美学控制。康诺特广场是一个上层社会购物区, 它在孟买或者伦敦的以市场为导向的条件下是不可想象的。社会控制最为明显地表现在住宅的供应上, 其中大多数住宅都由政府控制。住宅是严格按照等级规划的, 就像在军队宿营地一样, 舒适的住宅供给上层英国行政官居住, 而印度职员的住宅没有提供室内自来水, 因为人们认为自来水不属于本土文化。

在新德里，田园城市规划呈现出一种帝国形式。该城市的焦点是国王大道 (Rajpath)，其起点位于用以纪念第一次世界大战中牺牲的印度人的全印度战争纪念碑。国王大道路经两座包括行政办公室的秘书处大楼通往总督宅邸。这条游行大道是当时哥伦比亚特区华盛顿正在翻新的国家广场的 (National Mall) 的豪华版。如同在华盛顿一样，这条开阔狭长的街道受到了 17 世纪法国园林的启发，禁止普通行人通行。加上连最为简朴的新住宅也具有的周边草地，这种广阔空间确保新德里成为当时绿化程度最高的城市。勒琴斯和他的团队选择作为帝国秩序和西方文明的标志的古典主义风格。全印度战争纪念碑是最新加入一长列纪念性拱门的成员。这些纪念拱门是曾经的帝王如提图斯 (Titus) 和康斯坦丁建立在古罗马城市广场 (Roman Forum) 之上和周围的。赫伯特·贝壳的双座秘书处大楼建于 1912—1927 年。该楼的现代性基于米开朗琪罗的意大利文艺复兴式建筑——罗马坎皮多里奥广场。它的装饰材料和细节借鉴了印度先例建筑。如此产生的异域风情使得秘书处办公楼和勒琴斯的总督宅邸比同时期伦敦和华盛顿的同类建筑更加新颖。然而在当时，将印度建筑细节融入古典结构旨在表达英国人对当地建筑传统及当地人们的掌控。

总督宅邸建于 1912-1931 年，是新德里的明珠。英国人希望通过修建一座远比国王乔治五世在伦敦居住的宫殿庞大的宅邸来震撼印度人。这座宅邸对印度先例建筑进行了大量借鉴。其中，它的穹顶受到了桑吉的大型舍利塔的启发，而其景观设计则借鉴了莫卧儿的众多园林。这些元素与从克里斯多佛·雷恩爵士的建筑中引用的元素共存。这座混合建筑反映了大部分为幻想的帝国权力。事实证明，印度人对几乎只穿着手工纺织的缠腰带的圣雄甘地的印象比对这座大型建筑的印象更加深刻。后来成为独立印度首位总理的贾瓦哈拉尔·尼赫鲁 (Jawaharlal Nehru) 将新德里贬称为"英国权力的可见象征，浮华、丑陋、虚荣、浪费和奢侈"。在印度独立不久前拍摄的一张照片显示了最后一位总督和其家人及数百名身穿制服的印度职员。这张照片表现出了这座宅邸到底属于谁的问题。几十年里，国王大道都是印度在共和国日进行年度阅兵的舞台。如今，新德里作为独立印度的首都的历史远长于其作于殖民地首都的历史。

就像英国人，法国的殖民权力机构也将殖民城市视为城市实验室。19 世纪，法国人将最新建筑和城市元素引入其殖民地，很少或根本不关注当地建筑先例。他们最终转变了策略,部分是为了将自己标示为唯一能够保护当地文化的保护者。事实上,他们不可避免地摧毁了许多当地文化。这种对本土文化的承认正好碰上在法国本土极难推行理想主义规划模式的情形,因为法国的产权制度和代议制政府都不利于城市改革。法国陆军部长赫伯特·利奥泰 (Hubert Lyautey) 最初是驻摩洛哥军事总长,后来成为摩洛哥总督。摩洛哥的部分地区在 1912 年成为了法国保护国。赫伯特将该保护国中最大的 3 座城市卡萨布兰卡、费斯和拉巴特的现代化任务委托

图 24.4 摩洛哥拉巴特的城市规划,由亨利·普斯特设计于大约 1917 年

给了城市规划者亨利·普斯特 (Henri Prost)（图 24.4）。规划后的城市广受称赞。普斯特谨慎地保护了聚居区（法国人以一个阿拉伯语单词称呼这座前殖民城市），但随着殖民统治，迫使大量人们离开内陆耕地，老城市中心的人口密度开始增加。法国人禁止对老城区的建筑做出大幅改变，因此那里的生活质量大幅下跌，很多时候一家人挤在庭院式住宅的一个房间里。这些住宅最初提供的隐私和卫生条件完全消失。在距离已建城市不远的地方，普斯特规划了新街区。这些街区具有清晰划分的功能区——居住区、商业区和工业区。尽管普斯特从未否认其对美术古典主义或阿拉伯本土先例建筑的兴趣，这些功能区却成为现代城市规划的标志。宽阔的大道两旁是简化古典主义风格的混凝土建筑，而政府在聚居区新建的少数建筑也尽可能与周边的旧建筑保持协调。然而到 20 世纪 30 年代，卡萨布兰卡超越了巴黎，成为现代运动开展最为广泛的说法语的城市。

普斯特的大多数构想披着先锋风格的外衣重新出现在勒·柯布西耶于 1922 年提出的 300 万人口城市规划中。这是 20 世纪最具影响力的城市规划，其提出时间仅比普斯特的费斯城规划晚了 5 年（图 24.5）。勒·柯布西耶在他的城市规划方案中考虑到了汽车的重要性，并受到像芝加哥这样的城市中心的规模和组织以及现代运

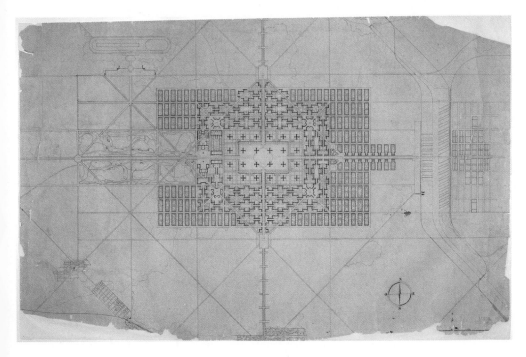

图 24.5 当代城市（300 万人口城市），由勒·柯布西耶设计于 1922 年

动抽象美学的启发。芝加哥街道规划的改变要少于新德里街道规划中预期的改变，带有放射状街道、一个大型拱门，甚至还像西克斯图斯五世时期的罗马一样拥有方尖碑，但市中心却同时修建了为宽阔的高速汽车专用大道和一条飞机跑道。大道两边耸立着不带装饰的高层办公楼。高层办公楼采用交叉轴型平面设计，将最里面的空间设置在靠窗位置。高楼穿插于公园般的背景中，同时像萨伏伊别墅一样以底层架空柱抬高，使得大多数步行交通发生在地面层之上的楼层。由勒·柯布西耶设计、位于城市中心周围的低层板房也是如此。

300 万人口城市具有与新德里和拉巴特的城市规划中相同的功能区划分。勒·柯布西耶以说英语城市如伦敦和芝加哥的标准居住区和商业区的清晰划分取代奥斯曼规划的巴黎以及大多数欧洲城市中的混合功能区。混合功能区的典型特征是公寓位于商铺和餐馆之上。他割断了情感联系，尤其是与英裔美国人郊区的情感联系。他假设人口密度会增加，同时构想为人们提供享受阳光空气和绿化的前无未有的机会。他增加公寓欧的高度，以在大楼周围留出更多可用于修建公园的空地。在 20 世纪 20 年代，现代主义规划在欧洲城市中心规划中只占有立足之地。尽管如此，建筑师们梦想着有一天能够塑造出从规模、结构以及显著位置方面看起来都有鲜明的现代特征的环境。此外，市中心是城市中受新汽车购买能力影响最大的区域，因为在这些区域，用于容纳汽车的稠密街道网络（通常为中等密度）显然没有列入规划。尽管勒·柯布西耶的大多数构想在主流规划者如普斯特的作品中拥有足够的先例，但他在 1922 年对 300 万人口城市的规划几乎只是为了达到令人震惊的效果。在将近 20 年里，这种规划没有在任何一个地方实现过。然而，在第二次世界大战后，公园式住宅规划产生了巨大吸引力。欧洲和美国城市的人口密度在不久前创下了历史新高，而这些城市的政治意愿最终是为了给工人阶级提供进入绿色空间的机会。在很长一段时间里，他们都不能进入这些地方。在 20 世纪 30 年代，勒·柯布西耶认识到，将自己的构想应用在法国要比应用在法属殖民地的可能性更小。他提出了多个阿尔及尔规划方案，建议修建连接法国人街区和市中心的大型高架高速公路并将住宅设置在路面下方的狭长地带中（图 24.6）。他设想在中心修建比欧洲城市中任何已建大楼都高的高低不同的大楼。

20 世纪 20 年代欧洲的大多数主要城市都施行了受田园城市影响的住宅计划。十年后，规划重心转移至凸显民族国家的新语境。在德国和苏联，广为接受的现代规划思想加强了美化纳粹党和共产主义的政治宣传。这种政治宣传颂扬了纳粹党人和

图 24.6 阿尔及尔的炮弹形平面图，由勒·柯布西耶设计于 1933 年

共产党人。阿道夫·希特勒和约瑟夫·斯大林在资本主义脆弱之地将自己描画成具有决断力的人物，宣称自己关心整个民族的利益而不只是少数富裕者的利益。建筑对支持这种主张具有重要作用。作为出生于维也纳的年轻男子，希特勒曾经渴望成为一名建筑师。在他的自传《我的奋斗》中，他解释了现代商业建筑尤其是犹太人拥有的百货商店如何在德国各个城市中超越了民用建筑。他发誓如果他能够执掌政权，就会改变这一现状。事实上，尽管纳粹建筑与大型新古典主义建筑相似，然而在 20 世纪三 30 年代的德国却出现了多种设计风格。本土住宅和现代工厂都属于实用建筑的，而不是民用建筑。此外，如同在魏玛共和国时期一样，这两者都是由相同的建筑师设计的。这两类建筑在对历史的欣赏和对先进的未来的展望之间取得了平衡。然而，希特勒本人则关注大型规划，如位于纽伦堡郊区的举行年度纳粹党集会的会场以及柏林的新南北轴线工程（图 24.7）。

如同在印度殖民地，在纳粹国家中，膨大的建筑形式被用于遮掩令人不适的事实。

图 24.7 德国柏林的日耳曼尼亚平面图，由阿尔伯特·斯佩尔 (Albert Speer) 和阿道夫·希特勒设计，建模于 1939 年

参与和认可的印象是实际上独裁、无视个人权利的言论的重要部分。砖块和砂浆被用以证明一种政权的稳定性，从而赢取三分之一以上选民的支持。但事实上，这种政权却攀上权力巅峰之前就已经开始衰败。它们还被用于显示一个国家的力量，以洗刷这个国家在不久前所遭受的战败之辱。在纽伦堡，阿尔伯特·斯佩尔为齐柏林集会场 (Zeppelinfeld) 设计了一圈探照灯。在夜间，利茨德姆教堂 (Lichtdom) 或者说圣光大教堂 (Cathedral of Light) 的灯光掩盖了按照严格队列行进的中年褐衫党人的便便大腹，也遮掩了一座大型建筑的新古典主义细节。该建筑曾出现在由莱妮·瑞芬斯塔尔 (Leni Riefenstahl) 执导、于 1935 年上映的战争纪录片《意志的胜利》场景中。事实上，建筑，无论是先锋建筑还是新古典主义建筑，在电影、大众报纸和专业期刊中的形象如今变得与人们亲眼目睹所得的印象一样重要。

南北轴线方案是在 1937 年提出的，其风格更加传统。这是一条奥斯曼风格的大道，采纳了数代规划者就修建一条贯穿城市中心的新动脉所提出的建议。多座政府部门大楼、私人办公大楼以及电影院矗立在这条大道的两旁。该大道连接了两座大型建筑，而这两座建筑都是根据希特勒本人的提议设计的。在这条大道上，古典主义完全切断了其与人口规模的联系。大会堂 (Great Hall) 拟定容纳 18 万人，这一数字甚至比今天最大的现代体育场能够容纳的人数都多。

将大会堂明确地定义为纳粹建筑的事情因为现实而变得复杂起来。那就是，法国和美国的自由民主政府在同时期修建了得到斯佩尔认可的类似建筑。然而，纳粹主义具体地表现在劳工利用和土地占用的方式上。国家对市场的干预减少了土地侵占情况，而不仅仅是像魏玛共和国时期那样提供帮助修建工人住宅的补贴贷款。在希特勒的党卫军或者说秘密警察开设的集中营中政治犯们为他的大型建筑开采石材。此外，纳粹党还经常利用奴工修建建筑。当斯佩尔开始清空建筑现场时，他将失去住宅的家庭迁往从该城犹太居民手中抢占的公寓。抢占犹太人住宅是犹太人大屠杀的第一步。这场大屠杀最终导致欧洲大陆上的半数犹太人死亡。

欧洲东部的苏联支持类似的规划政策。在 1917 年的十月革命爆发后不久，先锋艺术和建筑在新建的苏联在一段短暂的时期内繁荣发展。构成主义者支持前所未有的抽象主义，并将其用于政治宣传。大部分构成主义者是 1914 年从巴黎回到俄罗斯的艺术家。莫斯科的建筑学校福库特玛斯 (Vkhutemas) 学院能与世界最激进的包豪斯建筑学院比肩。伊凡·列奥尼多夫 (Ivan Leonidov) 在列宁研究所 (Lenin

图 24.8 列宁研究所专题设计项目，由伊凡·列奥尼多夫设计于 1927 年

图 24.9 俄罗斯莫斯科的高尔基大街（特维尔大街），由阿卡迪·莫尔德维诺夫设计，始建于 1937 年

Institute) 专题设计项目中提出将革命著作和报纸收藏在一栋建筑中。该建筑的几何纯粹形式和乌托邦工程学表达出了苏联在共产主义政党的领导下能够取得的技术进步 (图 24.8)。这座结构有着不稳定的球状玻璃结构，里面包括一个会堂。此外，该建筑的的一面墙体还能打开，在召开大型集会时可兼做演讲台。

然而，构成主义对政府的影响力在 20 世纪 30 年代逐渐衰弱，当时斯大林转而采用社会现实主义。这种新方向强调古典建筑和规划是赋予大众权力的表达方式，尽管在大多数时候，其代表建筑只服务于相对较少的人群。重要的例外是壮观的新地铁系统。该地铁于 1935 年开通，几乎每个人都能够负担得起搭乘费用。在地面之上，莫斯科高尔基大街(Gorky Street)重建工程在阿卡迪·莫尔德维诺夫(Arkady Mordvinov) 的领导下于 1937 年开启。这条大街为这座现代社会主义城市创建了一个新形象 (图 24.9)。高尔基大街展现出这样的新未来——工人们将居住在宫殿般的公寓大楼中，而目前，苏联政府只能为忠于国家政权的新上层阶级提供这样的建筑。这些公寓按照欧洲标准来说很小，但按照苏联标准来说却不小。而且与早期构成主义者的试验建筑不同的是，它们没有包括育儿和用餐公共设施。在直接通往克里姆林宫的街道上，两旁林立的建筑的一楼布满了商铺和餐馆。这里如同在柏林一样，街道扩宽工程仍然基于奥斯曼大道的模型，而不是基于勒·柯布西耶的城市规划中的典型高速公路。苏联对广为认可的城市规划传统的坚持给人们一种让人安心的稳定印象，而此时恰逢斯大林发起的反对潜在敌人（其中许多潜伏于共产党内）的恐怖运动达到高潮。

尽管高尔基大街呈现的形象并非工业现代化形象，然而其大部分的面貌却明显是崭新的。百货大楼达到了需用电梯的高度。同样崭新的是，如同在柏林一样，这里也提出了一种由国家支持的建设住宅和商业建筑的重新开发计划。尽管私人资本在19世纪末和20世纪初持续不断地侵蚀了市中心的独立建筑，政府却专门专注于修建民用建筑和基础设施。高尔基大街做出了尤其令人震撼的宣传，因为它迎合了苏联希望团结的国外内几乎每个人的品位。在经济大萧条时期结束不久后，现代主义运动几乎在最初孕育了它的国家失败。它仅在欧洲边缘城市如布达佩斯、布加勒斯特、赫尔辛基、特拉维夫和安卡拉繁荣发展，因为这些城市的多种业主试图通过

图 24.10 德国柏林的斯大林大道（马克思大道），由赫尔曼·亨瑟尔曼（Hermann Henselmann）设计，建于 1952—1956 年

欣喜地采用当时稍微有点儿过时的形式来展现他们的现代性。形式过时的高尔基大街，如同柏林南北轴线方案一样，看似展现了非民主政权如何有效克服现代城中的棘手问题，即混乱、拥堵和贫穷的梦想。相比之下，主要西方民主国家在国内建筑而非在其殖民建筑中取得的所有成就看似毫无意义。

那么，现代运动最终是如何再获胜利呢？为什么美国人和西欧人同时迅速回避那种虽不完整但直至 20 世纪 30 年代都受其重视的城市和民用秩序的展望呢？1952—1956 年间在东柏林建立的斯大林大道 (Stalinallee) 即今天的马克思大道 (Karl Marx Allee) 提供了一条重要线索 (图 24.10)。在第二次世界大战后，德国和其前首都均被分成了四部分。美国、英国、法国和苏联各自占有德国和柏林的一部分。西方联盟国最终在其控制的 3 个部分上建立了联邦德国，同时保留对各自拥有的柏林部分的名义权力。这些部分成为被苏联拥有部分环绕的岛屿。柏林的历史中心成为苏联附庸国——德国民主共和国的一部分。柏林的划分甚至比德国的划分更能代表欧洲本身的东部和西部、民主和独裁、资本主义和共产主义之间的划分。两个政党联盟采用建筑来表现一个理想化的身份。在最初的非正式隔离带但最终变成了柏林墙的两边，政府补助修建了完全独立于市场力量的模范城市街区。共产主义者处于先锋。斯大林大道始于城东的历史中心，穿过这里的老工人阶级区，通往波兰和莫斯科。商铺和餐馆之上的公寓建筑像莫斯科同类建筑一样展现了为人们提供宫殿般住宅的承诺。尽管这种风格是由苏联强制规定的，但德国东部却穿上了借鉴了当地建筑传统的苏联社会现实主义的外衣 (这里指 18 世纪末 19 世纪初的新古典主义)。

尽管苏联在共产主义世界中提供了一些最好的商铺和宽裕的绿色空间，但却显然没有获得宣传效果。1953 年，当建筑工人即所谓的假工人上层阶级开始罢工时，斯大林大道的施工被迫暂时中断。在该镇另一边由美国支持的无线电广播发出的鼓动宣传下，他们试图推翻东德国政府。因为没有得到驻扎在附近的西方坦克的支持，第一起反抗共产主义统治的叛乱很快被镇压，后来有很多人被杀。同样消失殆尽的还有继续将奥斯曼建筑和城市与民主关联的希望，而奥古斯特·佩雷 (Auguste Perret) 在战后重建法国城市亚眠和勒阿弗尔时也曾试图将城市重建与民主关联。实际上，表现民主的火炬被传递到了现代运动中，后者呈现出了资本主义民主的面貌，尤其是在美国。然而，各个代议制政府如何控制城市发展仍是一个难题。

延伸阅读

Peter Hall, *Cities of Tomorrow: An Intellectual History of Urban Planning and Design in the Twentieth Century* (Oxford: Blackwell, 2002), offers an overview of the subject of this chapter. Ebenezer Howard, *To-Morrow: A Peaceful Path to Real Reform* (1898; repr., London: Routledge, 2003), is better known by the title of the second edition, *Garden Cities of To-Morrow.* On Letchworth, see Mervyn Miller, *Letchworth: The First Garden City* (Chichester: Phillimore, 2002). On New Delhi, see Robert Grant Irving, *Indian Summer: Lutyens, Baker, and Imperial New Delhi* (New Haven, Conn.: Yale University Press, 1981); and Wolfgang Sonne, *Representing the State: Capital City Planning in the Early Twentieth Century* (Munich: Prestel, 2004). French colonial urbanism is addressed in Gwendolyn Wright, *The Politics of Design in French Colonial Urbanism* (Chicago: University of Chicago Press, 1991); and Jean-Louis Cohen, *Casablanca: Colonial Myths and Architectural Ventures* (New York: Monacelli, 2002). For discussion of Le Corbusier's City for Three Million, see Francesco Passanti, "The Skyscrapers of the Ville Contemporaine," *Assemblage* 4 (1987): 53–65; on its application to Algiers, Zeynep Çelik, *Urban Forms and Colonial Confrontations: Algiers under Oppression: The SS, Forced Labor, and the Nazi Building Economy* (London: Routledge, 2000), details the oppressive character of that regime's monumental architecture. On Russian constructivism and its aftermath, see Hugh Hudson, *Blueprints and Blood: The Stalinization of Soviet Architecture, 1917–1937* (Princeton, N.J.: Princeton University Press, 1994); on Gorky Street and Stalinist architecture in the Soviet Union, Greg Castillo, "Gorki Street and the Design of the Stalin Revolution," in *Streets: Critical Perspectives on Urban Space,* ed. Zeynep Çelik, Diane Favro, and Richard Ingersoll (Berkeley: University of California Press, 1994). For an examination of socialist realist architecture in the rest of Eastern Europe, see Anders Aman, *Architecture and Ideology in Eastern Europe during the Stalin Era: An Aspect of Cold War History* (New York: Architectural History Foundation, 1992); and on its Cold War context, David Crowley and Jean Pavitt, eds., *Cold War Modern: Design 1945–1970* (London: Victoria and Albert Museum, 2008).

25 美洲的现代主义运动

在 20 世纪 20 年代的世界任何地方，现代主义都未能占据主导地位。到 20 世纪 30 年代，现代主义在德国、荷兰、捷克斯洛伐克和苏联的受欢迎程度有所下降，但在英国、斯堪的纳维亚半岛、巴尔干半岛和东地中海地区却有所提升。整个两次世界大战之间的时期，这种新美学在像工厂和摩天大楼一样的显著现代环境中几乎不可见。尤其是摩天大楼，其装饰有时候朴素，有时候奢华。位于布宜诺斯艾利斯的混凝土结构建筑卡瓦纳大厦 (Kavanagh Building) 由科里纳·卡瓦纳 (Corina Kavanagh) 委托建设，由桑切斯·拉各斯·德拉托雷 (Sanchez, Lagos and de la Torre) 公司设计。该大厦是整个美洲大陆上修建的典型装饰艺术大厦。它在 1936 年竣工后成为拉丁美洲的最高建筑，高达 394 英尺 (图 25.1)。对大多数北美和南美地区的人们来说，20 世纪二三十年代的现代建筑指在 1925 年巴黎装饰艺术博览会上推广的带有少许立体主义装饰的建筑，而不是格罗庇乌斯、勒·柯布西耶和门德尔松支持的工业抽象派建筑。装饰艺术赋予了建立在完全美式规模上的建筑一种欧洲奢华的时尚感。相形之下，肖肯百货和环球影院显得小而严肃。卡瓦纳大厦包括办公室和公寓，但装饰艺术在更加明显地用于娱乐的环境如海滨酒店和大型远洋班轮的公共区域也很受欢迎。

从 20 世纪 30 年代到 20 世纪 50 年代，国际现代主义逐渐为更加抽象却不一定少了魅力的其他选择取代。第二次现代运动通常被称为国际风格，受到勒·柯布西耶和路德维格·密斯·凡·德·罗的作品的深刻影响，成为整个美洲地区的城市中上层阶级和各个政府最喜爱的建筑风格。这个过程通常被描述为违背国际风格的社会

图 25.1 阿根廷布宜诺斯艾利斯的卡瓦纳大厦, 由桑切斯·拉各斯·德拉托雷公司设计, 建于 1934-1936 年

主义根源，转而与资本主义形成联盟。然而这是一种极简主义风格，因为现代建筑从一开始就进入了市场，且在 20 世纪 20 年代，先锋艺术形式和社会进步之间在很多情况下缺乏明显关联。更加可能的是，就像之前的装饰艺术，国际风格满足了普遍大众具有的共同渴望在一个众多美国群体试图追求更加平等的社会秩序时期，国际风格将新意与对复杂的理解融合成一种超越奢侈生活的东西。它不再是富人的专属风格。富人在很多情形下选择更加传统的展示方式。它是一种廉价、表面上有效的引进建筑词汇，代表许多美洲国家的中产阶级对全世界的繁荣未来的渴望。

现代建筑风格的许多追随者，其中最重要的是勒·柯布西耶，声称国际风格是可以普遍应用的风格。这种希望在美洲地区具有强大的吸引力，因为该地区在第二次世界大战期间和战后，在树立国家潮流方面站在了空前重要的位置上。早在战争的前些年里，许多斩断了与欧洲的联系的北美人开始将注意力往南转向巴西。战后的美国崛起为国际潮流的引领者和国际超级大国。此外，到 1950 年，古典主义与法西斯主义和共产主义独裁的关联大幅增加了之前看似非常极端的选择的可接受性。新形式的形成条件完全不同于他们现在所采用的形式的形成条件。那么是什么原因促使建筑师和其雇主拥护这些新形式呢？答案很简单，那就是他们与欧洲著名现代主义者的直接接触。勒·柯布西耶继 1929 年首次去了巴西和阿根廷后，又在 1935 年冒险去了美国。在英国逗留一段时间后，格罗庇乌斯于 1937 年移民到美国。路德维格·密斯·凡·德·罗和门德尔松也随之到美国定居。然而，就像之前的文艺复兴风格，国际风格只有迎合了那些选择了它的人们的需求才会被采用。仅凭新颖和所谓的更好并不足够。

里约热内卢的教育卫生部大楼是由当地建筑师团队设计的。该大楼在 1943 年完工时成为美洲最著名的国家风格建筑（图 25.2）。设计团队的组长是卢西奥·科斯塔（Lucio Costa），它的成员还包括奥斯卡·尼迈耶（Oscar Niemeyer）。勒·柯布西耶的咨询者角色确保该建筑能够吸引众多人的注意。将立板竖立在以底层架空柱抬高的横板之上的结构成为第二次世界大战后头 15 年里的常见结构。这座大楼没有临街而建，反而构成了两个小广场。两个小广场上的人流在办公楼层的底层架空柱空间穿行。办公楼层的一个主立面安装了玻璃幕墙。另一个主要立面则搭建了一块巨大的混凝土遮阳板。这些细节常常被证明只具有装饰作用，且在不必要的情形下频频被模仿。尽管如此，对气候的关注标志着一种极为敏感的尝试，那就是将起源于北欧的一个建筑词汇应用在新条件下。遮阳板同样也创造了一种深度感和坚固感。

图 25.2 巴西里约热内卢的教育卫生部大楼，由卢西奥·科斯塔、奥斯卡·尼迈耶和其他建筑师设计，建于 1937-1943 年

这种深度感和坚固感暗示着现代主义建筑所具有的短暂之美中所缺乏的成熟，因为许多现代主义建筑以灰泥覆面，其最初的朴素白色表面通常很快便会老化。

教育卫生部大楼是一个帮助塑造了未来几十年里巴西建筑风格的天才团队的起点。坎迪多·波尔蒂纳里 (Candido Portinari) 是巴西最著名的画家之一。他为这座大楼创作了一幅瓷砖壁画和湿壁画，并在其中以独特方式结合了立体主义形式和鲜明的巴西主题元素。罗伯特·布雷·马克斯 (Roberto Burle Marx) 设计了大楼前面的景观园林和一座矮楼的屋顶园林。他还应用外国思想创建了一种巴西人眼中的新面貌。，他将蜿蜒的超现实主义曲线与本土热带植物材料结合起来，创造了一种令人惊讶的选择，以取代在整个拉丁美洲地区持续受到欢迎的正式法式园林。

教育卫生部大楼是一座先锋建筑，因为一小组胸怀抱负的建筑师和其政治支持者古斯塔夫·卡帕内马 (Gustavo Capanema) 不仅了解最新欧洲潮流，而且渴望在这个方面展示自己的现代性。热图利奥·瓦加斯 (Getulio Vargas) 在 1930—1945 年且后来又在 1950—1954 年担任巴西总统。他的主要支持者们认为国际风格尤其适用于一个进入快速工业化时期的国家。如同勒·柯布西耶所承诺，它是更加深刻的社会变革之外的另一种具有吸引力的选择。这种社会变革将对瓦加斯的军事独裁提出挑战。对当代人来说，这座教育卫生部大楼从本质上看是巴西式的，且具有完全的现代性。

这种新巴西建筑风格风靡于 20 世纪 40 年代。同时期，处于战乱之中的欧洲没有修建一栋新大型民用建筑。巴西的新建筑，尤其是尼迈耶在帕普利亚设计的建筑，不仅代表了一个现代热带且显然感性的国家的新面貌，还代表了最时髦的新建筑样式。帕普利亚是贝洛哈里桑塔的郊区，这里同时还具有贝雷·马克思设计的景观。巴西的这些新建筑大多以缓凝土构建，而混凝土属于劳动密集型而不是资本密集型材料。这些混凝土建筑呈现出一个温暖但不是特别富裕的国家的建筑应该具有的外观。这种高瞻远瞩的国家形象使得在 1956 年被选举为巴西总统的儒塞利诺·库比契克 (Juscelino Kubitschek) 相信，建筑对实现他的竞选宣言——"在五年里实现五十年的发展"非常重要。他还曾担任过于 19 世纪 90 年代创建的贝洛哈里桑塔的市长。受这次任职经验的鼓舞，他提议将巴西首都迁至内陆的一座新城市。这种改变旨在刺激一个人口稀疏的巴西地区的发展，并展示巴西是世界最现代的国家之一。

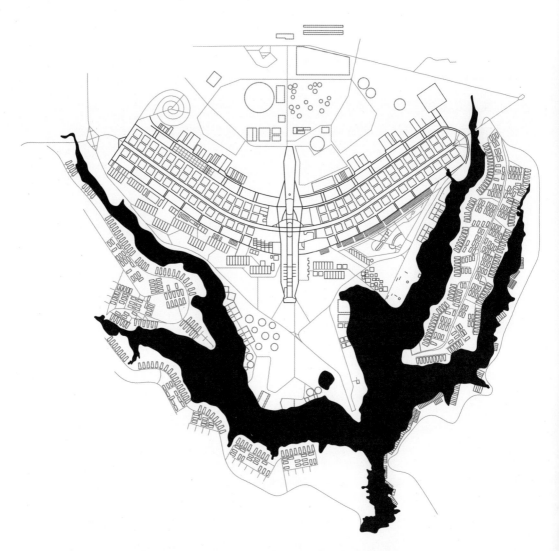

图 25.3 巴西巴西利亚的城市规划图，由卢西奥·科斯塔设计于 1956 年

创建新城市的第一步便是举行设计竞赛。科斯塔赢得了该竞赛。他提出围绕由一条中心轴线和一条居住轴线构成的交叉处来组织城市的规划方案 (图 25.3)。这个方案的现代性表现在哪里呢？首先，科斯塔突出了汽车。直到 20 世纪 30 年代才在美国和德国首次修建的受限双车道高速公路成为这座新城市的脊骨。尽管巴西在不久前已经开始制造汽车，但只有极少巴西人能够买得起。然而，公共汽车的造价可能比轨道交通如有轨电车的造价更低。地上和地下行人通道限制了巴西利亚高速公路的侵入性。勒·柯布西耶的 300 万人口城市对巴西利亚的规划产生了影响。其中一个显著例子是科斯塔的严格功能区划分。这种功能划分被收录进《雅典宪章 (Charter of Athens)》。《雅典宪章》产生于 1933 年召开的第四届国际现代

建筑会议 (CIAM)。巴西利亚规划为特定活动划定了特定区域，比如将酒店和银行聚集在一处。此等程度的规范只有政府修建城市的情况下才能够实现，而且该政府的运营还必须在大体上脱离市场力。同样具有显著的现代主义特征的是有关已建形式能够取得的成果的言辞。科斯塔和尼迈耶修建了该城的一些早期住宅建筑以及所有主要公共建筑。他们希望仅提供一种住宅类型就能实现社会平等。最终，那些买不起带有仆人房间的公寓的穷人在郊区修建了寮屋区。富人也迁到了郊区，因为那里有空间修建带有围墙和游泳池的建筑。尽管按照巴西人的标准，联邦特区的收入分配非常公平，但仅有城市规划不足以弥合世界上最深的横亘在阶级之间的沟壑。

巴西利亚的车辆禁行区是为中产阶级服务的 (图 25.4)。这里，公寓楼层建立在底层架空柱上，仅高到需要电梯的程度，而电梯构成了安装玻璃的小客厅的核心。这些建筑构成了街区的外围，而一般而言，街区的一条长边邻近多车道高速公路，一条短边邻近街区购物街。每个街区都保留了大量共享公共绿色空间，孩子们可在其

图 25.4 巴西巴西利亚的车辆禁行区，最右面是商铺，摄于 1957 年后

中游玩，大人们可在其中散步。单一家庭住宅具有的私密性被牺牲了，但从公寓到汽车或公共汽车之间的短距离步行变成了一种社交活动。此外，去街区购物区也只需步行几分钟，方便快捷，因此，弥补了缺乏具有吸引力的城市中心的遗憾。巴西利亚的规划者们成功地战胜了人口密集和环境肮脏的问题。这些问题在 20 世纪中期仍被视为现有城市的根本问题。但规划者们未能展现像里约那样的城市所具有的活力及活跃的海滩文化、棚户区和奢华的公寓大楼以及多个商业中心之间的亲密关系。

无论如何，巴西利亚的中心都不是商业中心，而是两边建有主要政府大楼的中心轴线。在这里，尼迈耶创建了一系列显著的超越地域或等级的国家标志。部委广场 (Esplanade of Ministries) 通向国民议会大厦 (National Assembly) 和更远处的三权广场 (Plaza of the Three Powers)。位于三权广场之上的最高法院和总统府正面相对，同时位于议会大厦的后面。极少步行者会穿越那些被设计成从空中俯瞰的空间。各部委均从楼后进入，除了礼节性场合之外。最高法院和总统府设计和修建于 1956—1964 年，它们原本是主要以混凝土建筑为主的城市中唯一的钢框架建筑，因此与城市中的其他建筑相比，看起来更轻。在巴西利亚，尼迈耶模仿了美国新幕墙办公大楼的外观，但只有廉价的能源使利用新中央空调系统降低室内温度成为可能时，玻璃幕才能得以应用，比如卡瓦纳大厦就安装了中央空调系统。尼迈耶关注建筑的优雅形象，忽视它的实用性，最终导致了众多部委的正面变得惨不忍睹，因为上面逐渐增加了遮阳棚和独立空调机组。司法部和外交部的情形要稍微好些。在这两栋建筑上，建筑师以更大的混凝土框架包裹住众多玻璃盒。布雷·马克斯设计的多个水池给热带草原景观添加了一丝热带的味道。

尼迈耶设计的国民议会大厦位于部委广场和三权广场之间，是整座城市的焦点。两个立法会议厅采用向上翻转的碗状结构，上面耸立着利用太阳能技术的双座大楼，展现了巴西作为技术先进的民主国的形象。联邦最高法院的细节更加巧妙，像总统府一样是盒子套叠结构 (图 25.5)。该建筑坐落在三权广场的空阔地面上。它的优雅和轻盈极大地减少了其本身的单调感。它的建筑结构的比例以及外部支柱的规律与古代神庙相似，而迂回的曲线和几乎超凡的轻盈感明显而骄傲地展现了它的现代特征。超现实主义融合了有机抽象和心理表现，这种方式在很久以前就已经取代了立体主义，成为对当代建筑产生巨大影响的艺术。在这样的时期，这种对历史再现和潮流感应的平衡成为世界民用建筑的典范。

图 25.5 巴西巴西利亚的联邦最高法院，由奥斯卡·尼迈耶设计，建于 1960 年

库比契克领导的政府将建设巴西利亚视为实现现代化的捷径。事实是，该工程的巨大耗资引发了一次经济危机，并因此而激发了一场军事政变。巴西经济在此后停滞了几十年之久。巴西利亚以及印度的新国家首都昌迪加尔，如大多数稍微偏狭的规划性城市一样，都是与粗暴的市场力量毫不相关且未反映消费者品位的展示品。

在 20 世纪的中间几十年里，美国和巴西一样都渴望引入现代建筑风格。在美国，现代建筑因借鉴欧洲先例建筑同样而增加了一种复杂感，所需费用也不高。不过也有些重要的不同之处。美国人相信自己的工业和技术先进性，并不依靠建筑来表达它。因此，他们更加可能保留熟悉的甚至是历史主义的外观，尤其是中产阶级住宅。同时，一种活跃的消费文化大多不受建筑师的影响，就像巴西的本土建筑一样。建筑行业在整个美洲地区所具有的影响力要远少于其在欧洲地区的影响力，因为朴实的民用建筑和商业建筑仍然掌握在建造者的手中。

1932 年，建筑历史学家亨利·拉塞尔·希契科克 (Henry-Russell Hitchcock) 与朋友菲利普·约翰逊 (Philip Johnson) 合作设计了纽约现代艺术博物馆的首届建筑展览会的国际风格部分。他已经撰写了一篇有关 20 世纪早期建筑的领先调查报告。此次建筑展览会的其他部分由刘易斯·芒福德和凯瑟琳·鲍尔 (Catherine Bauer) 设计,专注于住宅改革和弗兰克·劳埃德·莱特的作品。尽管欧洲先锋派的作品已经为美国主要建筑杂志的读者们熟悉,此次国际风格展览会以及后来的展品目录却赢得了向美国人引荐勒·柯布西耶、格罗庇乌斯和密斯的赞誉。此展品目录推广了澳大利亚建筑师弗雷德里克·基斯勒(Frederick Kiesler)创造的一个术语。在接下来的 15 年里,希契科克和约翰逊选择的样例大多被对现代表达感兴趣的美国建筑师忽略。

美国建筑在这些年里的转变更好地表现在人们公认的杰出建筑——流水别墅 (Fallingwater) 上。这是为匹兹堡百货公司的所有者埃德加·考夫曼 (Edgar Kaufmann) 及其家人设计的度假别墅。莱特将这座建筑悬空在宾夕法尼亚州乡村地区的熊跑溪 (Bear Run) 之上。该别墅设计于 1935 年,是一座位于偏远位置的私人宅邸。然而,随着莱特的透视图以及竣工后不久拍摄的照片的大量发表,它很快成为美国最著名的新建筑之一 (图 25.6)。这些视图将人们的注意力吸引到这座别墅的设计上突出了莱特的营销才能,因为选取的是远离房屋以及房屋下面的视点,图片对进入别墅和在其中生活的体验描述得相对较少,事实上它们是一种乐观展望,表现了一位建筑师如何利用自己的才能将现代建筑风格和工程学融入看似尚未开发的美国景观。

流水别墅是莱特再次从相对的默默无闻变身为美国广受称赞的最著名建筑师的关键。尽管莱特因对欧洲先锋艺术的喜爱而受益颇多,但他拒绝采用其工业外观。相反,他支持自然与传统家庭生活之间的的准精神关系。流水别墅的门廊托板向外突出,悬空于河床之上,将钢筋混凝土结构推向极致,强烈地展现了莱特在抽象主义和工程学方面的突出造诣。他将这种现代性建立在理查森应用在埃姆斯门房中的相同地质表现上,甚至利用裸露的当地石材装饰室内地面和墙面。所有这些与低矮的顶面一起,为这个庇护所营造了一种保护性和洞窟似的感觉。在流水别墅,莱特仍然清楚地划分了主要居住空间的开放平面和主要为仆人居住的空间。在其他更加朴实的房屋里,他将厨房与客厅连接起来,方便做饭的人照看孩子和参与日常交谈。

直至 1959 年去世,莱特一直是美国建筑行业的一股极其特别的力量。即便他的无法效仿的作品日渐从现代主义主流中分离,他仍然受到人们的喜爱。在 19 世纪

图 25.6 宾夕法尼亚州熊跑溪的流水别墅，由弗兰克·劳埃德·莱特设计，建于 1935—1938 年

图 25.7 加利福尼亚州伯克利的韦斯顿·黑文斯别墅，由哈维尔·汉密尔顿·哈里斯设计，建于 1941 年 [图片来源: photCL MLP0518(004),The Huntington Library, San Marino, California]

三四十年代，威廉·伍尔斯特 (William Wurster) 和他的朋友们占据了风靡于 20 世纪前 30 年的莱特风格和历史主义传统之间的中间地带。作为一名加利福利尼亚州人，伍尔斯特被与一种朴素的地方主义关联起来。事实上，这种地方主义流行于整个美国，并与勒·柯布西耶和阿尔瓦·阿尔托 (Alvar Aalto) 在欧洲采用的风格并行不悖。在伍尔斯特的努力下，圣弗朗西斯科湾周围的多座小山成了将房屋与景观进行非正式融合的实验室，采用清晰线条和 20 世纪 20 年代年代欧洲率先发展的钢悬臂。在海湾地区工作的建筑师们吸收了欧洲现代主义，用当地红杉壁板取代白色灰泥表面，并保留了深受当地工艺美术运动前辈以及莱特喜爱的深挑屋檐。其中的一个重要样例是哈维尔·汉密尔顿·哈里斯 (Harwell Hamilton Harris) 的韦斯顿·黑文斯别墅 (Weston Havens House)。该别墅位于伯克利，于 1941 年竣工 （图 25.7）。哈里斯设计了两层从地面到天花的玻璃结构，以供居住者欣赏海湾的美丽风景。此外，他还构建了一个更加私密的中庭，黑文斯和他的大多为同性恋的朋友们可在其中进行社交且不会被可能具有好奇心的邻居们看见。

建成住宅以及更加少见的公共或商业建筑服务于中产阶级的成员。他们面临着经济大萧条和第二次世界大战，与繁荣的 20 世纪 20 年代的同等阶级相比，他们不那么拘泥于形式。在大萧条时期，除了联邦政府通过罗斯福新政计划大肆兴建公共工程外，没有人能够负担得起高额的装饰费用，且在战争期间，所有非必要的建筑活动都遭到禁止。凯瑟琳·鲍尔是美国联邦投资住宅的最重要支持者之一。伍尔斯特和她在 1940 年结婚后致力于解决住宅问题，尤其是工人阶级的住宅问题。甚至

图 25.8 加利福尼亚州瓦莱约的卡尔尼兹高地住宅，由威廉·伍尔斯特设计，建于 1941 年

在 1941 年日本偷袭珍珠港事件将美国拉入第二次世界大战战场之前，联邦政府已经着手为密集型工业的工人修建住宅，且更加罕见的是，它还为低收入租户提供住宅。这个计划为美国东西沿海地区的建筑师们提供了机会，以修建能够超越 20 世纪 20 年代欧洲建立的大量工人住宅的建筑。

这种住宅计划的不同之处具有启发性。尽管参与该计划的几位建筑师是不久前从欧洲移民而来的，但建筑师们一致避开了工业美学。高效施工与熟悉的材料如砖和木材结合起来。在加利福尼亚州瓦莱约 (Vallejo) 的卡尔尼兹海峡 (Carquinez Strait)，伍尔斯特于 1941 年为工人们在附近的造船厂修建了住宅。这些住宅保留了单一家庭住宅所具有的清晰几何形状的特征，安装了木壁板和木框架，朝向引人注目的自然环境 (图 25.8)。这些套房极其便宜，有些内墙以窗帘代替 (许多内墙是以夹板或纤维板构建，旨在战后重建时被回收利用)，但与中产阶级住宅相似的结构帮助减少了人们对联邦政府干预住宅市场的批判。

然而，到 20 世纪 40 年代晚期，欧洲移民成功地挑战了这种本土现代主义的主导地位。在 20 世纪 30 年代晚期和 20 世纪 40 年代早期，许多著名现代建筑师从德国移民到美国。一些建筑师收到了一些著名学校的任命。这些学校对了解美术课程之外的新选择感兴趣，而美术在美国建筑的规模以及范围方面的适用性日渐模糊。密斯·凡·德·罗就是这些建筑师之一，他被任命为一个建筑学院的负责人。该建筑学院后来成为伊利诺理工学院。

密斯在美国的成功主要归功于他对摩天大楼的迷恋。在德国，他在 20 世纪 20 年代早期设计了两座幕墙大楼，其中一栋采用了与表现主义的水晶形状密切相关的由小面组成的平面布局，另一栋则有着圆边。这些无法付诸实践的设计对他于 1951 年建成的芝加哥滨湖大道 (Lake Shore Drive) 双座公寓楼项目带来了影响 (图 25.9)。这两座公寓楼在经济、美学和象征方面获得了巨大成功。尽管该时期的瓦工工资高于大萧条时期的瓦工工资，两座公寓楼的建筑成本却比修建砖覆面结构更低。许多银行家担心现代风格只是昙花一现，但这两幢建筑经受了时间的考验。密斯对网格框架的比例和细节的关注深得认同现代艺术的人们的认可，十多后兴起的极少主义又将他的这一设计风格应用在绘画和雕塑上。自 19 世纪 80 年代起，钢结构高层建筑开始在芝加哥兴建，完全的玻璃结构大楼开始在美国两岸的沿海地区修建，但密斯的杰出原创贡献在于，他在这种钢结构的建筑覆面上增加了竖向

图 25.9 伊利诺斯州芝加哥的滨湖大道公寓楼 860-880，由路德维格·密斯·凡·德·罗设计，建于 1948—1951 年

工字梁。对许多观察者来说，这种装饰看起来像是结构性的，不过实际的框架根据法律要求需要以防火面板包覆。

密斯将建筑的实用方面转变成抽象现代艺术符合他所处的情形。首先，这种转变肯定了 19 世纪晚期芝加哥办公楼的重要国际地位。这些办公楼当时已经被称为两次世界大战之间欧洲建筑试验品的重要先例。其次，随着滨湖大道开发项目成为美国国内外的新办公大楼的样板，一种商业建筑采用了曾经的先锋建筑风格。因此，美国开始被视为欧洲建筑试验创造了重大成果的地方。这符合美国作为国际超级大国的新形象。这种新形象意味着美国理应在文化、经济以及军事方面获得成就。密斯专注于结构和比例。他的建筑无疑代表了许多美国人想要相信的东西：美国国际地位的上升伴随着美国人的教养和品位的提升。幕墙摩天大楼在德国的政治和经济动荡时期诞生，讽刺性地成为密斯的第二故乡的资本主义民主的重要建筑象征。

尽管如此，现代建筑满足消费者需求的能力显然是有限的。1947 年，也就是密斯加入滨湖大道项目的前一年，在纽约城的新开发郊区——长岛的莱维敦修建的首期住宅开始出售。第二个莱维敦很快在宾州出现。美国郊区如今首次开始为中下层阶级甚至工人阶级以及那些一百年来能够选择拥挤的城市生活之外的生活的人们提供住宅。美国郊区在战后的快速发展极少依赖建筑师的贡献。正是开发商们一边关注公共政策，一边关注消费者，同时建设驾车通行而不是利用有轨电车和郊区铁路网络通行的环境。在这些新环境中生活、购物并越来越多地在此工作的美国人与国际风格建筑毫不相关。

到20世纪40年代美国的住宅短缺现状看起来似乎不值得退伍士兵提供大量服务。这些士兵开始组建家庭或渴望成家，因为家庭是社会稳定的标识。在针对美国中产阶级的大型补助计划之一中，联邦抵押贷款计划使得大多数白人家庭能够购买得起郊区单一家庭住宅。依赖标准化减少成本的大型开发商如今修建了三分之二的郊区住宅，因此，规模经济也带来了益处。莱维敦是新开发项目的代表，这里的独立住宅规模小，且其价格也比以前任何时候都更可承受（图 25.10）。莱维特父子（Levitt& Sons）公司采用了从战时工业借鉴的批量生产技术以维持低成本。然而，与密斯和格罗庇乌斯不同的是这个开发商放心地借用了令人安心的熟悉家庭形象，并将其运用在样板建筑上。这些样板极大地借鉴了发表在二十世纪三十年代的建筑杂志上的村舍。在二十世纪三十年代，许多美国建筑师因为资金有限而被迫修

No. 1

No. 2

REAR VIEW

The Rancher

A NEW HOUSE IN LEVITTOWN

•

PRICE—**$8990**

$57 A MONTH!

No cash required from veterans!

No. 3

No. 4

图 25.10 纽约城莱维敦的住宅广告, 始建于 1947 年

建小型房屋。科德角殖民地的居民所居住的一层半楼房有着高高的人字形屋顶，集现代便利条件和传统风格于一体，极受人们欢迎。

除了住宅的规模较小外，新郊区建筑还有两个有别于先例的特征。其一是新居民的相对年轻化，其二是与商店的距离，通常需要驾车才能快速抵达。如此来，年轻家庭主妇日渐感到被社会隔离。贝蒂·福莱顿 (Betty Friedan) 于 1963 年发表的作品《女性的迷思》讲述了受过大学教育的女性在这些以孩子为中心的环境中所面临的问题，尤其是抑郁问题。早期的郊区具有围绕火车站而建的村镇中心，或拥有沿着电车轨道而建的线型购物区。在两次世界大战之间的时期，郊区女性仍然去市中心的百货商店进行较大型购物。汽车越来越受欢迎，因而将购物地点从两边是建筑的街道转移到有大量临街停车位的交通干道上。而新的独立购物大楼就位于

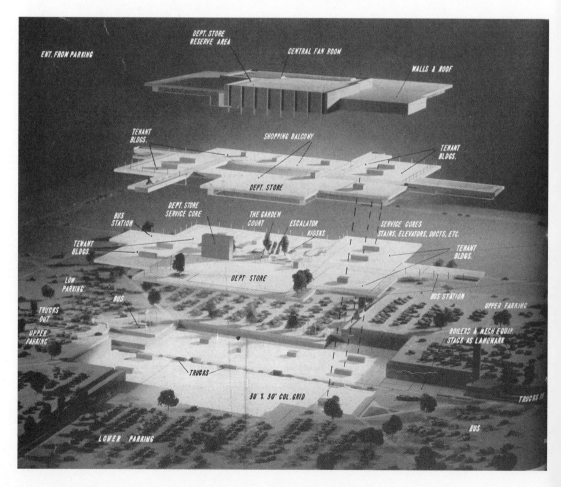

图 25.11 明尼苏达州伊代纳的南谷购物中心，由维克托·格鲁恩设计，建于 1954—1956 年

停车场之上。促进这种发展的一个关键人物也是一位移民,即奥地利人维克托·格鲁恩 (Victor Gruen)。格鲁恩关注零售业的实用方面。他在明尼苏达州伊代纳修建的南谷购物中心是美国第一座完全封闭的购物商场,于 1956 年开业 (图 25.11)。该商场为购物者或者说至少为穿越大型停车场进入商场的人们提供了一处庇护所,使他们免受该地区的严峻气候条件的伤害。商场还包括货车地下送货空间,安装了为大型内部空间供暖制冷所需的机械设备。格鲁恩通过众多市中心百货商场的大型分店将小商铺集中起来。他以更大的空间取代百货商场的中庭。该空间最初极少用于出售商品,购物者可在其中穿行,还可从多个方向观看商店门面。南谷购物中心有两层楼高,配备足够的座椅、手扶电梯、甚至树木,提供了一个足够宽裕的公共生活环境。与它有意取代的主街不同的是,该购物中心还受限于商场所有者制定的规范。

在不到 10 年里,美国各地的市中心都受到了新商场带来的负面影响。20 世纪 60 年代晚期,美国发生社会动乱,非熟练工人能获得的高薪工作急剧减少,毒品交易增加,城市犯罪活动大量增多。随着这些情形的出现,因为地区规模的设施具有靠近新州际高速公路的便利条件,购物者留在了郊区。中产阶级如今不仅实际上与穷人隔离,还与高雅文化隔离。绝大多数的贫民或留在日渐破败的城市街区,或居住在穷困的乡村地区,比如阿帕拉契亚和密西西比三角洲。学校和教堂都迁至郊区,但博物馆、音乐厅和大学并没有。

与贫民、众多学者和艺术家一起留在城市的还有建筑师,尤其是那些最出名最有抱负的建筑师,以及富裕的业主。他们对郊区居民日渐讨厌,批评他们没有灵魂,墨守成规,因而将建筑行业与普通大众隔离开来。建筑师们关注形式,对正在重塑已建环境的商业和消费者力量不屑一顾。建筑行业的国际身份只是偶尔与美国郊区形成的更加本地化的生活方式交叠。建筑师设计的城市公寓大楼为相对富裕和绝对贫穷的人们提供住宅,而中产阶级则居住在开发商修建的地区性住宅中。20 世纪 60 年代的现代机构建筑既没有创建可靠的社群,也没有表现对使用者的关怀。这种建筑的模糊性促使新一代建筑师们直面现代主义与大多数美国人的居住环境之间的遥远距离。

从 20 世纪 20 年代到 20 世纪 60 年代,在现代建筑出现的地方,其支持者主张使建筑完全脱离历史。如今,建筑只代表其本身、抽象形式或结构,或最多代表通过一种工业美学传达的现代性。事实上,尽管抽象使建筑容易被遗忘,现代运动却一直传达了其它信息。从二十世纪三十年代到二十世纪六十年代，现代运动表现了所谓的现代性和支持它的社群的文化复杂性。如同维尔茨堡的王公主教宫殿以及新德里的总督宅邸中隐含的意义一样，这些大胆言论通常没有实质内容。巴西建立现代主义城市范例的能力可能妨碍而不是促进了该国的实际经济现代化。人们认为美国建筑文化被引进的欧洲先锋形式转变。这种观点掩藏在持续流行的殖民复兴、假都铎和西班牙大庄园风格下也掩藏在沿着美国新郊区高速公路而建的商业带下。尽管以砖和砂浆、混凝土和钢铁修建，建筑极少能够成功地展现现实，甚至以对其结构进行直白描述的建筑也是如此。矛盾的是，现代运动正是在很多情况下失去了对大众的吸引力的时候才被人们普遍接受。建筑行业从业人员和其机构业主给现代运动强加了更加严肃的重复性元素，因而最终激起公众的抵制，因为现代运动没有迎合大众品味，反而疏离了他们。

延伸阅读

This chapter's discussion of Brazilian architecture follows Zilah Quezado Deckker, *Brazil Built: The Architecture of the Modern Movement in Brazil* (London: Spon Press, 2001); Fernando Luiz Lara, *The Rise of Populist Modern Architecture in Brazil* (Gainesville: University Press of Florida, 2008); and Richard J. Williams, *Brazil: Modern Architectures in History* (London: Reaktion, 2009). For an interpretation of postwar American architecture that seems equally valid for Brazil, see Alice T. Friedman, *American Glamour and the Evolution of Modern Architecture* (New Haven, Conn.: Yale University Press, 2010); and for the history of CIAM, Eric Mumford, *The CIAM Discourse on Urbanism* (Cambridge: MIT Press, 2000). Frederick Kiesler, *Contemporary Art Applied to the Store and Its Display* (New York: Brentano's, 1930), used the term *International Style*. On Fallingwater, see Franklin Toker, *Fallingwater Rising: Frank Lloyd Wright, E. J. Kaufmann, and America's Most Extraordinary House* (New York: Knopf, 2003). Wurster's significance was first detailed in Marc Trieb, *An Everyday Modernism: The Houses of William Wurster* (Berkeley: University of California Press, 1995). See also Annmarie Adams, "Sex and the Single Building: The Weston Havens House, 1941–2001," *Buildings and Landscapes* 17, no. 1 (2010): 82–97; H. Peter Oberlander, *Houser: The Life and Work of Catherine Bauer* (Vancouver: University of British Columbia Press, 1999); and Pierluigi Serraino, *NorCalMod: Icons of Northern California Modernism* (San Francisco: Chronicle Books, 2006). The classic source on Lake Shore Drive remains the chapter in William H. Jordy, *American Buildings and Their Architects,* vol. 5, *The Impact of European Modernism in the Mid-Twentieth Century* (Garden City, N.Y.: Doubleday, 1972). Dianne Harris, ed., *Second Suburb: Levittown, Pennsylvania* (Pittsburgh: University of Pittsburgh Press, 2010), supplements the sources on suburbs cited earlier. On suburban commercial architecture, see Richard Longstreth, *City Center to Regional Mall: Architecture, the Automobile, and Retailing in Los Angeles, 1920–1950* (Cambridge: MIT Press, 1997); and M. Jeffrey Hardwick, *Mall Maker: Victor Gruen, Architect of an American Dream* (Philadelphia: University of Pennsylvania Press, 2004).

26 非洲的村庄和城市

因为欧洲人对非洲内陆的普遍认知仅可追溯至 19 世纪，所以人们通常认为这是一片没有历史的领土。事实上，早期文字记载在这里要比在世界上其他许多地方珍贵得多。尽管如此，我们知道，甚至早在葡萄牙水手在 15 世纪首次登上非洲海岸之时，这些领土的边界处就已经为多个民族居住。这些边界经常发生变更，且频频引发争执。直到非洲沦为欧洲人的殖民地，固定的绘图边界线才得以确定。这个殖民过程开始于 15 世纪，并在 20 世纪 30 年代意大利人入侵埃塞俄比亚时达到高潮。今天的非洲国家的边界是由殖民权力划定的。它们极少反映种族和语言群体的之间的空间隔离。许多边界线毗邻多个国家。像苏丹和尼日利亚这样的大国包括具有不同宗教和建筑传统的多个不同种族。

建筑形式既包括游牧民族的活动房屋，也包括村舍和城市住宅，既包括贫民窟的棚屋，也包括以围墙圈住的大面积建筑群中的宅邸。最基础的民用建筑是撒哈拉沙漠上游牧民族居住的帐篷（图 26.1）。这里，土地极其干燥，不能维持全年不变的定居生活。少量人群穿越大片土地为自己和驯养的牲畜寻找水源。马哈里亚民族（Mahria）的帐篷第一眼看去极其简朴。然而，这种极简极小的物理结构往往支持着复杂的社会结构，反映了通常融入住宅且得到均衡发展的宗教信仰。在非洲许多乡村地区，人们仍然在修建这类仪式性建筑，并将其规划及居住条件视为宗教信仰的延伸。所谓的传统建筑很少随着时间的变化而完全保持不变。相反，它不断地在很多细微方面发生着改变，根据可用材料的改变而做出调整。

图 26.1 马里共和国，女子正在修建马哈里亚民族的结婚帐篷，拍摄于 20 世纪晚期

在整个非洲地区，女性在修建和装饰房屋方面承担着重要角色。新帐篷是为马哈里亚新娘搭建的。新娘作为妻子在每年将家从一处迁移至另一处时，负责帐篷的维护、搭建和拆除。帐篷的首次搭建通常是一场由一群女性参与的集体活动，属于婚礼庆祝仪式的一部分。新娘的母亲提供建筑材料和最初的家具。材料很简单，首先搭建木框架。木材通常来源于建筑现场附近，不过框架构建也可从市场购买。过去，框架上通常覆以马哈里亚女子编织的草席。今天，草席大多为帆布取代，尤其是在搭建将从一个地方迁至另一个地方的帐篷时。帆布更轻，折叠起来也更小，但编织的草席能够提供更好的通风和空气流通条件。因为帐篷内的所有东西都能够轻松打包并装载在骆驼上，所以家具很少。家具包括皮袋和篮筐，通常是女性制作的。女子与丈夫和孩子们住在同一座独立帐篷中。帐篷的框架在家庭迁移时还能兼做供女子骑坐的马鞍。通过这种形式，一些帐篷遮蔽物遮盖甚至掩藏了坐在下面的女子。在整个前殖民撒哈拉以南的非洲地区，大多数人们过着定居的乡村生活。尽管有些人以采猎为生，但大多人以种地和放牧为生。一般而言，他们居住在圆形建筑中，这种建筑至今仍在修建（图 26.2）。如同其他本土建筑，这些住宅大多以当地可用的材料建造，且无须专业工人的帮助。大多数建筑根据当地气候条件作出了适当改变。

在这里没有必要建立大规模建筑。许多社群的等级制度按年龄和性别来划分，而不是根据大型建筑来划分。财富的分配在大多数前殖民非洲地区比在欧洲或亚洲远为公平。在非洲和亚洲，统治者居住的环境迥异于大多数臣民的居住环境。早期，欧洲探险家常常感觉非洲人的居住条件比欧洲普通农民的居住条件要更好。在很多情况下，那些初次看起来像是独立住宅的建筑被称为房间可能更加合适。这里的气候温暖，所以可以将独立小屋布置在更大的围地上，而不需将所有房间聚集到同一个屋顶下。这种面向共享开放空间的方位取向与中国庭院式住宅的方位取向没有多大差别。这种空间组织方法尤其适用于非洲众多的一夫多妻制家庭。在这种情形下，每个妻子都拥有自己的小屋。

独立住宅的建筑风格同样也突出了按性别划分的角色，还表达了宗教信仰。这可从居住在多哥和贝宁的巴塔马里巴人 (Batammaliba) 的房屋看出来。巴塔马里巴种族实行一夫一妻制。这种社会结构促进了容纳核心家庭所有成员（有时候也包括配偶一方的父母）的单一家庭住宅的修建（图 26.3）。巴塔马里巴人的住宅以当地泥土和茅草修建，表现了这种文明的许多社会规范和信仰系统。因此，大多数房屋

图 26.2 几内亚的尼奥索莫里豆（Nionsomoridou），建于于 20 世纪晚期

图 26.3 贝宁或多哥的巴塔利亚人房屋，建于 20 世纪晚期

的外表相似，与建造者和居住者无关。它们具有类似城堡的外形，聚集在没有城墙的村庄里。这种村庄还能提供一定程度的防御入侵者的保护性能，特别是在每座房屋都只有一个入口的情况下。

巴塔马里巴人了解这些房屋的内部空间组织的象征术语（图 26.4）。房屋的空间按照性别从竖向和横向上加以划分。房屋的左半部分被视为女性部分，右半部分被视为男性部分。下层一般作为男性活动区，女性的活动更加可能发生在具有更大隐秘性的楼上平台以及面对平台的房间中。房屋中心是一座两层楼高的圆筒，每层是一个卧室。丈夫和妻子睡在楼上，他们的父母或成年未婚儿子住在楼下。圆筒外围包括楼下的养牛间和楼上的平台。房屋的其他房间插入圆筒的墙体，而圆筒同时支撑着这些房间。整个建筑中最重要的房间是厨房、男谷仓和女谷仓。谷仓之所以如此称呼，是因为它们分别存放着由男性和女性种植和收割的农产品。储藏区对自产大部分粮食、没电没冰箱的家庭来说非常重要。

修建和入住宅屋的相关仪式清楚地表明巴塔马里巴人知道他们的住宅是半人类的，也明白建筑对人体结构的引用能将居住者和神的精神世界联系起来。如同许多非

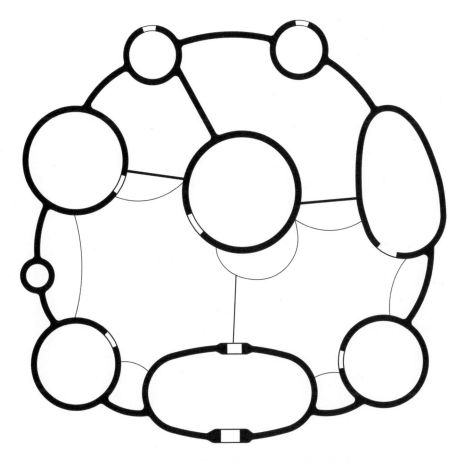

图 26.4 贝宁或多哥的巴塔马里巴人房屋的平面图，建于 20 世纪晚期

洲地区的人们，巴塔马里巴人显然将自己的房屋等同于人体。这帮助他们将空间组织成一个复杂系统，这在一个没有地图的时期尤其令人安心。房屋中心的圆筒房间为已婚夫妇居住，也是孕育和生育孩子的地方。不足为奇的是，它与女性的性器官和生殖系统相似。圆筒的前面有一个小孔。小孔将房屋的两层楼连接起来，被理解为心口。门洞如同所期待的一样，可被视为嘴巴。门洞上的两个角代表睾丸以及丈夫和妻子。如果夫妻一方去世，葬礼中将包括摧毁一个角的仪式。普通的社交礼仪也能提升人们将房屋视为生命体的认知。当有人来拜访房屋的居住者时，他先要跟房屋打招呼，即便他想要看望的人实际就在外面。人们通常还通过献祭食物从仪式上给房屋补充营养。对巴塔马里巴人来说，建筑本身是一种类宗教行为，用众多仪式加以标志。巴塔马里巴人没有单独的宗教建筑。相反，为特定神而建的神龛可能位于独立房屋内，最常见于男子或女子谷仓中。这些人们的居住环境与其宗教活动有着非常明确的关系，且这种关系远比神圣和世俗建筑划分清晰的社群中的关系

明确。此外，墙体内面或紧挨墙体外面还建有神龛，用以供奉房主的先期居民或目前居民的祖先。

大多数有关撒哈拉以南非洲地区的建筑的研究都专注于村庄，因为那里的非洲建筑细节极为明显地区别于其他地方的当代建筑细节。这种建筑持续与具体的景观、气候、社会习惯和宗教信仰相结合的程度也代表着对非洲众多当代建筑的抵制。很久以前，人们就在非洲沿海地区创建了城市。在15世纪以前，这些城市大多服务于阿拉伯贸易商，而不是欧洲贸易商。更加偏远的内陆地区也建立了城市。这些城市位于伟大的商队路线上。人们通过这些路线将金子和奴隶运输到阿拉伯北非地区和更远的欧洲地区。内陆地区还有众多非洲现代都城，如肯尼亚的内罗毕和南非的比勒陀利亚。

许多更加古老的沿海城市是阿拉伯人以及后来的欧洲水手建立的贸易港口。比如位于大西洋沿岸的塞内加尔首都达喀尔以及位于太平洋沿岸的坦桑尼亚城市基尔瓦，其建筑和城市总是融合当地和外来传统。另一方面，大城市贝宁则完全由非洲人统治，直至19世纪末被英国人摧毁（图26.5）。自第一个葡萄牙人踏入此处，来到贝

图 26.5 尼日利亚贝宁的城市景观，创作于1897年

宁的欧洲人就惊讶于其普通住宅的高质量及其统治者居住的宫殿。今天，只有在贝宁制造的青铜制品见证着这里曾经繁荣的先进技术文化，其中一些青铜制品是最古老最受称赞的非洲艺术范例。

贝宁是一个沿海城市，而其他重要城市位于河流上游地区尼日尔河和与通往北面和东边的多条重要贸易路线的交叉处。北非地区的阿拉伯人组成商队来到此处，进行金子、奴隶和往往从偏远的南部地区运至沙漠边缘的其他商品的交易。通布图（廷巴克图）和杰内是这些路线上最著名的城市。杰内位于伸向尼日尔河的半岛上。春天，河水上涨时，它就变成一座岛屿其地形利于防御。杰内至少从 15 世纪起就已经在这处防御性河湾上繁荣发展。3 种不同层次的建筑思想影响了杰内的建筑。首先是泥砖建筑的当地本土传统。这些传统与该地的地理和气候密切相关。穆斯林贸易商从北部引进的建筑形式构成了第二层思想。如今，这层思想已与第一层思想交织在一起。街道朝内的特征以及商业区和住宅区的划分将杰内与北非的城市规划联系起来。今天，杰内的人口大多为穆斯林，当地人借鉴了采用摩洛哥设计风格的邻国建筑。尽管如此，这些房屋像巴塔马里巴人的住宅一样融入了泛灵论内容。同时，许多泥砖元素模仿了摩洛哥的典型木结构建筑。历史上，许多商人都来自摩洛哥。这类建筑融合了西非和北非的建筑材料和空间。杰内的建筑反映了其所具有的重要地位。数百年来，来自不同文化背景的人们聚集到此处进行交易。

法国人从 19 世纪 80 年起开始统治杰内，直至马里共和国于 1960 年获得独立。殖民政府在 1906—1907 年重建大清真寺对杰内的建筑做出了第三个重大贡献（图 26.6）。尽管数百年来，该地区都在修建大型泥砖建筑，大清真寺的几个重要方面却反映了法国人而不是非洲人的建筑思想。如同所有清真寺，大清真寺朝向麦加。然而在杰内，圣龛所在的麦加朝向墙却位于该建筑面向市集广场的一面。法国人认为，鉴于大清真寺位于城市，它需要一个面向广场的大型立面，即便实际上该建筑只能从另一面进入。大清真寺的中央楼梯通往圣龛的背面，而不是任何一扇门。此外，法国人喜欢本国新古典主义建筑传统中的对称特征，并将其与当地建筑技术融合起来。建成后的清真寺是一座极其壮观的建筑，很快成为该地区清真寺和民用建筑的模板。

法国人为什么对当地建筑传统感兴趣呢？他们为什么不选择修建一座罗马天主教教堂，甚至是哥特式教堂，或者像在其他地方一样，修建一座引人注目的古典办公

图 26.6 马里共和国杰内的大清真寺, 建于 1906—1907 年

楼以作为该城的重要建筑标志? 首先, 杰内距离法国太遥远, 不能吸引法国人在此定居。这里的大多数外国人实际上都是殖民行政人员和士兵。殖民建筑的主要法国观众是由那些可能在法国绘图出版物中看到其照片的人们构成的, 其数量甚至超过旅游者。他们对遥远地区的异国景观更感兴趣,而不是重复他们熟悉的居住环境。事实上, 大清真寺成为多次殖民地展览会上非洲殖民地展厅的模板。这些展览会的目的是为了在法国国内为殖民地培养支持力量, 因为许多法国人认为殖民统治代价高且不民主。同时, 在杰内, 修建这座大型清真寺是一种实用和政治决策。在汽车被普及和飞机被发明前, 对法国人来说杰内是一个遥远的地方, 甚至对周边的非洲人来说,杰内也不近。要想将所需的石材和木材运送至此来修建欧洲建筑非常艰难。最后, 法国人希望通过为杰内居民修建一座大型新清真寺来告诉他们, 只有在欧洲政府的统治下, 该城市的居民才有可能实现复兴该城在 16 和 17 世纪的繁荣景象的愿望。

大清真寺一直为当地社群珍视,当地工匠对其进行了维护,定期重做表面抹灰。事实上, 如同法国人所希望的那样, 它成了城市生活的聚焦点。之所以如此, 是因为除了空间的细节外，其结构与前殖民清真寺没有任何区别。杰内的所有人都知道如何使用和维护这样的建筑。大清真寺的内部与亚洲清真寺的内部迥然不同。泥砖柱的承重能力比不上奥斯曼、萨非王朝和莫卧儿的清真寺所用的烧结砖和石材。在杰内的大清真寺，泥砖柱占据了内部空间，导致清真寺缺乏宽阔的开放空间。伊斯兰人要求建筑方位朝向麦加，并在朝向麦加的墙上设置圣龛，但并没有要求采用某种特定的形式。相反，穆斯林建造者总能成功地根据其工作所在的特定地区的特定材料和气候做出改变。这座清真寺的有趣特征包括屋顶上的小通风口，通常情况，下屋顶是平坦的。通风口允许清真寺内的热空气流出，有助于改善这座厚墙结构建筑，使其即便在炙热的太阳底下也能保持内部的凉爽。通风口由女性以陶器制作，通常出自铁匠的妻子之手。贝宁被摧毁了，杰内和通布图也不再名列世界最重要的贸易中心。今天，正是达喀尔、拉各斯、约翰内斯堡和内罗毕展现了当代非洲的财富和社会问题，其中包括由非洲大陆的丰富自然资源带来的特别显著的财富分配不均的现状。因自然资源产生的紧张局势在欧洲殖民时期激发了众多战争，且在独立的单一民族国家建立后仍未缓解。这种紧张关系给与空间相关的活动带来了影响，其中最臭名昭著的例子来自非洲最富裕的国家南非。

荷兰东印度公司于 1652 年在南非最古老的都城开普敦成立。这里是水手在荷兰与荷属东印度群岛（今天的印度尼西亚）之间航行时进行补给的地方。荷兰人在 18 世纪末被英国人取代，后者所成立的东印度公司超越荷兰公司成为亚洲最富裕的殖民地公司。开普敦殖民地的重要地位随着内陆地区先后发现钻石和黄金而迅速上升。这里属于今天的南非共和国，当时则是由荷兰定居者的后裔即所谓的南非白人控制。自白人到来后，两大欧洲群体开始对该地区的本地人群进行剥削。当南非白人在 1947 年举行的只允许白人参加选举的大选中控制了南非政府时，这种剥削达到了一个新巅峰。新政府最先颁布的法令之一便是，强制施行种族隔离制度。这种带有种族隔离和歧视性质的合法化系统一直延续到 20 世纪 90 年代。尽管这种制度给约翰内斯堡带来毁灭性的影响，它在开普敦的影响力却有所下降。约翰内斯堡是南非最大的城市，也是最接近钻石和金矿的都市，而开普敦则被普遍视为南非最开放最宽容的重要城市。

荷兰人来到南非后，如同同时期在北美大西洋沿岸定居的同伴一样，他们发现当地人的住宅看起来非常随意，因此，认为当地人不值得拥有他们所占据的土地。然而300 年后，荷兰定居者的后代给自己的种族隔离政策正名，声称是为了"保护"当地人们及他们的传统免受现代性的影响。事实上，在这期间，许多当地居民被迫从生养他们的土地上迁移到不太适宜生存的环境中，遭受着营养不良和贫困的困扰。同时，南非有着丰富的的矿产，主要包括钻石和黄金。尽管这些矿产是领取低廉工薪的黑人劳工采掘的，却让大多数南非白人变得非常富裕。

种族隔离至少表现在 3 个具体的空间维度上。第一，黑人被驱逐出他们帮助创造的现代环境，被迫迁至"故乡"。这些地方在南非等同于北美的保留地，是其他人不愿要的土地。这里的人口密度超过了以往任何时候，而所谓的现代基础设施，包括医疗和教育设施，更别提供电和室内供水，被认为"不适用于"黑人。因此，这些地方的生活条件比之前被迫迁出城市街区的许多人所居住的环境差得多。

种族隔离的第二个空间维度位于城内。种族隔离限制了黑人与家人在工作地附近安家的能力。那些没有合适通行证的黑人不能留在城内过夜。此类通行证只颁发给工人，并不发给其家人。黑人、混合种族群体、印度人和白人都被划定了各自的独立居住街区。现有混合街区或者被拆除，或者被划分给具有更多特权的群体。黑人们被迫迁至城市郊区最差的土地上，那里的基础设施少得可怜。赋予土地传统意义的丰富象征在贫民窟是看不到的，因为那里没有任何缓冲文化差异的现代基础设施（图26.7）。由白人选举的政府发布的一份住宅报告中写道，便桶是"（黑人）廉洁住宅中最常见的（排污）系统。利用这种设施服务的城镇的规模有大有小……这种因素在恶劣天气条件下带来了不便……不过，这不是欧洲习俗，而是最实用的做法。"

种族隔离的第三个空间维度是独立建筑的空间。公共和私人建筑被改建，以清楚地表明非白人市民的二等身份（图26.8）。黑人被迫利用专用入口进入公共设施，比如邮政局和银行，而且他们在那里享受的服务也要次于白人。大多数白人居住在建有围墙的大院里，里面分别设置了白人和黑人专用大门。黑人住在独立的附属建筑中，而且通常住在比毗邻房屋中的房间更小、通风更加不良、照明更加不足的单个房间中。

种族隔离并非没有先例。比如在 19 世纪 90 年代，白人在美国南部地区实行种族隔离制度，并将此制度一直延续到 20 世纪 60 年代。美国南部地区的许多州的非裔美国人搭乘公共汽车时必须坐在车尾。他们不能在大多数餐馆里用餐，不能住酒店，还遭受许多其他歧视。他们像白人一样上缴同样多的税款，但却明显不能公平地像

图 26.7 南非开普敦的卡亚丽莎 (Khayelitsha) 镇, 照片摄于 1996 年

白人一样享用公共设施。尽管如此, 非洲种族隔离的范围却超越了世界其他地方可见的多种空间歧视形式。

建筑为南非的新民主政治提供了生动的象征。欧洲殖民统治往往意味着普通村民生活水平的下降, 而殖民统治和生活水平的下降改变了整个次大陆地区乡村生活的社会制度和宗教习俗。新材料如波纹铁皮屋顶改变了非洲建筑的外观和体验, 带来更稳固的结构, 也降低了建筑灵活应对气候变化的能力, 并提高了材料造价。事实上, 本土建筑通常能够包容此类社会、宗教和技术变化。此外, 它还为那些希望重新编织在殖民的镇痛中瓦解的社交网络的人们提供了一块模板。恩德贝勒人(Ndebele)是南非的主要民族之一。无论是在恩德贝勒人传统上居住的地方, 还是在整个南非地区, 他们的聚居区都是民族骄傲和种族骄傲的焦点 (图 26.9)。这些聚居区建有高高的围墙, 里面可能包括多座小建筑。聚居区通常为长方形, 而不是圆形。恩德贝勒民族是另一个女性负责修建、维护和装饰住宅的众多非洲文明之一。明亮的图案是恩德贝勒人的服饰和珠饰的典型特征, 而且还会在每年雨季后被重新绘制在住宅上。

图 26.8 南非约翰内斯堡的森德伍德 (Senderwood) 邮政局，里面分别设置了白人和非白入口，建于 1974 年

图 26.9 南非的恩德贝勒人住宅，建于 21 世纪早期

非洲建筑让我们重新思考这些常见于众多乡村的建筑，也重新认识独特而现代的严格空间组织方式。仅关注小而简单的建筑结构可能使得非洲建筑停滞在时间中，并因此而减少它的丰富性，但同时也易使人们将曾经世界各地普遍可见的东西视为特别和奇异的东西。至少在 18 世纪，甚至连最小的非洲住宅在大多数欧洲和亚洲乡村居民看来都非常宽敞。在 20 世纪 30 年代前，美国的许多农舍仍然没有抽水马桶或供电设施。直到 20 世纪 60 年代，欧洲的许多城市公寓才配备了此类便利设施。今天，很容易将非洲乡村地区的建筑和自然之间的紧密联系浪漫化，但却不容易将曾经非常公平的财富和政治权力分配制度浪漫化。正是殖民主义摧毁了这种制度，使得非洲大陆频频遭受疾病和战争的侵扰并导致其大部分地区被疾病和战争吞噬。今天，富人和贫民之间的差距以及种族和民族差别日渐扩大。这种差距塑造了世界很多地方的已建环境。尽管没有种族隔离那么极端，这种从缺少资源的人们手中夺取资源并重新分配给那些已经拥有资源的人们的方式导致了无家可归者的增加，阻碍了小规模经济的发展，并将工业转移至环境污染严重以及工人工资更低和更易遭受工伤的地方。如同在种族隔离前的南非一样，这些决策并非由建筑师明确做出的，而是融入了建筑行业的的经济、政治和社会背景中。在建造我们居住的环境时，经济活动规范通常比建筑师和建造者的设计方案具有更大的影响力。

延伸阅读

On nomadic architecture, see Labelle Prussin, *African Nomadic Architecture: Space, Place, and Gender* (Washington, D.C.: Smithsonian Institution Press, 1995); on its village counterpart, Jean-Paul Boudier and Trinh T. Minh-ha, *Drawn from African Dwelling* (Bloomington: Indiana University Press, 1996). For discussion of the Batammaliba, see Suzanne Preston Blier, *The Anatomy of Architecture: Ontology and Metaphor in Batammaliba Architectural Expression* (Chicago: University of Chicago Press, 1994). On the architecture of apartheid, see Keith Beavon, *Johannesburg: The Making and Shaping of the City* (Pretoria: University of South Africa Press, 2004); Hilton Judin and Ivan Vladislavić, *Blank: Architecture, Apartheid and After* (Cape Town: David Philip, 1998); and Rebecca Ginsburg, *At Home with Apartheid: The Hidden Landscapes of Domestic Service in Johannesburg* (Charlottesville: University of Virginia Press, 2011).

27 后殖民时代的现代主义及其它

在 20 世纪的最后几十年里，在国际建筑文化中，极少有比文化身份或换而言之比场所标志更加重要的事情。人们是如何展现自己或其业主的文化遗产，创造在建地特有的建筑，同时还使这些建筑因对国际受众产生了足够的吸引力而闻名于世？这个地方具有哪些气候、地理和文化条件？中东和南亚地区对这些复杂问题给出了一些更加复杂的答案。尽管现代建筑常被批判为相同国际资本构成的建筑图，然而在如何选址以及如何规划方面仍然具有重大不同。

在发展中国家常被问到的一个有关现代建筑的问题是，许多国家的工业前建筑都融合了空间组织和信仰系统，那么，违背了这一原则的当现代建筑为什么反而获得了发展呢？在中东和南亚的部分地区，使用由建筑师设计的建筑的人们通常在时间上比欧洲和北美的许多同等阶级更早接触现代建筑。许多现代运动的建筑范例是在这里修建的，而不是在纽约、巴黎或伦敦。相对而言，在 20 世纪长达 50 多年的时间里，纽约、巴黎和伦敦受先锋建筑的影响更少。为什么会出现这种情况呢？答案的线索出现在一个因试图保护文化环境而闻名的工程中。

自 20 世纪 80 年代起，在阿迦汗文化信托基金会的支持下，阿迦汗建筑奖努力推广创意方案，以解决利用建筑建立身份的问题。跨国界对话尤其鼓励穆斯林和印度建筑师参与国家讨论，而 20 世纪 80 年代的美国人和欧洲人则专注于复兴明确的西方建筑先例。在阿迦汗建筑奖于 1980 年首次颁发时，主席奖被授予了埃及建筑师哈桑·法赛 (Hassan Fathy)。法赛从 20 世纪 40 年代开始倡导，以埃及一些极其偏远的村庄的原则而不是从欧洲引进的思想为基础，建立新社区和街区。法赛将现代社会地位与对现代主义形式的抵制结合起来。他提倡复兴农民修建和居住的建筑，而不是复兴一个世纪前其具有历史主义思想的同行所喜爱的大型建筑。他对传统的坚守使得他成为 20 世纪 80 年世界最具影响力的建筑师之一。法赛的名誉可谓实至名归，从其在 1945—1948 年间创建于新谷那 (New Gourna) 村的作品就已预见 (图 27.1)。在第二次世界大战期间，木材和其他建筑材料的短缺促使法赛对埃及最南部的努比亚当地建筑产生了兴趣。他在埃及政府建于卢克索附近的新镇复兴了这种建筑。埃及政府在此建镇是为了抑制附近考古遗址的抢劫活动。新谷那是由一位接受过专业培训的建筑师所作出的一项早期成果。建筑师重新抓住非西方本土社会空间的精神，而不是像法国人在杰内所做的那样只专注外表。法赛同时还考虑了经济发展。他建议村民通过制作手工艺品来养活自己。

法赛不仅提议复兴泥砖建筑，他还细心地重塑了当地空间如市集广场和民巷的不规则形形状。每条小巷的中心都通向为毗邻家庭共享的类公共区域。他还为家畜和家畜所有者提供了空间。法赛作为城市学者，希望重建空间格局，部分是为了增加女性的隐私权，这种想法是非同寻常的。相反，他的大多数同时代人却在挑战性别歧视的形式。当然，清真寺是社区的最大建筑。它的泥砖穹顶是利用当地可用材料复兴埃及南部传统建筑技术的成果。这也是穹顶首次出现在埃及这个地区。法赛对清真寺的大部分结构都未作装饰。如同大多数 20 世纪的反现代主义者，

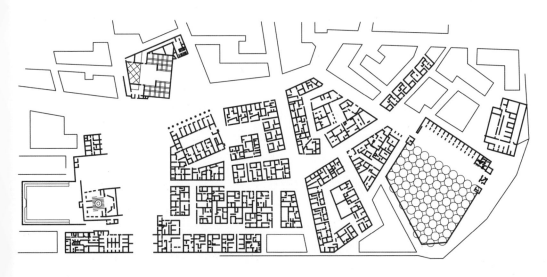

图 27.1 埃及新谷那镇的平面图，由哈桑·法赛设计，建于 1945—1948 年

他不确定自己是否掌握了超越之前的手工艺生产标准的能力，因而选择了简洁主义，而不是迎合预期居民所具有的更加鲜艳的审美品位。他认为那是一种低俗审美。

当时，法赛对低技术建筑和传统空间格局的坚持对许多人来说看似怀旧和保守。然而，随着法赛喜爱的村庄逐渐被可用的新材料转变，人们的观点尤其是上层阶级的观点也开始改变。当新谷那建成后，埃及看起来似乎不久就能在经济和政治上赶上欧洲。实际上，城市化和经济发展计划未能改善普通埃及人的生活时。然而法赛却成了一位著名的建筑师，部分是因为他提出了另一种选择，这种选择不会让人感受到一种处于文化劣势的烦恼。可持续设计的拥护者们同样也敬佩他对建筑供暖、制冷和照明的低技术手段的坚持。讽刺的是，法赛的浪漫观点没有吸引现实中的村民。他们拒绝迁入自己没有参与塑造的环境中。他们选择钢筋混凝土和钢板结构带来的便利性。这些建筑不像泥砖结构一样需要细心维护。建筑文化重视和回馈的东西与使用者喜欢的东西之间的差距日渐扩大。这种差别成为世界各地战后建筑文化的标志。那些看似贫民主义的东西即便是为公众而建的，却给人一种入侵的感觉，甚至遭到公众的鄙弃。直到许多相邻村庄因阿斯旺水坝的修建而被淹没，人们才实际入住新谷那。那些最初预计入住新谷那的人们成功地留在了考古遗址上，那里为他们创造了比向游客出售手工艺品更大的利润。

更加符合战后精神的是摩洛哥和阿尔及利亚的住宅。这些住宅仍然建立在法属殖民地上，由 ATBAT 非洲建筑公司 (ATBAT-Afrique) 建于 20 世纪 50 年代 (图 27.2)。设计师乔治·坎迪利斯 (Georges Candilis) 和沙德拉·伍兹 (Shadrach Woods) 之前曾与勒·柯布西耶在欧洲最重要的新住宅原型项目中合作过。该住宅项目名为联合住宅 (Unite d' Habitation)，于 1951—1952 年建于法国马赛。他们在北非的目的是为了将现代钢筋混凝土结构的建筑效率融入服务于他们所了解的符合阿拉伯居民的文化规范的空间。在这些住宅中，大型屏蔽阳台取代了庭院，而此前，独立建筑都是围绕庭院而建。这种引进的建筑元素能够容纳更高的人口密度，以为涌进城市去工厂工作的乡村移民提供住宅。而这种建筑元素本身部分受到了地中海盆地大多数刷白灰当地建筑的启发。

这种建筑风格与坎迪利斯和伍兹最终加入十次小组 (Team X) 紧密相关。十次小组是一个欧洲建筑师团体，在 1953—1981 年间定期举行会议。十次小组的建筑师们原本是国际现代建筑协会 (CIAM) 的成员。他们后来成了城市功能严格划分和工业

图 27.2 摩洛哥卡萨布兰卡的卡里埃·森特拉勒斯 (Carrieres Centrales) 住宅区，由 ATBAT 非洲建筑公司设计，建于 1951—1955 年

美学的批评家。实际上，他们借鉴人类学和社会学知识，以确立能与空间和结构系统相关联的社会模式。坎迪利斯和伍兹没有放弃现代主义抽象形式，反而试图从他们努力取代的贫民窟已建住宅中吸取经验。十次小组的建筑师们赞赏各种外国工业前群体修建的本土建筑。尽管十次小组处于欧洲先锋位置，但它的成员所表现出来的对前现代城市的尊敬甚至日渐为不采用十字小组的图表设计方法的建筑师们接受。

在北非，这种对住宅的启迪性关注因受到住宅所处的殖民地环境的影响而有所不足。殖民权机构是大型建筑的业主。这些建筑地点和基础设施很快就被预示独立的努力成果包围起来。ATBAT 非洲建筑公司承建的数个工程位于城市边缘，因为这里更易管辖。这些住宅工程的极少特征反映了官员所持有的偏见。他们认为联合住宅的便利设施不适用于非欧洲人。这里的居民既未能了解最初的建筑形式的历史，也不能明白它们的现在。他们填充阳台以提供亟须的额外空间，最终完全改变了自己的住宅。孟加拉国的乡村银行 (Grameen Bank) 投资修建的住宅工程在平衡当地建筑传统和经济发展方面 TBAT 非洲建筑公司承建的工程远为有效 (图 27.3)。在 2006 年，该银行及其创建者穆罕穆德·尤纳斯 (Muhammad Yunus) 共同荣获诺贝尔和平奖。该住宅计划早在 1989 年就已经获得了阿迦汗建筑奖。该工程始建于 1976 年，它的建筑在规模和复杂性方面甚至比新谷那的建筑更加简朴，不过它在改变居住者的生活方面所作出的努力不一定逊于后者。该银行融资修建的这些住宅由混凝土楼板以及框架构件、波纹铁皮屋顶构成。铁皮屋顶是众多孟加拉国人居住的茅屋的支撑结构，能够提高这些住宅经受风雨的能力。每个铁皮屋顶的造价为 250—600 美元。提高当地建筑技术所需的成本要低于整座建筑的成本，且不需要指导居民如何以更贵和不熟悉的材料维护更加耐用的房屋。同时，银行针对贫穷女性群体推出的低息贷款计划能够帮助人们购买缝纫机，打造新井，展现出发展草根经济和改善健康的希望。该计划之所以受到现实村民的欢迎，最重要的是因为它提供了结合建筑和空间灵活性的真正发展经济的机会。

法国人在北非城市强制推行现代主义，新成立的独立国家的领导者们也自由选择将其应用在市政基础设施以及住宅上。在整个非洲和亚洲地区，战后期间产生了

图 27.3 孟加拉国的乡村银行融资住宅，始建于 1984 年

脱离西方的政治独立运动，其中包括修建表达民族自豪感和国际现代性的建筑的渴望。尽管当地建筑师们设计了这些建筑中的大部分，其中一些重要建筑却被委托给了外国专家设计，部分是因为殖民统治有效地破坏了当地人们建设大型建筑的能力。殖民者将修建建筑的责任从当地建造者手中夺走转而交给了建筑师和工程师，同时几乎没有对当地人进行建筑行业知识的专门培训。比如，直至1885年，建筑制图教学才开始在殖民印度兴起。印度的第一个建筑师培训计划开始于1913年。半个世纪后，在南亚从业的专业建筑师的数量仍然很少，其中没有一名建筑师能够闻名于国外。外国建筑师并不总是能够理解所接受的委托任务，但出生于欧洲的建筑师们在南亚实现的作品却包括二十世纪下半期的一些最重要最具影响力的建筑。

1947年，印度和巴基斯坦从英国获得独立。印度成了以印度教教徒为主的世俗共和国。而分离的巴基斯坦成了鲜明的伊斯兰教国家。分割——英属印度被分割成了印度和巴基斯坦——带来了重创。数百万难民逃离祖祖辈辈所居住的家园，搬迁至在新国界线的另一边。还有成千上万的人们死于这场大规模的人口流动。旁遮普是被新国界分割的省份之一，其省会拉合尔位于巴基斯坦境内。印度的首任总理贾瓦哈拉尔·尼赫鲁决定为该省属于印度的一半领土建立一个新省会，且将其命名为昌迪加尔。这项任务原本被委托给一位年轻的出生于波兰的美国人马修·诺维茨基(Mathew Nowicki)。然而，诺维茨基在接受委托后不久死于一场空难。因此，尼赫鲁转而委托勒·柯布西耶取代负责城市规划并设计省会大楼。两位英国建筑师麦斯威尔·弗里(Maxwell Fry)和简·德鲁(Jane Drew)以及勒·柯布西耶的堂弟和前合作者皮埃尔·让纳雷(Pierre Jeanneret)共同负责该城的住宅项目。从这个工程的宏大规模可看出独立印度渴望企及英国人建立的新德里的规模和工艺。可能是因为英国人已经在此修建了一些本土建筑，尼赫鲁和他的设计团队避开了明显的引用元素。尽管他们继续穿自己的服饰，演奏自己的音乐，制作自己的电影，许多印度城市资产阶级成员却拒绝接受受到殖民主义影响的丰富建筑传统。

西方人认为东方是独特的和不变的，勒·柯布西耶几乎未能摆脱这种西方偏见。尽管如此，他还是向其印度业主提出了一种通过采用现代建筑能够实现的乐观展望。他认为相对贫乏的工业设施以及他视为的不变文化是印度具有的最大优势。它们提供了一块干净的画石板，人们借用有序的手段可在上面实现机械化的潜在优势。勒·柯布西耶没有意识到，殖民主义造成当地产品贬值是印度当代贫困现状的主要原因。他认为"印度哲学的说服力和连续性"将能够使它避免工业化带给欧洲的那种无序、丑陋和混乱。勒·柯布西耶的规划强调了绿色空间和已建空间的结合。他将主要民用建筑放在北面的山地下。然而，即便建筑风格发生了变化，殖民规划的规范却仍然有效。各种住宅类型按照升序编号，最小的数字代表最好的住宅。住宅根据等级而不是购买力分配，部长们和高等法院法官住在比中等公务员更不用提职员远为宽敞的房屋中。与等级无关的是，所有住宅都反映了一种标准思想，那就是地方的典型特征应该是气候，而不是当地建筑传统或社会惯例，而这正是十次小组反对的。比如，预制混凝土屏风允许建筑师们在不引用历史装饰元素的前提下遮挡室内。在世界上那些工价较低的地方，混凝土是优选现代材料，因为它只采用极少量昂贵的钢筋。密斯式建筑的范例很少传播到新独立的国家。

一个令许多早期访问者大失所望的空旷广场占据了昌迪加尔的巨大核心位置。今天，因为安全原因，它被警戒线围了起来，访客需从后面进入建筑。大多数现代主义规划因裸饰而遭受不无道理的批判。但裸饰风格在勒·柯布西耶的高等法院、立法议会大厦、甚至秘书处大楼（图 27.4）中表现得都不太明显。现代运动在战后差点儿完胜其他选择，此后，它所面临的巨大挑战之一便是，在不引用历史装饰元素的前提下，修建耐用性和壮观规模适用于民用和机构功能的建筑。在印度，勒·柯布西耶能够实现比任何西方业主委托创作的任务更具雄心的设计。这种设计显然也是一种殖民主义的遗留物，但并非意味着建成建筑不具备印度特性。现代主义通

图 27.4 印度昌迪加尔的立法议会大厦，由勒·柯布西耶设计，建于 1951-1963 年

常被认为专属于欧洲和美国，但尽管二十世纪中期的现代主义被宣传成一种普遍形式，却往往在世界其他地方展现出一种具有当地特色的设计风格。

早在战后的法国，勒·柯布西耶就已经尝试采用粗混凝土。事实上，为了获得光滑、一致的饰面，他鼓励许多承建联合住宅的承包商保留可见的混凝土孔隙，以加强混凝土的物质感。在印度，这种处理方法突出了勒·柯布西耶眼中的印度原始风格，而当地人认为这种大胆的材料运用极具现代性。另一个最新潮流是通过屋顶表现立法议会大厦的会议室的结构——它与发电厂的冷却塔相似。建筑本身采用低矮长方形结构，其正面开放，以柱为屏障，恰当地提醒细心的观察者们回想起沙贾汗的宫殿里的凉亭。这种凉亭与希腊神庙不同的是，均围绕长轴布置。与巴西现代主义相比，昌迪加尔因诚挚而少了些独具风格的戏剧性，不过却在国内外都具有巨大的影响力。在之后的 20 多年里，世界各地的许多建筑师引用了昌迪加尔立法议会大厦和高等法院的入口立面，但他们却从未关注其历史渊源。尽管这些建筑是专门为印度设计的，它们却成为法国式精美风格的标志。

昌迪加尔和巴西利亚吸引了大量国际关注，因而鼓舞了许多其他发展中国家建设自己的大型建筑工程。印度的邻国巴基斯坦便是其中之一。巴基斯坦政府支持创建当时为西巴基斯坦的新都城伊斯兰堡。与之同时修建的还有 1971 年独立的孟加拉国的新政治中心，也就是东巴基斯坦的已建城市达卡。在考虑了两个欧洲建筑师后，巴基斯坦政府最终将该工程委托给了美国人路易·康（Louis Kahn）。康是一名战后建筑师。他从美国政府将现代艺术和建筑视为美国文化复杂性和开放性的象征而大力对外传播的举措中受益颇多。他曾在以色列、印度和尼泊尔执业。他承接的摩洛哥、意大利和伊朗的工程仍然在规划中。康的业主们要求他因地制宜地考虑当地条件。一个官员给他写信道："建议在建筑中融入伊斯兰元素，并非意味着内部结构和布局一定要设计成最现代最复杂的形式，还应牢记我们的气候和社会条件。"康最初只关注气候条件，但最终受其在南亚地区工作的经验的启发，将现代建设和本土空间传统融合起来。因为十次小组对本土文化的仔细研究，他转而采用一种比各种明显的重要来源更加抽象的形式。

康所设计的首都建筑的重要代表作是孟加拉国的议会大厦（图 27.5）。该大厦始建于 1962 年，直至 20 年后才竣工，此时距离康逝世已有 9 年。对一个极其贫穷的国家而言，这是一座庞大而昂贵的建筑。然而，孟加拉国却经常称其提出了一种令人鼓舞的民主政治展望。议会大厦的平面大致呈正方形,除了与面向公园的铺面广场相邻的对角外,其他部分均临水。这座轮廓线鲜明的建筑与陆地相接的部分是封闭的,几乎像是修建了防御工事,但在临水面却设计了长方形、圆形和三角形的孔洞。灰色混凝土墙体上的横向白条标志着每天的浇筑完工面,也进一步缩小了建筑的规模。康的业主曾提出的融入"伊斯兰元素"的要求迫使康放弃在巴西利亚和昌迪加尔看到的那种建筑风格。正当他就引用历史母题与业主发生争执时,巴基斯坦政府告知他取消伊斯兰堡总统府的设计任务。政府的坚持使得康更加仔细地研究南亚建筑传统,而他像勒·柯布西耶一样,只停留在类型学层次上。这也矛盾性地促使他欣赏其年轻时学习过的西方古典主义。在达卡,他将南亚建筑传统与西方古典主义融合起来,创建了一种南亚人和欧洲人都认为属于自己的建筑结构。他之所以能够获得这种多文化价值性,部分是因为他拒绝采用两种文化各自独具的装饰传统,同时还因为他将古罗马建筑的多用途叠层空间应用在现代南亚建筑上,即便这种空间在更加寒冷的气候地区显得非常特别。

图 27.5 孟加拉国达卡的国民议会大厦,由路易·康设计,建于 1962-1983 年

康属于接受美术原则教育的最后一代建筑师。他在宾夕法尼亚大学师从保罗·菲利皮·科莱特(Paul Philippe Cret),后者是法国人,也是当时美国最著名的建筑师教员。国民议会大厦中融入了一种对称和有序的古典感。一本有关苏格兰城堡的书籍也启发康。康非常喜欢书中描述的高低不平的建筑。然而,他的南亚工作经验也同样重要。他在一生中最后的几十年里频繁访问南亚。他一开始考虑的是达卡的气候,因为那里的雨季又湿又热。康保留了其所称的"以墙体包裹的废墟"上的孔洞,同时受莫卧儿帝国伊万建筑的启发,他出乎建筑师意料地减少内部防风避雨结构。这种设计风格创建了有序的叠层空间: 外围办公室, 内层通行街道以及会议室 (图 27.6)。与现代主义正统相反的是, 康旨在为议会提供非正式空间的平面是按照几何结构而不是功能设计的。这种方案与南亚早期现代建筑和本地建筑空间的使用方案相似。建筑空间随着一天的时段和一年四季的变化而变化。尽管康对历史感兴趣,他却仍然是一个忠于抽象风格的现代主义者。他在达卡的建筑中采用的最具装饰性的元素便是镶嵌式理石带。这些理石装饰有点儿类似于莫卧儿建筑中的彩色镶嵌装饰。

图 27.6 达卡的国民议会大厦的平面图

它们同时还吸引了对建筑是如何修建的康的注意。达卡的传统是在砖砌或混凝土结构上覆以灰泥。在这样的时期，康坚持裸露表面处理得不错的原材料。国民议会大厦现场的实践培训培养出了一批具有建筑技能的当地工人，并使他们成为孟加拉国最珍贵的出口人才。康出名后参与的最重要工程是国民议会的清真寺。他将该清真寺扩建到10倍于业主要求的规模。在这里，一位在两张战争期间辗转于巴基斯坦和印度的犹太复国主义者，以超越任何具体宗教传统的方式，利用光线营造出神圣的氛围。

20世纪六七十年代，随着更多的当地人接受专业建筑培训，发展中国家不再倚重引进的专业技术，甚至在一些极为著名的工程项目中雇用当地人才。现代印度建筑的标志之一是甘地纪念馆（图27.7）。该纪念馆建于1958—1963年，位于艾哈迈达巴德，由查尔斯·科里亚（Charles Correa）设计。访客们需通过该空间才能进入圣雄甘地在最后30年里所居住的修行处。这个修行处符合甘地作为普通印度农民的支持者的身份。这是一座极其简洁的建筑，借鉴了当地的乡村建筑风格。然而，

图 27.7 印度艾哈迈达巴德的甘地纪念馆，由查尔斯·科里亚设计，建于 1958—1963 年

它也是一座极其复杂的建筑。来自世界各地的名人曾经蜂拥至此访问这位 20 世纪最著名的政治人物之一。科里亚尊重修行处的规模和材料,同时满足受过良好教育的精英阶层对融入国际建筑文化的建筑的要求并在这两者之间取得了巧妙的平衡。这座建筑的设计时间比康应邀参与修建艾哈迈达巴德的一座商业学校早了 4 年。它是世界上第一座借鉴康设计的特伦顿浴之屋公寓式酒店(Bath House)的建筑。浴之屋是新泽西州的犹太人社区中心,竣工于 1955 年。这座建筑由围绕一个方形庭院而建的 4 座凉亭式结构构成,凉亭结构的屋顶呈金字塔形。科里亚对这种模块系统的扩建使得它显得不那么正式。同时,除了混凝土之外,他还采用了当地的砖和瓦,此举使得建筑与当地建筑传统融合起来。建成建筑立即被评为现代印度的最好建筑之一。一个评论家写道:"这种将几座立体主义结构聚集在一起、同时又将这些结构彼此隔离的平面布局,以耐用的廉价材料成功地营造了反对机器和技术的印度民族解放运动的先知们希望印度具有的氛围。

在 20 世纪 70 年代的石油热潮中被转变的波斯湾地区,许多在此工作的建筑师面临着印度人自独立后所面临的相同难题。这里更加急需专业建筑师和成熟的工程学行业。沙特阿拉伯人及其相邻的阿联酋和其他海湾国家的人们比南亚国家的人们更加依赖外国专家。随着建筑师们在一个国家出生、然后移民至另一个国家、最后在第三个国家工作的情形出现,建筑业日渐国际化。比如,坎迪利斯和康是在当时的俄罗斯出生的,而伍兹是在美国出生的。流入海湾地区的人才如今还包括穆斯林同胞。比如,哈桑·法赛设计的许多极其漂亮的别墅都是为沙特人修建的。在 20 世纪 80 年代,关于他们所设计的建筑的功能以及传统和创新的合理平衡,其他穆斯林建筑师持有迥然不同的意见。

很少有建筑类型像航站楼这样具有明显的现代性。尽管其规模比火车站和取代入境处的城门更大,航站楼却极少给人同样深刻的印象。航站楼是篇幅在远离城市中心的沥青海洋之上的岛屿,其中大多数航站楼的设计都专注于便利性,而不是审美效果。这一事实直至 20 世纪末才有所改变。其中罕见的特例之一便是沙特城市吉达的阿卜杜勒·阿齐兹国王国际机场的麦加航站楼(图 27.8)。这座航站楼由美国斯基德莫尔、欧文斯和梅里尔(Skidmore, Owings & Merrill)建筑公司于 1978-1981 年修建,其责任设计师为戈登·布恩斯夏福特(Gordon Bunschaft)。这座建筑与其说是将西方建筑风格与其他具有独特传统的建筑风格融合的范例,还不说是一座国际化建筑实践的典型范例。负责设计多个方面的结构工程师是达

图 27.8 沙特阿拉伯吉达的阿卜杜勒·阿齐兹国王国际机场的麦加航站楼，由斯基德莫尔、欧文斯和梅里尔建筑公司修建于 1978—1981 年

卡当地人。他在移民去美国前曾在达卡和加尔各答学习过。康参与过的其他建筑包括芝加哥的西尔斯大厦。这座大厦在 1974 年竣工后成为世界最高的建筑，至今仍然是美国最高的建筑。

每个虔诚的穆斯林都要在能够承担起费用的情况下，在一生中去麦加朝圣一次，也就是去圣城麦加参加年度朝圣。这是和平时期地球上最大的人类迁徙运动，其中包括的后勤服务是极其繁重的。麦加航站楼能够容纳乘飞机而来、坐客气离开的几十万朝圣者。该建筑只有部分空间安装了空调。整个建筑中，以敞开的桥塔网络支撑的拉伸屋顶结构提供了遮蔽炙热阳光的空间，同时，独立构件的半圆锥形形状有助于散发热空气。该航站楼采用了一种利用涂聚四氟乙烯的玻璃纤维布的技术方案，利用了最新结构性解决方案和材料，同时还给人一种麦加朝圣者和当地游牧民族早期使用的帐篷的感觉。这种高雅的解决方案使得其在很多截然不同的情形下被模仿。于 1995 年开通的丹佛国际机场采用了类似的屋顶，因为机场靠近落基山脉的缘故，这种结构非常适用。

20世纪80年代，并非所有在沙特阿拉伯工作的引进专家都像斯基德莫尔、欧文斯和梅里尔建筑公司的建筑师们一样致力于现代主义。位于吉达滨海路的岛屿清真寺 (Island Mosque) 是由在伦敦工作的埃及人阿布德尔·瓦希德·艾尔·瓦基尔 (Abdel-Wahed El-Wakil) 设计的，建成于1986年（图27.9）。该清真寺是后现代历史主义的良好范例，是为沿着新滨海大道旅行的朝圣者修建的。作为一个城市标志，它处于相对孤立的位置，在阿拉伯城市中显得极其特别。尽管如此，它忠诚地表现了阿拉伯世界珍视的传统建筑特征。如同法赛，艾尔·瓦基尔也避开奢华装饰，选择高质量的材料和简朴的装饰。在这个时期，大多数装饰不再是由收入良好且受人尊敬的工匠精英阶层手工制作,因此保护手工艺技术是一项繁重的任务。岛屿清真寺在西方获得了大量称赞，在那里满足了那些拒绝接受现代主义而不是现代性的人们对"一千零一夜"异国风情的渴望。然而，这种情形与在沙特阿拉伯的情形迥然不同。它看起来像是现代的，因为它与该国的历史主义清真寺极其不同。这突出了国际化促进历史主义式建筑改变的方式。奥斯曼帝国、萨非王朝和莫卧儿帝国的清真寺融入了其所在地的早期建筑元素，而世界各地新建的清真寺

图 27.9 阿布德尔-瓦希德·艾尔-瓦基尔，岛屿清真寺，沙特阿拉伯吉达，建于 1896 年

中许多都是由阿拉伯慈善家赞助修建的，因此吸取了更多先例元素。因此，即便这些建筑借鉴了久远的伊斯兰建筑先例，但通常都以新方式将其融入，所以在各自独立的环境中仍然属于新式建筑。

在一个贸易和及时通信迅速增加的时代，如何保护地方特性并允许发展本土现代性表达是巨大的挑战。没有人应该困于排除了变化可能性的环境中，手工艺的保护也不能让那些仍然在创造工业产品之外的选择的人们继续在穷困的生活条件下生存。西方对异国风格的渴望或当地上层阶级积极维持社会和政治主导性的欲望也不能确定任何人的建筑身份。国际建筑文化最多能促进对话，这种对话使哈桑·法赛成为西方环境主义者的偶像，或使路易·康启发从摩洛哥到东京的建筑师们。就像殖民城市主义，后殖民现代建筑是西方与世界其他地区保持一种不平等关系的产物，但它并非西方独有的，而是充分满足了当地需求。后殖民建筑与美国和欧洲建筑文化仍然保持着一种不平等关系，应该将它们结合起来去迎合当地受众之外的人群的品位，但后殖民建筑同时也能够以自己的方式重新定义那种文化。

延伸阅读

On the early Aga Khan Awards, see Renata Holod, ed., *Architecture and Community: Building in the Islamic World Today, the Aga Khan Award for Architecture* (Millerton, N.Y.: Aperture, 1983). On Fathy and ATBAT-Afrique, respectively, see Timothy Mitchell, *Rule of Experts: Egypt, Techno-politics, Modernity* (Berkeley: University of California Press, 2002); and Tom Avermaete, *Another Modern: The Post-war Architecture and Urbanism of Candilis-Josic-Woods* (Rotterdam: NAi, 2006). Eric Mumford, *Defining Urban Design: CIAM Architects and the Formation of a Discipline, 1937–69* (New Haven, Conn.: Yale University Press, 2009), chronicles the emergence from within of alternatives to modernist orthodoxy. On Chandigarh, see Vikramaditya Prakash, *Chandigarh's Le Corbusier: The Struggle for Modernity in Postcolonial India* (Seattle: University of Washington Press, 2002). For more on modern colonial and postcolonial architecture, see Tom Avermaete, ed., *Colonial Modern: Aesthetics of the Past Rebellions for the Future* (London: Black Dog, 2010); and Mark Crinson, *Modern Architecture and the End of Empire* (Aldershot, England: Ashgate, 2003). On Kahn, see in particular David D. Brownlee and David G. De Long, *Louis I. Kahn: In the Realm of Architecture* (New York: Rizzoli, 1991); Sarah Williams Goldhagen, *Louis Kahn's Situated Modernism* (New Haven, Conn.: Yale University Press, 2001); and Robert McCarter, *Louis I. Kahn* (London: Phaidon, 2005). On Correa and Khan, see Charles Correa, *Charles Correa* (London: Thames & Hudson, 1996); and Ali Mir, *The Art of the Skyscraper: The Genius of Fazlur Khan* (New York: Rizzoli, 2001).

28 战后的日本建筑

在长达 50 多年里，日本建筑师们在现代运动和隐晦但却广受争议的前现代日本建筑这两个建筑词汇之间维持着一种平衡。战后的日本建筑表现了传统和创新思想如何首次在一个非西方国家中实现相互融合，且这个非西方国家的建筑师还在国际舞台上扮演了重要的角色。不论来自哪个国家，建筑师们彼此之间通常比他们与同胞有更多的共同语言。至少从 20 世纪中期起且通常包括之前的 10 年，世界各地的建筑学校的学生们均阅读相同的教科书，看过在相同杂志上的许多图片。在世界各地，美国和欧洲文化、建筑以及语言经常把当地传统排挤到一旁，而事实上，当地传统更能反映包括社会条件、经济建筑和土地使用等的一切事物。然而在长达 60 多年里，日本最著名的建筑师及其西方支持者们一直认为他们的建筑是建立在一种不断变化的当地元素上。无论是前工业时期的建筑工艺，独特的空间感，还是佛教情感，所有这些都在不断变化。

此外，在这个时期的大多数时间里，日本建筑师们全心致力于技术表达。尽管现代主义的原始工业美学通常在战后时期内逐渐衰落，战后的日本建筑却特别喜欢采用大胆的新工程学。新陈代谢派和其继任者们借鉴大桥、高速公路、甚至是探索太空的航天器，对机械服务和其他基础设施的表达给予了前所未有的关注。他们将这些元素与灵活的或者插入式的构件结合起来。可互换木构件的标准化很久以前就已经成为了日本框架施工的一部分。如今，很多这些原则被转移到了钢筋混凝土和钢结构系统上，而木支架则为大胆的悬臂梁提供了先例。

正是因为这种显著的创新和传统的惊人组合，日本在战后的那些年里在国际建筑文化中扮演着一个重要角色。日本人将国际建筑潮流和他们本身的环境和条件结合起来却未被视为是对现代主义思想的违背，其中最重要的原因是这些思想常常扎根于具体的日本建筑范例中。同时，他们还成功地平衡了两种需求：其一，对国际受众而言，建筑应具有典型的日本特征；其二，从国内和国外看，建筑均应符合国际潮流。

对日本设计的推崇促生了这样一种观点，那就是日本是一个设计得非常漂亮的地方，在那里，那种在世界其他地方造成了混乱的市场力量只具有很小的影响力。然而，只要一瞥 20 世纪后半期战后东京的任何一条商业街，人们就会发现事实并非如此（图 28.1）。尽管目前日本的建筑标准非常高，下文讨论的那些实践在日本如同在其他地方一样仍然极不寻常。日本建筑师们像具有伟大抱负的国外同行一样将作品视为一种探索知识的方法，认为这种知识有助于塑造形式。那么身份问题是如何减少其对日本建筑师的作品的影响的？

图 28.1 日本东京的银座，约 2010 年

几乎所有对战后日本现代建筑的探讨都是从和平中心 (Peace Center) 大楼谈起。这栋大楼由丹下健三设计,位于广岛市,建于 1949—1956 年 (图 28.2)。现代建筑在日本并非新事物。早在 20 世纪 20 年代,日本建筑师们以及在日本工作的西方建筑师们——最著名的是弗兰克·劳埃德·莱特和安东尼·雷蒙德 (Antonin Raymond) ——就修建了展示他们对美国和欧洲先锋艺术作品的熟悉认知的建筑。在 20 世纪 30 年代,多位日本建筑师在勒·柯布西耶的建筑事务所工作过。尽管如此,直到 1945 年后,日本现代主义才在国际上确立了名声,也直到此时,现代主义才在日本的民用建筑中得以广泛应用。随着日本在第二次世界大战中战败,以传统日本或学术西方风格主义掩饰现代建筑技术和功能的民族主义惯例也失去了影响力。

和平中心像日本之前的任何现代建筑一样具有国际影响力。原因之一是它的功能。无论来自哪个国家,也无论他们的政治主张如何,世界各地的大多数人们认为在广岛扔下原子弹的行为是人类历史上最严重最恐怖的行为。这种革新技术在瞬间能够摧毁整个城市,而任何见证了这种技术的力量的建筑标志都必然会获得关注,这几乎与其外观无关。丹下之前设计的建筑甚至在日本都没有产生多大吸引力。他成功地融合了国际建筑文化的两种重要风格主义趋势,将密斯的有着和谐比例的凉亭框架与混凝土结构的高低衔接和勒·柯布西耶推广的底层架空柱结合起来。此外,他还成功地在这种融合体中融入了典型的日本特征,且没有损害建筑的现代感。

图 28.2 日本广岛的和平中心,由丹下健三设计,建于 1949—1956 年

周围园林的一部分也被设计成明显的日本风格,而框架系统同时反映了日本历史和现代密斯式建筑。广场的空旷感是这个时期的许多城市规划的显著缺陷之一,然而在这里也有了意义,强烈地让人想起不复存在的东西。丹下的和平中心的设计之所以能够获得成功还得益于现代运动的美国和欧洲先驱们对前现代日本建筑的喜爱。莱特、格罗庇乌斯和陶特都去过日本,并特别赞美了桂离宫皇家别墅 (Katsura Imperial Villa) 。

奥运会是第二次世界大战后各国再次组建国际共合体的关键。1960 年,奥运会在罗马举行; 1964 年,在东京举行; 1972 年,在慕尼黑举行。在每次奥运会期间 (以及 1968 年,奥运会在墨西哥城举行),著名的当地建筑师会设计所需的新运动设施。在罗马、东京和慕尼黑,这些大型建筑同时也标识着主办国脱离建筑历史主义转向国际主义的过程。所有这些奥运会的建筑都融合了建筑学和工程学。然而,丹下为 1964 年奥运会设计的国家奥运会体育馆和附属建筑仍然具有鲜明的日本风格 (图 28.3)。许多评论家将这些建筑的屋顶轮廓线与前现代日本结构如民家建筑进行比较。

图 28.3 日本东京的国家奥运会体育馆, 由丹下健三设计, 建于 1964 年

当下的设计巧妙地以最近开始代表现代性的工程学取代对第一次现代运动而言非常重要的工业象征。如同 50 年前在弗罗茨瓦夫修建的百年纪念讲堂一样，奥运会体院馆设计的关键是创造连续空间——没有人愿意坐在柱子后面。丹下采用与悬索桥采用的相同技术，通过将屋顶悬挂在栋梁上来获得净跨度。该建筑的亮点在于他因此而实现的大胆造型，而不是细节的质量。当时，细节的质量水平在世界各地普遍较低。如同大多数著名当代人一样，丹下关注空间和结构。

在广岛以及为奥运会设计的建筑中，丹下采用了一种起源于西方的风格，并在其中融入了鲜明的日本元素，以获得国内外均认为是日本独具的现代主义。许多西方评论家认为在非西方背景下是不可能实现本土现代化的，但丹下推翻了他们的假想。丹下为 1960 年的东京湾工程所做的规划是从现代运动中除勒·柯布西耶的园林公寓之外的第一个系统性选择（图 28.4）。这种规划号召通过修建水上建筑来扩建东京。东京是当时世界上人口最多的城市。丹下构想了大型桅杆和平台，上面可增加更加独特且可一次性使用的元素，包括整座建筑。他设计了连接各座平台的道路，但没有试图设计建筑本身，因为建筑本身比平台更加灵活。就像国家体育馆的屋顶，这些平台的轮廓线让人想起前现代日本风格的屋顶形状。

丹下的设计反映了现代消费主义的不稳定性以及东京曾经两次被大面积摧毁的事实。首次大面积摧毁发生在 1923 年的地震火灾中，第二次是在第二次世界大战中美国投掷的原子弹下。现代主义强调功能，而大多数战后的现代建筑追求建筑稳定性，且特别关注勒·柯布西耶和那些赞同他大量使用混凝土的人们主张的大规模。丹下认识到这两者是相互矛盾的。通过将建筑构想为一个综合系统的一部分，丹下为开展灵活多变的活动创建了一个技术创新性框架。他在东京湾工程中以一种被证明具有巨大吸引力的方式平衡了短暂和永恒。该项工程是他在美国麻省理工大学授课时开办的工作室的劳动成果。它是当时唯一也是最重要的城市规划提议。它开创了巨厦运动，也成为——如同当时在日本常称的——新陈代谢运动。新陈代谢运动在 20 世纪 60 年在世界很多地方的建筑文化中占据了主导地位。日本仍然站在前沿，修建实际建筑，也设计旨在激发知识探索的不可建工程，并帮助年轻建筑师赢取名誉。

采用新陈代谢风格的建筑之一是黑川纪章于 1972 年在东京修建的中银胶囊大楼（Nakagin Capsule Building）（图 28.5）。那些采用巨厦设计方案的日本建筑师

图 28.4 东京湾的平面图，由丹下健三设计，始建于 1960 年

们正在响应一种具有多种交通模式的城市环境。中银胶囊大楼的直接环境包括一条多车道高速公路、高价铁路以及电线杆和电线。建筑本身由一根桅杆构成，上面可插入单个模块（新陈代谢运动强调由桅杆系统连接用于容纳活动空间而非基础设施的豆粒般节点。这部分受到了 1958 年世界博览会上在布鲁塞尔修建的一座巨型铁原子结构的启发）。从理论上看，桅杆是固定不变的，但模块可根据最新技术进行更新，虽然实际上从未发生过。因为巨厦派建筑师们迷恋于预制结构，一室公寓房都是在工地外制造的这些一室公寓是为只在周末回到郊区住宅的商人设计的。许多采用这种技术的人们郁闷地发现在现场组装建筑比在其他地方组装造价更低。距离这种技术开发出来 50 多年后，现代运动这一术语有时候仍会脱离一个世界最先进的建筑行业的现实。

黑川的想法是为租户提供高技术便利设施，而不是大量空间，因为空间在像东京这样的城市中弥足珍贵。这些设施当然是当时最先进的。它们包括一台打字机、一台计算机、一部电话、一台电视、一台磁带放送机和一个时钟。此外，整座建筑都提供空调制冷。百叶窗就像取景框。40 多年后，因为所有这些技术都发生了重大变化而使这些房间看起来落后了。

胶囊建筑事实上是巨厦建筑相对较新的范例。在 20 世纪 70 年代的日本，如同世界其他地方一样，先锋建筑师们拒绝承认技术是确定建筑形式的首要因素。为什么会如此呢？那是因为，对工业对环境带来的破坏性影响以及 1973 年发生的石油危机的新认识，使得世界各地的许多人对现代主义将技术等同于发展的说法丧失了信心。3 位日本建筑师提出了巨厦运动之外的重要选择。

新禁欲主义可能意味着不可居住，就像筱原一男为诗人谷川俊太郎于 1974 年在长野修建的房屋一样（图 28.6）。筱原完全否认了不断变化的消费文化，而正是消费文化的变化让新陈代谢运动的追随者感到痴迷。筱原从技术转向源于禅宗佛教的抽象形式。这座独立木结构房屋的外部没有一处显得特别，尽管木板是按照鱼骨图细心安装的。这是第一座暗示了建筑现场和材料对建筑师而言是非常重要的建筑，对那些屡屡强调其设计的各个方面的建筑师而言尤其如此。

从平面图看，谷川俊太郎宅邸分为两个不同的区域。由两根柱子支撑的宽阔敞开空间是夏季活动空间。与其相邻的是小得多的传统居住空间，可供居住者在其中沐浴、

图 28.5 日本东京的中银胶囊大楼, 由黑川纪章设计, 建于 1972 年

图 28.6 日本长野的谷川俊太郎宅邸，由筱原一男设计，建于 1974 年

烹饪、用餐和睡觉。关于夏季活动空间需要注意的第一件事便是，筱原将房屋直接构建在土壤上。他没有以楼面覆盖土层，相反，利用了现场陡峻的地形以及因地形造成的复杂方位。他以这种方式让人想起民家建筑的一种特征，却没有直接借用民家的形式。他对支柱也给予了同等关注。安装了玻璃的侧面墙体的一部分被裸露而夸张的支架屏蔽。支撑顶面的两个柱子也进行了相同的处理，都非常庞大。这里明显有一种物品是由自然材料而不是工业材料制作的感觉。这是一种从哲学和物理方面恢复与自然的亲密关系的试图，以净化新陈代谢主义者强烈主张的建筑与技术的关系，同时关注感官的首要性。这样做不是为了追求建筑的漂亮或舒适，而是创建一种具有不愿妥协于普通日常生活环境的严肃性的空间。

筱原的作品仍然具有模糊性。与之相比，安藤忠雄在 20 世纪 80 年代创作的作品代表了现代国际潮流和丹下在 25 年前代表的日本特别传统之间的平衡。1981 年建于京都的越野宅邸（Koshino House）奠定了安藤的国际地位（图 28.7）。如同筱原，安藤喜欢极简风格。该房屋由一个以楼梯连接的两个混凝土结构构成。一边包括多

图 28.7 日本京都的越野宅邸，由安藤忠雄设计，建于 1981 年

个卧室和两间和室，另一边包括厨房、餐厅和客厅。这座建筑呈现出朴素风格，且以不掺杂感情的混凝土修建，所以成了一个几乎脱离传统家庭生活的地方。修建一座具有此等规模、结构牢固且如此广泛地融入景观的日本房屋无疑需要高昂的费用，但这里却没有一处直接表现了那种奢华。请注意安藤是如何将该房屋插入现场的。这座建筑远没有筱原的作品那样极端，但却仍然拒绝表现对黑川而言非常重要的现代性流动因素。

直至 20 世纪 90 年代，安藤仍未在日本之外的地方建筑过任何结构，然而他却在世界许多地方被列为最著名的建筑师之一。越野宅邸和安藤在此后创作的作品通常被赞为扎根于启发了筱原的禅宗佛教。肯尼斯·弗兰姆普顿 (Kenneth Frampton) 出生于英国，是纽约哥伦比亚大学的建筑学教授。他认为安藤是他所称的"批判地域主义"的代表。此外，他还提倡批判地区主义，将之视为下章所讨论的后现代建筑师强调的象征和历史主义形式之外的选择。他希望恢复像密斯和康这样的建筑师的作品中的建筑和大众文化之间的差别，因为这种差别在被后现代主义缩小了，尤其是在美国。对弗兰姆普敦来说，越野宅邸的基本结构和它的渊源感使它成为二十世纪晚期的超时代建筑。这种超时代感曾出现在理查森的埃姆斯城门宅邸中，并受到早期批评家的推崇。

安藤的建筑到底有多少成分是日本独有的仍然是一个未决问题。当然，他将光线当做装饰的做法使得住宅的占用者能够根据特别地方的全天时段和太阳的运行轨道来做出调整。然而，越野宅邸没有一处直接反应出它所处的日本郊区环境，相反，安藤创造了一个令人惊讶的选择。在一个甚至连大型日本建筑都是由设计建筑公司修建且没有独立建筑师参与的时期，安藤却关注建筑艺术以及看似至少应归功于康和当地前现代建筑先例的施工方案。

另一位著名日本建筑师采用了一种截然不同的方案，这种方案导致了其——与筱原和安藤不同——曾参入的新陈代谢运动的失败。20 世纪 60 年代后半期，后现代主义开始取代新陈代谢风格。新陈代谢风格既重视基础设施，尤其是机械系统，又关注基础设施在永久性和灵活性之间的取舍，而后现代主义最初往往对历史进行讽刺性追溯。在这个时候，矶崎新抓住了由此带来的机会以体验不同的形式和材料。与受这种新姿态吸引的大多数非西方建筑师不同的是他没有试图回顾祖国的传统。相反，他在设计筑波城市中心这样的工程时直接引用了西方历史先例 (图 28.8)。

图 28.8 日本筑波的城市中心大楼，由矶崎新设计，建于 1979—1983 年

筑波城市中心建成于 1983 年。矶崎在这项工程中引用的元素中最著名的要数广场的铺贴面。该元素借鉴了米开朗基罗设计的一个罗马广场——坎皮多里奥广场。其他引用元素包括复制奥托·瓦格纳 (Otto Wagner) 于 1906 年修建的维也纳邮政储蓄银行中的石板和铝螺杆结构。

矶崎希望创造代表一个单一民族国家空间的愿望，而这个国家甚至只有相对较短的新古典主义民用建筑历史。他达成了这个愿望。他写道："从一开始，我就发现了一个急需解决的问题：我应该在筑波中心建筑 (Tsukuba Centre Building) 上采用何种建筑形式？"他又写道，"新古典主义在古典主义系统上增加了经过计算的质量和体积。每一个细节都服从整体比例，且总是明亮透明。它可被称为延伸到建筑内和建筑外的秩序的视觉化。没有比这种视觉上完美的建筑形式更能适合政府需求，因为政府需要将自己的意愿强加到每一个细节之上。这不仅仅是因为它易于创造庞大的外观。在长达一个多世纪里，各国政府已经将这种元素用在他们的机构建筑上。另一个更加重要的因素是，秩序渗透于一切的建筑风格有利于激发对国家结构出现于某个领域的清楚认知。"

尽管矶崎发表了这番有关秩序的言论，广场仍然具有明显的感性和装饰性，这正好是筱原和安藤设计的房屋所缺乏的。正是因为缺乏严肃性，后现代主义才受到了部分人们的喜爱。这些人发现现代主义特别是批判地域主义在最好情况下是乏味的，在最坏情况下是非人性的。在过去 50 多年里曾经在国际上占据一席之地的日本建筑师中，不足为奇的是，矶崎是其中那位在国外建造了最舒适的建筑的建筑师。他像丹下一样写作了一本有关桂离宫的书籍，他也认为桂离宫是典型的日本建筑。尽管如此，他认为自己及其同胞具有相同的继承世界其他地方的建筑传统的权利。这些日本人是完全现代的，也很富裕，他们拒绝将自己限制于一种传统。到 20 世纪八十年代，他们能够说服别人相信他们所作出的选择是正确的。

安藤和矶崎仍然是重要的建筑师，接受了世界各地的重要委托设计任务。然而如今，与他们相关的后现代主义者和批判区域主义者的观点不再充斥于建筑杂志页面。自 20 世纪 90 年代初起，日本如同其他地方一样出现了新观点。特别是，许多日本著名建筑师转向新陈代谢派前辈喜欢的元素：技术和消费者文化。两种元素都出现在妹岛和世 (Kazuyo Sejima) 设计的二号金芭莎弹球店 (Kinbasha Pachinko Parlor II)。该店位于那贺町，于 1993 年开业（图 28.9）。在这座相对廉价、地方性

图 28.9 日本那贺的二号金芭莎弹球店, 由妹岛和世设计, 建于 1993 年

的商业建筑中, 人们可在类似游戏厅的环境中玩一种像弹球的游戏。在这座建筑中, 妹岛和世使玻璃的材质特性几乎表现出了密斯式建筑的高雅感。

从最开始, 后现代主义就不仅包括历史形式的复兴, 还包括对形式具有意义这一观点的认可。在美国, 罗伯特·文丘里和丹尼斯·斯科特·布朗 (Denise Scott Brown) 大肆宣扬具有装饰的棚屋, 像在多功能盒子中粘贴墙纸一样, 棚屋也被赋予了意义。他们更喜欢这种棚屋, 而不是他们所称的鸭式建筑。鸭式建筑的形式明显与其功能相关——阿尔多·罗西 (Aldo Rossi) 曾表示这种风格将很快过时。因此, 他们对棚屋的偏好意味着对鸭式建筑文化的摈弃。尽管很难相信金芭莎弹球店可能成为一个历史纪念碑, 和世却定然以文丘里和斯科特·布朗宣扬的方式给该店赋予了意义。为了尽可能扩大临街空地, 建筑的前面不再包括游戏机的仓库式空间。巨大的字母足够吸引从宽阔大道乘车路过的人们的关注, 同时兼做广告和装饰。然而, 在文丘里和斯科特·布朗的经典著作《向拉斯维加斯学习》出版 20 多年后，和世没有表现出其前期建筑师的作品中对现代主义形式和材料的模糊。在这里，现代主义形式和材料与大众文化和谐共存。

到 20 世纪 70 年代中期，巨厦风格的吸引力开始减弱。对大多数观察者而言，高科技建筑似乎进入发展停滞阶段。建筑师、其业主和公众都不再在人类与机械的关系方面确立自己的身份。事实上，世界各地的许多人们相信诸如矶崎培养的历史重要性，或安藤与和世支持的看似超越时间的感性。只有少数欧洲建筑师仍然采用巨厦风格，其中最出名的是理查德·罗杰斯 (Richard Rogers) 和伦佐·皮阿诺 (Renzo Piano) 设计的巴黎蓬皮杜艺术中心 (Centre Pompidou)。该艺术中心于 1978 年开业。然而今天，除了日本之外，世界各地的许多国家的建筑文化已经以一种代表新事物的形式回归与技术的关系。将这种发展称为新现代主义强调了其历史主义特征。

达纳·布恩斯特罗克 (Dana Bunstrock) 将由伊东丰雄设计并于 2001 年竣工的仙台媒体中心 (Mediatheque) (图 28.10) 称为在工程学上最具创意的建筑。此前，

图 28.10 伊东丰雄，媒体中心，日本仙台，建于 1995-2001 年

由诺曼·福斯特 (Norman Foster) 设计并于 1986 年竣工的香港和上海银行也曾获此称号。和世在创建自己的独立事业之前，曾为伊东工作过。她与伊东合作设计了媒体中心一楼的内装设计。两人均对透明性感兴趣。该建筑具有一个特别新颖的结构系统。伊东没有采用传统框架结构的硬钢或混凝土柱子，相反，采用了空心管格架。这种格架的雕塑形式清楚地区别于其取代的系统的线型刚性。在 19 世纪晚期的芝加哥，结构钢必须以陶瓦、砖、石材或混凝土包覆，以避免其在火灾中坍塌。然而伊东却能够采用新玻璃类型，从而实现了结构系统的裸露。

这座建筑的设计象征了其中包含的新通信技术，包括与互联网的连接。只有结构是不足以决定该建筑的外观的。如同伊东的先锋结构系统，这些通信系统是全新的。早在距离伊东设计的建筑竣工 80 多年前，路德维格·密斯·凡·德·罗就已经创造了玻璃盒结构。尽管如此，这种新玻璃盒装结构仍然表达了现代性。我们似乎不能在 21 世纪初期为新事物创造新形象。从这种意义上看，媒体中心具有更加明显的历史主义风格，因而比筑波市中心大楼具有更加突出的后现代主义特征。

该建筑至少还有 3 个方面表现了现代主义建筑元素。伊东的内部照明方案增加了从街道看过去的外部景观，同时也使建筑可在一天当中的任何时候可见。这种设计方案理所当然地吸引了人们的注意。这种设计仿效了陶特和孟德尔松于 20 世纪二三十年代在德国发明的戏剧抽象风格。在斯佩尔给予投射灯表达情感的用途后，戏剧抽象风格被淘汰了。伊东的相对开放的平面布局提供的灵活空间由柱子而不是墙体划分。这种布局借鉴了战后办公建筑的楼面板和此后一二十年后广受欢迎的空间框架。最后，尽管勒·柯布西耶于 1932 年修建巴黎瑞士展厅时提倡安装双层玻璃覆层来缓和气候条件对建筑内部的影响，工程师们直至最近才创造了一种能够获得这种效果的新玻璃类型。这种玻璃的另一个优势是具有巨大的强度，因此，使得伊东能够像和世一样，以尽可能少的扣件固定大片玻璃，而在媒体中心中，则是以尽可能少且有着漂亮细节的扣件固定玻璃。

今天，日本建筑最受称赞的便是其精美的细节。精美的细节被视为是与桂离宫这样的建筑的历史延续。当然，今天的当代日本建筑在最好的情况下在世界上是无与伦比的，然而这些标准在本质上并不比桂离宫作为前工业时期日本建筑更具日本风格。今天，参观丹下的早期作品的外国访客通常就混凝土的粗陋性做出评价。事实上，在过去的 50 年里，多种不断变化的建筑特征被确认为在本质上属于日本。丹下的混凝土框架结构被视为木结构形式的模仿。他的雕塑性屋顶轮廓线借鉴了前现代当地建筑的屋顶。而筱原和安藤反而强调建筑的选址和施工方法，让人想起经验主义特征，而他们的支持者也常常将经验主义特征与禅宗佛教关联起来。和世和伊东是与高科技手工艺相关的日本当代风格的最初代表。日本的建筑师们以自己的方式在国际舞台上连续获得成功，他们对过去的尊敬并未妨碍其对现在的重塑。

延伸阅读

The original Japanese engagement with modern architecture is detailed in Jordan Sand, *House and Home in Modern Japan: Architecture, Domestic Space, and Bourgeois Culture, 1880–1930* (Cambridge, Mass.: Harvard University Press, 2003); and Ken Oshima, *International Architecture in Interwar Japan: Constructing Kokusai Kenchiku* (Seattle: University of Washington Press, 2010). On the connection between interwar European modernism and postwar modern architecture in Japan, see Jonathan Reynolds, *Maekawa Kunio and the Emergence of Japanese Modernist Architecture* (Berkeley: University of California Press, 2001). For a general overview, see David B. Stewart, *The Making of a Modern Japanese Architecture: 1968 to the Present* (Tokyo: Kodansha International, 1987). Zhongjie Lin, *Kenzo Tange and the Metabolist Movement: Urban Utopias of Modern Japan* (London: Routledge, 2009), offers a useful introduction to this aspect of postwar Japanese architecture. For essays on critical regionalism and on Ando, see Kenneth Frampton, *Labor, Work and Architecture: Collected Essays on Architecture and Design* (London: Phaidon, 2002). Arata Isozaki and Ken Oshima, *Arata Isozaki* (London: Phaidon, 2009), includes Isozaki's quote on the City Center in Tsukuba. Useful introductions to contemporary Japanese architecture are available in Dana Buntrock, *Japanese Architecture as a Collaborative Process: Opportunities in a Flexible Construction Culture* (New York: Spon Press, 2001); and Ron Witte and Hiroto Kobayashi, eds., *Toyo Ito: Sendai Mediatheque* (Munich: Prestel, 2002).

29 从后现代到新现代：
美国和欧洲

1965—1985 年间，大多欧洲和美国公众避开现代建筑。建筑行业逐渐回归暂时失去信任的范例，而公众也慢慢地开始接受这种范例。20 世纪 60 年代的巨厦运动复兴了现代主义最初对技术的强调。这种对技术的强调之所以越来越不不受欢迎的原因之一是它将工业和工程学与发展关联起来。随着人们日渐关注现在所谓的可持续性而当时所称的环境，这种思想也不再受人欢迎。但工业和工程学形象开始代表经济和民用机构。在 20 世纪 60 年代晚期，这些机构变得越来越不负责任和傲慢。同时，那种建筑规划应该是功能图的观点开始被认为不近人情。特别是低收入住宅项目，因缺乏维护且监管不力而被认为扩大了穷人与更大的社会群体之间的距离。事实上，住宅缺乏维护以及社会未能为这些项目的租户提供工作和其他有意义的职业才是社会差距形成的深层次原因，而不是任何建筑类型造成的。

到 20 世纪 60 年代中期，很少人相信建筑师能够提供一种比他们似乎决意抹除的过去更好的未来。对美国知识阶层来说，这一事实在纽约宾夕法尼亚车站于 1963 年拆除后就变得明朗起来。宾夕法尼亚车站于 1910 年通车。这个由查尔斯·麦金设计 (Charles McKim) 的车站历经了仅 50 年。当时的著名美国建筑评论家文森特·斯库利 (Vincent Scully) 在 1969 年针对该车站被拆除一事做出了以下评论，"老宾夕法尼亚车站具有十足的公共庄严，代表一种在美国极其少见的品质。后来的一代人会讥讽它对卡拉卡拉浴场 (Baths of Caracalla) 的正式依赖。人们不像以前那样确信这是一种非常切近的评论。如今，更加值得铭记的已经失去的东西是车站宽敞巨大的空间里的节奏性清晰感以及由大墩和柱子和花格镶板穹顶产生的宏伟感和坚固感。它最多只能算作一座学术性建筑，其空间组织合理而有序，表现了功能的划分，还营造出一种亲民的愉快氛围。看似奇怪的是，我们永远不可能相信它已经没有什么用处，并在最后允许它被拆除。当人们通过它进入费城时，会感觉到自己像一个神。可能这种感觉实在是过于美妙了。如今人们像老鼠一样涌入车站。"

斯库利没有采用国际风格，反而支持对美国本土民用建筑进行一种复杂的工艺美术时代似的重新塑造，最终古典主义风格也被加以改变，以用于民用建筑。罗伯特·文丘里在 1962 年为其母亲在费城郊区的栗树山建造房屋时响应了斯库利的号召（图 29.1）。文丘里没有采用整个美国地区的郊区正在修建的那种地区性住宅，也未采用建筑师同行提出的抽象方案。实际上，他引用了迈金·米德·怀特公司于1887 年修建且于 1962 年拆除的矮房（Low House）。这种房屋的最显著特征是一堵巨大的山山墙。他复制了这种外形，但却将其结构剖开，以展现母亲之家（Vanna Venturi House）的特别绿墙。这种绿墙既没有传达出最初安装的饰面板墙面的单调感，也未重复大多数现代主义住宅的透明感。相反，它们的广告牌般的特征让人想起原始木板模型的材料特性。

图 29.1 宾夕法尼亚州费城的母亲之家，由罗伯特·文丘里设计，建于 1962 年

当时，连直接引用历史先例和装饰也算是一种激进行为，而且这样的建筑几乎是不可重现的。20 世纪 50 年代的现代主义运动中出现了对公园式住宅城市和工业美学的批判，但其他选择却仍然是抽象风格的。文丘里愿意以明显地完全不与该建筑的结构相关的母题装饰其作品的立面，这在当时是全新的。同样令人惊讶的是，这种几近笨拙的设计具有一些故意为之的怪异特征。这座房屋引发了一场延续了将近 20 年的争论。这场争论直至该建筑的标志性地位获得广泛认可——至少在美国获得广泛认可后才结束。文丘里是故意建造了一座丑陋的建筑，他还否认多种现代主义特征，许多建筑师对他的这两种行为感到同样的不满。比如，除了历史引用外，他还仔细地区分了前立面和后里面，而不是将这座房屋视为一个完整的抽象雕塑。同时，各立面暗示了心怀抱负的美国建筑师们在 20 世纪的剩余时间里以层叠空间取代开放平面的情况。

文丘里最先受到的启示来源于他对巴洛克风格的喜爱，因为巴洛克风格无法融入现代运动。他重新将历史介绍给了当代美国建筑行业，但他极少进行直接引用。在 20 世纪 80 年代前，其他美国或欧洲的著名建筑公司也很少直接引用历史元素。直到 1977 年，查尔斯·詹克斯（Charles Jencks） 才给一些建筑师的作品贴上了"后现代"的标签，因为他们在此之前已经对所谓的现代主义正统学进行了长达 15 年的挑战。另一位后现代建筑师是文丘里的妻子丹尼斯·斯科特·布朗。文丘里因为妻子而产生了对波普艺术的迷恋以及对日常生活的特别尊重。斯科特·布朗是一位借道伦敦迁至美国的南非移民，她坚持对普通的美国环境进行分析，而同时代的大多数建筑师只是一味地对这种环境进行谴责。斯科特·布朗认为人们应该了解地区性住宅、郊区地带、甚至拉斯维加斯旅馆是如何传达普通大众能够理解的信息的。问题是，消费者是否是设计的真正动力，或者还是如同马克思主义者所说，市场被追逐利润的资本家掌控？资本家利用广告创造对商品和位置的需求——比如拉斯维加斯，而人们事先并不知道这种需求的存在，而且他们也未满足人们的真正需求。那些相信第一种观点的人们倾向于将自己定义为大众品位的绝对反对者，就像德国文化社会理论家狄奥多·阿多诺（Theodor Adorno）一样。阿多诺指责资本欺骗了大众。文丘里夫妇的作品部分符合从抽象表现主义转向波普艺术的潮流，而且有助于减少普通大众甚至是受过良好教育的人们对现代建筑产生的越来越多的敌意。尽管如此，多年来，他们都只有极少数的支持者。

查尔斯·摩尔（Charles Moore）的设计作品显然要舒适得多。摩尔对创建有趣的

居住空间比对如何利用建筑表达意思更感兴趣。他年少时创建的摩尔、林登布尔
& 惠特克 (Moore ,Lyndon Turnbull and Whitaker) (MLTW) 建筑合作事务所
所承建的突破性项目是一个早期分契式公寓工程。该工程位于北加利福尼亚海岸
的海洋牧场 (Sea Ranch) , 始建于 1964 年, 竣工于 1965 年 (图 29.2) 。关于这块
之前为牧场的土地的开发, 争议颇多。为减少人们对这片土地即将变成郊区的担忧,
摩尔和他的合作伙伴们最初将住宅单元聚集到一处, 以保留尽可能多的开放土地。
他们完全避开了与先进现代住宅相关的平顶玻璃盒状结构, 转而采用竖向镶嵌的木
护墙板和棱角分明的外形。护墙板和棱角分明的外形均反映了当地谷仓的建筑风
格以及海湾地区悠长的森林式现代主义传统。这种风格在很多方面与摩尔的朋友
科里亚在艾哈迈达巴德修建所采用的简朴风格相似。MLTW 建筑事务所将 10 座
两层楼公寓套房布置在一个庭院的周围。这个庭院类似于迷你版的中世纪意大利
广场, 后者曾令同时期的美国建筑师痴迷。MLTW 提供了一种与柯布西耶式城市
相关的大型开放空间之外的另一种密切选择。

图 29.2 加利福尼亚海洋牧场的分契式公寓楼, 由 MLTW 建筑事务所设计, 建于 1964—1965 年

460

尽管这些公寓套房与之前两个时代的海湾地区建筑有着深刻的渊源，这种新建筑风格却在美国本国和国际上都被视作一种重要的修正现代主义既具有经济可行性，也具有文化敏感性。别出心裁的是这种风格具有的幽默感，因为它将该地区长久以来遵循的非正式性与正在兴起的反主流文化并举。这种反主流文化很快就于1967年在圣弗朗斯斯科促生了所谓"夏日之恋"风格。这种风格可在摩尔本人的公寓单元的最初装饰上看出来，包括帐篷床。这种床差点儿出现在许多嬉皮士即将搬入的公社中。摩尔在整个职业生涯中都在尝试参与性设计。他会在初步设计阶段与大型业主群体如教堂会众进行集体讨论。

同时，在欧洲出现了另一种对现代主义建筑和城市的批判。这种批判的梗概内容与美国批判言论相似。美国批判主义通常都过于地方化，很难为外人理解，它是由意大利建筑师阿尔多·罗西引领的。在美国后现代建筑师们从建筑着手试验并逐渐转向城市的地方，欧洲人对现代城市的批判要多过对现代建筑的批判。罗西非常鲜明地提议城市应成为集体记忆的焦点，他对功能主义的批判吸引了一些欧洲人的注意。这些欧洲人希望修建的建筑能够敏感地对城市环境做出回应，这样即便它们失去了最初的用途，也能为人珍重。尽管在20世纪的大部分时间里，19世纪的商业建筑仍然难逃被拆除的命运，建筑的适应性重新利用在欧洲的历史要远远长过在美国的历史。

图29.3 意大利摩德纳的圣卡塔尔多公墓的鸟瞰图，由阿尔多·罗西和贾尼·布拉费瑞 (Gianni Braghieri) 设计，建于1971—1984年

尽管罗西关注城市，他的转折性项目圣卡塔尔多公墓 （Cemetery of San Cataldo) 却位于摩德纳的郊区。他在 1971 年开始修建这片以墙围住的 19 世纪公墓。他最初想要修建一种坚固的封闭性建筑，而该公墓为这种构想提供了明晰的陪衬物（图 29.3）。因为他关注几乎乏味的单调形式而不是建筑细节和饰面，建成建筑并没有像他那令人难忘的图纸上所显示的那样壮观。罗西对古典柱式的执着与文丘里和斯科特·布朗对广告的利用一样具有争议性。意大利和其他地方的许多人认为，古典主义因为被法西斯主义者采用过而仍然受到法西斯主义的负面影响。对罗西而言，就像同时期支持共产党的许多意大利学者一样，古典主义非常重要，不能轻易放弃，然而同时，他总是避免直接模仿古典主义的装饰细节。该公墓融入了两种遗留因素。遗体被放入长廊式建筑侧面的拱顶室中。拱顶室以墩为支柱，采用蓝色尖屋顶。骨灰盒则被塞入一个红色灰泥立方体的金属框架支架上。立方体上带有由窗口似的洞口构成的网格。在两种情况下，罗西都在抽象和表现普遍性之间进行平衡，试图营造一种与建筑功能和自己的理论相符的超越时间感。

罗西对柯布西耶式城市的挑战就算没有产生直接影响，也具有深远的影响。许多建筑师跟随他的脚步越来越关注研究某种建筑类型的组织形式的类型学，而不是建

图 29.4 德国斯图加特的新国立美术馆，由斯特林和威尔福德（Wilford）设计，建于 1977—1984 年

筑形式。这使得他们在规模和比例上能够赶超更老的建筑,且无须模仿它们的细节或放弃现代材料。在这个过程中,做出了最聪明转变的是英国建筑师詹姆斯·斯特林 (James Stirling)。他设计的斯图加特新国立美术馆 (Neue Staatsgalerie) 始建于 1977 年,并于 1984 年对外开放。新国立美术馆的设计与现有博物馆协调一致,且将博物馆后面的居民区与市中心连接起来。(图 29.4)。许多西德人支持现代主义,是因为他们意识到了横亘在他们与第三帝国之间的距离(并非总是准确的)。后现代主义使这些人陷入了两难境地。西德人屡次转向外国建筑师并将一些重要的建筑任务委托给他们,特别是标志他们对民主价值观的拥护的大型文化建筑。就像辛克尔的阿尔特斯博物馆(又称老博物馆)的平面只有来自打败德国的战胜国之一的外国建筑师才能复兴,新国立美术馆的情形也是如此,而斯特林就是那位外国建筑师。即便如此,斯特林之所以能够复兴新国立美术馆的平面,是因为他使自己的圆形建筑朝上开放,且在建筑的顶面种植植物,使得它看似一座废墟。

然而,斯特林对古典主义并不是特别感兴趣,他对单调、照明不足的画廊的关注也相对较少。事实上,他特别注意两个建筑问题:一是通风;二是将他的建筑不仅与毗邻建筑(从技术上而言,它是毗邻建筑的扩展部分)相关联,而且将其与更广泛的建筑历史相关联,特别是博物馆建筑。除了老博物馆外,斯特林还借鉴了蓬皮杜艺术中心的设计,还可能引用了斯图加特建筑师于 1936 年设计的巴塞尔市立美术馆 (Kunstmuseum) 的设计,更不用提他欣然承认的几十处其他引用来源。砂岩带和洞石带交错排列,可能是借鉴了博纳茨 (Bonatz) 将石灰石和理石交替排列的方法;酸性绿、口红粉和铁青色的钢细节则受到了蓬皮杜艺术中心的启发。斯特林在石材和钢细节之间创建了对话,从而颠覆了现代主义者的期望。大多数钢结构明显是装饰性的。同时,石材的接缝不用砂浆填充,这清楚地显示出,石材是切割后嵌入隐框的。斯特林在建筑背面的两个超大型通风井上引用了蓬皮杜艺术中心的裸露机械系统,然而,他的建筑在背景的映衬下显得远没有那么庞大。

为了抵制博纳茨(他的博物馆也具有不加屋顶的庭院)和辛克尔的形式性,斯特林没有完全采用罗杰斯和皮阿诺喜爱的机械形象,而是突出了建筑中心不属于艺术而是属于公众的特点。新国立美术馆中有两条单独的通道。两条通道均通过勒·柯布西耶偏爱的坡道形式连接大型楼梯,引导访客前往坐落在地下停车场之上的博物馆平台。其中一条通道全天开放。它环绕在圆形建筑的周围,不与专用于展示艺术品的空间交叠。另一条通道引领人们直接进入圆形建筑以及毗邻的画廊平台。新国立美术馆高耸在街道之上，将市中心的风景收纳在其视野之中，且如果天气好，从其中还能看到在缓坡上闲逛的游客。在一个公共空间的商业化即将变成重大问题的时期，斯特林创造了一个多级舞台。游客们在上面行走、开展活动、进行交流，所有这些以比真实艺术更加精彩的形式在上面展开。

罗西和斯特林是严肃的，但最优秀的美国后现代主义者继续营造一种轻松的格调。这种格调对那些不太了解建筑历史的人们来说更易理解。到 20 世纪 70 年代末，

图 29.5 加利福利尼亚州圣塔莫尼卡城盖里宅邸的厨房，由弗兰克·盖里设计，建于 1978 年

対现代主义的一些挑战本身变成了正统学说。这些正统思想包括对内容尤其是材料选用的关注，还有建筑应该临街而不是隐身在空旷的广场后面的观点。没有人能比弗兰克·盖里 (Frank Gehry) 更乐于接受这些思想，或更加有效地利用这些思想来发展自己的职业生涯。

1978 年，盖里将圣塔莫尼卡城一座建于 50 多年前的普通平方改建成了一个对当代建筑的现状进行讽刺的结构。此时，洛杉矶几乎相当于无计划扩建的郊区，而不是严肃建筑的代名词 (图 29.5)。具有 15 年实践经验的熟练建筑师盖里在此之前从未修建任何引起大量关注的东西。如今，他在设计了一个俄罗斯构成主义者艺术的前卫展厅不久后，他开始嘲笑人们对历史主义、19 世纪城市主义以及环境的新迷恋。他极为谨慎地使建筑连接街道边界线——这里指增加一堵极矮的围墙，并在围墙上刷上用于游泳池内壁的水蓝色涂料——将房屋向外扩张，甚至将房屋挑空并延伸至车道上方，以此方式来创造新空间。新墙体构成的奇怪角度以及房屋采用的混合材料看起来像是打乱了人们所熟悉的家庭生活。

盖里将旨在重新连接当代建筑和古典传统的策略应用在一座较新的当地房屋，以此方式向现代主义注入了新生命。他对以些元素上展示了诚挚的尊敬。这些元素包括厨房的沥青地面以及房屋的木框架。他尽可能少地采用干式墙和链式栅栏，以使地面和木框架裸露出来。同时，他那令人眼花缭乱的拼贴艺术展现了精湛的结构技术，即便它们实际上超越了传统的界限。后来，这种策略开始与后现代文学理论关联起来，尤其是与解构主义相关联。解体式建筑的名称似乎描述了盖里的技术。解构是一种分析方法，尤其受到雅克·德里达 (Jacques Derrida) 的支持，强调内容中的矛盾。尽管盖里在设计这座房子的时候不太可能意识到这些思想，但这种对比却对新一代美国建筑师极其有益。与盖里不同的是，他们对学术比对建筑现场更加熟悉。

到 20 世纪 80 年代初，后现代主义扼杀了整个欧洲和美国地区的现代主义，除了洛杉矶这样的偏远角落外。这些地方甚至可以声称现代主义是它们唯一的传统。现代主义的受众从情感上联系空间和材料，而不是联系肤浅的象征主义。那么，那种现代主义对共同受众的信任会被抛弃吗？20 世纪 80 年代上演的两场设计竞赛产生的结果给出了矛盾性的暗示，那就是纪念活动在脱离历史主义的时候更加有效。1981 年，一名 21 岁的女子——林璎 (Maya Ying Lin) 在一次纪念碑设计竞赛中获胜，并因此而在美国引发了一场极为激烈的有关该时期的建筑的公共辩论。这

图 29.6 华盛顿特区的越南老兵纪念碑, 由林璎设计, 建于 1981—1982 年

座纪念碑被用以纪念美国近代历史上的唯一一个最具争议的方面: 越南战争 (图 29.6)。斯库利认为学术古典主义是最适用于容易理解且富有人情味的民用建筑的风格, 而林璎的设计则是对斯库利所支持的这种观点的有力批判。林的设计所遭受的大多数批判显然来自种族主义者和厌恶女性者。许多退伍军人和其同盟对一个亚裔美国女子设计这样一块战争纪念碑表示不满, 因为在这场战争中, 北越政府和越共战胜了美国。但这种对设计的不满超越了建筑师的民族、性别和年龄。林提出了一种新式纪念碑。这种纪念碑不是高高的、白色的和古典的, 而是被嵌入土壤中, 表面镶嵌黑色理石, 且极其抽象。

最终林的设计获得了认可, 不过是在加入了弗雷德里克·哈特 (Frederick Hart) 的人物雕像后。但在纪念碑建成后, 这种反对意见完全消失了。事实证明, 林的设计对几十万前来哀悼的人们以及后来数百万前来瞻仰她所获得的成就的人们产生了一种令人惊讶的精神净化效果。纪念碑的理石上雕刻着所有在越战中牺牲的士兵和其他参战人员的名字, 而名字按照死亡时间排序。尽管大声朗读相似名单成为反战抗议活动的显著特征, 事实证明, 那些支持越战的人们也同样喜欢这个细节。将铭刻姓名的背景进行抽象化处理为个人悼念和集体默哀提供了有效的衬托。生者的

图 29.7 德国柏林的犹太博物馆，由丹尼尔·李伯斯金设计，建于 1989—1999 年

面孔在死者姓名上的倒影给许多人预先假定的冷峻环境赋予了感情。这座纪念碑帮助重新团结了一个在战争中分裂的国家。人们为了表示对这座圣坛般的纪念碑的认可而留下了大量物品，这些物品最终堆满了史密森学会的一间仓库。

林璎转变了人们对优秀的建筑思想能够取得的成就的期望。大量纪念碑在此后修建，却几乎没有一座能产生相似的效果。事实上，在之后的 25 年里，对纪念碑外观的辩论成为纪念活动本身的一个重要部分。这种纪念活动在以前并没有采用具体形式。与越战纪念碑相似的建筑中最著名的要数丹尼尔·李伯斯金 (Daniel Libeskind) 的柏林犹太博物馆。该博物馆是在距离柏林墙于 1989 年倒塌几个月后设计的（图 29.7）。竞赛说明要求参赛者为西柏林市博物馆设计一座附属建筑，用以收藏与当地犹太社区相关的手工艺品。这些曾经活跃的犹太社区的人们曾被迫流放，或为纳粹党铲除。德国的重新统一和将首都迁回柏林的决定突出了这项委托任务的重要性，并改变了其设计方案。这座极其复杂且昂贵的工程的修建成为一种衡量德国人对纳粹党的非人性罪行进行忏悔的工具。同时，李伯斯金将最初位于东部现场上的东、西两座柏林博物馆进行重新整合，因而能够在自己的建筑中创建一座单独的犹太博物馆。现存建筑如今对李伯斯金的建筑而言只是一个入口展示馆。

像林璎一样，李伯斯金选择了抽象而不是历史主义。尽管如此，他在借鉴历史时采用了两种不同的方法。第一种是绘图。他在开展这项工作时声称，缩小的大卫之星(犹太人标记，两个正三角形叠成的六角形) 将对他以及对柏林犹太社区而言的重要地点联系了起来。他从大卫之星中衍生出一种由角构成的结构。这种结构深刻反应了其本人长久以来的美学偏好，同时也与附近一座由柏林最重要的犹太建筑师门德尔松设计的联盟总部大楼相似。该大楼也出现在李伯斯金的现场图上。从理论上看，绘图工作如同罗西对类型学的强调一样为建筑师提供了一种联系特定地方的历史的方法。事实上，以这种方法产生的建筑无论位于世界何处，通常都具有令人熟悉的相似处。彼得·艾森曼 (Peter Eisenman) 于 1981—1985 年在查理检查站附近修建的公寓楼就采用了这种设计方法解构主义成了标志柏林缺乏犹太社区的事实、重现流亡者迁移现象甚至是毒气室大屠杀之前的幽闭恐惧现象的有力工具。之字形的平面和众多窗户不仅仅是现代主义装饰，给展品造成了混乱。可能是受标牌的提示，画廊之间的空白、"流放园林"的倾斜地面以及"纪念塔"的沉重关门声重新创造了一个深刻的故事，这个故事是解构主义作为一种文学理论才被挑战的。文学解构主义否认一篇文章只具有一种合适的含义，同时否定了文章中作者的意图的重要性。然而，李伯斯金、一些著述该建筑的作家以及那些参观过该建筑的人们坚信意图的重要性。建成后的犹太博物馆揭露了当代建筑文化的学术主张的薄弱之处，但它们也如林璎的纪念碑一样，展示了已建形式能够获得的效果。具有讽刺性的是，李伯斯金是通过将现代主义分离成碎片而复兴现代主义的。

在修建犹太博物馆的过程中，李伯斯金从建筑先锋派最深奥难懂的成员之一转变成了一位表达明确易懂的公共学者。他的个人简介在对犹太博物馆的描述非常重要。他出生于波兰，并在大屠杀中幸存了下来，后来在以色列和美国长大。在 20 世纪 90 年代，他在洛杉矶和柏林之间辗转，成为这个之前分裂的城市中心的"批判重建"群体的首要批评家。"批判重建"方案提出优先重建 18 和 19 世纪的城市网络，限制新建筑的高度和玻璃安装。柏林人表现出了对受罗西启发的市中心重建方案的抵制，因为很多人发现该方案过于乏味。因此，犹太博物馆甚至早在竣工前以及各展厅安装很久之前，就已经成为柏林最受欢迎的新景点之一。尽管李伯斯金将犹太博物馆展现为当代建筑的顶峰之作，他的设计却深深地扎根于现代德国建筑。现代德国建筑在很多方面都比他表面上开始的绘图工作更具深厚的渊源。如今，现代主义本身也成为一种历史风格，一种为许多人引以为傲的重要风格，特别是在柏林这个现代主义最先流行的地方之一。德国政治家认为新政府建筑中的玻璃能够代表民主透明性，并对这种作用抱有极大的信心。他们和李伯斯金均比那些希望复兴新古典主义的人们更加相信普遍主义。新古典主义最初在德国出现这一事实与新兴的受教育中产阶级相关，而不是与整个平民阶层相关。

越战纪念碑庄重而简朴。犹太博物馆则更加复杂，它的镀锌层明显暗示了现代建筑与工业的关系。到 20 世纪 90 年代，高技术的复杂细节再次从沉睡中苏醒。它在林璎的极简主义之外提供了一种细节丰富、工艺精美的选择。同样重要的是，对那些因强调古典传统而被边缘化的人们而言，它提供了一种回归国际建筑讨论中心的途径。尽管后现代主义表示了人们对现状的一种共同反抗，但到 20 世纪 80 年代，在

图 29.8 法国巴黎的阿拉伯世界文化中心，由让·努维尔设计，建于 1981—1987 年

后现代主义的反对者看来,它那日渐显著的文学历史主义性质广泛地与不受约束的市场力量的复兴相关。不仅如此,它还某些试图相关。这些试图包括回归 20 世纪 60 年的社会改革,以及在面临来自大量局外者的挑战时,重申欧洲文化权威的主导地位(通常明确地指男性)。阿拉伯世界文化中心(Arab World Institute)由巴黎的让·努维尔(Jean Nouvel)设计,建于 1981—1987 年,预示了现代主义的重现(图 29.8)。该文化中心是弗朗索瓦·密特朗(Francois Mitterrand)策划的"大项目"之一。 密特朗是法国第一任社会党总统,他在准备法国大革命两百周年纪念活动时提出了修建"大项目"的提议。这些新机构的规模和用途有时候看起来更符合总统而不是社会党的要求。但它们位于巴黎的周边地区,这使得当时通常仍为工人阶级区域的地方与传统权力中心保持了一小段距离。然而,阿拉伯世界文化中心在该城市中世纪中心的东部占据了一个显著位置。

该文化中心是"大项目"计划中最成功的项目,部分是因为它位于巴黎圣母院的视野范围内,位置很敏感,所以建筑师对它的规模和结构都给予了特别重视。同时,跨文化合作的必要性也鼓励创新。该文化中心的功能是将巴黎与阿拉伯国家更加紧密地联系起来。达成这个目的地方式之一便是提供一个可供这些国家展示和歌颂文明的地点。这些阿拉伯国家包括前法国殖民地摩洛哥、阿尔及利亚、突尼斯、叙利亚和黎巴嫩。该文化中心修建的政治背景包括这些出口石油的阿拉伯国家的经济影响力以及越来越多的阿拉伯人在法国生活的现状。该工程是由法国政府修建的,而且它的目的是为了加强与支持者的联盟关系。因此,该工程需要融入阿拉伯人对可能实现的本土阿拉伯现代性的信心。文化中心所采用的形式促动了一种建筑风格的出现。这种建筑风格将现代主义传承与技术抽象和后现代主义对装饰和细节的关注结合起来。

阿拉伯世界文化中心由两部分构成:一块面向楼间广场的长而薄的平板以及一块随着毗邻街道而弯曲的较低平板。两块平板均安装玻璃,且通常裸露里面的钢结构。努维尔将异域风格融入了一种新事物的明确表达结构中。为了控制通过面向广场的玻璃幕进入建筑的光线量,努维尔增加了一层能够根据照度计扩展和收缩的空隙结构高技术建筑在这里与可持续性结合了起来这种方法后来在欧洲得以普遍应用。控制进入的自然光线同样也减少了空调需求。同时,该系统还能兼做装饰。这种装饰在这种情况下借鉴了以木材或更加少见的理石制作的透空窗格。这种透空窗格是大部分伊斯兰地区、尤其是阿拉伯世界的前工业时期建筑的显著特征。这种系统

图 29.9 德国杜伊斯堡的景观公园 (Landschatfspark)，由彼得·拉茨设计，建于 1994 年

缺乏长久耐用性的事实并未能妨碍人们对它进行美学欣赏，也表现了当代建筑文化中形象比现实重要的特征。不变的是人们对透明性的痴迷。这种痴迷在接下来的20 年里表现在许多最优秀的建筑中。

20 世纪 90 年代的另一个欧洲工程采用了完全不同的方法来处理源于工业美学的现代主义。到 20 世纪晚期，随着世界上大多数制造活动转移至工资更低、社会保障费用更少、环境规范不那么严格的地方，欧洲重工业迅速衰落。遗留在其后的是落后的工业设备，通常位于遭受严重污染的地方。彼得·拉茨 (Peter Latz) 以将这样一个被严重污染的地方即一座废弃的钢铁厂转变成一个公共公园的形式来正面抗击这种衰落 (图 29.9)。这座钢铁厂位于德国鲁尔区中心位置的杜伊斯堡。鲁尔区之前是欧洲最重要的采煤和钢铁制造中心之一。拉茨没有将这块地方重新进行商业开发，也没有将其转变成一个抹掉其新近历史痕迹的风景区。相反，他与当地政府权威合作，试图保护该现场的工业历史，减少这段历史带来的生态退化，将一个工作地点转变成一个以娱乐为重心的地方。他保留了许多工业设施，将其从技术落后的机器转变成持久的现代艺术作品。同时，栽种新植物以及其他干预手段减少了钢铁生产的有害元素，为创建一个新改良景观提供了便利。与早期经过仔细修剪的如画公园相比，新景观公园的外围区域通常接近于荒地。

景观公园于1994年对外开放能够满足较老的都市公园的部分社会用途但不是全部。它的缺点之一便是它的位置。它远离市中心，且位于人口数量在钢铁厂倒闭后急剧减少的街区。与 19 世纪的先例公园不同的是，它并没有很好地融入该城大多数市民的日常生活中，甚至没有融入该街区居民的日常生活中。许多游客开车来此只是为了参观它或者参加在这里举办的活动，如摇滚音乐会。在景观公园，现代主义对工厂的迷恋达到了顶峰。景观公园提供了一片避开商业化城市生活的绿洲，这点要好过大多数城市公共公园。与该地区其他棕色地带上修建的购物商场和多放映厅影剧院形成对比的是，景观公园几乎只提供了相对新鲜的空气、不受限制的自然（如新近被引进）以及对资本主义限制的尖锐批判。

现代主义在所假定的消失时间之后的 20 年里又重新回归，并受到了后现代主义实践以及对本身历史的自我认知的影响。现代主义即便没有脱离批量生产的形象，却日渐脱离了现实。事实上，电脑辅助制造使制作复杂而特别的细节变得容易起来。越战纪念碑和犹太博物馆这样的工程表现出，历史引用并没有独占记忆或意义。这些建筑起到了带头作用，有助于现代主义作为另一种历史风格在阿拉伯世界文化中心和景观园林中复兴。这里，环境变得重要，装饰以及规模也很重要，甚至连土地的卫生条件也很重要。此外，这些工程表明仍然存在一个民用领域，还表明即便不采用从零售行业借鉴的策略也能拓展这个领域。如同宾夕法尼亚车站一样，不采用模糊或屈尊形式进行表达的建筑仍然有众多受众，这一事实具有鼓舞人心的作用。

延伸阅读

Diane Ghirardo, *Architecture after Modernism* (New York: Thames & Hudson, 1996), offers a useful introduction to postmodernism and its aftermath. Vincent Scully's remarks on Pennsylvania Station appear in his *American Architecture and Urbanism* (New York: Praeger, 1969). The classic texts of postmodernism are Robert Venturi, *Complexity and Contradiction in Architecture* (New York: Museum of Modern Art, 1966); Robert Venturi, Denise Scott Brown, and Steven Izenour, *Learning from Las Vegas* (Cambridge: MIT Press, 1972); and Aldo Rossi, *The Architecture of the City* (1966; repr., Cambridge: MIT Press, 1982). For more on specific buildings and movements described above, see Donlyn Lyndon and Jim Alinder, *The Sea Ranch* (New York: Princeton Architectural Press, 2004); Frank Gehry, *The Architecture of Frank Gehry* (New York: Rizzoli, 1986); James Young, *At Memory's Edge: Afterimages of the Holocaust in Contemporary Art and Architecture* (New Haven, Conn.: Yale University Press, 2000); and Udo Weilacher, *Syntax of Landscape: The Landscape Architecture of Peter Latz and Partners* (Basel, Switzerland: Birkhäuser, 2007). A trio of Museum of Modern Art catalogs provides further context for much of this work. See Philip Johnson and Mark Wigley, *Deconstructivist Architecture* (New York: Museum of Modern Art, 1988); Terence Riley, *Light Construction* (New York: Museum of Modern Art, 1995); and Peter Reed, *Groundswell: Constructing the Contemporary Landscape* (New York: Museum of Modern Art, 2005).

30 中国的世界城市

1991 年，美国社会学家萨斯基雅·萨森 (Saskia Sassen) 出版了一本预言性书籍。她在其中创造了"全球化城市"这个术语。在她对 3 个全球金融中心——纽约、伦敦和东京——的研究中，萨森发现了这些城市在 20 世纪 80 年代的显著经济特征。首先，她关注从工业经济到服务经济的过渡。其次，她专注于许多类似服务的全球化性质，尤其是金融的典型特征。她对旅游业的关注较少。事实上，旅游业对 20 世纪晚期和 21 世纪早期的城市的崛起几乎有着同样的重要性。萨森还注意到全球化城市中富裕和贫穷阶层之间的差距日渐扩大，发现贫穷群体大多具有少数民族和移民背景。最后，她将这些城市描述成创兴事物的生产者和消费者。

尽管萨森描述的一些变化过程已经持续了几百年之久，还有许多变化过程却正在加剧，因为世界各地的资本主义和共产主义经济体均在 1980 年左右放松了政府干预，且新通信技术也获得了发展。这些变化过程所产生的效果在东亚和南亚地区的城市中表现得尤其明显。在这些城市中，大量涌入的农村流动人口以及新兴的互联网转变了制造和服务业。尽管该地区除日本外，极少有建筑师获得重要国际地位，它的新建筑却包括了作为电视广播背景和游客拍照背景的标志性建筑，无论它们是否出现在建筑杂志的页面上。

在过去 30 年里，该地区的城市的国际地位和经济重要性快速增长，有些时候呈指数上升。孟买和东京自 19 世纪下半期起就成为该地区的经济中心。上海也在 20 世纪早期成为该地区的经济中心，尽管其经济活力在中国共产主义前几十年里有所下降。今天世界最活跃、发展最迅速的城市包括首尔、北京、广州、香港、台北、新加坡、曼谷、吉隆坡和班加罗尔。这些城市中的大多数追随了纽约而不是洛杉矶的模式，通过众多高楼以建筑形式表现了其高人口密度的特征。这些高楼中，一些是办公大楼而另一些则是公寓大楼。尽管最近学者的大部分注意力都被这些高楼吸引，但这些城市却只在成为优秀美学设计的展示橱窗时才能获得国际建筑群体的关注。而在美学上获得成功的设计在东南亚近期历史中只是偶尔才会出现。全球化城市往往因为彼此相似而遭受批判。东京银座的灯光与纽约时代广场的灯光没有什么不同。实际上，这两座城市的广告中出现了很多相同品牌的软饮料和消费性电子产品。然而，人们对上海、香港和北京在过去一百年的发展进行研究时发现，这里的地方和国际之间的交流与邻国日本在同时期的类似交流截然不同。在中国，对商业和民用建筑国际范例的吸收一直与中国独有的居住环境的发展相生相随。模仿了国际建筑范例的中国建筑通常为外国人设计，且总是旨在向国际受众传达现代性。

两座中国国际化城市——上海和香港——将它们在世界舞台上的崛起归因于《南京条约》。该条约是中国在鸦片战争中耻败于英国后的 1842 年签订的。中国很久以来就一直是世界上的重要帝国，而英国迫使它向东亚开放鸦片市场便是它暂时衰落的尴尬证明。从 18 世纪中期到 19 世纪中期，中国通过唯一一个港口即广州与西方进行利润可观的贸易活动。后来，英国抢夺了广州附近的香港岛据为己有，迫使中国人修建其他港口城市来开展国际贸易。这些港口部分为西方强国控制。上海成为这些港口城市中最重要的城市。它的共享国际定居区为英国人和法国人控制。这个区域与该城市其他受法国人控制的区域以及受中国人控制的区域共存。

在 20 世纪二三十年代，上海在很多方面是今天的全球化城市的原型。尽管其制造业也很繁荣，但它的财富最主要应归功于其作为贸易中心的地位。几乎所有本土中国现代主义的起源，无论是本土影院还是先锋派文学的诞生，都可追溯至这段繁荣时期的上海。同时，富裕和贫穷阶层之间的差距非常巨大。无论是欧洲人和普通中国人之间的差距，还是在这里创造了大量财富的中国人和生活在肮脏环境中的普通大众之间的差距，都是如此。剥削性经济和政治系统以及显著的社会不平等与之前的殖民地的情形几乎没有不同。然而，在中国，外国强国从未控制大部分内陆地区，尽管帝国系统在 1912 年被一个几乎未能对整个国家实行牢固控制的共和体制所取代，后来，共和体制又在 1949 年被毛泽东领导的共产党取代。这种政治动荡局面使得上海和香港成为中国经济发展和文化创新的绿洲。

这种创新的标识之一是被称为"外滩"的滨水空间（图 30.1）。到日本于 1937 年攻占上海时，外滩两边的建筑包括当时世界最壮观的高楼群之一。仅有美洲地区的少数城市能够与之媲美。在一个几乎没有接受过专业培训的中国建筑师的时代，外国人［如活跃在外滩的英国设计公司公和洋行（Palmer and Turner）］监管了大多数采用先进技术的建筑的设计和修建。这座城市的国际地位也表现在投资修建和使用外滩建筑的不同人群上。

公和洋行修建的沙逊大厦，又称为华懋饭店，建成于 1929 年。该大厦以其所有者命名。沙逊是一个伊拉克犹太家族的成员。这个家族在不到一百年前移民到孟买，并在那里创造了自己的财富，后来跻身于英国社会和文学精英阶层。如此奢华的饭店到 19 世纪晚期已经成为国际交流的关键。在这里，商人以及游客都可留在舒适的环境中，同时其精美的舞厅和饭店也能举办大型社交活动。大多数的奢华内饰都是从法国进口的。该建筑几乎没有一样东西标志其位于中国的典型特征。

图 30.1 中国上海外滩，沙逊大厦（华懋饭店），由公和洋行设计，建于 1926—1929 年；右边的是中国银行，由公和洋行和陆谦受设计

10 年后, 紧邻其而建的中国银行在两个重要方面与其不同。这座骨架式框架建筑的光滑墙体顶上加盖了历史主义中国式屋顶。在 20 世纪的剩余时间以及 21 世纪, 增建此类屋顶形式 ("大屋顶风格") 成为受人欢迎的确立建筑的中国身份的方法。就像 19 世纪的欧洲历史主义以及 20 世纪早期的印度撒拉逊风格一样, 这也是脱离原始结构系统的象征性标志。从中国银行来看, 屋顶不是由公和洋行设计的, 而是由该公司的中国合作建筑师陆谦受设计的。陆是第一批在国外接受专业建筑培训的中国人之一。他在伦敦建筑协会接受过专业教育。这个建筑协会的其他成员包括梁思成和其妻子林徽因。两人均在宾夕法尼亚大学学习过。林璎因是林璎的姑姑。

新建筑形式并非仅限于外国人和当地精英阶层采用。社会各阶层占用的空间被新材料、交通方式以及该城市快速发展带来的房地产压力转变。上海的其他混合性建筑样例包括大规模的里弄住宅群, 里面居住着当地中产阶级 (图 30.2)。在这里, 人们对中国传统庭院式住宅做出了改变, 以使其适应新城市密度。有时候, 他们还在其中加上了从西方引进的装饰母题。最古老的里弄范例具有多个两层 U 形单元结构。在 U 形单元中, 主要房间围绕庭院而建。庭院后面连接一条长廊。长廊一边是一排更小的房间。这种建筑模型随着时间的变化而采用了新材料, 比如钢筋混凝土以及紧凑平面布局。在紧凑型平面布局中, 房间更大, 但庭院更小, 巷道宽到足够容纳车辆进入。里弄住宅展示了建造者和开发商而不是建筑师的丰富想象力。

上海的繁荣景象被日本的入侵和共产主义革命覆灭。共产主义政府促进了一种新城市形式的发展: 工作单位。工作单位大院四周修建围墙。围墙让人想起前现代时期北京的空间划分清晰、容易监管的街区。工作单位大院将生产设施或机构如医院和大学与住宅以及其他设施结合起来, 并将它们提供给各种员工 (图 30.3)。这些大院可能还包括公共厨房和日间托儿所设施。与里弄不同的是, 在那些几乎没有参考传统街道来组织空间的大院里, 用于工作和居住的高层建筑通常释放了大量空间。

越来越高的建筑同样也在 20 世纪的香港占据主导地位。直至 1997 年, 香港一直是英国统治下的资本主义基地。在共产主义革命后, 香港取代上海成为中国沿海地区最重要的制造、金融和贸易中心。然而到 20 世纪 80 年代, 香港的发展却受到了其最终回归中国的不确定性的影响。在那种背景下, 在革命后离开上海的汇丰银行

图 30.2 中国上海的里弄住宅, 建于 20 世纪 20 年代

委托英国建筑师诺曼·福斯特 (Norman Foster) 为其修建新总部大楼 (图 30.4)。这座大楼于 1979 年设计, 建成于 1986 年, 是当时世界上造价最高的建筑。这种超额花费展示了该银行对香港的经济前景的信心, 因此, 表现了一种极其重要的政治姿态。

这些具体的经济和政治情形促使该银行花费巨资采用奢华的设计。这种设计将福斯特提升到一级明星建筑师的行列, 并使高技术在整个后现代历史主义的巅峰时期都得以运用。和许多伦敦人不同的是, 香港的银行家对乔治式古典主义不感兴趣, 也不喜欢中国式古典主义, 而是注重对未来的乐观投资。在英国, 高技风格本身是一种历史主义风格, 它在最后一批煤矿和大多数制造基地被永久性关闭之时, 利用了该国的工业遗产。但在一个工厂占据重要地位的时期, 英国怀旧风格在香港并不能激发多少感情, 因为香港是战后时期的轻工业中心, 这里的平均收入在 1950—2000 年间增长了百倍。这里, 未来主义建筑受到了欢迎, 因为它是在政治和经济极其不确定性的情形下保持经济发展的标志。

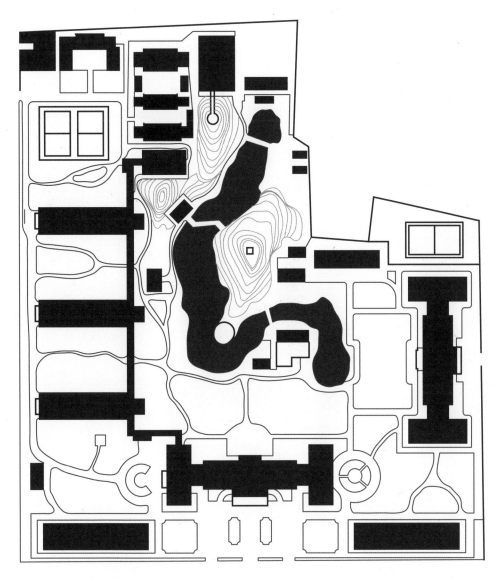

图 30.3 中国北京积水潭医院的总平面图，制图于 1956 年

福斯特的银行建筑看起来像是一部庞大的机器，一部几乎能够启动的机器。除了以高技术形式代表的乐观主义之外，福斯特的设计还融入了之前的摩天大楼具有的对平面、结构和能源利用的系统性思考。福斯特的目标是为办公室员工提供舒适的环境，同时也以创新方式降低能源消耗，以为其业主吸引国际上的关注。该建筑的最显著特征之一是开放的地面层。地面层具有两大用途。第一，它允许旧银行大厅在新建筑施工期间能够继续使用。第二，同样重要的是，它采纳了福斯特针对中国传统进行咨询时一位风水大师提出的意见。福斯特同时还完全抛弃了战后办公大

图 30.4 中国香港的汇丰银行总部大楼，由诺曼·福斯特设计，建于 1979—1986 年

楼的深楼层特征。战后办公大楼对人工照明和通风具有很大的依赖性。福斯特用一系列堆叠的中庭取代了这种特征。中庭周围是办公室。扶手梯通往中庭。第一个中庭位于地面层上一层,是银行主大厅(图 30.5)。这种平面布局将服务从楼层中心推向楼层的边缘,意味着所有办公室员工都能享受日光。

这种平面设计还将结构推向了建筑的外围。如同许多巨厦建筑,该银行被拟定为能够支撑附属结构的主体建筑,尽管事实上并没有增建任何建筑。福斯特没有强调一开始就主导了摩天大楼的设计的覆面,相反,他将结构清晰的支架凸显于玻璃面之外。如同阿拉伯世界文化中心,玻璃结构的复杂细节同时还能兼做装饰。汇丰银行大厦多数采用铝材,既树立了规模,又创造了多样性。它的一些特征,比如遮阳系统,同样也降低了能源消耗,而机械还具有辅助窗户清洗的实际用途。美国的大多数节能型建筑自 20 世纪 70 年代起便规定不得采用低等技术的机械化设施,而福斯特的办公楼却对生态原则给予了特别重视。生态原则表现在看似颂扬工业化、实际上通常需要复杂的特别制造的形式中。

香港在 20 世纪 80 年处于过渡时期。汇丰银行总部大楼几乎是香港众多新建高楼中最显著的大楼。随着香港工资的提高以及香港与中华人民共和国的政治关系的改善,制造业开始转移至低工资的大陆地区。香港逐渐成为金融和旅游中心。在一个对过去或异国他乡的幻想主导了旅游景点如迪斯尼和拉斯维加斯时,香港专注于为其目标受众——来自东南亚的购物者和来自世界各地的金融家——展现真实的现代性,这种现代性对大多数人而言足够壮观。20 世纪 90 年代对新高层大厦公寓的巨大市场需求将建筑密度提高到令人震惊的程度。这种市场需求以一个复杂的交通系统为基础,包括地铁、渡轮、街道、高架人行道和高速公路以及自动扶梯和沿着陡峻山坡而上的缆车。

最重要的是,在东亚地区,高技风格而非后现代历史主义风格代表未来。然而,一份为香港量身定做的极其优秀的方案却未能付诸实践。1983 年,出生于伊拉克、在英国接受培训的年轻建筑师扎拉·哈迪德(Zara Hadid)赢得了被称为"顶峰"的娱乐和公寓综合大楼的设计竞赛。该工程位于香港的最高点(图 30.6)。哈迪德痴迷于苏联构成主义,她提出挖空山腰,以抛光石材修建平台,并在其上修建棒状公寓楼。棒状公寓楼将从陡峻的山坡现场横向向外突出。用于各种活动的空间将位于这些建筑的平台以及公寓顶上。哈迪德如此说明自己的设计:"这个工程是一种纯

图 30.5 汇丰银行总部的中庭

图 30.6 中国香港工程，顶峰休闲会馆，由扎拉·哈迪德设计于 1983 年

粹的综合性创造景观,这种景观和真正的景观一样重要。这种人工景观将取代自然岩石结构,而岩石结构将被挖空以为该工程的施工准备一块场地。"她将十年前以安藤的越野宅邸为代表的朴素建筑综合体推到另一个热闹的新方向上。

顶峰休闲会馆在以下两个方面也同样具有卓越性:其一,创新的图像展示;其二,哈迪德秉承现代用户至上的原则,采用用先锋派苏联建筑的原始乌托邦元素。哈迪德在设计图中以有力的表达方式夸大了现场和建筑的倾斜度。她在不久之后成为计算机绘图的重要支持者。她专注于碎片状几何图形,而没有关注吸引新陈代谢风格和高技风格建筑师的结构问题。这为此后10年里流行起来的大部分解构主义建筑准备了舞台。她对历史形式本身的兴趣是同时代新现代主义者的共同特征。这些人中只有极少数仍然相信建筑是改革社会的一条道路。这个群体包括哈迪德曾经的老师雷姆·库哈斯(Rem Koolhaas),后者是总部位于鹿特丹的大都会建筑事务所的创立者。这个群体愿意与开发商合作,他们还具有同时在许多不同国家设计项目的能力,因而促生了一种被称为"明显建筑"的东西。在明星建筑中,外行"空降"以参与特定的著名项目。当委托项目旨在表现前瞻性展望或吸引游客的时候,这种空降现象尤其常见。这种建筑群体的许多建筑师创建了中国最庞大最昂贵的建筑,而中国更加传统的建筑公司同样也修建了一些最大胆的建筑。

由美国公司贝聿铭及合伙人建筑事务所(I.M.Pei Partners)设计的壮观的中国银行大厦是这种现象的早期代表(图30.7)。该大厦建成于1990年,围绕一个大胆的中庭组织。它宣示了一代优秀且具有雄心的亚洲摩天大厦越来越高且越来越具创新性的特征。它在竣工后成为美国以外地区的最高建筑。在整个亚洲地区,在争相修建势必吸引国际目光的当地地标建筑时,高度往往比美观更重要。到2013年,世界十二大最高建筑中有8座位于东亚或东南亚。中国银行大厦的扭矩型几何结构是脱离早期高楼的骨架网格的明显创新。该建筑的特别形状支撑起一个前所未有的高中庭,而中庭的修建无视严格的经济考虑,因而展示建筑所有者在国际建筑以及金融舞台上的竞争能力。

中国银行大厦使福斯特的早期建筑相形见绌,并轻松地超越了它们的高度。它是由第一位国际著名的华裔建筑师创建的建筑事务所设计的。贝聿铭出生于上海,其父亲曾在汇丰银行担任经理一职。他在哈佛大学师从格罗庇乌斯学习建筑。他设计的博物馆建筑极为出名,其中包括开创新潮的华盛顿特区国家美术馆扩建工程、波士

图 30.7 中国香港的中国银行大厦，由贝聿铭设计，建于 1982—1990 年

顿美术馆、巴黎卢浮宫以及更近的柏林德国历史博物馆和多哈伊斯兰艺术博物馆。
贝聿铭与斯特林一起最先认识到，仅具实用性的方法在设计博物馆时所具有的限
制。尽管中国银行大厦的中庭极难建造，它却是贝聿铭曾在其他现代主义博物馆插
入的大量公共空间的扩展。

在 20 世纪 80 年代，日本之外的亚洲地区没有一座城市在展示新事物上能够匹敌
香港。在后现代主义的巅峰时期，极少有欧洲或北美城市对争夺这种头衔感兴趣。
然而，到 20 世纪 90 年代，上海在中国经济改革后进入了迅速发展的时期，回归了
一级全球化城市的行列，成为香港的强大内地竞争对手。与香港不同的是，上海的
发展至少伴随着对现代主义历史证据的保护和保留。被拆除的里弄住宅几乎以平
方英里计数，但外滩和南京路却保留了显示该城市在 20 世纪二三十年代都市状态
的珍贵遗迹。该城市的发展同时还包括修建一条地铁、新大桥和高速公路、通过世
界最快的火车之一与市中心连接的新机场以及包括一座大型美术博物馆的多座新
民用建筑。上海两大最显著的发展项目包括外滩大道和与其隔河对望的浦东新区(图
30.8)。该城市的现在与曾经具有相同现代性的过去在最初街道地平线上的高低起
伏的墙体和 20 世纪 20 年代首次提议的公园大厦城市规划之间建立了对话。如今，
随着景观和装饰的更新，公园大厦城市规划还包括了精美的夜间照明和五彩斑斓
的镜面玻璃。

对沙逊来说，两个新开发项目——纽约的炮台公园城和伦敦的金丝雀码头——集
中体现了全球化城市的新形式。两者都是沿着新都市主义线条开发的。新都市主义
是阿尔多·罗西的城市规划理想与在美国和英国都很流行的后现代历史主义风格
融合之后的结果。两个项目都是由住宅和商业开发房产构成的混合体。两者所处的
位置曾经都是工作码头，而如今水运已经转移至离市中心更远的集装箱港口。如同
在 19 世纪，风格的延续性最大程度地减少了对侵入性新规模的争议，在这里指建
筑风格 20 世纪 20 年代装饰艺术派办公楼上的延续。国际资本和建筑天才在这些
开发项目中扮演着关键角色。金丝雀码头是由加拿大房地产合作公司奥林匹亚约克
公司 (Olympia&York) 投资修建的，主要为总部位于芝加哥的斯基德莫尔、欧文
斯和梅里尔建筑公司设计。阿根廷人西萨·佩里 (Cesar Pelli) 设计了炮台公园城
的世界金融中心大厦和金丝雀码头两座高楼。

浦东是与这些开发项目相同的中国项目。它的高楼主要容纳办公室，其中一些高楼

图 30.8 中国上海浦东新区，东方明珠电视塔，由上海现代建筑设计公司设计，建于 1994 年； 金茂大厦，由斯基德莫尔、欧文斯和梅里尔建筑公司和华东建筑设计研究所设计，建于 1994—1999 年；上海世界金融中心大厦，由美国科恩·佩德森·福克斯建筑事务所 (Kohn Pedersen Fox) 设计，建于 1997—2008 年

的底层距离了日渐与香港同类建筑相似的底层封闭式购物商场。莱茵霍尔德·马丁 (Reinhold Martin) 曾写道："国际化公司摆弄镜面和其他真实材料的技巧产生了一种这是一种幻想的幻景。在这种幻想里，它们的材料是幻想的，不真实的，不现实的"。他所描述的可能是浦东到处可见的镜面玻璃。许多相似大厦的部分是由外国公司设计，但它们高耸单薄的轮廓（有时候还会加上借鉴了佛塔的屋顶）如同其中庭一样，在欧洲或北美地区并不具备经济可行性。尽管由英国建筑史理查德·罗杰斯设计的原始的浦东开发总平面图并未完全实现，国家对经济的控制却允许实现这种在西方非常罕见的综合性规划。这种规模的开发在西方几乎闻所未闻。

新中国的大多数地标建筑显然都是商业建筑，然而，一种新民用基础设施也逐渐成型。中国在筹划 2008 年北京奥运会时，展示出了中国创造能与奠定了 19 世纪欧洲资本的名声的博物馆和歌剧院比肩的建筑的努力。不过，其中得到普遍认可的建筑属于一种更加现代的建筑类型，即体育场。这种新建筑类型与公共领域的商业化以及大众娱乐新形式的兴起紧密相关。北京国家体院馆，也被称为"鸟巢"，是为举办奥运会修建的，由瑞士赫尔佐格和德梅隆 (Herzog and de Meuron) 建筑事务所设计 (图 30.9)。中国艺术家艾未未任艺术顾问。奥雅纳 (Ove Arup) 工程公司和中国建筑设计研究院也做出了重要贡献。体院馆的屋顶和观众席在结构上是分离的，部分是为了防御地震可能带来的破坏。外层结构最初旨在支撑开合式屋顶，是由受到中国制陶术启发的裸露钢梁构成的网状结构。体育馆能在夜间产生极具戏剧性的效果，它的红色座椅区看起来从内部发出光亮。该体育馆展示了复杂的工程学，树立了利用复杂的电脑制作创造出多种可能性的范例。像"鸟巢"这样的建筑，其设计既要满足通过电视或网络观看的要求，也要满足观众和运动员直接体验的要求，因此，缺乏赫尔佐格和德梅隆建筑事务所设计的小型工程具有的那种精美细节。

建筑思想总是随着空间和时间的变化而变化。这种变化在今天往往显得更快。交通和通讯工具的一系列改变使得能够提供优异的专业技术或独特设计的建筑事务所

图 30.9 中国北京的北京奥运体育馆，由赫尔佐格和德梅隆建筑事务所以及艾未未设计，建于 2003—2008 年

在几个不同的大陆上同时开展业务成为可能。这些公司在很多不同的前沿领域排挤出了当地著名的从业者。著名的设计师乘坐飞机偶尔参观现场，在其他时间里则借助移动电话、传真和邮件来与当地业主、合作人和承包商沟通。不足为奇的是，21世纪的香港、上海和北京比 15 世纪甚至是 18 世纪的北京需要应对更广泛的国际影响。新事物的形象如今更加经常的是引进的而非完全土生土长的，但它们的应用方法却往往仍然是固执不变的当地式，就像中国人喜爱带有佛塔的屋顶和中庭所展现的那样。最终，这种融合了新与旧、外国和当地的建筑风格，比如里弄住宅和汇丰银行大厦所采用的风格，比大屋顶样式的历史主义风格更具吸引力。大屋顶风格遮掩而不是表达了其宽裕的屋檐下包容的复杂变化。

在 30 多年里，众多大型城市中的建筑赞助人以及国内外公众一直在努力创造颂扬其现代性的环境。为了达成此目标，他们将当代工程学应用到了极致。同时，他们鼓励复兴所谓的创新形式，这种形式久远而闻名的历史事实上是其持续受到欢迎的重要原因。以明显的新方式应用这些形式的要求，即便暗示了历史，也会减少鉴赏家从有点儿熟悉的建成品中所得的乐趣。因此，尽管人们做出了坚定的努力，目前却没有一座城市能够像展现其现代性一样以建筑形式展现其创新性。在距离布鲁乃列斯基逝世将近 600 年后，建筑师们仍然懊恼地与大量各种其他参与者共同重塑已建环境。中国没有一处地方在重塑环境的过程中实现了文艺复兴式城市的理想展望中所描述的那种控制。然而，如同 15 和 16 世纪的佛伦罗萨，未能遵从美学理想并不应受到随意的谴责。这些新城市的景观因美学而增添了活力和时尚感，其交通系统和公共便利设施也在不断发展，住宅条件也在不断改善，市容也日渐整洁。这些城市的主要问题是在规划过程中缺乏公众参与以及与密度相关的环境规划，而不是建筑风格的选择。

在新千年的头几年里，至少有 3 种不同的建筑文化共存。第一种包括那些弱势群体和穷人阶级的住宅。这些住宅缺乏世界各地的中产阶级理所当然地使用的基础设施。尽管这个群体的人们往往发挥丰富的想象力来改善其居住的环境，事实上却没有任何一种魅力能够弥补生活条件的不平等。这类住宅不仅仅出现在发展中国家。它们还包括美国和欧洲地区的公寓大楼和经济公寓。那些大多为移民的穷人居住在仓库般的住宅中，并以自己的劳动创造了他们本身无法承担得起的舒适条件。第二种建筑文化由作为业主和消费者的人们创造的地方构成。这些人对自己生活、工作、购物和游玩的地方具有一定实际程度的经济、政治以及社会控制权。在最好的情形下，这些地方可能是活跃且通常民主的环境。各种不同的思想在这种环境中都能用混乱且有时候多彩的方式进行表达。在最差的情形下，这些地方包括对稀缺资源的自私性消耗。无论创造统一的美感是否是最终目的，要想成功地改造这些地方，就必须考虑它们为什么以及如何激发那些拒绝遵从建筑和规划行业传统的人们的想象。谴责它们只是用以赚钱的资本图，便是否认它们对那些委托建造和使用它们的人们的依赖程度。事实上，只有满足建造者和使用者的需求，这类住宅才能获得成功。最后，设计行业的精英阶层和聘用他们的业主及公众之间保留着一条相对狭窄的商谈地带。尽管这个地带大多突出受这些建筑师和业主尊敬的先例建筑，它仍然不应被视为验证这些建筑的美学或学术方面的证据。公众和建筑师之间的对话创造了吸引力和魅力，而不是仅凭建筑师的才能。这种吸引力和魅力给最热闹最受欢迎的新建筑、公园和广场注入了生命。这些地方是整个社会都具有同等使用权的环境。

延伸阅读

Saskia Sassen, *The Global City: New York, London, Tokyo* (Princeton, N.J.: Princeton University Press, 1991), provides the context for the opening of this chapter. For general works on twentieth-century Chinese architecture and urbanism, see Lu Junhua, Peter G. Rowe, and Zhang Je, *Modern Urban Housing in China: 1840–2000* (Munich: Prestel, 2001); Duanfang Lu, *Remaking Chinese Urban Form: Modernity, Scarcity and Space, 1949–2005* (London: Routledge, 2006); and Peter Rowe and Seng Kuan, *Architectural Encounters with Essence and Form in Modern China* (Cambridge: MIT Press, 2002). For a useful survey of the range of early twenty-first-century building in China, see Christian Dubreau, *Sinotecture: New Architecture in China* (Berlin: Dom, 2008). Wilma Fairbank, *Liang and Lin: Partners in Exploring China's Architectural Past* (Philadelphia: University of Pennsylvania Press, 1994), provides an account of the careers of two of China's first professionally trained architects. For more on Shanghai, see Edward Denison and Guang Yu Ren, *Building Shanghai: The Story of China's Gateway* (Chichester: John Wiley, 2006); on Hong Kong, see Gary McDonough and Cindy Wong, *Global Hong Kong* (London: Routledge, 2005). On the Hong Kong and Shanghai Bank, see David Jenkins, ed., *Norman Foster Works 2* (London: Foster and Partners, 2005); on The Peak, see *Zaha Hadid* (New York: Guggenheim Museum, 2006). For a discussion of tourism, see Medina Lasansky, *Renaissance Perfected: Architecture, Spectacle, and Tourism in Fascist Italy* (State College: Pennsylvania State University Press, 2005); and for an examination of the latest generation of skyscrapers, see Reinhold Martin, *Utopia's Ghost: Architecture and Postmodernism, Again* (Minneapolis: University of Minnesota Press, 2010).

图片版权

Unless otherwise credited, all architectural plans were drawn by Neil Christianson.

INTRODUCTION

Figure I.1: Photograph by Wiggum, Creative Commons, Share Alike 3.0 License.

Figures I.2 and I.4: Photographs by Peter Scheier. Copyright Instituto Lina Bo e P. M. Bardi, São Paulo, Brazil.

Figure I.3: Photograph by Manuel Trujillo Berges, Creative Commons, Share Alike 2.0 License.

1. MING AND QING CHINA

Figure 1.1: Photograph by QuickBird Satellite, February 11, 2002, Satellite Imaging Corporation, http://www.globalsecurity.org.

Figure 1.2: Photograph by Rabs003, Creative Commons, Share Alike 3.0 License.

Figure 1.3: Photograph by Gisling, Creative Commons, Share Alike 3.0 License.

Figure 1.4: Photograph by Nabilah Mohd Nasirudin.

Figure 1.5: *Beijing gu jianzhu* (Beijing: Wenwu chuban she, 1959), plate 139.

Figure 1.6: Photograph by Jakub Hałun, GNU Free Documentation License.

Figure 1.7: Photograph by Kallgan, Wikimedia Commons.

Figure 1.8: Photograph by Meier and Poehlmann, GNU Free Documentation License.

Figure 1.9: Photograph by Gisling, GNU Free Documentation License.

2. TENOCHTITLÁN AND CUZCO

Figure 2.1: Photograph by Stephen Tobriner. Courtesy of College of Environmental Design Visual Resources Center, University of California, Berkeley.

Figure 2.2: Rare Books Division, The New York Public Library, Astor, Lenox, and Tilden Foundations.

Figure 2.3: Ignacio Marquina, *Arquitectura prehispánica* (Mexico City: Instituto Nacional de Antropología e Historia, Secretaria de Educación, Mexico, 1951), 196–97.

Figures 2.5, 2.7, 2.8, and 2.9: Courtesy of J. P. Protzen.

3. BRUNELLESCHI

Figure 3.1: Photograph by Amada44, GNU Free Documentation License.
Figure 3.5: Photograph by Warburg, Creative Commons, Share Alike 3.0 License.
Figure 3.8: Photograph by Stefan Bauer, Creative Commons, Share Alike 2.5 Generic
    License.
Figure 3.9: Photograph by Gryffindor, GNU Free Documentation License.

4. MEDICI FLORENCE

Figure 4.1: The Walters Art Museum, Baltimore, 37.677; acquired by Henry Walters with
    the Massarenti Collection, 1902. http://www.art.thewalters.org.
Figures 4.2, 4.5, and 4.6: Courtesy of Oliver Radford.
Figure 4.3: Photograph by Roland Geider, GNU Free Documentation License.
Figure 4.4: Photograph by Scala/Ministero per i Beni e le Attività culturali/Art
    Resource, NY.
Figure 4.8: Photograph by Scala/Art Resource, NY.
Figure 4.9: Photograph by Steven Zucker.
Figure 4.10: Painting by Giusto Utens, 1599. Photograph from Wikimedia Commons.
Figure 4.11: Photograph by Giacomo Brogi, circa 1865–81. Andrew Dickson White
    Collection of Architectural Photographs, Division of Rare Book and Manuscript
    Collection, Cornell University Library (15/5/3090.00348).

5. THE RENAISSANCE IN ROME AND THE VENETO

Figure 5.1: Photograph by Torvindus, GNU Free Documentation License.
Figure 5.3: Photograph copyright Dr. Ronald V. Wiedenhoeft. Courtesy of Saskia, Ltd.,
    Cultural Documentation.
Figure 5.4: Engraving by Etienne Dupérac, 1573. Photograph from Wikimedia Commons.
Figure 5.5: Photograph by Adrian Pingstone, 2007.
Figure 5.6: Andrea Palladio, *The Four Books of Architecture* (New York: Dover Publications,
    1965).
Figure 5.7: Photograph from Wikimedia Commons.
Figure 5.8: Photograph by Hans A. Rosbach, GNU Free Documentation License.

6. RESISTING THE RENAISSANCE

Figure 6.1: Photograph by Lieven Smits, GNU Free Documentation License.
Figure 6.2: Photograph by Helac, Creative Commons, Attribution 1.0 Generic License.
Figure 6.3: Photograph by Chachu207, GNU Free Documentation License.
Figure 6.6: Photograph by Diego Delso, Creative Commons, Share Alike 3.0 License.
Figure 6.7: Photograph by Cancre, GNU Free Documentation License.
Figure 6.8: Photograph by Pko, GNU Free Documentation License.
Figure 6.9: Photograph by Janericloebe, GNU Free Documentation License.
Figure 6.10: The Montreal Museum of Fine Arts, Purchase, John W. Tempest Fund.
    Photograph by Denis Farley, The Montreal Museum of Fine Arts.
Figure 6.11: Photograph by Yair Haklai, GNU Free Documentation License.

7. THE OTTOMANS AND THE SAFAVIDS

Figure 7.2: Painting by Konstantin Kapidagli (1789–1807?). Photograph from Wikimedia
    Commons.

Figure 7.3: Photograph copyright fulili; reprinted under license from Shutterstock.com.

Figure 7.4: Walter Denny, 1984. Courtesy of the MIT Libraries, Aga Khan Visual Archive.

Figure 7.5: Photograph by Ggia, GNU Free Documentation License.

Figure 7.7: Photograph by Arad Mojtahedi, GNU Free Documentation License.

Figure 7.8: Pascal Coste, *Monuments modernes de la Perse* (Paris: A. Morel, 1867).

Figure 7.9: Photograph by Zenith210, GNU Free Documentation License.

8. EARLY MODERN SOUTH ASIA

Figure 8.1: Photograph copyright Jorge Royan (http://www.royan.com.ar), Creative Commons, Share Alike 3.0 License.

Figures 8.2 and 8.3: Photographs by Hans A. Rosbach, Creative Commons, Share Alike 3.0 License.

Figure 8.4: Photograph by Lian Chang, Creative Commons, 2.0 Generic License.

Figure 8.5: Photograph by Vssun, Creative Commons, Share Alike 3.0 License.

Figure 8.6: Courtesy of Gretta Tritch Roman.

Figures 8.7 and 8.10: Courtesy of Cathy Asher.

Figure 8.11: Photograph by Knowledge Seeker, Wikimedia Commons.

9. BAROQUE ROME

Figures 9.2 and 9.9: Courtesy of Oliver Radford.

Figure 9.4: Photograph by Peter Jurik, Creative Commons, Share Alike 2.0 License.

Figure 9.5: Photograph from Wikimedia Commons.

Figure 9.6: Photograph by Welleschik, Creative Commons, Share Alike 3.0 License.

Figure 9.8: Photograph by David Iliff. License: CC-BY-SA 3.0.

Figure 9.10: Photograph by Sergey Smirnov, GNU Free Documentation License.

10. SPAIN AND PORTUGAL IN THE AMERICAS

Figure 10.1: Photograph by Alejandro Linares García, GNU Free Documentation License.

Figure 10.2: Courtesy of George and Eve DeLange.

Figure 10.3: Photograph by Hpschaefer, Creative Commons, Share Alike 3.0 License.

Figure 10.4: Photograph copyright Manuel González Olaechea y Franco, GNU Free Documentation License.

Figure 10.6: Library of Congress, Prints and Photographs Division, Historic American Buildings Survey [HABS CAL,49-SONO,2-11].

Figure 10.7: Photograph by Luidger, GNU Free Documentation License.

Figure 10.8: Photograph by Claudio Giovenzana (www.longwalk.it), GNU Free Documentation License.

Figure 10.9: Photograph by Sarah and Iain, Creative Commons, 2.0 Generic License.

Figure 10.10: Denver Public Library, Western History Collection, Jesse L. Nusbaum, N-51.

Figure 10.11: Photograph by Geremia, Wikimedia Commons.

11. NORTHERN BAROQUE

Figures 11.1 and 11.2: Courtesy of Oliver Radford.

Figure 11.3: Photograph by David Monniaux, GNU Free Documentation License.

Figure 11.4: Photograph by Myrabella, Wikimedia Commons/Creative Commons, Share Alike 3.0 License.

Figure 11.5: Photograph by V1P3R, Wikimedia Commons.

Figure 11.7: Photograph by Oleksandr Samoylyk, GNU Free Documentation License.

Figure 11.8: Photograph by Siyad Ma, Creative Commons, 2.0 Generic License.

Figure 11.9: Photograph by Sailko, GNU Free Documentation License.

12. CITY AND COUNTRY IN BRITAIN AND IRELAND

Figure 12.2: Photograph by Jim Linwood, Creative Commons, 2.0 Generic License.

Figures 12.3, 12.4, 12.6, 12.8, and 12.11: Courtesy of Oliver Radford.

Figure 12.5: Illustration by Augustus Charles Pugin, from W. H. Pyne and William Combe, *The Microcosm of London: or, London in Miniature* (London: R. Ackerman, 1808–11; reprint, London: Methuen and Company, 1904).

Figure 12.7: Courtesy of the Trustees of Sir John Soane's Museum.

Figure 12.9: Photograph by Chivalrick1, GNU Free Documentation License.

Figure 12.10: Photograph from Wikimedia Commons/Creative Commons, 2.0 Generic License.

13. LIVING ON THE NORTH AMERICAN LAND

Figure 13.1: Library of Congress, Prints and Photographs Division, Edward S. Curtis Collection [LC-USZ62-48373].

Figure 13.2: Richard Maynard, house called "House Chiefs Peep at from a Distance," Skidegate, British Columbia, 1884. Canadian Museum of Civilization, 67236.

Figure 13.3: Richard Maynard, interior of Chief Wiah's house, Masset, British Columbia, 1878. Canadian Museum of Civilization, S71-3730.

Figure 13.4: Library of Congress, Prints and Photographs Division, Historic American Buildings Survey [NM,31-ACOMP,1-9].

Figure 13.5: Library of Congress, Prints and Photographs Division, Detroit Publishing Company Photograph Collection [LC-USZ62-56511].

Figure 13.6: James Ford Bell Library, University of Minnesota, Minneapolis, Minnesota.

Figure 13.7: Library of Congress, Prints and Photographs Division, Carnegie Survey of the Architecture of the South [LC-DIG-csas-04845].

Figure 13.8: Library of Congress, Prints and Photographs Division, Carnegie Survey of the Architecture of the South [LC-DIG-csas-04874].

Figure 13.9: Library of Congress, Prints and Photographs Division, Frances Benjamin Johnston Collection [LC-USZ62-126816].

Figure 13.10: Courtesy of Jeffery Howe.

Figure 13.11: From a map by Thomas Holme held by the New York Public Library.

Figure 13.12: Library of Congress, Prints and Photographs Division, Carol M. Highsmith Archive [LC-DIG-highsm-12311].

14. COURT AND DWELLING IN EAST AND SOUTHEAST ASIA

Figure 14.2: Photograph by Daderot, GNU Free Documentation License.

Figure 14.3: Photograph by bifyu, Creative Commons, Share Alike 2.0 Generic License.

Figure 14.4: Photograph by Ondřej Žváček, GNU Free Documentation License.

Figure 14.5: Photograph copyright antloft; reprinted under license from Shutterstock.com.

Figure 14.6: Photograph by D. Alyoshin, GNU Free Documentation License.

Figure 14.7: Photograph by Peter Maas, Creative Commons, Share Alike 3.0 License.

Figure 14.8: Photograph by Michael J. Lowe, Creative Commons, Share Alike 2.5 Generic License.

15. EDO JAPAN

Figures 15.1, 15.5, 15.7, 15.9, 15.10, and 15.11: Courtesy of Don Choi.

Figure 15.2: Photograph by Hu Totya, Creative Commons, Share Alike 3.0 License.

Figure 15.4: Photograph by Bernard Gagnon, GNU Free Documentation License.

Figure 15.6: Library of Congress, Prints and Photographs Division [LC-DIG-jpd-02398].

Figure 15.8: Courtesy of the City of Kyoto, Japan.

16. NEOCLASSICISM, THE GOTHIC REVIVAL, AND THE CIVIC REALM

Figure 16.1: Marc-Antoine Laugier, *Essai sur l'architecture,* 2nd ed. (Paris, 1755), frontispiece.

Figure 16.2: Photograph, circa 1865–90. Andrew Dickson White Collection of Architectural Photographs, Division of Rare Book and Manuscript Collection, Cornell University Library.

Figure 16.3: Photograph by Jean-Christophe Benoist, Creative Commons, Share Alike 3.0 License.

Figures 16.4 and 16.7: Courtesy of Oliver Radford.

Figure 16.5: Bibliothèque Nationale de France.

Figure 16.6: Virginia Visual History Collection, Special Collections, University of Virginia Library.

Figure 16.9: Courtesy of John Archer.

Figure 16.10: Photograph by Mgimelfarb, Wikimedia Commons.

Figure 16.11: Photograph by Barry & Pugin, circa 1870–85. Andrew Dickson White Collection of Architectural Photographs, Division of Rare Book and Manuscript Collection, Cornell University Library.

17. THE INDUSTRIAL REVOLUTION

Figure 17.1: Photograph by Roger Cave, Creative Commons, 2.0 Generic License.

Figure 17.2: Steve Dunwell, *The Run of the Mill: A Pictorial Narrative of the Expansion, Dominion, Decline, and Enduring Impact of the New England Textile Industry* (Boston: David R. Godine, 1978), 39.

Figure 17.3: Library of Congress, Prints and Photographs Division, Historic American Engineering Record [HAER MASS,9-LOW,7-63 (CT)].

Figure 17.4: Courtesy of Oliver Radford.

Figure 17.5: Joseph Nash, Louis Haghe, and David Roberts, *Dickinson's Comprehensive Pictures of the Great Exhibition of 1851* (London: Dickinson Brothers, 1852).

Figure 17.7: "Slip on the Great Northern Railway," *Illustrated London News,* October 23, 1852, 340.

Figure 17.8: Photograph by dkl, Creative Commons, Share Alike 2.0 Generic License.

Figure 17.9: Photograph by Maxiiie, GNU Free Documentation License.

Figure 17.10: Photograph by Benh Lieu Song, Creative Commons, Share Alike 3.0 License.

Figure 17.11: Photograph by Postdlf, GNU Free Documentation License.

18. PARIS IN THE NINETEENTH CENTURY

Figure 18.1: Photograph by D. D. Egbert and Chevojon Frères, Paris, from Arthur Drexler, ed., *The Architecture of the École des Beaux-Arts* (New York: Museum of Modern Art, 1977), 125.

Figure 18.2: Julia Morgan Collection, Environmental Design Archives, University of California, Berkeley.

Figure 18.3: Courtesy of Oliver Radford.

Figure 18.4: Photograph by Marie-Lan Nguyen, Creative Commons, 2.0 France License.

Figure 18.6: Minneapolis Institute of Arts, The William Hood Dunwoody Fund.

Figure 18.7: Photograph by Jotel, GNU Free Documentation License.

Figure 18.8: Photograph by Albert Chevojon, circa 1875, Wikimedia Commons.

Figure 18.9: Library of Congress, Prints and Photographs Division, Photochrom Prints Collection [LC-USZC4-10679].

Figure 18.11: Courtesy of Christopher Mead.

19. THE DOMESTIC IDEAL

Figure 19.1: John B. Ellis, *Free Love and Its Votaries* (New York: United States Publishing Company, 1870).

Figure 19.2: Catharine E. Beecher and Harriet Beecher Stowe, *The American Woman's Home: or, Principles of Domestic Science* (New York: J. B. Ford and Company, 1872; reprint, New Brunswick, N.J.: Rutgers University Press, 2002).

Figure 19.3: Photograph by Tony Hisgett, Creative Commons, 2.0 Generic License.

Figure 19.4: Photograph by David Edwards.

Figures 19.5 and 19.7: Courtesy of Oliver Radford.

Figure 19.6: "Some Work of the Associated Artists," by Mrs. Harrison Burton, *Harper's Monthly Magazine,* August 1884.

Figures 19.8 and 19.10: Photographs by Daderot, GNU Free Documentation License.

Figure 19.9: Library of Congress, Prints and Photographs Division, Historic American Buildings Survey [HABS RI,3-NEWP,61-12].

20. EMPIRE BUILDING

Figures 20.1, 20.2, and 20.3: Courtesy of John Archer.

Figure 20.4: Photograph by Frederick Fiebig, circa 1851. Copyright the British Library Board.

Figure 20.5: Photograph by Felice Beato, 1858, Wikimedia Commons.

Figure 20.6: Photograph by Samuel Bourne, 1865, Flickr.com.

Figures 20.7, 20.8, and 20.9: Photographs courtesy of Phillips Images, www.phillips image.in.

Figure 20.10: Library of Congress, Prints and Photographs Division, George Grantham Bain Collection [LC-B2- 5655-12].

Figure 20.11: Courtesy of Cathy Asher.

21. CHICAGO FROM THE GREAT FIRE TO THE GREAT WAR

Figure 21.1: Library of Congress, Prints and Photographs Division, Historic American Buildings Survey [HABS ILL,16-CHIG,31-10].

Figure 21.2: Photograph by Chicago Architectural Photography Company, David R. Philips Collection.

Figure 21.3: Library of Congress, Prints and Photographs Division, Historic American Buildings Survey [HABS ILL,16-CHIG,65-5].

Figure 21.4: Rand, McNally, and Company, 1893. Photograph from http://www.vanished americana.com.

Figure 21.5: Hubert Howe Bancroft, *The Book of the Fair* (Chicago: The Bancroft Company, 1893), 269. Copyright Paul V. Galvin Library Digital History Collection.

Figure 21.6: *Report of Massachusetts Board of World's Fair Managers, World's Columbian Exposition, Chicago, 1893* (Boston: State Printers, 1894), 40. Photograph from MIT Institute Archives and Special Collections [T500.F3.M31 1894].

Figure 21.7: John Patrick Barrett, *Electricity at the Columbian Exposition* (Chicago: R. R. Donnelley, 1894), 403.

Figure 21.8: Jane Addams Memorial Collection, Special Collections and University Archives, University of Illinois at Chicago Library.

Figure 21.9: Photograph copyright Jeremy Atherton, 2003, Creative Commons, Share Alike 2.5 Generic License.

Figure 21.11: Library of Congress, Prints and Photographs Division, Historic American Buildings Survey [HABS ILL,16-OAKPA,3-1].

Figure 21.12: Library of Congress, Prints and Photographs Division, Historic American Buildings Survey [HABS ILL,16-OAKPA,3-4].

22. INVENTING THE AVANT-GARDE

Figure 22.1: Copyright DeA Picture Library/Art Resource, NY.

Figure 22.2: Photograph by Steve Cadman.

Figure 22.3: Photograph by Gryffindor, GNU Free Documentation License.

Figure 22.4: Photograph from Department of Fine Art, University of Glasgow, from Filippo Alison, *Charles Rennie Mackintosh as a Designer of Chairs* (Woodbury, N.Y.: Barron's, 1977), 101.

Figure 22.5: Photograph by Gustav Pichelmann and Michael Stoger, from Edward R. Ford, *The Details of Modern Architecture* (Cambridge, Mass.: The MIT Press, 1990), 228.

Figures 22.6 and 22.8: Courtesy of Oliver Radford.

Figure 22.10: Photograph by Etta Beckland.

Figure 22.12: Photograph by Martin van Dalen, GNU Free Documentation License.

23. ARCHITECTURE FOR A MASS AUDIENCE

Figure 23.1: Walter Müller-Wülckow, *Deutsche Baukunst der Gegenwart: Bauten der Arbeit und des Verkehrs* (Königstein im Taunus: Langewiesche, 1929).

Figure 23.2: Courtesy of Frederic J. Schwartz.

Figure 23.3: Gustav-Adolf Platz, *Die Baukunst der neuesten Zeit* (Berlin: Propylae, 1927), 209.

Figure 23.4: Gustav-Adolf Platz, *Die Baukunst der neuesten Zeit* (Berlin: Propylae, 1927), 305.

Figure 23.5: Staatliche Museen zu Berlin, Kunstbibliothek.

Figure 23.6: Staatliche Museen zu Berlin, Kunstbibliothek.

Figures 23.7 and 23.9: Courtesy of Oliver Radford.

Figure 23.8: Photograph copyright Raimond Spekking/CC-BY-SA-3.0, Wikimedia Commons.

Figure 23.10: Copyright 2012 Artists Rights Society (ARS), New York/VG Bild-Kunst, Bonn. Photograph from Bauhaus-Archiv, Berlin.

24. IMPOSING URBAN ORDER

Figure 24.1: Ebenezer Howard, *Garden Cities of To-Morrow* (London, 1902).

Figures 24.2, 24.3, 24.9, and 24.10: Courtesy of Greg Castillo.

Figures 24.5 and 24.6: Fondation Le Corbusier.

Figure 24.7: Bundesarchiv, Bild 146III-373. Photograph from o.Ang.

Figure 24.8: Erich Mendelsohn, *Russland, Europa, Amerika: Ein Architektonischer Querschnitt* (Berlin: Rudolf Mosse Buchverlag, 1929), 137.

25. THE MODERN MOVEMENT IN THE AMERICAS

Figure 25.1: Photograph by Phillip Capper, Creative Commons, 2.0 Generic License.

Figure 25.2: Photograph by Geir Haraldseth.

Figure 25.4: Photograph by Augusto Areal.

Figure 25.5: Photograph by Rob Sinclair, Creative Commons, 2.0 Generic License.

Figure 25.6: Photograph by Sturmvogel 66, GNU Free Documentation License.

Figure 25.7: Photograph by Maynard L. Parker. Courtesy of the Huntington Library, San Marino, California.

Figure 25.8: Courtesy of College of Environmental Design Visual Resources Center, University of California, Berkeley.

Figure 25.9: Courtesy of Oliver Radford.

Figure 25.10: Courtesy of Richard Longstreth.

Figure 25.11: *Architectural Forum* (March 1953): 130. Reproduced courtesy of Gruen Associates.

26. AFRICA

Figure 26.1: Photograph by Uta Holter, from Labelle Prussin, *African Nomadic Architecture: Space, Place, and Gender* (Washington, D.C.: Smithsonian Institution Press and the National Museum of African Art, 1995), plate 9.

Figure 26.2: Photograph by Rita Willaert, Creative Commons, 2.0 Generic License.

Figure 26.3: Photograph by Suzanne Preston Blier.

Figure 26.5: H. Ling Roth, *Great Benin: Its Customs, Art, and Horrors* (F. King and Sons Ltd., 1903; reprint, London: Routledge & Kegan Paul Ltd., 1968).

Figure 26.6: Photograph copyright Trevor Kittelty; reprinted under license from Shutterstock.com.

Figure 26.7: Courtesy of Rebecca Ginsburg.

Figure 26.8: Photograph by David Goldblatt.

Figure 26.9: Photograph by Andrew Hall, Creative Commons, Share Alike Generic License.

27. POSTCOLONIAL MODERNISM AND BEYOND

Figure 27.2: Photograph by Michel Ecochard. Courtesy of Tom Avermaete. Reproduced with permission of Jean Ecochard.

Figures 27.3, 27.8, and 27.9: Copyright Aga Khan Award for Architecture.

Figure 27.4: Photograph by duncid, Creative Commons, Share Alike 2.0 Generic License.

Figure 27.5: Photograph by Gretta Tritch Roman.

Figure 27.7: Photograph by Nichalp, Creative Commons, Share Alike 2.5 Generic License.

28. POSTWAR JAPAN

Figure 28.1: Photograph by David Jones, Creative Commons, 2.0 Generic License.
Figure 28.2: Photograph by Wiiii, GNU Free Documentation License.
Figure 28.3: Photograph by Kanegan, Creative Commons, 2.0 Generic License.
Figure 28.4: Photograph by Akio Kawasumi. Courtesy of Tange Associates.
Figures 28.5 and 28.8: Courtesy of Marc Treib.
Figure 28.6: Photograph by Koji Taki.
Figure 28.7: Courtesy of the Office of Tadeo Ando.
Figure 28.9: Photograph by Nacasa & Partners Inc.
Figure 28.10: Courtesy of Dana Buntrock.

29. FROM POSTMODERN TO NEOMODERN

Figure 29.1: Wikimedia Commons.
Figure 29.2: Courtesy of Jim Alinder.
Figure 29.3: Digital image copyright The Museum of Modern Art. Licensed by SCALA/Art Resource, NY.
Figures 29.4 and 29.6: Courtesy of Oliver Radford.
Figure 29.5: Photograph by Tim Street-Porter.
Figure 29.7: Photograph copyright Bitter Bredt. Courtesy Studio Daniel Libeskind.
Figure 29.8: Photograph copyright Georges Fessy. Courtesy Ateliers Jean Nouvel.
Figure 29.9: Photograph copyright Raimond Spekking/CC-BY-SA-3.0.

30. CHINESE GLOBAL CITIES

Figure 30.1: Courtesy of Don Choi.
Figure 30.2: Photograph copyright Edward Denison, 2012.
Figure 30.4: Photograph by Wing1990hk, Creative Commons, Share Alike 3.0 License.
Figure 30.5: Photograph by Javier Ocaña.
Figure 30.6: *Zaha Hadid: Complete Works* (New York: Rizzoli International Publications, Inc.), 22. Copyright 1998, 2009 Zaha Hadid.
Figure 30.7: Photograph by WiNG, Creative Commons, Share Alike 3.0 License.
Figure 30.8: Photograph by J. Patrick Fischer, Creative Commons, Share Alike 3.0 License.
Figure 30.9: Photograph by Jmex, GNU Free Documentation License.

索引

凯瑟琳·詹姆斯-柴克拉柏蒂，都柏林国立大学的艺术史专业教授，同时担任爱尔兰建筑基金会董事会主席。她创作了《埃里希·门德尔松和德国现代主义建筑》(*Erich Mendelsohn and the Architecture of German Modernism*) 和《为大众的德国建筑》(*German Architecture for a Mass Audience*)，并且还于2006 年在明尼苏达州编辑了《魏玛时期到冷战时期的包豪斯文化》(*Bauhaus Culture: From Weimar to the Cold War*) 一书。

敬告读者

《1400 年以来的建筑：一部基于全球视角的建筑史教科书》的出版宗旨是让广大建筑师、设计师、设计院校师生了解全球长达六百多年的全方面跨文化建筑史，向读者展示了众多世界著名建筑和空间。由于相关图片摄影师或版权人人数多，时间跨度大，尽管我们多方努力，仍有三位摄影师或版权人未能联系上。敬请相关摄影师或图片版权人予以谅解，并与我们联系，我们将奉寄样书和图片版权费。

赵女士
021-31260822-129
zhaoyc@bbtpress.com

广西师范大学出版社 (上海) 有限公司
2016 年 12 月

ARCHITECTURE SINCE 1400

By KATHLEEN JAMES – CHAKRABORTY

Copyright © 2014 the Regents of the University of Minnesota

Chinese translation rights arranged with

University of Minnesota Press, Minnesota, USA

through Guangxi Normal University Press Group Co. ,

All rights reserved.

著作权合同登记号桂图登字:20 – 2016 – 326 号

图书在版编目(CIP)数据

1400 年以来的建筑:一部基于全球视角的建筑史教科书/
(美)凯瑟琳·詹姆斯 – 柴克拉柏蒂著;贺艳飞译. —桂林:
广西师范大学出版社,2017.1
　书名原文:ARCHITECTURE SINCE 1400
　ISBN 978 – 7 – 5495 – 9154 – 1

　Ⅰ. ①1… Ⅱ. ①凯… ②贺… Ⅲ. ①建筑史 – 世界 – 教材
Ⅳ. ①TU – 091

中国版本图书馆 CIP 数据核字(2016)第 281098 号

出　品　人:刘广汉
责任编辑:肖　莉　于丽红
版式设计:吴　迪　张　晴

广西师范大学出版社出版发行

(广西桂林市中华路22 号　　邮政编码:541001)
(网址:http://www.bbtpress.com)

出版人:张艺兵

全国新华书店经销

销售热线:021 – 31260822 – 882/883

恒美印务(广州)有限公司印刷

(广州市南沙区环市大道南路334 号　邮政编码:511458)

开本:787mm×1 092mm　　1/16

印张:33.75　　　　　　字数:280 千字

2017 年 1 月第 1 版　　2017 年 1 月第 1 次印刷

定价:168.00 元

如发现印装质量问题,影响阅读,请与印刷单位联系调换。